KB121337

죽음의 역사

—

2023년 2월 22일 초판 1쇄 발행
2024년 1월 31일 초판 10쇄 발행

—

지은이 앤드루 도이그
옮긴이 석혜미
펴낸이 김관영
책임편집 유형일
마케팅지원 배진경, 임혜솔, 송지유, 이원선

—

펴낸곳 (주)로크미디어
출판등록 2003년 3월 24일
주소 서울특별시 마포구 마포대로 45 일진빌딩 6층
전화 02-3273-5135
팩스 02-3273-5134
편집 02-6356-5188
홈페이지 http://rokmedia.com
이메일 rokmedia@empas.com

—

ISBN 979-11-408-0640-9 (03400)
책값은 표지 뒷면에 적혀 있습니다.

—

브론스테인은 로크미디어의 과학, 건강 도서 브랜드입니다.
잘못 만들어진 책은 구입하신 서점에서 교환해 드립니다.

THIS MORTAL COIL

앤드루 도이그 지음 · 석혜미 옮김

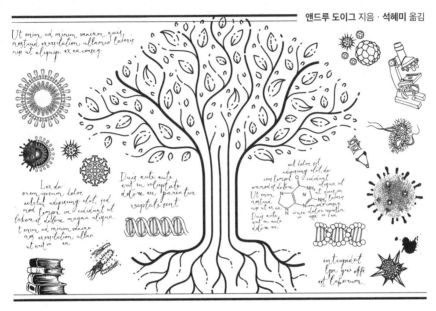

죽음의 역사

죽음은 어떻게 우리의 세상을 변화시켰는가?

BRONSTEIN

페니, 루시, 사라에게 이 책을 바친다.

우리가 이 속세의 번뇌를 벗어버린 다음,
죽음의 잠 속에 어떤 꿈이 올지 생각하면
망설일 수밖에.

-윌리엄 셰익스피어William Shakespeare, 《햄릿Hamlet》

저 자·역 자 소 개

저자 / **앤드루 도이그**Andrew Doig

앤드루 도이그는 영국 맨체스터 대학의 생화학 교수다. 케임브리지 대학교에서 화학을 전공했으며, 동 대학에서 화학 박사 학위를 받았다. 스탠퍼드 의과대학에서 생화학 박사후연구원으로 단백질 접힘을 연구했다. 1994년 맨체스터 대학에서 강의를 시작하여 현재까지 근무하고 있다. 주된 연구 분야는 계산생물학, 신경과학, 치매, 발생생물학, 신약 개발, 단백질이다. 첫 저서인 《죽음의 역사》는 전염병에서 유전병, 사고, 폭력, 식단에 이르기까지 시대별 인간의 주요 사망 원인과 이를 극복하기 위해 놀라운 혁신을 일으킨 인류의 역사를 두루 살핀다. 도이그는 이 책에서 역사 전반에 걸쳐 보이는 사망자 수의 급락과 사망 원인의 변화를 도표로 보여주며, 죽음을 좌절시키려는 인류의 노력과 이를 실현 가능케 한 과학의 놀라운 힘을 깨닫게 하고 있다.

역자 / **석혜미**

연세대학교 영어영문학과 교육학을 복수 전공하여 졸업하였고, 미국 워싱턴 대학_{Washington College}에서 영어영문학을 전공했다. 현재 전문 번역가로 활동하고 있다. 주요 역서로 《자전거 위에서》, 《액트 빅, 씽크 스몰》등이 있다.

: 시에나의 4대 재앙

수많은 자가 죽었다. 모두 세상의 종말이 왔다고 믿었다.

— 아뇰로 디 투라 델 그라소Agnolo di Tura del Grasso, 《시에나의 흑사병: 이탈리아 연대기The Plague in Siena: An Italian Chronicle》(1348)

프랑크족, 고트족, 색슨족과 기타 침략자들이 서로마 제국을 멸망시키고 600년 뒤, 그 땅은 오늘날 우리가 알고 있는 프랑스, 영국, 스페인과 독일로 분화되어 발전했다. 이후 1000년부터 1300년까지 기후는 따뜻해졌고, 사람들은 숲을 개간하여 농지로 삼았으며 마을을 이루고 농사법을 발전시켜 나갔다. 종이, 나침반, 풍차, 화약, 안경이 발명됐고, 조선과 기계식 시계 기술도 발달하며 경제가 성장하고 무역이 활성화됐다. 부가 창출되면서 신설 대학, 고딕 양식의 화려한 대성당, 문학과 음악으로 자본이 유입됐다. 여전히 때때로 기근이 닥쳤으나, 기도하는 자(성직자), 싸우는 자(기사), 일하는 자(농민)의 세

신분으로 나뉜 중세 사회는 굳건했다. 순탄하게 계속되던 중세 사회의 발전은 1340년대 유럽을 뒤흔들었던 대재앙, 흑사병Black Death으로 한계점을 맞는다.

1347년, 시에나는 이탈리아 중부에서 가장 부유하고 아름다운 도시 중 하나였다. 주로 대부업, 양모 무역과 군사력으로 번영을 누렸다. 당시 시에나를 찾은 사람이라면 정부가 있는 푸블리코 궁전과 두 배 이상 확장하려고 공사 중인 장엄한 대성당에 감탄했을 것이다. 13세기까지 시에나 공화국은 북쪽으로 48㎞ 떨어져 있는 피렌체에 비견되는 도시였으며, 규모를 서서히 키우고 있었다.

제화공이자 세금 징수원이었던 아뇰로 디 투라 델 그라소Agnolo di Tura del Grasso는 개인적 관찰과 경험, 공식 기록 열람을 바탕으로 1300년에서 1351년까지 시에나에서 일어난 사건의 연대기를 작성했다. 이 기록은 인류에게 역사상 최악의 고통을 안겨주었던 치명적인 전염병인 흑사병을 가장 상세히 다룬 동시대 자료다.

흑사병은 1348년 1월 피사 항구를 통해 토스카나에 들어왔다. 두 달 만에 강을 거슬러 피렌체에 도달했고, 남쪽으로 퍼져 시에나까지 닿았다. 디 투라의 기록에 따르면 '1348년 5월, 시에나에 죽음이 드리웠다. 잔인하고 끔찍한 일이었다. … 희생자들은 거의 즉사했다. 겨드랑이 아래와 사타구니가 부어올랐고, 말하던 도중 쓰러져 죽었다. 아버지는 자식을, 아내는 남편을, 형제가 다른 형제를 버렸다.'[1]

사망률이 너무 높아서 일반적인 기독교 장례는 불가능했다. 시신을 묻을 사람을 구할 수도 없었다. 유가족은 시신을 큰 구덩이로 끌고 가 신부가 집전하는 장례식도 없이 한데 매장하거나 도랑에 버렸다. 가엾은 디 투라는 아이들을 모두 잃었다. '나는 내 손으로 다섯 아이를 묻었다. 흙을 너무 얕게 덮은 시체는 개들의 표적이 됐다. 개에게 끌려 다니거나 뜯어 먹히는 시체가 도시 곳곳에서 보였다. 누가 죽어도 슬피 울지 않았다. 다들 죽음을 기다리고 있었으니까. … 어떤 약도, 예방책도 듣지 않았다.'

디 투라는 시에나 도심과 근교에 살던 인구의 4분의 3이 사망했다고 추정한다. 5개월 만에 약 8만 명이 죽은 것이다. 사회가 무너졌다.

> 살아남은 사람도 제정신이 아니었다. 감정이 없어지다시피 했다. 많은 성벽이 버려졌고, 시에나 영토에 존재하던 은, 금, 구리 광산 역시 버려졌다. 시골에서는 더 많은 사람이 죽었기 때문에 토지와 마을이 황폐해져 아무도 살지 않았다. 늑대와 야생 동물이 대충 매장된 시신을 뜯어 먹는 잔인한 시골의 풍경을 자세히 묘사하진 않겠다. 시에나 도심은 거의 무인도 같았다. 사람을 찾아볼 수 없었다. 그리고 역병이 수그러들자 살아남은 사람들은 쾌락을 탐닉했다. 수도승, 신부, 수녀, 평신도 모두 즐길 따름이었고, 사치나 도박을 걱정하는 사람은 아무도 없었다. 모두 스스로를 부자라고 생각했다. 역병을 피해 세계를 다시 얻었으니까.[2]

흑사병이 도는 시에나에 대한 디 투라의 증언은 역병의 엄청난 파괴력을 생생하게 보여준다. 흑사병은 극단적인 사례지만, 다양한 전염병으로 인한 갑작스러운 죽음은 수천 년 동안 이어졌다. 사람들이 농업을 시작하고 도시에 모여 산 이후부터는 확실히 흔한 일이었다. 다행히 이제는 상황이 다르다. 독감이나 폐렴, 코로나19가 걱정된다고 해도 콜레라나 천연두, 흑사병의 영향력에 비할 바는 아니다. 그러나 시에나에서 있었던 사건을 더 자세히 들여다보면, 지금은 인류가 대체로 극복한 죽음의 주요한 원인을 두 가지 더 발견할 수 있다. 바로 기근과 전쟁이다.

1346년 이탈리아 중부에는 흉년이 들었고, 이듬해에도 우박과 폭풍으로 작물이 망가졌다.[3] 굶주린 채 영양 부족에 시달리던 사람들은 음식과 일자리, 구호물자를 찾아 시골에서 도시로 모여들었다. 이들의 생활환경은 흑사병의 영향력을 극대화했다. 인구 밀도가 지나치게 높고 위생이 나쁜 지역에서 병이 빠르게 퍼져나간 것이다. 기근 때의 사망 원인은 대개 급속도로 번지는 치사율 높은 전염병이다. 흑사병이 시에나를 덮친 것도 흉년이 두 해나 지나간, 가장 취약한 시기였다.

이탈리아의 도시국가들과 프랑스, 스페인, 오스만 제국 등 강력한 이웃 국가들은 일상적으로 갈등을 빚었다. 이탈리아 전체와 나머지 유럽 국가에서 전쟁은 고질병에 가까웠다. 이탈리아는 국민을 군대에 동원하기보다 용병을 썼다. 용병들은 포위전을 펼치고 약탈로 먹고살았으며, 적국 영토에 있는 곡식과 가축, 건물을 고의로 파괴했다. 그래서 피해 농민들은 가난과 배고픔에 시달렸다. 흑사병은 군사적으로 이용됐고, 군인들은 도시가 황폐해질 때까지 기다렸다가 진입해서 점령했다.

시에나는 운명의 1340년대 이전까지 수백 년간 이어진 전쟁에서 대체로 이겨, 해안 쪽으로 영토를 넓히고 있었다. 그러나 흑사병으로 모든 것이 멈췄다. 산업, 건설, 농업과 행정이 말 그대로 중단됐다. 정치 활동이 재개됐을 때 시 의회는 3분의 1가량 줄어 있었다. 도시의 상위 계층이 너무 많이 죽었기 때문이다. 이탈리아에는 빈 건물과 유령 마을, 잡초가 제멋대로 자란 밭과 빽빽해진 숲이 펼쳐져 있었다.[4] 68년간 시에나를 이끌었던 과두 정치는 1355년에 무너졌고, 이후 100년간 정부가 불안정한 가운데 혁명이 일어났다.[5] 급여를 받지 못한 용병들은 시골을 점령하고 테러와 약탈을 일삼았다. 주변국들은 새로운 상황을 기회로 삼아 시에나 영토를 야금야금 먹기 시작했다. 1555년, 시에나는 마침내 최후를 맞았다. 시에나의 항복을 받아낸 스페인 국왕 펠리페 2세는 숙원의 적 피렌체에 도시를 넘겼다. 시에나의 인구가 흑사병 이전 수준으로 회복된 것은 20세기가 되어서였다. 시에나가 아름다운 중세 도심을 간직하고 있는 건 이 때문이기도 하다. 대성당은 미완으로 남았다.

흑사병과 기근, 전쟁은 죽음 그 자체와 더불어 중세 아포칼립스 Apocalypse('종말'을 뜻하는 그리스어—역주)의 4대 재앙이었다. 오늘날의 중요한 사망 원인은 심부전, 암, 뇌졸중, 치매로 과거와는 완전히 다르다. 한때는 나이와 관계없이 병이나 폭력으로 죽을 수 있었고, 흉년이 한두 해 이어지면 목숨이 위험했다. 그러나 현대 사회에서는 대부분 국가에서 식량의 부족보다 과다가 더 큰 문제이고, 60세에 사망했다고 하면 젊은 나이라고 놀란다. 인간이 사는 방식은 수없이 많은 측면에서 바뀌었으며, 죽음의 방식도 달라졌다. 이러한 변화가 어떻게 일어났는지 설명하는 것이 이 책의 목표다.

현대 세계에서 주요한 사망 원인은 무엇인가? 2016년, 총 5,687만 3,804명이 죽었다. 어떤 사람은 모르핀으로 고통을 누그러뜨리며 암 투병을 하다가 사랑하는 사람이 지켜보는 가운데 병원 침대에서 죽었다. 면역 체계가 약해 치명적인 세균 전염성 질병을 막지 못하고 죽은 사람도 많다. 선천적 결손, 유전적 기형, 난산으로 몇 시간밖에 빛을 보지 못한 아기들도 있다. 교통사고나 익사, 화재 등 사고로 인한 사망도 있고, 무기나 약물을 사용해서 스스로 삶을 끝낸 경우도 있다. 현재 세계적으로 가장 비중이 큰 사망 원인은 흔히 심장마비라고들 부르는 관동맥성 심장질환이다. 뇌졸중이 두 번째다. 천식, 폐기종, 폐렴 등을 포함한 폐질환이 그 뒤를 따른다. 치명적인 암은 여러 종류로 나뉘지만 전부 '암'으로 묶으면 암으로 사망하는 환자의 수는 심장마비로 인한 사망자수와 비슷하다.

암과 같은 비전염성 질병이 일반적인 사망 원인으로 꼽히는 지금의 상황은 과거와는 완전히 다르다. 인간이 죽는 이유는 왜 이토록 크게 달라졌을까? 인류는 많은 사람이 사고나 살인으로 죽는, 위험하고 폭력적인 세상으로부터 진화했다. 농경이 시작되고 최초의 국가가 세워지며 안전이 보장됐지만, 그 대가는 컸다. 절대다수는 만성적 영양 부족에 시달리며 평생 허리가 휘도록 지겹게 일해야 했다. 게다가 수천 년 동안 동물과 밀접 접촉한다는 것은 많은 병원체가 종種의 장벽을 넘어 인간을 괴롭히는 새로운 역병이 될 수 있다는 뜻이다. 인구 밀도가 높아지고 위생 관념이 없는 상태에서 질병은 빠르게 퍼졌고, 전염병은 죽음의 가장 주요한 원인이 되었다.

전염병이 일어나는 과정과 원인을 이해하면서 해결의 실마리가 잡혔다. 19세기 후반이 되어서야 병원체가 질병을 옮긴다는 이론이 받아들여졌고, 치명적인 균, 해충과 기생충이 없는 깨끗한 물과 집, 옷이 공급됐다. 전염병의 진짜 원인을 이해하고 과학적으로 접근하면서 백신과 약이 개발되기 시작했다. 그 결과 전염병은 크게 줄었고, 19세기 중반 이후로 기대수명은 계속 늘어나고 있다.

수명이 늘어나면서 자연스럽게 심장질환, 뇌졸중, 폐질환, 당뇨와 암의 발병률이 높아진 면도 있지만, 생활양식의 변화 역시 이러한 질병을 초래하는 주된 원인이다. 우리는 이제 (특히 인스턴트식품을) 너무 많이 먹고, 마약을 하고, 담배를 피우고, 과음하고, 운동을 싫어한다. 그런데도 인간은 점점 더 오래 살고 있어서 파킨슨병, 알츠하이머를 비롯한 치매 등 노년층에서 흔한 신경퇴화질환 발병률이 점점 높아지고 있다.

이 책에서는 오늘날 인간이 살아가고 죽는 방식을 살펴보는 한편, 미래로 눈을 돌려 차세대 건강 혁명이 어떻게 일어나고 있는지도 알아볼 것이다. 줄기세포, 장기이식, 유전자 조작 등의 신기술로 현재 죽음의 원인은 대부분 정복될 전망이다. 그러므로 인간의 사망원인과 이를 극복해온 역사는 의학 지식의 축적과 사회 조직 개선, 인류의 성취에 관한 이야기다. 미래를 생각하면, 약속의 이야기이기도 하다.

목차

4부

치명적인 유산

5부

나쁜 행동

THIS MORTAL COIL

부

죽음의 원인

누구도 주목하지 않는 사망자 통계표를 고찰하면서 새
로운 진실을 발견하고 통념과는 다른 의견을 도출할 수
있었다. 또한 사망 통계와 관련된 지식이 이 세상에 어
떤 도움이 되는가 하는 생각까지 나아갔다. … 절벽에
핀 꽃에서 열매를 거둔 셈이다.

- 존 그랜트John Graunt, 《사망표에 관한 자연적 및 정치적 제諸관찰
Natural and Political OBSERVATIONS Mentioned in a following Index and made
upon the Bills of Mortality)〉(1662)[1]

01장

죽음이란 무엇인가?

1989년 4월 15일은 리버풀과 노팅엄 포레스트가 FA컵 준결승을 치르는 날이었다. 경기장은 셰필드 웬즈데이의 힐스버러 스타디움이었다. 심한 교통체증으로 많은 리버풀 팬이 늦게 도착하는 바람에 킥오프 직전까지도 수천 명이 장내에 들어가지 못한 채 발을 동동 구르고 있었다. 그러자 경찰은 서서 경기를 관람할 수 있는 콘크리트 스탠드 중앙부로 이어지는 게이트 몇 군데를 개방했다. 하지만 스탠드는 이미 초만원이었고, 관중이 필드에 들어가는 것을 막으려고 스탠드와 경기장 사이에 세워둔 펜스는 지나치게 성능이 좋았다. 늦게 도착한 사람들이 뒤쪽에 밀려들면서 앞에 있던 사람들이 펜스로 밀쳐지고 짓밟혔다. 96명이 사망하고 766명이 부상을 입었다.

18살의 리버풀 팬 토니 블랜드Tony Bland도 이날 친구 둘과 함께 경기장을 찾았다. 갈비뼈가 으스러져 폐에 구멍이 나면서 토니의 뇌에는 산소 공급이 중단됐다. 이로 인해 대뇌에 돌이킬 수 없는 심각한 손상이 발생했고, 아무것도 보고 듣고 느낄 수 없는 식물인간 상태가 됐다. 그러나 뇌간은 계속 작동했기 때문에, 심박, 호흡, 소화 기능은 유지됐다. 회복할 가능성은 전혀 없었지만, 당시 법률에 따르면 토니 블랜드는 살아 있는 상태였다. 튜브로 영양을 공급하고 적절한 치료를 제공하면 신체는 오랫동안 살 수 있었다. 토니의 의사와 부모님은 더 이상의 치료가 의미 없다고 생각했고, 인공적인 영양 공급을 비롯한 생명 유지 조치를 중단하려 했다. 그러나 연명 치료 중단이 형법상의 범죄에 해당하는지에 대한 우려가 있었다. 한 검시관이 급식 튜브 제거를 살인으로 간주해야 한다는 의견을 밝힌 후였기 때문이다. 결국 고등법원에서 이 사건을 다뤘다.

판사들은 사건과 관련된 도덕적, 윤리적 문제를 검토한 후, 다음과 같은 결론을 내렸다.

토니 블랜드의 생명을 유지하는 데 필요한 침습적 의료 행위의 지속에 긍정적인 이익이 없다는 의사들의 판단은 전적으로 합당하다. 결론이 이와 같으므로, 담당 의료인이 그러한 의료 행위를 지속할 권리도, 지속해야 할 의무도 없다. 따라서 치료를 중단하더라도 살인죄에 해당하지 않는다.[1]

토니 블랜드의 연명 치료가 중단된 것은 출생 후 22년이 지난 1993년 3월 3일이었다.

힐스버러 참사에서 사망 원인이 됐던 축구 경기장의 고정식 펜스는 제거됐고, 축구 경기장 관중석이 모두 좌석으로 교체되면서 위험한 입석 스탠드는 사라졌다. 관련 소송들은 여전히 진행 중이다. 쟁점은 다음과 같다. 토니 블랜드는 몇 살에 사망했는가? 18세인가, 22세인가? 사건 당일의 부상으로 사망한 것인가, 아니면 치료 중단으로 사망한 것인가?

과거에는 죽음을 호흡과 심장박동의 정지로 정의했다. 아주 가느다란 호흡을 감지하기 위해 생사가 불분명한 사람의 코 밑에 거울을 갖다 대고 김이 서리는지 보았다. 다른 방법도 있다. 살아 있는 사람의 눈에 빛을 비추면 동공이 수축하고, 손톱 뿌리 부분을 세게 누르면 통증에 대한 반응을 보인다. 익히지 않은 양파를 코 밑에 대면 의식을 찾을 수 있다. 대소변이 흘러나오는 것은 죽음의 징조다. 사망 여부를 판별하는 특이한 방식도 있는데, '입에 소금 탄 식초나 따뜻한 소변 흘러 넣기', '귀에 벌레 넣기', '면도칼로 발바닥 긋기'[2] 등이다. 유두 꼬집기도 흔히 사용됐다.

그러나 어떤 방법도 완벽하지는 않았기 때문에 사람들은 산 채로 매장될까 봐 매우 두려워했고, 이는 아주 근거 없는 걱정은 아니었다. 1896년에 런던 생매장 예방 협회London Association for the Prevention of Premature Burial가 설립됐다. 생매장으로 보이는 사례가 100건 이상 보고됐기 때문에 협회는 시신을 매장하기 전 사망이 확실한지 확인하자는 운동을 벌였다. 예방책으로 안전장치가 설치된 관이 인기를 끌었다. 관 안에서 줄을 당겨 종을 울릴 수 있는 형태였다. 이 관이 많이 팔리긴 했지만, 그 덕에 누군가 무덤에서 살아 돌아왔다는 기록은 없다. 매장 대신 화장도 방법이었다. 불에 탄 후에 다시 살아날 수는 없으니 말이다. 그러나 교회에서 강경하게 반대하고 전통이 가로막는 바람에 화장은 1884년까지 영국에서 불법이었다.

단순히 신원을 착각해서 실수가 일어나기도 한다. 2012년, 브라질의 세차장 직원이던 41세 지우베르투 아라우호Gilberto Araújo가 본인의 빈소에 나타났다. 같은 세차장에서 일하던 아라우호와 닮은 직원이 살해됐고, 경찰이 아라우호의 형을 불러 시체의 신원을 확인하라고 했는데 잘못 본 것이다. 아라우호는 한 친구에게 장례식에 대해 듣고 현장에 나타나 관 안에 누워 있는 시체가 본인이 아니라고 모두를 설득해야 했다.[3]

응급처치는 심장박동이나 호흡이 멎었을 때의 심폐소생 방법이다. 예를 들면 물에 빠진 사람을 구한 경우, 응급처치 요원은 의료진이 도착할 때까지 심폐소생 시도를 멈추면 안 된다. 환자가 사망했다고 오판하여 구강 대 구강 인공호흡이나 흉부 압박을 섣불리 중단한 사례가 너무나 많았다. 호흡과 심장박동이 오랜 시간 멈췄다는 확신이 들더라도, 훈련된 의료 전문가가 아니면 절대 사망을 판단해서는 안 된다. 구강 대 구강 인공호흡 또는 손으로 하는 흉부 압박이 뇌 손상을 막을 수 있다.

현대적인 사망의 정의에서는 호흡 정지, 심장박동 정지, 고통에 대한 반응 또는 동공 확장보다 뇌사 개념이 중요하다. 혈류 또는 호흡의 상실이 사망을 초래하는 것은 산소 부족 상태가 뇌에 돌이킬 수 없는 손상을 일으킬 만큼 길게 지속되는 경우뿐이다. 이 시간은 보통 6분 정도다. 인간의 의식과 사고를 담당하는 뇌는 자아의 변화 없이 이식할 수 없는 유일한 기관이다. 뇌사는 완전하고 역전 불가능한 뉴런 활동의 정지로 정의될 수 있으며, 회복 불가능한 혼수상태, 뇌간 반사 부재, 호흡 부재로 나타난다.[4] 물론 응급처치 요원이 뇌사를 진단할 수는 없으며, 그러므로 심폐소생을 절대 포기해선 안 된다.

드물게 이 규칙에 예외가 있다면, 머리가 몸에서 분리됐을 때다. 이는 의학에 완전한 문외한도 자신 있게 환자가 숨을 거뒀다고 판단할 수 있는 경우다. 그러나 프랑스 혁명 시기에는 기요틴에서 잘린 머리가 10초 정도 살아 있었다고 보고되기도 했다.[5]

뇌의 다른 부위가 아닌 뇌간으로 사망 여부를 판단하는 이유는 무엇일까? 뇌간은 뇌의 중앙 하부에 위치한다. 운동 뉴런과 감각 뉴런이 뇌간을 통과하여 뇌 상부와 척수를 연결한다. 뇌간은 뇌가 신체에 보내는 운동 제어 신호를 조정한다. 의식과 각성에 필수적이며, 호흡과 혈압, 소화, 심박 등 기본적인 생존 기능을 제어한다. 뇌간이 기능하지 않으면 의식을 차리고 있거나 기본적인 신체 기능을 유지할 수 없다. 중요한 뇌신경 열 개가 뇌간에 직접 연결돼 있다. 그러므로 이들 뇌신경과 관련된 반사 작용이 기능하는지를 기준으로 뇌간이 기능하는지 판단할 수 있다. 예를 들어, 동공은 빛과 어둠에 반응하여 수축하거나 확장하고, 각막을 만지면 눈을 깜박이게 된다. 머리를 좌우로 빠르게 흔들면 눈이 움직이고, 목을 찌르면 구토와 기침이 난다. 이러한 반사 작용은 뇌간의 작동만으로 발생하며 의식의 통제를 받지 않는다. 따라서 의지만으로 동공을 확장하거나 수축하기란 불가능하다. 뇌사는 뇌에 혈류가 흐르지 않는다는 MRI 결과나 전기 신호가 없다는 뇌파검사 결과를 통해 판정된다.

뇌사와 뇌간 활동을 기준으로 사람이 살았는지(또는 죽었는지) 판단하는 것도 문제가 없지는 않다. 뇌가 분리된 부분들로 이뤄져 있기 때문이다. 일부는 작동하고, 일부는 작동하지 않는다면? 의식이 있는 상태와 뇌 활동이 전혀 없는 상태 사이에 있는 사람의 죽음을 정의하는 것은 그렇게 간단한 일이 아니다.

코마는 환자가 깨어나지 않는 혼수상태다. 수면/각성 사이클이 작동하지 않으며, 신체가 말소리나 통증 등의 자극에 반응하지 않는다. 의식이 있으려면 뇌간과 함께 언어, 이해, 기억, 주의, 지각 등의 고등 기능과 관련된 대뇌피질이 작동해야 한다. 코마의 원인에는 중독, 뇌졸중, 두부 손상, 심근경색, 출혈, 저혈당 등 여러 가지가 있다. 이와 같은 충격 이후 신체가 회복을 위해 혼수상태에 돌입한 것이다. 또한 손상된 뇌의 회복을 촉진하기 위해 약물을 써서 고의로 코마를 유도하기도 한다. 몇 년이 지나 코마에서 회복되는 예도 있긴 하지만, 보통 코마가 지속되는 기간은 며칠에서 몇 주 정도다.

깨어 있되 인지를 못 하면 식물인간 상태라 한다. 수면, 기침, 삼키기, 눈 뜨기 등 기본적인 기능을 수행할 수 있지만, 더 복잡한 사고 과정은 처리하지 못한다. 눈이 움직이는 물체를 따라가지 않으며, 말소리에 반응하거나 감정을 표현하지 못한다. 부상으로 인한 뇌 손상이나 알츠하이머 등의 신경퇴화 증상으로 식물인간이 될 수 있다.[6] 장기적인 식물인간 상태에서 회복되기는 거의 불가능에 가깝다.

잠금증후군locked-in syndrome은 끔찍한 상태다. 환자가 의식은 있는데, 눈 말고는 아무것도 움직일 수 없다. 보통 치료가 불가능하지만, 불면증 약인 졸피뎀Zolpidem이 회복 촉진의 가능성을 보였다고 한다.[7] 최악의 경우 눈도 움직일 수 없다. 잠금증후군은 뇌간이 손상되었으나 대뇌피질을 포함한 뇌 상부가 손상되지 않은 상태다. 코마로 착각할 수 있지만, 환자의 경험은 완전히 다르다. 멀쩡한 정신으로 아무것도 할 수 없기 때문이다. 완전 잠금증후군은 현대 뇌 영상 기법으로 진단할 수 있다. 예를 들어, 잠금증후군 환자에게 테니스를 치는 상상을 해보라고 하면 뇌의 특정 부위가 작동한다.

뇌사나 코마, 식물인간, 잠금증후군 상태인 사람들에 대한 논의는 여전히 어렵다. 법적, 윤리적, 의학적 문제가 얽혀 있다. 토니 블랜드 사건은 이런 문제의 어려움을 보여주는 사례 중 하나일 뿐이다.

02장

Observations Made Upon the Bills of Mortality

사망자 통계표를 관찰하다

1592년 12월, 역병이 다시 런던을 덮쳐 1만 7,000명이 사망했다. 세 익스피어의 누나 둘, 남동생 하나, 아들 햄넷Hamnet도 이때 세상을 떠났다. 역병은 이전 1,000년 동안 유럽에서 가장 치사율이 높은 질 병으로 공포의 대상이었다. 전염성은 너무 강했고, 예방법은 거의 알려진 바가 없었다. 별 효과가 없는 격리 조치만 반복될 뿐, 치료법 도 없었다.

1592년, 런던 행정 당국은 북부 이탈리아 도시들의 사례를 따라 매주 정확히 몇 명이 역병으로 죽었는지 기록했고, 사망자 통계표 Bills of Mortality[1]를 출간했다. 이는 공공 보건을 이해하는 필수적 수단인 사망 원인 통계의 기반이 되는 자료였다. 사망자 통계표의 도입은 현대 유럽 공공 보건 기록의 시초였다고 할 수 있다.

1592년, 런던 시장의 권한으로 '런던 시내 흑사병 유행 시기에 적용'될 다음 명령이 통과됐다.

> 모든 행정구에서는 냉철한 여성 두 명을 지정하여 전염병 유행 시기에 죽은 자의 시신을 확인할 것을 서약하게 하라. 이들은 죽음을 목격하면 서약에 따라 해당 구역 경찰에게 사망과 감염 여부를 사실대로 보고해야 한다.[2]

'냉철한 여성'들은 '죽음의 조사관'이라 불렸다. 런던 각 행정구에서 지정하는 종을 울려 소환했던 이들 조사관은 새로 죽은 사람의 시신을 모두 검시하여 사망 원인을 기록했다. 영국에서 250년 이상 공공 보건 기록이라는 핵심 업무를 수행했으며, 그 자료를 기반으로 사망자 위치와 사망 원인을 기록한 사망자 통계표가 발표됐다. 천연두나 홍반열 등 다른 질병과 달리 역병이 사망 원인이라고 단정하기는 쉽지 않았다. 증상과 조짐이 저마다 달라 판단이 쉽지 않았기 때문이다. 그래서 조사관들은 결정적 증거인 가래톳(사타구니나 겨드랑이 등 림프절이 부어 생기는 종기—역주)이 있는지 땡땡 부풀어 썩어가는 시체를 샅샅이 살펴야 했다.

역병 사망자가 발생하면 상황은 심각해졌다. 해당 행정구 공무원들은 판자로 격리소를 만들어 감염자가 발생하지 않을 때까지 28일간 그 집에 사는 사람을 모두 가둬야 했다. 역병 격리소 문에는 빨간 십자가와 '주여, 우리를 불쌍히 여기소서'라는 문구가 새겨졌고, 아무도 드나들지 못하도록 경비원이 문밖을 지켰다. 하지만 안타깝게도 글을 읽을 줄 모르는 감염된 쥐들은 마음대로 드나들었을 것이다. 한 집이 격리되면 가족 모두 사형 선고를 받은 것이나 마찬가지여서, 사망 원인이 역병이라고 판단될 때 조사관들은 굉장한 압박을 받았다. 또한 자살이나 매독 등 사회적으로 손가락질 받는 죽음의 경우, 친척들이 사망 원인을 기록하지 말라고 조사관을 압박하거나 뇌물을 주기도 했다.

조사관은 늘 시체에 노출됐으므로 질병을 옮길 위험이 컸다. 그래서 일할 때면 접근하지 말라는 경고의 의미로 빨간 지팡이를 들었다. 사람이 많이 모인 장소를 피했고, 폐기물을 들고 있을 때는 물길을 따라 걸었다. 이들은 소외당했을 뿐 아니라 마녀로 몰릴 위험도 있었다. 이상한 방식으로 이웃을 감시하고 생사를 결정하는 나이 많은 과부였기 때문이다. 죽음의 조사관은 아마 역사상 가장 불쾌한 직업일 것이다. 그러나 시체 한 구당 수당이 있어서 역병이 창궐할 때면 주머니가 두둑해졌다.

행정구 서기가 조사관들에게 조사 결과를 넘겨받아 종합했다. 조사관은 의학적 훈련을 받지 않은 사람들이었고, 후대에 이들이 기록한 자료를 쓰려던 사람들은 이들의 무지와 일관성 없음을 비판했다. (존 그랜트도 그런 사람 중 하나로, '맥주를 한잔 들이켜고, 은화 한두 푼을 뇌물로 받은 후' 사망 원인을 정확히 판단할 수 있었겠냐며 조사관을 비판했다. 그랜트에 대해서는 뒤에 자세히 다룬다.)

The Diseases and Casualties this Week.

Impofthume	1
Infants	7
Kingfevill	1
Mouldfallen	1
Kild accidentally with a Car-bine, at St. Michael Wood-ftreet	1
Overlaid	1
Rickets	9
Rifing of the Lights	2
Rupture	2
Scalded in a Brewers Mafh, at St. Giles Cripplegate	1
Scurvy	4
Spotted Feaver	2
Stilborn	13
Stopping of the Stomach	11
Suddenly	1
Surfeit	7
Teeth	27
Tiffick	12
Ulcer	1
Vomiting	1
Winde	1
Wormes	1

Bortive	2
Aged	32
Bleeding	1
Childbed	5
Chrifoms	9
Collick	1
Confumption	65
Convulfion	41
Cough	5
Dropfie	43
Drowned at S Kathar. Tower	1
Feaver	47
Flox and Small-pox	15
Flux	3
Found dead in the Street at Stepney	1
Griping in the Guts	15

	Males	121		Males	195	
Chriftned	Females	111	Buried	Females	198	Plague 0
	In all	232		In all	393	

Decreafed in the Burials this Week———— 69

Parifhes clear of the Plague—— 130   Parifhes Infected—— 0

The Affize of Bread fet forth by Order of the Lord Maior and Court of Aldermen; A penny Wheaten Loaf to contain Eleven Ounces, and three half-penny White Loaves the like weight.

1664년 2월 21~28일 사망자 통계표 © Wellcome Collection

    런던 당국은 통계표를 기반으로 역병 대유행을 관리하고 적절히 대응했다. 예를 들어, 역병 사망자가 주당 30명 이상이면 극장 문을 닫았다. 좁은 공간에 사람이 빽빽이 들어차면 감염 위험이 컸기 때문이다.[3] 1592년 이전에는 지배층이 역병 진행을 파악할 수 있도록 사망률이 높은 시기에만 통계표를 만들었던 듯하다. 1593년에는 매주 목요일에 주간 통계표가 출간됐고 잘 팔렸다. 런던 사람들은 통계표를 보고 공공장소에 나가도 안전할지 판단했다. 우리가 내일 등산을 해도 될지 일기예보를 보는 것과 마찬가지다. 1665년, 존 벨 John Bell은 사망자 통계표를 분석한 《런던 비망록London Remembrancer》 에 이렇게 썼다. '사망자 통계표는 활용도가 높았다. 흑사병의 일반적인 진행 상황을 알려주고, 특별히 감염된 장소를 알려주어 그런 장소를 피할 수 있게 했다.'[4] 초기에는 출생과 사망 건수만 역병과 그 외 원인으로 나누어 기재했다. 그러나 1629년부터는 60개 항목으로 사망 원인을 나눠 통계를 냈고, 출생과 사망 건수도 성별로 나눠 표시했다. 당시 빵 시세도 확인할 수 있었다(29쪽 사진 참고). 현재 세계보건기구WHO가 발표하는 사망 원인 자료의 원형이라고 볼 수 있다.

[표-1] 사망자 통계표에 기록된 사망 원인

사망 원인	이에 대한 해석(추정)과 의견
노환(Aged)	현재는 '노환'이 사망 진단서에서 용인되는 사망 원인이 아니지만, 당시에는 60세 또는 70세 이상을 '노환'으로 분류했다.
놀람(Affrighted)	놀라서 사망. 스트레스로 인한 심장마비 또는 뇌졸중으로 추정된다.
뇌졸중(Apoplex)	내부 장기에서 피를 흘림(출혈).
산욕(Childbed)	산욕열. 출산 후 감염.
영아 사망(Chrysome)	생후 1개월 이내의 영아 사망.

폐결핵(Consumption)	폐결핵.
결석(Cut of the stone)	담석.
부주의(Distracted)	말이나 마차가 달려올 때 서성이다가 치인 경우로 추정된다.
수종(Dropsie)	투명한 물 같은 액체가 생겨 신체가 비정상적으로 부어오르는 것. 신장 또는 심장 질병이 원인일 때가 많다.
부스럼(Evil)	연주창(피부샘병)일 수 있다.
현기증(Faintnesse)	간질?
간질(Falling sickness)	간질.
열(Feaver)	고열을 유발하는 모든 감염.
설사(Flux)	이질. 감염성 설사병. '적리(bloody flux)'로도 부름.
복부 통증(Griping in the guts)	위 또는 장 부위의 날카로운 급성 통증. 맹장염(Appendicitis)?
유아 사망(Infants)	어린아이. 전염병으로 사망했을 확률이 높다.
왕의 병(Kings evill)	연주창(Scrofula). 경추와 림프선의 결핵. 왕이 환자에게 손을 대면 치료된다는 미신이 있어, 군주제 국가에서는 오랫동안 연주창을 이 방식으로 치료하려 했다.
우울증(Melancholia)	우울증.
독기(Miasma)	이 시기에는 독성 증기가 공기를 오염시키고 질병을 유발한다고 생각했다(사실이 아니다). 알 수 없는 전염병으로 추정된다.
영아 압사(Overlaid)	산모에 의한 영아 질식사. 사고인 경우도 있지만, 원하지 않은 아이를 죽이는 경우도 많았다.
두통(Paines in the head)	뇌수막염(Meningitis)? 뇌출혈(Brain haemorrhage)?
마비(Palsie)	마비(Paralysis)

저주(Planet-struck)	급성 중증 질병 또는 마비. 해당 날의 별자리 운세가 특히 나쁠 때 이렇게 기록했을 것이다. 당시 점성술은 매우 중요했다.
자색 반점(Purples)	지속적인 피하 출혈로 인한 발진. 세균성 심내막염(Bacterial endocarditis) 또는 뇌척수막염(Cerebrospinal meningitis) 등 다양한 중증 질병의 증상일 수 있다.
폐의 반항(Rising of the lights)	폐가 튀어나올 정도로 기침을 하는 것에 대한 다소 문학적 표현. 기관지 또는 후두가 감염되어 발생하는 후두염일 가능성이 크다. 거칠고 심한 기침과 호흡 곤란이 특징이다. 'Lights'는 폐의 옛말로, 전통적인 정육점에서는 지금도 사용된다.
세인트자일스 크리플게이트 교회에서 양조 과정 중 화상(Scalded in a brewer's mash at St Giles Cripplegate)	말 그대로.
한숨(Sighing)	아마도 천식?
영혼의 침몰(Sinking of the spirits)	우울증?
내장의 정지(Stopping of the stomach)	맹장염?
발한 질병(Sweating sickness)	15세기 영국을 덮친 치명적인 전염병. 정확한 병의 정체는 밝혀지지 않았다.
급사(Suddenly)	전혀 추정 불가능하다. 심장마비? 뇌졸중? 출혈?
치아(Teeth)	이가 나던 영아의 사망.
고난과 압박(Trouble and oppression)	의외로 매우 치명적이다.
스페인병(Spanish disease)	매독(Syphilis). 수치스러운 질병에는 보통 타국의 이름을 붙였다.

사망자 통계표(29쪽)에 나타난 일주일은 나쁘지 않다. 130개 행정구 전역에서 역병으로 죽은 사람이 한 명도 없다. 사망자 통계표에는

모든 출생자가 아닌 세례를 받은 성공회교도만 기록했으므로, 퀘이커교도, 비국교도, 유대인, 가톨릭교도는 빠져 있다. 런던 인구의 3분의 1 정도가 제외된 것이다. 게다가 아이를 낳고도 세금을 내지 않으려고 출생신고를 하지 않는 부모도 많았다. 사망자 393명에 대해서는 알쏭달쏭한 증상이 기록돼 있다. [표-1]은 통계표에 나타난 사망원인의 일부를 정리한 것인데, 실제 무슨 의미인지 불확실한 것이 상당히 많다. 당시 조사관들의 의학 지식이 부족했기 때문만은 아니다. 당대의 묘사를 통해 과거의 질병을 파악하기란 늘 어렵다. 증상에 대한 설명이 부족할 때도 있고, 글자가 제대로 읽히지 않기도 한다. 병원균은 매우 빠르게 변이를 일으키기 때문에 현재와는 증상이 다를 수도 있다.

통계표에 따르면 한 주 동안 치매, 암, 심장병으로 죽은 사람은 없으나, '노환'이나 '급사' 등 다른 용어로 기록된 사망자 중 해당 환자가 있을 수 있다. 어쨌든 전염병이 가장 중요한 사망 원인이라는 것은 확실하다. 1664년 2월 21~28일에서 불과 18개월 후인 1665년 8월 15~22일의 사망자 통계표(35쪽)를 보면, 주간 사망 인원이 393명에서 8,297명으로 늘었다. 130개 행정구 중 96곳에서 역병 사망자가 발생했고 그 수는 0명에서 7,167명으로 늘었다. 이제 암에 대한 기록이 등장하지만 2건뿐이다.

또한 두 통계표를 비교해보면 조사관과 행정구 서기가 기록을 고의로 위조한 흔적이 보인다. 적당히 모호하게 '열'로 처리된 사망이 47명에서 309명으로 늘었는데, 이들은 역병 사망자였을 확률이 매우 높다. 조사관과 행정구 서기는 의무 격리 조치를 막기 위해 역병 사망자의 기록을 다른 원인으로 바꾸라고 압박받는 경우가 많았다. 두 통계표를 비교해 보면 역병이 간헐적으로 창궐했다는 사실을 알 수 있다. 보통은 사망자 없이 휴면기에 있다가 가끔 격렬하게 퍼지며 한 주에 수천 명을 죽음으로 몰아넣었다. 현재 남아 있는 기록을 통해 1560~1665년 자료를 보면, 대부분 역병 사망자가 거의 없다가 한 번씩 전염병이 번지는 패턴이 확연하게 드러난다.[5]

런던에서 마지막으로 역병이 무섭게 돌았던 해는 1665년이었다. 새뮤얼 피프스Samuel Pepys의 유명한 일기에 이 시기가 묘사되어 있다. 18개월 만에 런던 인구의 4분의 1인 약 10만 명이 사망했다. 런던을 떠날 수 있는 사람들은 떠났다. 일례로 왕 찰스 2세도 솔즈베리로 거처를 옮겼다. 마부들이 '죽은 사람을 실으시오!'라고 외치며 길거리를 돌아다니면서 시체 더미를 치웠다. 이듬해 런던은 대화재 Great Fire of London로 파괴됐다. 1665년 이후 런던에서 역병이 큰 문제가 되지 않은 건 도시를 다시 지으면서 의도치 않게 쥐가 줄어들 만한 환경이 조성되었기 때문이었는지도 모른다.

거의 100년간 사망자 통계표의 정보가 역병의 진행을 파악하는 용도로만 쓰였으나, 1662년 전환점이 생겼다.

보험계리사들이 생명보험 비용을 계산하는 등 금융 분야와 관련된 리스크 관리를 맡게 됐는데, 이 과정에서 보험 가입 희망자의 기대수명 추정이 필수였다. 존 그랜트는 처음으로 기대수명 계산에 사망자 통계표 자료를 이용했고, 지금도 완벽히 유효한 훌륭한 연구를 발표했다. 그랜트의《사망표에 관한 자연적 및 정치적 제諸관찰: 정부, 종교, 무역, 성장, 지역, 질병, 그리고 런던의 몇 가지 변화에 대

The Diseases and Casualties this Week.			
		Imposthume	11
		Infants	16
		Killed by a fall from the Belfrey at Alhallows the Great	1
		Kingsevil	2
		Lethargy	1
		Palsie	1
		Plague	7165
A Bortive	5	Rickets	17
Aged	43	Rising of the Lights	11
Ague	2	Scowring	5
Apoplexie	1	Scurvy	2
Bleeding	2	Spleen	1
Burnt in his Bed by a Candle at St. Giles Cripplegate	1	Spotted Feaver	101
		Stilborn	17
Canker	1	Stone	2
Childbed	42	Stopping of the stomach	9
Chrisomes	18	Strangury	1
Consumption	134	Suddenly	1
Convulsion	64	Surfeit	49
Cough	2	Teeth	121
Dropsie	33	Thrush	5
Feaver	309	Timpany	1
Flox and Small-pox	5	Tissick	11
Frighted	3	Vomiting	3
Gowt	1	Winde	3
Grief	3	Wormes	15
Griping in the Guts	51		
Jaundies	5		

	Males	95			Males	4095		
Christned	Females	81		Buried	Females	4202	Plague	7165
	In all	176			In all	8297		

Increased in the Burials this Week————607
Parishes clear of the Plague————4   Parishes Infected————126

The Assize of Bread set forth by Order of the Lord Maior and Court of Aldermen,
A penny Wheaten Loaf to contain Nine Ounces and a half, and three
half-penny White Loaves the like weight.

1665년 8월 15~22일 사망자 통계표 © Wellcome Collection

하여 다룸》(이하 《제관찰》)은 1662년 첫선을 보였다.[6]

　그랜트는 바느질 도구 판매상으로, 아버지에게 물려받은 가게(현재 런던 금융가에 있다)를 운영했다. 군악대에서 비정규 악장으로도 일했다. 그랜트가 어떤 동기로 사망자 통계표를 분석하게 됐는지는 알 수 없다. 그 자신도 '이런 생각을 하게 된 계기를 모르겠다'며, '모든 사망자 통계표를 오랫동안 진지하게 숙독'하게 되었다고 밝혔다.[7]

17세기에는 인구가 몇 명인지 모르는 채 도시나 국가가 운영됐다. 시장이나 왕은 가장 기초적인 정보도 없이 도시와 나라를 다스렸고, 런던처럼 큰 도시도 예외가 아니었다. '경험 많은 사람'들은 런던 인구가 600만~700만 명이라고 주장했는데, 매년 사망자가 1만 5,000명에 불과하다는 사실을 알고 있던 그랜트는 그럴 리 없다고 생각했다. 인구가 600만이라면 매년 400명당 1명꼴로 사망한다는 것이고, 그렇다면 기대수명이 400년에 근접해야 하는데 이는 말이 되지 않는 얘기였다. 그랜트는 정확한 추정치를 찾아 나섰다.

먼저, 가임기 여성 한 명이 2년마다 출산을 한다고 보았다. 매년 1만 2,000명이 태어나므로, 아이를 낳을 수 있는 여성은 2만 4,000명이라는 뜻이다. 성인 여성의 절반이 가임기이고, 각자 8인 가구(남편, 아내, 아이 셋, 고용인 또는 하숙인 셋)라 가정하면, 인구는 24,000×2×8로 계산해 38만 4,000명이 된다.

둘째, 개인적인 조사를 통해 전년도에 열한 가구 중 세 가구에서 사망자가 발생했다는 정보를 얻었다. 그러므로 총 사망자 13,000에 11/3을 곱하면 4만 8,000가구인데, 역시 한 가구를 8명이라 가정하면 48,000×8=38만 4,000명이다.

마지막으로 런던 지도를 보고 집 수를 기반으로 인구를 계산했는데 거의 비슷한 결과가 나왔다. 런던 인구는 40만 명 정도로, 기존에 알려진 것보다 훨씬 적다는 사실을 알 수 있었다. 이제 왕이 군대에 동원할 수 있는 '전투 가능 인구'가 몇 명인지 추정할 수 있게 됐녀.

완벽하지는 않겠지만, 인구 조사 없이 어림짐작만 하던 시절에 비하면 엄청난 발전이었다. 같은 문제를 놓고 다양한 방법을 동원해서 같은 답이 나오는지 확인한 점도 매우 훌륭하다.

그랜트는《제관찰》에 인구 추정치를 넣을 때 걱정이 많았다고 한다. 인구 조사는 '다윗의 죄sin of David'에 해당했기 때문이다.《역대기 I Chronicles 1》21장에 따르면, 사탄은 인구가 몇 명인지 조사해 보라고 다윗 왕을 유혹한다. 다윗은 이스라엘과 유다 땅에 군인 157만 명이 살고 있음을 알게 됐다. 신은 (이유는 알 수 없지만) 화가 나서 다윗에게 죄에 대한 벌을 받으라며 세 가지 선택지를 주었다. 3년의 기근, 3개월간 적을 피해 도주 또는 3일의 역병이었다. 다윗은 결정하지 못했고, 신이 역병을 선택하여 7만 명이 죽었다. 그랜트는 '인구가 많은 곳의 사람 수를 계산하려다가 오해를 산 다윗의 사례 때문에 두려웠으나', 결국 공포를 이기고《제관찰》에 인구 조사 결과를 수록했다.

그랜트는 인구 및 보험 통계에서 사용하는 중요한 도구인 생명표를 발명했다. 생명표는 연령대별 사망자 수를 보여준다. [표-2]는 현대식으로 표시한 그랜트의 자료다.

[표-2] 존 그랜트가 발명한 최초의 생명표

연령	해당 연령대의 사망 가능성	연령대 시작점의 생존 인원	해당 연령대의 사망 인원	연령대 시작점의 기대수명(년)
0-6	0.36	100	36	15

6-16	0.38	64	24	16
16-26	0.38	40	15	15
26-36	0.36	25	9	14
36-46	0.38	16	6	13
46-56	0.40	10	4	10
56-66	0.50	6	3	7
66-76	0.67	3	2	3
76 이상	1.0	1	1	5

1661년에 태어난 아이 100명으로 시작해보자. 64명만 6세까지 살아남고, 그중 46세까지 살아 있는 사람은 불과 10명이다. 출생 시 기대수명은 15년에 그친다. 36세의 기대수명은 그때부터 13년이다. 6세부터 56세까지 매년 사망 가능성은 4% 정도다. 이보다 나이가 어리거나 많으면 사망 가능성은 더 크다. 통계를 보면 왜 그렇게 아이를 많이 낳았는지 알 만하다. 20대 중반까지 생존하는 사람이 넷 중 하나뿐이다.

물론 런던은 건강하게 살 수 있는 곳은 아니었다. 그랜트는 1603년부터 40년간 사망자 통계표상 사망자가 36만 3,935명, 출생자는 33만 747명임을 지적한다. 사망자가 출생자보다 많다면 런던 인구는 줄어들어야 한다. 사람들은 '매일 새로운 터에 더 많은 건물이 세워지고 대저택이 작은 다세대 주택으로 바뀌고 있다'고 반박했다. 이에 그랜트는 '외부에서 런던으로 인구가 유입되고 있다'고 설명했다.[8] 17세기 도시는 시골보다 훨씬 건강하지 못한('연기와 악취가 가장 심한'[9]) 곳이었다. 그런데도 수천 명이 도시로 모여들었다.

그랜트는 14:13의 성비로 남자가 여자보다 많이 태어나는 현상을 확인하고 이것은 궁극적으로 남녀 수를 맞추기 위한 자연의 섭리라고 주장했다. 젊은 여자에 비해 남자가 변사하거나(전쟁, 불의의 사고, 어업 중 익사 등) 처형당하는 일이 더 흔했고, 이민 가거나, 고등 교육을 좇느라 가정을 꾸리지 않는 경우도 더 많았다. 그래서 결혼 적령기 즈음에는 남자 수가 줄어 남녀 인구가 거의 비슷해졌다. [표-3]은 그랜트가 20년 이상에 걸친 런던에서의 사망 22만 9,250건에 대해 직접 용어를 만들어 분류한 내용이다. 현대의 통계([표-4])와의 공통점은 거의 찾아볼 수 없다. [표-3]에서 가장 비중이 큰 분류는 단연 '5세 미만 유아의 병사'다.

또한 그랜트는 전혀 보고되지 않던 구루병이 1634년 이후 증가하는 추세를 눈여겨보고, 신종 질병이라고 결론 내렸다. 지금은 구루병의 원인이 비타민D 부족이며 햇빛을 보지 못할 때 발생한다는 사실이 알려져 있다. 그러므로 1634년에 구루병이 처음 나타났을 확률은 희박하다. 그보다는 조사관들이 이 병을 알게 되어 사망 원인으로 보고하는 일이 늘었거나, 런던의 스모그가 심해지면서 아이들이 구루병에 걸리는 일이 늘었거나 둘 중 하나일 것이다. 템스강이 오염되면서 비타민D가 풍부한 기름진 생선의 소비가 줄었을 수도 있다. 중요한 것은 신종 질병이 나타날 수 있으며, 이때 수치가 달라질 수 있음을 그랜트가 파악했다는 것이다.

[표-3] 17세기 초 20년간 런던에서 성공회 장례를 치른 사망자의 사망 원인

원인	사망자 수
5세 미만 유아 질병(아구창, 경기, 구루병, 생치열, 기생충; 유산, 영아돌연사, 유아 사망, 간비대, 영아 압사 포함)	71,124
천연두, 돈두(豚痘), 홍역, 기생충	12,210
외부 증상(암, 누공, 상처, 궤양, 골절, 타박상, 농양, 소양증, 연주창, 나병, 백선, 두종, 종기)	4,000
악명 높은 질병	
뇌졸중	1,306
결석	38
간질	74
객사	243
통풍	134
두통	51
황달	998
무기력	67
나병	6
정신병	158
압사 및 아사	529
마비	423
장기 파열	201
결석 및 유통성 배뇨 곤란	863
좌골 신경통	5
급사	454
사고사	
출혈	69
화상 및 열상	125

익사	829
과음	2
공포	22
슬픔	279
목매달아 자살	222
여러 건의 사고로 사망	1,021
살해	86
중독	14
질식	26
총살	7
아사	51
구토	136

전체 인구를 성별, 거주지, 직업 등 하위분류로 나누면서, 이러한 요소들이 인간 건강에 미치는 영향을 측정할 수 있게 됐다. 그렇게 질병 및 건강 관련 상태의 분포 양상과 그 원인을 연구하는 역학의 기초가 마련됐다. 그랜트는 얇은 책 한 권으로 통계학, 인구통계학, 보험계리학, 역학의 창시자 중 하나라고 평가받게 됐다. 그는 한 개인에게 어떤 일이 일어날지 예측하기란 불가능하지만, 한 집단의 미래를 타당하게 추론할 수 있음을 보여주었다. 하지만 논쟁의 여지가 큰 문제였다. 인간의 행동을 예측하는 행위는 자유의지를 부정하는 것으로 해석될 수 있었기 때문이다.

동시대인들은 그랜트의 《제관찰》에 깊은 인상을 받았다.[10] 이 책이 출간된 지 한 달도 되지 않아 그때도 지금도 영국의 가장 명망 높은 과학자 집단인 런던 왕립학회Royal Society는 그에게 가입을 제안했다. 《제관찰》은 이후 14년에 걸쳐 영국과 유럽 전역에서 5개판으로 출간됐다. 네덜란드 총리 요한 드 비트Johan De Witt는 그랜트의 방법에 영감을 받아 생존율을 기반으로 생명보험 가격을 정했다. 존 그랜트가 개발한 생명표는 지금도 다양한 미래 예측의 근거가 된다.

공공 보건의 수요를 판단하고 시대에 따라 사망 원인이 어떻게 달라졌는지 이해하려면 죽음을 분류해야 한다. 19세기 공중보건 공무원들의 노력으로 질병 분류의 표준화가 이뤄졌는데, 잉글랜드&웨일스 호적등기소 최초의 의학 통계학자였던 윌리엄 파William Farr가 그중 하나다. 파는 1842년 사망자 통계표의 부적절성을 지적했다.

> 부족함이 있다고 해도 통일된 통계적 명명법은 분명한 이점이 있다. 사망자 통계표에 이를 도입하지 않다니 놀라울 따름이다. 한 질병이 서너 가지 용어로 명시된 경우가 많았고, 한 용어가 여러 질병을 지칭하기도 했다. 모호하고 불편한 명칭이 사용됐으며, 주된 질병이 아니라 합병증이 사망 원인으로 등록되기도 했다. 질병 조사 분야에서 명명법은 물리학의 도량형과 측정법만큼이나 중요하므로 지금 당장 정리해야 한다.[11]

이와 같은 주장으로 1853년 브뤼셀에서 열린 최초의 국제 통계학 학술대회International Statistical Congress에서 윌리엄 파와 제네바의 마크 데스핀Marc D'espine 박사는 국제적으로 사용할 통일된 사망 원인 분류표 개발을 의뢰받았다. 2년 후 파와 데스핀은 각자 다른 원칙을 세워 목록을 제출했다. 파의 분류표는 대분류가 5개였다. 즉, 전염성 질환, 체질성(일반) 질환, 신체 부위에 따라 정리한 국소성 질환, 발달성 질환, 폭력으로 인한 질환으로 분류됐다. 데스핀은 성질(예를 들면, 혈류에 영향을 미침)에 따라 질병을 분류했다. 두 제안서 모두 타당성이 있었으므로, 둘을 합쳐 사망 원인은 139개로 정리됐다.

조사관의 기분에 따라 사망 원인을 기재하던 사망자 통계표에 비하면 확실히 한 걸음 나아갔지만, 학술대회에서 도출한 목록은 여전히 논의의 대상이었고 모든 곳에서 사용되지는 않았다. 그래서 국제통계협회International Statistics Institute는 1891년 비엔나 회의에서 파리 통계청장 자크 베르티용Jacques Bertillon을 회장으로 위원회를 구성하여 새로운 사망 원인 분류표를 만들기로 했다. 1893년, 베르티용은 시카고에서 보고서를 발표했다. 파리에서 쓰이던 분류를 기반으로 했는데, 파의 원칙을 채택하고 프랑스와 독일, 스위스의 우수 사례를 모은 것이었다. 베르티용의 사망 원인 분류는 1898년 승인되어 캐나다, 멕시코, 미국 등 많은 국가와 도시에서 채택됐고, 나중에 국제질병분류International Classification of Diseases, ICD로 알려진다.[12] 현재까지 안정적으로 사망 원인과 관련된 자료를 쌓아온 시간은 120년 정도인 셈이다. 왜 인간이 죽었는지에 대한 그 이전의 진단과 기록은 믿기 어렵다.

이후 약 10년마다 국제질병분류는 새로운 의학 지식을 반영하여 수정됐다. 지금은 세계보건기구에서 이를 관리한다. 현재는 2019년 발표된 ICD-11을 사용 중이다.[13] 오늘날의 가장 흔한 사망 원인 20가지는 [표-4]와 같다. 세계보건기구가 모든 국가에서 정보를 수집하여 사망 관련 자료를 기록하면서 얻은 결과다.[14] 5,500만 건의 사망이 수천 개로 분류되어 있다. 전염병이 사라졌다고는 절대 말할 수 없지만, 심장병이나 뇌졸중, 암, 치매, 당뇨와 같은 비전염성 질병의 비중이 높다.

국제질병분류 코드에 따라 세계 어느 곳의 의사도 같은 판단을 내릴 수 있다. 예를 들어, 분류2는 악성 암을 의미하며 2E65는 유방암이다. 분류8은 신경계 질병을 의미하며, 8A40은 다발성 경화증이다.[15]

[표-4] 2019년 세계 사망 원인 상위 20개 항목[16]

원인	사망자 수 (단위: 1,000)
허혈성 심장질환	8,885
뇌졸중	6,194
만성 폐쇄성 폐질환	3,228
하부 호흡기 감염	2,593
신생아 사망	2,038
기도, 기관지, 폐암	1,784
알츠하이머와 기타 치매	1,639
설사성 질환	1,519
진성 당뇨병	1,496
신장질환	1,334
간경변	1,315
교통사고 부상	1,282
결핵	1,208
고혈압성 심장질환	1,149
결장 및 직장암	916
위암	831

자해	703
낙상	684
HIV/AIDS	675
유방암	640

영국에서는 대부분 병원이나 호스피스 병동, 집에서 마음의 준비를 하고 죽는다. 환자의 마지막을 지켜본 의사가 사망 원인 진단서medical certificate of the cause of death, MCCD를 발급한다. 단순한 사망 진단서에는 다들 익숙할 것이다. 여기도 사망 원인이 기록되긴 하는데, 사망 원인 진단서는 이보다 조금 더 복잡하다. 다음 항목이 포함돼 있다.

사망 원인

I. (a) 직접 사인 (질병 또는 증상)

ㅤㅤㅤㅤ_____

ㅤㅤ(b) I (a)의 원인 질병 또는 증상 (있을 경우)

ㅤㅤㅤㅤ_____

ㅤㅤ(c) I (b)의 원인 질병 또는 증상 (있을 경우)

ㅤㅤㅤㅤ_____

II. 기타 사망에 영향을 주었으나 (a)~(c)와 관계없는 중요한 증상

ㅤㅤㅤㅤ_____

어떤 환자가 HIV 양성 판정을 받았고 후천성 면역 결핍증AIDS으로 발전하여 면역 체계가 완전히 약해졌다고 하자. 그리고 크립토코커스Cryptococcus라는 균류가 혈액에 심각한 진균감염을 일으켜 죽음에 이르렀다. 환자가 흡연자라서 폐기종이 있었다면 크립토코커스에 감염될 확률이 더 높아진다.[17] 의사는 이 정보를 MCCD에 다음과 같이 기록한다.

국제 사망 원인 진단서 양식

	사망 원인	발병부터 사망까지 대략적인 기간
I. 직접 사인 (질병 또는 증상)*	(a) 크립토코커스 패혈증	3개월
선행 원인 위 사인을 발생시킨 병적 증상(있을 경우). 근본적인 증상을 마지막에 기재.	(b) 후천성 면역 결핍증	2년
	(c) HIV 감염	8년
	(d)	
II. 기타 사망에 영향을 주었으나 직접적인 사인인 질병 또는 증상과 관계없는 중요한 증상	흡연	25년
* 사망의 유형, 예를 들어 심정지, 호흡 부전 등을 의미하지 않음. 사망을 초래한 질병, 부상 또는 합병증을 의미함.		

후천성 면역 결핍증 사망자의 MCCD 양식 사례

이 절차는 간단해 보이지만, 여러 이유로 복잡해질 수 있다. 먼저, 모든 사망이 의사가 원인을 분명히 알 수 있는 자연사가 아니다. 자연사가 아니라고 판정되면, 부검의 형태로 법적 문제가 끼어든다. 비자연적 사망이란 폭력, 중독, 자해, 방치, 의학적 처치나 업무 중 부상으로 인한 사망을 말한다. 또한 사망 원인을 알 수 없거나 의심스러운 경우, 사망자가 교도소에 있거나 신원을 파악할 수 없는 경우에도 검시관이 조사한다. 검시관은 병리학자에게 사후 검사(부검)를 의뢰할 수 있다. 유가족의 동의를 받아 의사가 부검 허가를 구하는 일도 있다. 환자가 갑자기 질병으로 사망했을 때 인지하지 못한 증상이 있었는지 밝히려는 것이다.

검시관이 사인 규명을 요구하면 법적 문제가 더 생긴다. 여기서 목표는 누군가를 심판한다기보다 사망 원인을 판단하는 것이다. 그러나 이 절차는 검시관이 판사, 증인, 때때로 배심원이 되어 재판처럼 진행된다. 결론은 자연사, 사고사, 미필적 고의로 인한 사망, 자살 또는 살해가 있다. 살해 또는 미필적 고의에 의한 사망의 경우, 형사 재판이 뒤따른다.

자살이 의심되는 사건은 늘 검시관이 담당한다. 여기서 검시관은 형사 재판과 마찬가지로 의심의 여지가 없을 때만 자살로 판단한다. 자살로 기록되려면 근거가 충분해야 한다. 자살은 사회적으로 부끄러운 일이라 여겨진다. 그러니 중독이나 교통사고 등 사고사로 기록된 죽음도 실제로는 자살일 수 있다. 실제 자살자 수는 보고된 것보다 많다고 봐야 한다. 의사도 여러 방식으로 사망을 보고한다. 가장 논란의 여지가 큰 부분은 사망 원인 진단서의 II 항목, 즉 사망에 영향을 준 기존 증상이다. 과체중 흡연자가 심정지로 사망하면, 비만이나 흡연을 기여 요인으로 기록하는 의사도 있다. 반면 유족의 마음을 헤아려 쓰지 않는 의사도 있다. 사망자가 스스로 죽음을 앞당겼다고 생각하면 유족이 더 슬플 것이다.

영국에서는 사망 원인 진단서가 발행되면 유족이 등기소에 사망 신고를 하여 사망증명서를 받는다. 이렇게 등록된 자료가 국립통계청national Office of Statistics으로 전달되고, 여기서 정보를 취합하여 세계 보건기구에 넘긴다. 이 작업 덕분에 오늘날 수천 명의 존 그랜트가 세계 곳곳의 사망 원인을 비교할 수 있다. 합의된 사망 원인 분류를 사용하여 작성한 공공 보건 자료를 믿고, 질병을 예방하고 치료할 방법을 찾을 수 있게 된 것이다.

03장

Live Long and Prosper

건강하게 오래 살기

기대수명은 행복하고 건강한 삶을 하나의 수치로 보여주는 중요한 지표다. 고대와 중세 시대에는 기대수명이 30세 전후였으나, 오늘날 건강하고 부유한 국가에서는 80세 이상으로 대폭 늘었다. 기대수명이 유의미하게 달라지려면 인간의 삶에 중대한 변화가 발생해야 한다. 산업화, 대규모 전쟁, 기근, 전염병 또는 천연두처럼 중요한 질병의 치료 등이 그 사례다. 역사적 사건이 단기, 장기적으로 기대수명을 바꿀 수도 있다. 이 장에서는 수천 년간 전 세계에서 기대수명이 어떻게 인류 건강의 가장 큰 변화를 반영하며 변해왔는지 살펴볼 것이다.

출생 시 기대수명은 현재 사망률이 유지될 때 출생자가 앞으로 생존하리라 기대되는 평균 기간으로 정의된다. 2015년 영국에서 출생 시 기대수명은 남자가 79.2, 여자가 82.9였다. 서유럽 국가들은 대부분 비슷한 수준이며, 영국은 세계 20위다.[1] 세계 1위는 남자 80.5세, 여자 86.8세인 일본이고, 스위스, 싱가포르, 호주, 스페인이 그 뒤를 따른다. 동아시아와 유럽의 부유한 국가들과 캐나다, 호주, 뉴질랜드가 상위 25위까지를 차지하고 있다. 남녀 평균 79.3세인 미국이 코스타리카와 쿠바 사이에서 31위다. 중국은 76.1세로 53위, 러시아는 70.5세로 110위, 인도가 68.3세로 125위다. 하위 37개국은 유일하게 아프리카 국가가 아닌 아프가니스탄을 빼고, 모두 사하라 이남 아프리카 국가들이다. 남자 49.3세, 여자 50.8세인 시에라리온이 최하위 국가다.

기대수명은 물론 숫자에 불과하다. 연령대별 사망 가능성을 통해 얻을 수 있는 정보는 훨씬 더 많다. 다음 그래프는 남성과 여성의 연령대별 사망자 수를 보여주는데, 여성보다 남성이 젊은 나이에 사망할 가능성이 크며, 신생아와 60세는 사망 위험이 비슷하다는 사실을 깔끔하게 나타내고 있다. 부록(402쪽)에서 전체 자료와 함께, 출생 시 기대수명뿐 아니라 연령대별 기대수명을 계산할 때 이들 수치가 어떻게 활용되는지 확인할 수 있다.

그러나 정확한 정보가 남아 있지 않은 과거에 사람들이 얼마나 살았는지는 알기 어렵다. 기록이 전혀 남아 있지 않을 때가 많다. 물론 묘비에 출생일과 사망일이 표시돼 있긴 하지만, 그걸 기준으로 한다면 묘비를 만들 여유가 있던 사람들에 통계가 치우칠 수 있다.

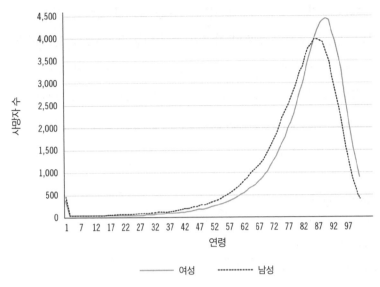

남성 10만 명과 여성 10만 명의 연령대별 사망자 수, 영국, 2014-2016.[2]

또한 부유층이라도 영아 사망은 묘비로 기록하지 않았을 것이다. 비바람을 맞아 묘비의 글씨가 지워지기도 했다. 문헌이나 묘비 기록이 없으면 정보의 주 원천은 유골이다. 묘지를 살펴보면 사망자 수와 사망자 연령, 성별, 출생률, 사망률, 가족의 크기, 인구 규모, 영양과 질병, 신체 활동의 영향 등을 알아내 도시 전체 인구 분포의 큰 그림을 재구성할 수 있다.

유골을 통해 쉽게 알 수 있는 건강 관련 정보(키, 관절염, 골절 등)가 있다. 출산으로 인한 골반뼈 형태 변형을 관찰하여 여성이 아이를 낳은 적이 있는지 확인할 수도 있다. 현장 가까이 살았던 모든 사람의 유골이 있다고 가정하면, 전체 지역사회에 대한 정확한 그림을 얻을 수 있다.[3]

이제 과거 기대수명의 네 가지 사례를 살펴볼 것이다. 비슷한 시대의 다른 장소보다 정확한 자료가 남아 있는 곳들로, 고대 그리스, 로마 제국, 중세 영국 귀족 사회, 1816년부터의 프랑스이다.

고대 그리스의 가장 큰 도시는 아테네와 코린트였다. 20세기에 두 도시의 기원전 650~기원전 350년의 묘지를 발굴하면서 다음과 같은 사실을 알아냈다.

남성 평균 사망 연령	44
여성 평균 사망 연령	36
성인 여성 1명당 출생자 수	4.5
아동 성비, 남성 대 여성	145 : 100
성인 성비, 남성 대 여성	129 : 100

왜 남자가 더 많은지는 알 수 없다.[4] 성인 여성의 뼈는 남성보다 다소 빨리 부패하는 경향이 있으므로 자료가 편향되었을지도 모른다. 영아 살해 풍습이 있었고 여자아이를 남자아이보다 많이 죽였다는 가설도 성비 불균형을 설명한다. 하지만 남성의 유해는 유골함에 담아 공동묘지에 따로 매장한 반면, 여성은 지위가 높지 않다면 유골함 없이 묻었다는 설명이 좀 더 설득력 있다. 사망자의 3분의 1 이상이 15세 미만 아이들이었으므로, 인구를 유지하려면 조혼과 다산이 필수적이었다.

로마 제국의 인구 구조 추정은 까다롭다. 양질의 자료가 없기 때문이다. 그래도 시도는 해볼 수 있다. 다음 그래프는 미시간대 고전학 교수 브루스 프라이어Bruce Frier의 생명표 모델[5]을 사용하여, 서기

1세기와 2세기 로마 남성과 여성의 생존곡선을 표시한 것이다. 문서 기록과 묘비 등 다양한 출처의 자료를 취합하여 만들었다. 로마 제국 일반 국민에 대한 최고의 생존율 데이터는 서기 1~3세기 로마 통치하의 이집트에서 1,100명 이상을 대상으로 한 300건의 인구조사 결과다. 당시 이집트인의 출생 시 기대수명은 22~25세였다.[6] 비교를 위해 2016년 영국의 자료도 함께 표시했다. 그래프는 10만 명으로 시작하여 각 연령대에 몇 명이 생존했는지 보여준다. 로마 여성의 50%는 12세까지 살았으며, 로마 남성의 50%는 7세까지밖에 살지 못했다. 현대에서는 대부분 80세 넘게 산다. 로마 시대에 그렇게까지 오래 산 사람은 극히 일부였다.

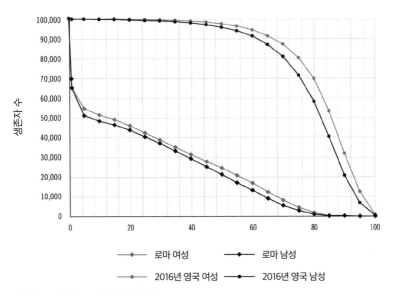

현대와 비교한 로마 제국의 생존율 곡선

그래프에 표시된 데이터에 따르면, 로마 시대 출생 시 기대수명은 경악할 정도로 낮다. 여성은 25세, 남성은 23세로, 고대 아테네와 코린트보다도 낮은 수치다. 게다가 영아 사망률이 매우 높다. 아이가 5세까지 살아남으면 기대수명은 여성의 경우 40세, 남성은 39세까지 뛰어올랐다. 이 생존율 곡선은 대략적인 추정치일 뿐이며, 시대와 국가에 따라 매우 큰 차이가 있었을 것이다. 유일하게 남아 있는 고대의 생명표가 있는데, 울피아누스의 표Ulpian's table라고 한다.[7,8]

[표-5] 울피아누스의 생명표

연령(x)	x세일 때의 기대수명
0~20	30
20~25	28
25~30	25
30~35	22
35~40	20
40~50	59-연령(x)
50~55	9
55~60	7
60+	5

　　[표-5]로 표시된 울피아누스의 표는 앞의 생존율 곡선을 만들 때도 참고한 자료다. 흥미로운 수치지만, 정확한 의미는 확실하지 않다. 기대수명은 이후 생존하리라 기대되는 기간의 평균일 수도 있고, 중앙값(절반의 사람이 살아남는 나이)일 수도 있다. 이 표가 어디에 쓰였는지도 불분명하다. 유산에 대한 세금을 계산하는 데 쓰였을지도 모른다.[9] 노예는 재산으로 취급됐으므로, 노예의 가치는 몇 년간 부

려먹을 수 있는지에 따라 정해졌다. 그러므로 이 자료는 노예의 기대수명일지도 모른다. 그렇다면 27세 노예에 대한 세금은 65세 노예보다 다섯 배 높았을 것이다. 65세 노예의 기대수명은 5년에 불과하지만, 27세 노예의 기대수명은 25년이기 때문이다. 로마 제국의 자유로운 평민은 노예보다 오래 살았을 것 같지만 어쩌면 그 반대일지도 모른다. 노예를 부리는 부자는 재산을 잃지 않으려고 노예를 오래 살려 놓으려 했지만, 아프고 굶주리는 자유민을 돌봐주는 사람은 없었다. 같은 노예 신분이라 해도 삶의 질은 굉장히 다를 수 있다. 교육을 받은 부유한 가문의 필경사는 괜찮은 대접을 받고 나이 들 때까지 살았겠지만, 스페인 은광 노예는 그럴 수 없었을 것이다.

로마 제국의 사망률이 매우 높았던 데는 몇 가지 이유가 있다.

· 로마의 의학은 중요한 사망 원인이었던 전염병에 효과적으로 대응하지 못했다.

· 인구의 절대 다수가 영양 부족 상태여서 감염을 이겨낼 힘이 없었다.

· 기술자들이 수도관과 하수도를 훌륭하게 만들었음에도 수인성 전염병의 전파를 막기에는 역부족이었다. 사람이 붐비는 공용 목욕탕에서 쓰이는 물은 전혀 깨끗하지 않았다.

· 대도시와 지중해를 가로지르는 무역선을 연결하는 유명한 로마의 도로는 신종 질병이 빠르게 퍼지는 데 일조했다.

· 로마 정부는 전염병 창궐을 막으려는 조치, 즉 의무적 격리나 해충 박멸 등을 거의 하지 않았다.[10]

유럽에서 이와 같은 문제를 해결하려는 진지한 노력이 시작된

건 거의 1,000년이 흐른 뒤였다.

중세에는 일부 가문에 대한 문서 기록이 남아 있는데, 주로 귀족 가문의 자료다. 다음 사례를 보자. 에드워드 플랜태저넷Edward Plantagenet은 1254년 엘레아노르 카스티야Eleanor of Castile와 결혼했다. 나이는 각각 15세, 13세였다. 둘 다 매우 어렸고 정치적으로 맺어진 정략결혼이었지만, 서로 깊이 사랑했다. 링컨에서 런던의 채링크로스까지 장례식 행렬이 머문 곳마다 엘레아노르를 기리는 화려한 십자가가 세워진 것만 봐도 알 수 있다.[11] 엘레아노르와 에드워드는 아이를 최소 16명 낳았다. 엘레아노르는 귀족 여성이었으니 아이에게 대신 젖을 먹일 유모가 있었을 것이다. 피임 효과가 있는 모유 수유를 하지 않아도 됐으니, 당시 여성들보다 터울이 적은 아이들을 낳을 수 있었을 것이다. 엘레아노르가 1290년 49세의 나이로 사망한 후, 에드워드는 마거릿 프랑스Margaret of France와 재혼하여 아이 셋을 더 낳았다. [표-6]은 에드워드의 자녀들에 대한 자료다. 몇몇은 사산됐는지, 신생아일 때 죽었는지 불확실하다. 기록에는 없으나 엘레아노르는 유산 경험이 있을 가능성도 있다.

[표-6] 영국 왕 에드워드 Ⅰ세의 자녀들

엘레아노르 카스티야 소생	출생 ~ 사망	사망 시 연령
성명 미상의 딸	1255	사산
캐서린	1261~64	3
조안	1265~65	⟨1
존	1266~71	5
헨리	1268~74	6

엘레아노르	1269~98	29
줄리아나	1271	⟨1
조안	1272~1307	35
알폰소	1273~84	11
마거릿	1275~1333	58
베렝가리아	1276~78	2
성명 미상의 딸	1278	⟨1
메리	1279~1332	53
성명 미상의 아들	1281	⟨1
엘리자베스	1282~1316	34
에드워드	1284~1327	43
마거릿 프랑스 소생		
토머스	1300~38	38
에드먼드	1301~30	29
엘레아노르	1306~10	4

에드워드 플랜태저넷은 1272년부터 1307년까지 에드워드 1세로 영국을 다스렸다. 왕의 의무는 전쟁으로 스코틀랜드와 프랑스를 호되게 쓸어버리는 것으로 끝나지 않았다. 왕위가 비어 있거나, 후계가 불명확해서 내전이 일어나거나, 어린아이가 왕좌에 오르는 상황이 생기지 않도록 왕국을 물려줄 후계 왕자를 생산해야 했다. 에드워드와 엘레아노르는 아들 다섯과 딸 열하나를 낳았다. 다섯째 아들이자 열여섯째 자식인 에드워드만 성인이 될 때까지 살아남아 에드워드 2세로 즉위했다. 엘레아노르는 최소 16번의 임신과 출산을 반복하고서야 성인이 될 때까지 살아남을 만큼 운이 좋은 후계자를 얻

을 수 있었던 셈이다. 엘레아노르는 첫 딸부터 다섯 명을 연달아, 모두 열 명이 넘는 아이를 먼저 보냈다. 에드워드의 자녀 19명의 평균 수명은 18세밖에 되지 않았고, 여섯 살을 넘긴 아이는 절반뿐이다. 에드워드와 엘레아노르는 당시 최고의 삶을 누렸다. 걸핏하면 굶는 평민과 달리 음식이 부족해서 걱정한 적은 없었다. 하지만 엄청난 부와 권력을 가지고도 몇 번이고 아이들이 죽어 가는데 손을 쓸 수 없었던 듯하다. 부모는 늘 깊은 슬픔에 빠진 채 남은 아이가 언제 병에 걸릴지 몰라 두려움 속에 살았을 것이다.

역사학자들은 모든 데이터를 종합해 봤을 때, 중세의 기대수명이 30~40세였을 것이라고 추정한다.[12] 그러나 이는 흑사병 발발 이전이었다. 차차 다루겠지만, 흑사병으로 상황은 훨씬 더 나빠졌다.

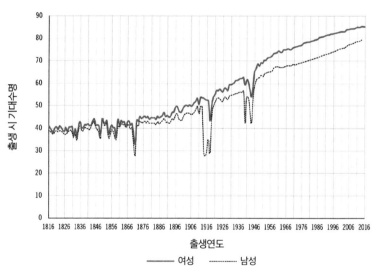

프랑스의 출생 시 기대수명, 1816~2016[13]

수명을 포함한 모든 국민의 데이터를 본격적으로 수집한 건 19세기부터였다. 이 그래프는 1816년부터 2016년까지 프랑스의 기대수명이 어떻게 변화했는지 보여준다. 200년간 양질의 데이터를 기록해온 프랑스는 전형적인 선진국이다. 이 시기 동안, 기대수명은 두 배 이상 늘어서 여자는 41.1세에서 85.3세, 남자는 39.1세에서 79.3세가 됐다.

[표-7] 프랑스에서 1816년 이후 기대수명에 영향을 준 역사적 사건

연도	사건 및 설명
1816~1865	거의 변화 없음. 일시적 감소는 1832년 콜레라 등 전염병으로 인한 것이다.
1870~1871	프로이센-프랑스 전쟁. 프로이센군이 이끄는 독일 연합군과 프랑스가 6개월간 전쟁을 벌였다. 프랑스가 파리 포위전을 포함하여 중요한 전투에 패배하면서 프로이센 황제가 독일을 통일한다. 프랑스 황제 나폴레옹 3세가 항복하고 알자스-로렌 지방이 프랑스에서 독일로 이양됐다. (미래에 문제가 된다.)
1871~1940	유아 예방접종과 영양상태 개선 등 주로 영유아 생활환경 개선에 힘입어 기대수명이 증가한다.
1914~1918	제1차 세계대전. 프랑스군 사상자는 140만 명이었다. 전국에서 사망자가 없는 마을은 하나(노르망디의 티옹빌)뿐이었다. 여성보다 남성의 사망률이 높았고, 여성 다수는 과부가 됐다.
1918~1919	스페인독감. 역사상 가장 치명적인 전염병 중 하나. 인플루엔자 바이러스의 H1N1 아형이 세계적으로 5,000만~1억 명을 사망에 이르게 했다. 청년층 사망자 비율이 높았기 때문에 기대수명에 특히 심각한 영향을 미쳤다. 전쟁으로 인한 몇 년간의 영양실조 때문에 여러 국가에서 질병 저항력이 특히 낮아져 있기도 했다.
1929	월 스트리트 붕괴와 대공황 시작. 실업자와 노숙자가 대폭 늘어났다.

1939~1945	제2차 세계대전. 프랑스 인구는 두 차례 급감하여 1940년, 1944년에 저점을 찍는다. 독일군이 침공하고 프랑스군이 패한 1940년에는 사망자가 대부분 남성이다. 1944년 일명 'D-데이' 연합군 상륙 작전 이후, 프랑스는 광역 폭격을 당하고 전장이 되어 여성들도 크게 영향을 받았다. 그래도 남성 사상자가 여성보다 많았다. 샤를 드골의 자유프랑스군을 비롯한 군대에 합류해 싸우다 사망했기 때문이다.
1946~1955	식량 배급제 종료, 영양상태 개선. 페니실린을 필두로 항생제가 도입됐다. 기대수명이 빠르게 높아진다.
1955~현재	주로 노년층 수명 연장에 힘입은 기대수명 상승. 심장질환, 암, 기타 셀 수 없이 많은 질병의 치료법이 개발됐다. 흡연 인구가 줄었다.

이 자료를 다른 시각에서 보면, 프랑스인의 기대수명은 1816년 이래 하루 평균 5시간씩 길어졌다. 프랑스인은 매일 24시간씩 죽음에 다가가지만, 의학, 영양, 위생, 우수 행정, 무역, 평화 등으로 죽음은 다시 5시간 물러난다는 얘기다. 21세기 초는 역사상 가장 건강한 시대였다. 어떻게 이런 성과를 이뤘는지 나중에 더 자세히 살펴보겠지만, 기대수명을 연장한 몇몇 역사적 사건이 눈에 띈다([표-7]). 전쟁 등 나쁜 일이 일어나면 그래프가 갑자기 푹 파이고, 항생제 도입 등 좋은 일이 있으면 지속적 상승이 나타난다.

과거 프랑스의 기대수명을 오늘날의 여러 국가와 비교해보자. 프랑스의 기대수명이 현재의 시에라리온과 같은 50.1세에 도달한 것은 1910년이다. 현재 전 세계에서 가장 기대수명이 낮은 시에라리온은 최고 수준 선진국의 100년 전과 건강 상태가 유사하다고 볼 수 있다. 프랑스는 1946년에 현재의 아프가니스탄 수준에 도달했다(60.5세). 아프가니스탄은 지금 여러 면에서 실패한 국가로 평가된다. 정부는 기능을 하지 못하며 곳곳에서 내전과 테러가 일어난다. 과거

소련과 미국의 침공으로 심각한 피해도 보았다. 그런데도 1930년대 프랑스보다는 기대수명이 높다. 프랑스는 1958년에 현재의 이라크(68.9세), 1961년에 현재의 북한(70.6세), 1986년에 현재의 이란(75.5세) 수준이 됐다. 세계 최빈국들조차 선진국의 그리 멀지 않은 과거보다 기대수명이 높다. 오늘날 가장 가난한 국가도 19세기의 어떤 나라보다 건강하다.

최근 발생한 기대수명의 큰 변화는 인구학적 천이demographic transition라고 불리는 현상의 일면이다. 산업화 이전 시대의 여성들은 어린 나이에 결혼해서 아이를 많이 낳았다. 평생 20번 임신하는 사람도 드물지 않았고, 1~2년마다 출산했다. 출생률이 그렇게 높은데도 만성적인 질병과 영양실조, 때때로 찾아오는 무시무시한 기근과 전염병 때문에 인구 증가는 매우 더뎠다. 영아 사망률이 높아서 기대수명은 30세 정도였고, 아이가 많고 노인은 거의 없었다. 일례로 한국에서는 몇 주를 넘기지 못하고 죽는 아이가 너무 많아 출생 후 100일 동안 건강하게 살아남아야 비로소 태어난 것을 축하했다. 그때서야 처음으로 문밖에 아이를 데리고 나갈 수 있었다. 출생률과 사망률이 모두 높아 인구는 거의 비슷하게 유지됐다.

몇 백 년이 지나 북미와 유럽 지역에서는 드디어 가장 큰 사망 원인을 극복하기 시작했다. 무역, 부의 창출, 새로운 식품, 농사 기술의 발전으로 기근이 사라지고 인구가 늘어났다. 주거환경과 영양, 위생의 개선으로 전염병 사망자도 줄었다. 그렇게 유럽에서 인구가 급증하면서 수백만 유럽인이 타국으로 이주했다.

아이가 어릴 때 죽을 수도 있다고 생각하면 사람들은 아이를 많이 낳는다. 그러나 아이들이 살아남아 늙은 부모를 돌봐줄 거라는 확신이 생기자, 대부분은 둘 정도만 낳기로 했다. 출생률 하락은 여성의 교육 수준 향상과 피임법 사용과도 관련이 있다. 출생률과 사망률이 모두 높은 사회에서 출생률과 사망률이 모두 낮은 사회로 전환이 이루어졌다. 그런데 사망률 감소는 출생률이 낮아지기 훨씬 전부터 일어났다. 여성은 엄마의 사례를 따라 아이를 많이 낳는데, 어느 순간 이 아이들이 거의 다 성인이 될 때까지 살아남는 세대가 생긴다. 다음 세대는 아이를 훨씬 덜 낳는다. 이렇게 사망률 감소와 출생률 감소 사이에는 시차가 있어서 전환이 이루어지는 동안 인구는 대폭 늘어난다.[14]

이런 번식 방법의 전환이 인구학적 천이다.[15] 위치에 따른 차이는 딱히 없고, 모든 국가가 유사한 변화를 겪는다. 전환이 언제 시작되고 얼마나 걸리는지가 다를 뿐이다.

대부분의 국가에서 인구학적 천이는 이미 일어났다. 기대수명은 74세 이상이며, 영아 사망률(첫 생일 전에 사망)은 매우 낮고, 노인 인구가 늘어났으며 출산율은 여성 1인당 2명 이하다. 그러므로 다소 역설적이지만, 기대수명이 높아지면서 인구 감소가 일어난다. [표-8]에서 일본, 브라질, 에티오피아 세 국가의 데이터를 보면, 이들 나라가 인구학적 천이의 서로 다른 단계에 있음을 알 수 있다.

[표-8] 1960년과 2017년의 일본, 브라질, 에티오피아 인구 데이터[16, 17]

국가	일본		브라질		에티오피아	
연도	1960	2017	1960	2017	1960	2017
영아 사망률 (출생 1,000명당)	30.4	1.9	~170	14.8	~200	41.0
출생 시 기대수명	67.7	84.1	54.2	75.5	38.4	65.9
인구(100만)	92.5	126.8	72.2	207.8	22.1	106.4
출산율 (여성 1명당 출생아 수)	2.0	1.4	6.1	1.7	6.9	4.1
연간 인구 변화율	+0.9%	-0.2%	+2.9%	+0.8%	+2.2%	+2.7%

　일본은 인구학적 천이를 겪은 지 50년이 넘었다. 의료 서비스가 훌륭하여 세계 최고 수준의 기대수명과 최저 수준의 영아 사망률을 보인다. 주요 사망 원인은 관동맥성 심장질환, 암, 뇌졸중, 폐질환, 자살이다. 출산율은 1.4명에 그치고 이민자는 거의 없다. 그래서 인구가 매년 0.2% 감소하고 고령화가 진행된다. 대부분의 유럽 국가들이 일본과 같다. 출산율은 2명이 되지 않고, 상당히 많은 이민자를 받아야 인구 감소를 피할 수 있다.

　브라질은 1960년~2017년 사이 인구학적 천이를 겪었으므로 변화의 폭이 매우 크다. 의료의 질이 어마어마하게 개선됐다. 영아 사망률은 1960년에 거의 다섯 명 중 한 명이 죽다가 1.5%까지 급감했고, 기대수명은 20년 이상 늘어났다. 현재 브라질의 주요 사망 원인은 다른 국가 대부분과 마찬가지로 관동맥성 심장질환, 암, 뇌졸중, 폐질환, 당뇨다. 일본과 비교하면 변사와 교통사고 사망은 더 많지만, 자살은 적다. 건강이 보장되면서 아이를 덜 낳기 시작했고, 그래서 브라질 출산율은 1.7명으로 일본과 그다지 차이가 나지 않는다. 브라질 인구는 1960년대 이래 세 배가 됐지만, 출산율 감소로 인해 정체기에 접어들다가 2030년쯤부터는 줄어들 것이다.[18] 아시아, 북아프리카, 아메리카의 대부분 국가는 현재 브라질처럼 인구학적 천이를 이뤘다. 출생률과 사망률은 낮고 기대수명은 높은 상태라 인구는 곧 최고점에 다다를 것이다.

아프가니스탄이나 예멘 등 실패 국가를 제외하고, 기대수명은 사하라 이남 아프리카에서 가장 낮다. 하지만 아프리카 국가에서도 대부분 인구학적 천이가 일어나고 있다. 에티오피아가 그 예다. 1960년에는 기대수명이 40세가 되지 않고 출생률과 사망률이 모두 높았다. 2017년 영아 사망률은 1960년의 4분의 1도 되지 않고, 기대수명은 65.9세로 올랐다. 그 결과 출산율이 줄어들어 2017년에는 4.1명이 되었다. 인구는 여전히 빠르게 늘고 있으나, 향후 몇 십 년 안에 증가율이 크게 떨어질 것이다. 브라질, 일본과 비교했을 때 에티오피아에서는 지금도 인플루엔자, 폐렴, 설사성 질병, 결핵, 홍역, HIV/AIDS 등 감염성 질병으로 죽는 사람이 많긴 하지만, 관동맥성 심장질환이나 암, 뇌졸중도 큰 비중을 차지한다.[19] 에티오피아의 상황은 브라질의 20년 전과 비슷하며, 서서히 일본과 비슷한 인구 분포로 바뀌어갈 것이다.

[표-9]는 전 세계의 데이터를 보여준다. 인류는 1960년대 이래, 특히 최근 20년간 눈부시게 발전했다. 세계는 함께 나아가고 있다. 선진국과 개발도상국의 의료와 경제 수준 차이가 엄청났던 이전의 국가 모델은 이제 유효하지 않다.

[표-9] 1960~2017년의 세계 인구 데이터[20, 21]

연도	1960	1997	2017
영아 사망률 (출생 1,000명당)	126	58	29.4
출생 시 기대수명	52.7	66.9	72.2
인구(100만)	3,032	5,873	7,511
출산율 (여성 1명당 출생아 수)	5.0	2.8	2.4
출생률(1,000명당)	31.8	22.7	18.7
사망률(1,000명당)	17.7	8.7	7.6

이 경향은 더욱 확산되고 가속화될 것이다. 대부분 국가에서 2.1명 이하로 출생률이 하락하면서 세계 인구는 2064년 100억 명 이하에서 정점을 맞을 전망이다. 노년층이 많아지고, 감소하는 청년 생산 가능 인구가 노인과 은퇴한 사람들을 떠받치는 구조가 될 것이다. 중동, 북아프리카, 특히 사하라 이남 아프리카가 세계 인구에서 차지하는 비중이 높아지고, 유럽과 동아시아는 줄어들 것이다.[22] 이러한 변화를 단적으로 볼 수 있는 사례가 있다. 2100년이면 중국 인구는 가장 많았을 시기의 거의 절반인 7억 명으로 줄어들겠지만, 나이지리아의 인구는 4배로 늘어난 8억 명이 되어 인도 다음으로 2위를 차지하리라 예측된다.

[표-9]를 보면 지구 전체에서 인구학적 천이가 일어나는 동안 사망 원인에 엄청난 변화가 있었고 공공 의료가 눈부시게 진보했음을 알 수 있다. 어떻게 이런 성과가 가능했을까? 계속 다루겠지만 각국 정부는 대체로 발전했다. 다수의 이익을 위하는 민주주의 국가가 늘어났고, 이들 국가는 부의 창출을 기반으로 위생과 의료 서비스를

제공하고, 전쟁과 기근을 방지한다. 이러한 변화의 혜택을 가장 많이 입는 대상이 바로 영유아들이다.

오늘날 국가마다 기대수명이 다른 이유는 무엇일까? 미국의 사회학자 새뮤얼 프레스턴Samuel Preston이 1975년 최초로 국내총생산 GDP으로 측정한 국가 경제 수준과 기대수명의 관계를 관찰했다. 다음 그래프는 2015년 데이터를 사용한 프레스턴 곡선Preston curve이다. 경제 수준과 건강의 관계는 점차 기울기가 완만해지는 추세선으로 나타난다. 부유한 국가의 건강 상태가 더 좋기 때문에 이 곡선은 항상 상승한다. 그러나 로그 곡선이라 직선과는 거리가 멀다. 소득이 낮은 구간에서는 곡선이 가팔라서 GDP가 조금만 증가해도 기대수명이 크게 늘어난다. 하지만 기대수명 70세에 해당하는 1인당 GDP가 7,100달러인데, 75세로 늘어나려면 두 배 이상 늘어난 1만 5천

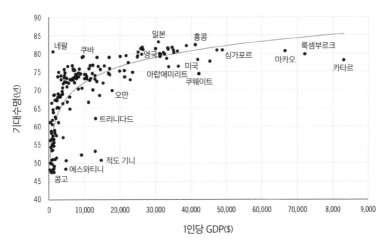

1인당 GDP와 기대수명의 상관관계, 2010년. 데이터는 〈세계 통계: GDP와 기대수명〉**23**에서 발췌. 추세선 방정식은 다음과 같다. y=6.273 ln(x)+14.38

700달러가 필요하다.

각국 데이터는 따로 표시되어 있다. 추세선 위쪽에 있으면 경제 수준과 비교해 건강 상태가 좋다는 의미다. 가장 인상적인 국가는 네팔이다. 1인당 GDP가 1,268달러에 불과한데도 기대수명이 81세 이다. 중동 국가들이 가장 부진하다. 유전병, 비만, 당뇨 때문이다.

프레스턴 곡선은 단순히 부유한 국가가 더 나은 의료 서비스를 제공한다는 의미일까? 그렇지 않다. 이는 예산을 어떻게 쓰는지, 누구에게 혜택이 돌아가는지의 문제다. 국가에 돈이 많아도 의료 예산을 많이 쓰지 않을 수 있다. 환자 치료는 뒷전이고, 의료보험 기업을 광고하고 법정까지 간 사건을 해결하는 등 예산이 비효율적으로 소비될 수도 있다. 하지만 경제 수준이 높으면 최소한 광범위한 의료 서비스 제공의 선택권이 생긴다. 그러므로 모든 경제활동을 포함하는 GDP보다 1인당 의료 관련 비용과 기대수명의 상관관계를 살펴보면 더 많은 정보를 얻을 수 있다. 다음 페이지의 그래프는 2013년 44개국의 의료 관련 소비와 기대수명의 연관성을 나타낸다. 그래프를 보면 의료 관련 소비가 클수록 건강이 좋아지는 건 사실이지만, 분포를 벗어나는 사례가 많다. 기대수명 75세에 도달하려면 연간 1인당 약 1,000달러, 80세가 되려면 3,200달러를 써야 한다. 한 국가가 기대수명 70세에 도달할 때까지는 비용이 적고 혜택이 크다. 그러나 66쪽 그래프와 마찬가지로 곡선은 점점 평평해져서, 더 많은 돈을 써도 이득이 적어진다. 스페인, 일본, 한국은 비용에 비해 큰 가치를 창출하고 있는데, 건강한 식단의 영향도 있을 것이다. 분포를 벗어나 곡선 아래에 위치하는 국가는 러시아와 미국이다. 남아프리카공화국은 HIV 때문에 특별히 낮다.

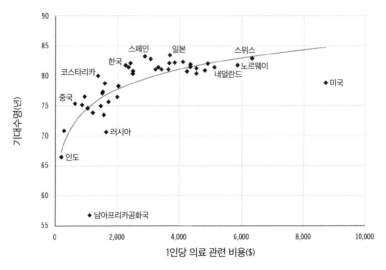

1인당 의료 관련 비용과 기대수명의 상관관계, 2013년.[24] 추세선 방정식은 다음과 같다. y=4.73 ln(x)+41.84

　　미국은 어떤 국가보다 의료에 많은 비용을 쓰는데 왜 기대수명이 낮을까?[25] 미국의 기대수명은 칠레(78.8세)와 같다. 그러나 미국은 매년 1인당 8,713달러를 의료에 쓰는 반면 칠레는 단 1,623달러를 쓴다. 미국 의료 시스템의 성과가 형편없는 이유는 몇 가지가 있다. 미국 의료 분야의 행정 비용이 과도하고, 총을 쉽게 구할 수 있는 미국의 살인과 자살률은 다른 선진국보다 높다. 또한 미국은 유아 사망률과 분만 중 사망률도 눈에 띄게 높은데, 이는 청년층 사망률을 높여 기대수명에 큰 영향을 미친다. 게다가 미국의 의료비 지출은 이례적인 수준의 불평등을 보여준다.[26] 선진국은 대부분 전 국민 대상의 건강보험을 제공하지만, 미국에는 건강보험이 전혀 없는 국민이 10% 가까이 된다.

앞의 그래프를 보면 비용을 합리적으로 쓰기만 하면 경제 수준이 높을수록 건강 상태가 좋다는 의미 같지만, 그렇게 단순한 문제는 아니다. 소비가 유일한 변수라면 지난 150년 동안의 기대수명 증가는 순전히 GDP 증가에 의해 일어났어야 한다. 그러나 분명 그 이상이 있다. 치료법이 존재하지 않는다면 의사를 아무리 많이 고용해도 병을 고칠 수 없다. 1800년 이전에 기대수명이 30세에 불과했던 건 의사가 없어서가 아니다. 의사는 많았지만 안타깝게도 이들의 치료 행위는 효과가 없었고, 환자 상태가 더 나빠지지 않으면 다행이었다. 피 뽑기, 구토 유발하기, 환자를 보고 씻지 않은 채 다음 환자에게 이동해 전염병 옮기기, 설사약 처방 등 말도 안 되는 행위가 많았다. 신중한 분석 결과, 1930~1960년 사이에 이루어진 건강 개선의 최소 75%는 공공 보건의 개입, 최초의 항생제와 같은 혁신적인 의료 기술의 광범위한 사용 등 GDP 증가 외의 요인에 의한 것이다.[27, 28, 29]

프레스턴 곡선은 시간이 지남에 따라 위로 이동하고 있다. 소득이 높아지지 않아도 건강이 개선된다는 뜻이다. 예를 들면 1930년대에 1인당 연소득이 400달러(1,963달러)면 기대수명은 54세였다. 1960년대 동일 소득에 대한 기대수명은 66세다.[30] 어쩌면 건강 개선에 전반적인 경제 수준 상승은 전혀 필요 없다는 의미인지도 모른다. 의학이 진보하면 결국 일어날 일이니 말이다. 게다가 백신 접종은 저렴하다.

국가와 마찬가지로 개인별로도 소득과 건강의 상관관계는 존재한다. 경제적으로 부유하면 더 나은 건강보험에 가입할 수 있다. 또한 사회 속에서 자신을 어떻게 인식하는지가 건강에 영향을 준다. 본인이 밑바닥 인생을 살고 있다고 느끼면 심리적 스트레스로 면역 체계가 약해지고, 마약 사용 등 건강을 해치는 행동을 할 수 있다.[31, 32] 그렇다면 사회적 불평등이 심해질수록 전반적인 건강 상태는 나빠질 것이다. 그러니 건강 상태를 전체적으로 개선하고 싶다면 더 평등한 사회를 만들기 위해 노력해야 한다.[33]

THIS MORTAL COIL

②
부

전염병

콜레라를 예방하려면, 요리와 식사 시 그리고 하수 처리
와 식수 공급 시, 항상 위생에 세심한 주의를 기울이기
만 하면 된다.

- 존 스노우John Snow, 《콜레라의 감염 경로에 대해On the Mode of
Communication of Cholera》(1849)[1]

04장

흑사병

인간 역사의 대부분에 걸쳐 기대수명은 30세 정도였다. 유럽과 북
미에서부터 기대수명이 높아지기 시작한 지 약 250년밖에 되지 않
았지만, 지금은 세계적인 변화가 일어났다. 2016년 세계 기대수명
은 72세로, 로마 시대에 비하면 세 배가 됐다.[1] 인류 역사상 가장 오
래 사는 시기다. 이 단순한 통계 수치는 인류 건강의 심오한 변화를
반영한다. 무엇보다 중요한 차이가 있다면, 과거의 가장 큰 사망 원
인은 전염병이었다. 몇 가지만 꼽아도 역병, 천연두, 장티푸스, 콜레
라, 말라리아 등이 각각 수억 명의 목숨을 앗아갔다. 사람들은 전조
증상도 거의 없이 며칠 앓다가 죽었다.

이제 인류가 어떻게 싸워 전염병을 거의 퇴치해냈는지 흑사병부터 살펴보려 한다. 그전에 인류가 수렵-채취인이던 시절의 삶과 죽음을 조망하며 이야기의 배경을 마련해보자. 인간이 지구에 살았던 시간을 통틀어 매우 최근까지 삶의 방식은 수렵과 채취였다. 이 기간에는 전염병이 그다지 큰 문제가 아니었다. 수렵-채취인은 식물을 채집하고 동물을 사냥하여 배를 채웠고, 떠돌아다니며 살았다. 대가족이 임시 정착지에서 살았고, 공동으로 소유하는 평등한 사회 구조였으며, 영구적인 지배자는 없었다. 오늘날 수렵-채취라는 삶의 방식이 남아 있는 곳은 서남아프리카 사막, 아마존 열대우림, 북극 지역 등 몇 군데 되지 않는다. 이들을 관찰하여 과거 인류의 삶의 방식에 대한 통찰을 얻을 수 있을 것이다. 다만 농업에 적절하지 않은 불모지에 사는 현대 수렵-채취인의 삶이 초기 구석기 시대와 얼마나 닮아 있을지는 의문이다. 또한 거래를 통해 제조된 도구를 얻는 등 다른 사회와 접촉하면서 수렵-채취라는 삶의 방식이 대폭 변했을 수도 있다. 그렇다고 해도 현대 수렵-채취인의 생활양식을 연구하면 인간이 과거에 어떻게 살고 죽었는지 어느 정도 이해할 수 있을 것이다. 초기 구석기 시대의 유골이나 유적지 연구를 통해서도 수렵-채취인이 얼마나 건강했고 어떻게 죽었는지 알 수 있다.

수렵-채취인의 식단은 채소, 과일, 견과와 뿌리가 대부분이었다. 유제품, 가공유, 소금, 알코올, 카페인은 없었다고 봐도 된다. 당은 과일이나 꿀로만 섭취했을 것이다. 선조들은 놀랍도록 많은 식물을 식량과 생필품으로 활용했다. 1만 2,000년 전 수렵-채취인들이 살았던 시리아의 마을 아부 후레이라Abu Hureyra에서는 192종의 식물이 발견됐다.[2] 다양한 식단과 활동적인 생활양식으로 보아 수렵-채취인은 신체가 건강했으며 현대인보다 키가 그다지 작지 않았을 것이다. 비만은 드물었지만, 영아 사망률은 높았다. 생활 터전을 옮기면서 아기들을 데려갈 수 없을 때나 인구 통제가 필요할 때 영아 살해가 발생했을 수 있다. 동물의 젖이 없는 상황이니 장기간의 모유 수유가 자연 피임법 역할을 하여 출산 간격을 벌렸을 것이다. 추락, 골절, 익사, 사냥 중 동물에게 물리는 부상 등을 포함하여 사고사는 흔했다. 또한 오염된 물을 마시거나 동물에게 물린 상처가 세균에 감염되어 우리가 알고 있는 병에 걸리기도 했을 것이다. 나이가 들 때까지 살아남은 사람도 있었으니 암이나 신경퇴화 질환, 관절염도 있었을 것이다.

약 1만 년 전, 농경이 시작되며 인간의 삶의 방식에 가장 위대한 변화가 일어났고 신석기 시대가 열렸다. 야생의 식물을 채집하는 대신 몇 가지 선별된 곡물을 심는 데 토지를 활용했다. 인간에게 유용한 특징이 있는 밀, 보리, 옥수수, 벼, 수수 등의 곡식이 주로 선택됐다. 이들은 경작된 토지에서 빽빽하게 기를 수 있고, 저장 기간이 길며, 커다란 씨를 많이 맺고, 재배 가능한 지리적 범위가 넓고, 추수가 쉬웠다. 농부들은 가장 좋은 씨앗을 다시 심는 경향이 있었으므로 수천 년간 선별 과정을 거치다 보니 농지에서 자란 식물의 모습은 야생 식물과 아주 달라졌다. 동물은 사냥하는 대신 산 채로 잡아서 울타리를 쳐 길렀다. 양, 염소, 소, 돼지를 키워 식량과 의복을 얻었고, 말, 낙타, 라마, 당나귀는 이동 수단으로 삼았다. 가축화된 동물은 고기, 젖, 털을 더 많이 생산하는 방향으로 사육됐다. 성격이 유순해져 인간과 공존하게 되었으며, 새끼를 더 많이 낳았다. 사람도 적응했다. 치아가 작아지고 알코올과 젖을 더 많이 먹을 수 있는 돌연변이가 나타났다.

농경은 중동, 파키스탄의 인더스강 유역, 중국의 황허강, 안데스산맥 지역, 중앙아메리카 등 약 10개 지역에서 각각 시작되어 전 세계로 퍼졌다. 아마도 현재의 이라크 남부에서 발생한 수메르 문명이 최초였을 것이다. 1만 년 전의 이라크 남부는 지금처럼 건조한 땅이 아니었다. 풍요롭고 습한 땅으로 나무가 자라고 야생동물이 많았다. 사람들은 습지 위 언덕에 정착했다.

일부 토지를 식량 생산 전용으로 활용하게 되면서 단위 토지당 생산되는 식량의 양은 엄청나게 늘어났고, 인구밀도도 따라서 높아졌다. 사회에 새로운 계층이 생겨나고 공동체가 커지면서 지배계층은 부와 권력을 쥐게 됐다. 직종 분화가 일어나 상인, 장인, 군인, 성직자 등이 나타났다. 그러나 대부분은 농사를 지었다. 수렵-채취 사회에서 농경사회로의 전환은 농민의 건강에는 재앙이었다.

낚시나 사냥, 채집과 비교하면 농사일은 뼈 빠지는 노동이었고, 시간도 훨씬 많이 들었다. 잡초, 쥐, 균류, 해충을 꾸준히 막아주지 않으면 곡식은 상해버렸다. 아부 후레이라에서 기원전 9,000년에 농경사회로의 전환이 일어났음을 알려준 사료史料는 무릎이 변형되고 발가락이 휜 여성의 유골이었다. 곡식을 빻아 가루로 만드느라 오랜 시간 무릎을 꿇고 앉아 있었던 것이다.[3] 다양한 식단 대신 곡식을 주식으로 먹게 되면서 필수 영양소가 부족해졌다. 단백질, 지방, 철분이 풍부한 고기를 전혀 먹지 않기도 했다. 몸집이 작아졌고, 뼈와 치아에서 영양 부족의 흔적이 드러났다. 대표적인 문제는 빈혈이었다. 사람들이 주로 먹던 곡물에는 철분 흡수에 필요한 지방산이 없었다.[4] 탄수화물로만 구성된 식단에는 단백질과 비타민이 부족하다. 열량을 충분히 섭취했는데도 펠라그라(니코틴산결핍증후군), 각기병, 콰시오커(단백열량부족증) 등 영양 부족과 관련된 새로운 질병이 발생했다. 남녀 모두 불임을 겪기도 했다.

고대 전염병에 대한 기록은 거의 없다. 유골에서 흔적을 발견하기 어려운 경우가 많고, 기록할 만한 사람이 모두 죽었다면 이야기가 남아 있지 않을 것이다. 하지만 기원전 1만 년에 400만이었던 세계 인구가 농경의 발명에도 불구하고 기원전 5,000년까지 겨우 500만으로밖에 늘지 않았다는 사실은 여전히 놀랍다.[5] 수많은 결점이 있지만 어쨌든 농경은 수렵과 채취보다 식량 생산량이 월등히 많다. 게다가 아이를 많이 데리고 다닐 수 없어 출산 간격을 조정해야 하는 유목 생활과 달리, 정착 생활을 하면 여성은 아이를 더 많이 낳을 수 있다. 농부들이 식량을 훨씬 많이 생산하고 여성은 아이를 더 많이 낳을 수 있게 되었는데, 왜 인구가 폭발적으로 늘지 않은 것일까?

영양 문제 외에도 수많은 질병이 새로 나타났다. 현재 인간에게 영향을 주는 전염병 1,000종 이상은 한때 동물의 몸에 살았으나 지난 1만 년 사이 어느 시점에 종의 장벽을 넘어온 미생물로 인해 발생한다.[6] 예를 들어 홍역은 소의 우역 바이러스에서 왔고, 인플루엔자는 가금류에서 왔다. 동물과 가까이, 심지어 같은 건물 안에 살면서 동물의 병과 기생충이 인간에게 옮을 위험이 커졌다. 도시에서 수천 명이 부대끼며 살다 보니 한 명만 새로운 병에 걸려도 쉽사리 퍼졌다. 약 5,000년 전 메소포타미아(현 이라크)의 초기 국가들은 감염의 중대성을 알고 있었고, 감염된 사람을 피하고 이들이 사용한 컵이나 수저, 침대보를 함께 쓰지 않으면서 질병의 전파를 막으려 했다.[7] 그러나 일단 병에 걸리면 치료법이 없었다.

고고학 사료나 당시 문헌을 보면 초기 국가들은 쉽게 무너졌다. 인구가 대규모로 줄거나 도시가 파괴되었고, 사람들은 정착지를 버리고 떠나곤 했다.[8, 9] 물론 악천후로 인한 추수 실패, 외부의 침략, 홍수 때문일 수도 있지만, 전염병이 원인인 경우가 많았을 것이다. 새로운 병에 처음으로 노출되면 자연 면역이 없어 도시 전체가 황폐해질 수 있다. 결핵, 티푸스, 천연두는 농경의 결과로 나타난 최초의 질병으로 여겨진다.[10] 이들 질병을 이겨내는 유전자를 가진 몇몇 행운아와 그 자손이 살아남았다. 이렇게 자연 선택이 이뤄져 질병에 저항성이 있는 유전자가 후대에 전해졌다. 인구가 어느 정도 이상이 되면 이 질병은 전염성이 강한 유아기 질병으로 자리 잡았다. 질병에 적응한 인구 집단은 같은 병을 겪은 적이 없는 다른 인구 집단에 치명적인 위협이 될 수 있었다.

이런 과정이 수천 년 이상 지속되면서 농경 공동체마다 여러 인간과 가축의 전염병을 보유한 채 살게 됐다. 이런 각각의 공동체가 무역, 확장이나 이민을 통해 연결되면 언제든 재앙이 닥칠 수 있었다. 약 2,000년 전, 중국, 인도, 중동, 로마 제국이 최초로 정기적인 무역을 시작했을 때가 그랬다. 이들은 비단과 은뿐 아니라 다양한 질병을 서로 교환했고, 그 결과 전염병이 창궐했다. 서기 165년, 로마군은 동쪽으로 진군해서 라이벌이었던 파르티아 제국을 공격하고 현재의 이라크인 티그리스강 근처의 셀레우키아를 포위했다. 이 때 군대에 퍼진 치명적인 안토니우스 역병Antonine Plague은 로마군과 함께 유럽으로 유입됐다. 로마 인구의 4분의 1을 죽이고 로마군을 초토화한 전염병이다. 중국의 한 왕조 또한 동시에 전염병의 파도에 휩쓸려 반란이 일어났고 결국 왕조가 무너졌다. 안토니우스 역병의 정체는 알려지지 않았지만, 천연두라는 설이 유력하다.[11] 아시아를 가로지르는 새로운 무역로가 질병을 옮기고 대유행을 촉발한 사례다.

가축이 병에 걸려 떼죽음할 때도 있었다. 많은 개체를 무리로 기르면서 감염은 쉽게 번졌다. 몇 가지 안 되는 가축 중 한 종류만 사라져도 공동체의 육류, 의복, 노동력의 주요 원천이 사라지면서 기근이 찾아올 수 있었다. 마찬가지로 곡식 하나를 주식으로 삼으면 도시 전체가 기근의 위험에 놓인다. 신종 질병이나 해충 때문에 주식이 아예 사라질 수 있다.

폐기물을 두고 떠날 수 있는 유목 공동체에서 위생은 큰 문제가 아니었다. 하지만 일생을 같은 장소에서 보내려니, 식수원을 오염시키고 설사성 질병을 일으킬 수 있는 하수를 처리할 방법이 문제였다. 예를 들면 수메르의 유일한 식수원이던 강물은 상류에 있는 도시 때문에 오염되곤 했다.

신종 질병이 창궐하면서 정착지가 파괴되는 일은 여러 차례 일어났다. 신석기 시대 5,000년간의 인구 정체는 이 때문일 것이다. 인간은 긴 세월을 거치고서 겨우 저항력을 얻어 동물과 함께 밀집 상태로 살 수 있게 됐다.[12] 신석기는 인류 역사상 가장 치명률이 높은

시기였는데, 그 원인은 주로 전염병이었다.[13]

농경 국가로의 전환은 삶의 방식이 가장 크게 바뀐 사건이었고, 인류의 건강에도 막대한 영향을 미쳤다. 지배계층이 아니라면 수렵-채취인의 유목 생활이 건강, 식생활, 노동 측면에서 훨씬 나았다.[14] 미국의 박식가 재레드 다이아몬드Jared Diamond는 농경의 시작이 인류 역사상 최악의 실수라고 주장한 바 있다.[15] 그러나 농경사회로의 전환으로 모든 토지에서 선택한 곡식을 길러 훨씬 많은 식량을 생산하게 됐고, 인구가 늘었고, 다양한 직업의 전문화가 일어났으며, 사회경제적 집단이 나타났다. 농경이 아니면 많은 인구를 유지할 수 없다. 그러므로 일단 수렵-채집에서 농경으로 전환한 후에는 다시 돌아갈 수 없다. 대규모 인구 상실로 국가가 완전히 무너지면 모를까. (중앙아메리카의 마야 문명이 완전히 사라진 바 있다. 장기간 가뭄이 지속되며 서기 900년에는 도시들이 모두 버려졌다.[16])

사회 계층 분화, 기술 발전, 부의 창출은 궁극적으로 좋은 결과로 이어졌다. 과학자, 역사가, 의사, 기술자, 정치가, 기타 전문가들이 진정한 의미에서 인류의 생활 수준을 끌어올렸고, 전염병은 대부분 예방, 치료됐다. 그래서 인간은 구석기 시대의 건강 수준을 회복하고 심지어 추월할 수 있었다. 1만 년이나 걸렸다는 점은 유감이지만 말이다.

페스트는 인류를 괴롭힌 최악의 전염병으로, 전염성이 매우 높고 전파가 빠르며 치명적이다. 서로 다른 시기 쥐가 인간에게 옮긴 전염병 두 종류가 역사상 최대 규모의 전염병 사태를 일으켰는데, 서기 6세기의 유스티니아누스 역병Plague of Justinian과 시에나 사례에서 이미 다뤘던 1340년대의 흑사병Black Death이다. 전염병을 일으킨 병원체의 DNA 염기서열은 다를지 몰라도 증상과 치사율은 거의 같아서 발생 지역 인구의 3분의 1이 사망에 이르렀다. 이제 페스트 대유행이 역사에 미친 거대한 영향이 어떻게 현대 세계까지 이어지는지 살펴볼 것이다. 17세기 말이 되자 격리 조치로 페스트를 거의 통제·예방할 수 있게 됐지만, 19세기까지는 한번 대유행이 일어나면 여전히 도시가 초토화되곤 했다. 페스트를 유발하는 박테리아인 페스트균Yersinia pestis의 최신 DNA 연구에 따르면, 페스트는 유스티니아누스 역병보다 훨씬 전부터 인간에게 영향을 미쳤으며 수천 년간 여러 문명을 파괴했다.

서기 527년, 동로마(비잔틴) 제국 황제인 유스티니아누스 대제는 세계 최강의 인물이었다. 현재의 이스탄불인 콘스탄티노플에서 유럽, 터키, 시리아, 이집트까지 지배했다. 200년 앞서 로마 황제 콘스탄티누스가 고대 그리스의 도시 비잔티움 터를 새로운 수도로 삼아 콘스탄티노플이라 명명하고 엄청난 돈을 쏟아부었는데, 이 도시는 이후 800년간 유럽 최고의 부와 규모를 자랑했다.

유스티니아누스는 무능력한 삼촌 유스티누스 황제를 대신하여 몇 년간 효율적으로 제국을 다스린 끝에 45세에 왕위를 물려받았다. 그는 로마의 사법 체계를 개혁했고, 건축 프로젝트에 착수했는데, 아야소피아 대성당이 그 정점이었다. 지금도 이스탄불 술탄 팰리스 근처에 서 있는 아야소피아 대성당은 당시 세계 최대의 건물이었다. 십자군과 투르크족의 약탈과 파괴에도 불구하고 아야소피아 대성당은 아치, 대리석 판, 반구형 지붕, 창문, 모자이크 벽화로 장식된 거대한 돔의 벽 너머로 숨 막히게 아름다운 내부 공간이 펼쳐지는 멋진 건축물로 남아 있다.

당시 세계 인구 2억 명 중 동로마 제국 인구가 2,600만 명이었다고 하지만,[17] 이전과 비교하면 절반 규모에 불과했다. 그 100년 전 서로마 제국은 훈족, 고트족, 반달족 등 이방인들의 계속되는 공격으로 멸망했다. 이방인들은 라인강과 다뉴브강 국경을 건너, 프랑스, 스페인, 이탈리아, 북아프리카, 영국에 새로운 왕국을 세웠다. 동로마 제국은 재력에 여유가 있고 인구가 많아 공격을 버텼다. 에너지 넘치고 지적이며 야망이 컸던 유스티니아누스는 잃어버린 로마 제국 반쪽을 정복해서 지중해 땅 전체를 다시 하나의 제국으로 통일하여 지배하리라는 꿈을 꾸었다.

유스티니아누스는 직접 전장에 나가지 않았다. 그 대신 콘스탄티노플에 있는 궁전에서 체스를 두듯 함대와 군대를 파견했다. 튀니지에서 첫 승전고가 울렸다. 유스티니아누스의 최고 장군 벨리사리우스Belisarius는 새로운 지도층을 지독하게 싫어한 현지인들의 도움을 받아 반달 왕국을 빠르게 진압했다. 541년, 벨리사리우스와 내관 존이 이끄는 군대는 고트족으로부터 이탈리아 대부분을 되찾았다. 유스티니아누스의 꿈이 이뤄지는 듯했으나, 이 기세는 오래가지 못했다.

541년, 이집트에서 치명적인 신종 질병이 발생했다는 소식이 콘스탄티노플에 도달했다. 이듬해, 이집트 곡식을 운반하는 배에 감염된 쥐가 딸려오면서 수도에 전염병이 퍼졌고, 매일 사망자가 5,000명씩 발생하며 도시는 무너져갔다. 너무 급하게 죽음이 닥쳐서 사람들은 갑자기 쓰러져 죽어도 신원을 알 수 있도록 이름표를 달고 다녔다. 넉 달 만에 콘스탄티노플 인구의 40%가 사망했다. 유스티니아누스도 병에 걸렸지만 살아남았다. 이 전염병은 유럽 전체와 아시아를 휩쓸었는데, 콘스탄티노플 사람들이 그 파괴력을 가장 상세히 기록했기 때문에 유스티니아누스의 이름이 붙었다. 정확한 추정은 어렵지만 군대와 상단에 의해 전염병이 퍼지며 유럽 인구의 절반 가까이인 5,000만 명 정도가 사망했을 것이다.

인구 감소로 제국의 힘이 약해졌고, 장기적 영향도 심각했다. 노동력 손실로 농장이 대거 버려져 기근이 8년이나 지속됐다. 곡물 생산이 감소하며 가격은 치솟았고 세수는 부족해졌다. 그러나 무자비한 유스티니아누스는 줄어든 인구에서 똑같은 세금을 걷어 전쟁과 건설을 속개하려 했다. 이탈리아에서의 전쟁은 지지부진했고 승전 소식은 줄었다. 인구가 그렇게 줄었으니 제국군 규모는 당연히 훨씬 줄었다. 현상 유지가 고작이라 초기 정복지에 매달려 있는 꼴이었다. 20년간의 전쟁으로 이탈리아 역시 폐허가 됐고 유스티니아누스가 565년 사망하자 북부는 곧 게르만 롬바르드족에게 넘어갔다.

볼 수도, 이해할 수도, 멈출 수도 없었던 적이 유스티니아누스의 꿈을 꺾었다. 후대 역사까지 분석한 사학자들은 이때 역병이 여러 번 대유행하며 비잔틴과 페르시아 제국의 인구가 줄어들지 않았다면, 이슬람이라는 새로운 종교의 힘을 받은 아랍 제국이 7~8세기에 걸쳐 이집트, 북아프리카, 시리아, 페르시아를 정복하기는 불가능했을 것이라고 본다.[18] 물론 아랍 세계가 팽창한 원인이 그뿐이라고 단정하면 비약이겠지만 말이다. 아랍 제국은 674~678년 콘스탄티노플을 포위했지만 성공하지 못했다. 콘스탄티노플이 함락됐다면 제국 전체가 무너져서 아랍에 넘어갔을 것이다. 하지만 비잔틴 제국은 1453년 투르크족에 무너지기까지 1,000년 이상 버텼다. 역시 역병으로 떼죽음을 당한 사산 페르시아 제국은 651년 아랍 제국에 정복됐고, 페르시아의 문화와 언어는 이어졌지만 서서히 이슬람 조로아스터교가 우위를 점했다. 시리아, 이집트, 리비아의 여러 지역이 오늘날까지도 유스티니아누스 역병에서 회복하지 못했다. 이전에 물을 대고 땅을 갈며 농지로 쓰던 곳이 버려져 초원이 되거나 심지어 사막이 되기도 했다.[19]

유스티니아누스 역병은 처음 나타난 이후 200년간 종종 다시 유행했고, 750년에 마지막으로 발발한 뒤 사라졌다. 점점 발생 지역이 좁아지고 치명률도 떨어졌는데, 생존자들이 면역을 갖췄기 때문일 것이다. 이후 600년간 유럽에 이 병이 발생하지 않다가, 흑사병의 모습으로 돌아왔다.

유스티니아누스 역병은 무엇이었을까? 여러 작가가 남긴 역병에 대한 섬뜩한 묘사를 보면, 유스티니아누스 역병과 흑사병 둘 다 전형적인 림프절 페스트 증상이 진행된다. 먼저 극심한 두통이 오고, 몇 시간 후 열이 오르고 피로감이 든다. 다음날이면 환자는 탈진해서 침대에서 일어나지도 못한다. 허리와 팔다리가 아프고, 메스꺼움이 일면서 구토가 잦아진다. 하루 더 지나면 타는 듯한 통증과 함께 목과 허벅지 안쪽, 겨드랑이가 심하게 부어오른다. 일반적인 질병이 아님을 알려주는 새로운 증상이었다. 부종은 오렌지만큼 커져 검게 변하고, 피부가 터져 악취가 나는 피와 고름이 나오기도 한다.

가족들은 무력하게 지켜볼 수밖에 없고, 괴로워하는 환자를 옆에서 위로할지 병이 옮지 않도록 피할지 고민한다. 몸 전체에서 내출혈이 일어나 토사물과 소변, 대변, 가래에 피가 섞여 나온다. 피하 출혈로 검은 종기와 반점이 나타나고, 전신에 어마어마한 통증이 번진다. 손가락, 발가락, 입술과 코가 검게 변하고 피부 조직이 괴사한다. 환자가 살아남더라도 이런 부위는 떨어져 나가거나 영구적으로 변형된다. 모든 체액에서 역겨운 냄새가 난다. 이윽고 섬망이나 혼수상태에 빠진 환자는 감염으로부터 1주, 최초의 증상 발현으로부터 며칠 안에 사망한다. 이때쯤이면 같은 집에 사는 사람도 모두 병에 걸린 뒤다. 살아남을 가능성은 거의 없었다. 심지어 오늘날 현대 의학과 항생제의 도움을 받아도 치명률이 10%이고, 치료하지 않으면 80%에 달한다. 가래톳이라고 불리는 검은 부종은 체액을 온몸에 전달하는 림프계에 박테리아가 모여서 생긴다. 그래서 이 병에는 가래톳 페스트 또는 림프절 페스트라는 이름이 붙었다.

림프절 페스트도 믿을 수 없을 정도로 끔찍하지만, 더 심각한 병도 있다. 림프절 페스트보다 드물게 발생하는 폐 페스트의 치명률은 더 높다. 폐 페스트는 감염된 사람이나 동물이 공기 중에 뱉은 비말을 흡입하여 박테리아가 폐에 들어갔을 때 발생한다. 순식간에 고열, 두통, 탈진, 메스꺼움이 발생하고, 숨 가쁨, 흉부 통증, 각혈이 나타난다. 항생제 치료를 하지 않으면 폐렴과 비슷한 단계가 2~4일 지속되다가 호흡부전이 발생하고 결국 사망한다. 박테리아가 혈액에 들어가면 패혈증 페스트를 일으킨다. 혈전과 피하 출혈, 조직 괴사가 나타난다. 패혈증 페스트에 걸리면 거의 사망한다고 봐야 하는

데, 심지어 증상이 나타난 날 바로 사망에 이르기도 한다.

페스트를 일으키는 페스트균은 현재 아프리카, 아시아, 미국 시골 지역에서 발견되는 소형 설치류(쥐, 다람쥐, 토끼, 마멋, 프레리도그, 얼룩다람쥐 등)에 산다. 감염된 벼룩에 물리거나, 피부에 상처가 난 상태로 감염된 동물을 만지거나, 감염된 인간·동물의 비말을 흡입했을 때 전염될 수 있다.

1346년, 동방에 역병이 돈다는 무서운 루머가 유럽에 도달했다. 중앙아시아 초원지대에 살던 인간이 설치류(아마도 마멋)로부터 감염되어 처음 발생한 이 역병이 나중에 흑사병이라는 이름을 얻는다. 1338년 키르기스스탄에 살던 네스토리우스 교도의 묘비에도 이 역병이 언급된다. 수천 년간 중국과 유럽을 이어주던 상단의 길 실크로드가 바로 이 중앙아시아 지역을 통과한다. 몽골인 역시 중앙아시아, 중국과 중동에 걸친 거대한 왕국을 세우며 먼 거리를 이동했다. 설치류가 인간을 감염시키는 일은 수천 년간 여러 곳에서 발생했겠지만, 사람들이 멀리 이동하지 않던 시절에는 지역 내에서만 질병이 돌다가 사라졌고 가족은 모두 죽을지 몰라도 다른 지역에 영향을 주지는 않았다. 그러나 이제 대형 상단과 말을 탄 몽골인들이 자주 이동하면서 신종 질병이 동서양을 오갔다. 당대에 대한 중국의 기록은 개략적인 데다 제대로 연구되지도 않았지만, 흑사병이라 불리던 페스트는 1331~1334년 사이 중국으로 퍼졌거나 심지어 중국이 기원일 수도 있다. 1330~1360년 사이 중국 인구가 대대적으로 감소했는데, 일부는 전염병 때문이고, 기근과 자연재해, 정치 불안, 전쟁 탓도 있었다. 몽골이 이끄는 원 제국이 무너지고 명 제국이 들어섰다.

인도 북부를 지배하던 술탄 역시 페르시아, 중앙아시아와 무역 거래를 했지만, 놀랍게도 인도는 몇 백 년 뒤에야 페스트를 겪었다.[20] 페스트가 사하라 사막을 건넜을지도 모른다. 흑사병 시기에 가나, 부르키나파소, 에티오피아의 도시들에서 갑작스러운 인구 감소가 발생한 기록이 있다.[21]

1347년, 메시나, 피사, 제노바, 베니스 등 지중해 항구에 들어온 배에 타고 있던 감염된 쥐와 사람이 유럽을 덮치면서 역대 최악의 전염병 대유행이 시작됐다. 전염병이 유입된 여러 지점 중 이탈리아의 무역도시 제노바가 지배하던 흑해 해안 크림반도의 카파Caffa라는 도시를 살펴보자. 튀르크계·몽골계인 크림 타타르인의 군대가 칸 자니 베그Khan Jani Beg의 지휘 아래 카파를 포위했다. 포위전이 거의 3년간 이어진 가운데, 갑자기 타타르군이 병으로 쓰러졌다.

제노바 근처의 피아첸차에 살던 가브리엘레 데 무시Gabriele De' Mussi는 날마다 수천 명이 죽어갔다며 당시 상황을 설명했다. '의사의 조언은 모두 쓸모없었다. 타타르군은 몸에 병의 조짐이 보이자마자 죽었다. 체액이 응고되면서 겨드랑이나 사타구니가 부어올랐고, 이어 열이 나고 악취가 풍겼다.'[22]

군인들이 급속도로 죽어가자, 칸 자니 베그는 전쟁을 포기할 수밖에 없었다. 그러나 마지막으로 제노바 사람들에게 잔혹한 이별 선물을 남겼다. 어마어마하게 많은 시체를 투석기로 도시 안에 던져 넣은 것이다. 제노바인들은 시체를 바다에 버렸지만, 이미 공기와 물이 오염됐다. '악취가 너무 심해서 시민들은 아무도 타타르군이 남긴 흔적에서 벗어날 수 없었다. 게다가 한 명이 감염되면 다른 사

람을 쳐다보기만 해도 그 독이 퍼지는 것 같았다. 아무도 방어할 방법을 찾지 못했다.'

카파를 떠나 제노바나 베니스로 향한 배는 페스트균을 싣고 갔다.

다른 도시 사람들과 섞인 선원들은 마치 악령을 데려온 것 같았다. 도시의 모든 장소가 전염성이 있는 지독한 병으로 오염됐고, 원래 살던 사람들은 남녀를 가리지 않고 급사했다. 한 명이 병에 걸리면 죽어가면서 온 가족을 감염시켰고, 시신을 묻는 유가족들은 똑같이 죽음을 맞을 운명에 사로잡혀 있었다.[23, 24]

전반적인 치명률은 도시마다 달랐다. 피렌체, 베니스, 파리에서는 인구 절반이 죽었지만, 밀라노, 폴란드, 바스크에서는 상대적으로 가볍게 지나갔다. 죽은 사람이 너무 많아서 큰 구덩이를 파고 시체를 같이 묻었다. 집에서도, 길에서도 시신이 썩어갔다. 환자와 접촉이 많은 의사, 사제, 신부의 감염률은 특히 높았다. 1347년부터 역병은 지중해 항구에서 유럽 전역으로 퍼졌다. 북쪽으로는 프랑스, 독일, 영국, 스칸디나비아에 닿았고, 동쪽으로 방향을 틀어 1353년 모스크바에 도달했다. 흑해와 콘스탄티노플에서 출발한 배는 1347년 이집트 알렉산드리아로 역병을 몰고 갔다. 흑사병은 2년 안에 안티오크, 메카, 바그다드, 예루살렘 등 중동 도시들까지 휩쓸었다.

흑사병으로 모두 몇 명이 사망했는지 확실하진 않지만, 분명 어마어마한 숫자일 것이다. 유럽 인구의 최대 60%가 죽었다.[26] 한 도시에서 최초의 환자가 발생하면 보통 6개월 만에 인구 절반 이상이

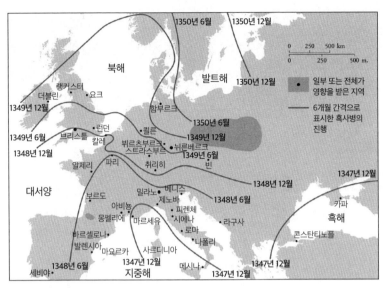

유럽의 흑사병**25** © historyguide.org, designed by Philip Beresford

사망했다. 유럽 최악의 자연재해였다. 이탈리아, 스페인, 프랑스 남부의 인구밀도가 높은 지역에서는 흑사병이 4년 내내 계속되어 인구의 80%가 증발하는 충격적인 사례도 있었다.**27** 1430년이 되자 유럽 인구는 1290년보다도 적어졌고, 수백 년간 이전 수준을 회복하지 못했다. 1350년 흑사병이 다시 번졌고, 400년간 유럽 어딘가에서 매년 새로운 전염병이 터졌다. 예를 들어, 베니스에서는 1361~1528년 사이에 전염병이 22번 발생했고, 1576~1577년에는 다시 흑사병이 창궐해서 인구 3분의 1에 달하는 5만 명이 죽었다.

중세 유럽 사회는 흑사병으로 산산이 조각났다. 마을과 산업, 농지가 버려졌다. 살아남은 농민들의 노동력 수요가 훨씬 높아지면서 임금과 사회적 유동성, 법적 권리, 생활 수준이 모두 향상됐다. 농민들은 대거 도시로 이주했다. 독실한 중세 사회에서 역병에서 살아남는 주요 전략은 신에 기대는 것이었다. 사람들은 흑사병을 내려 보낸 신의 분노를 멈추려면 극단적인 방법이 필요하다고 믿었다. 재산을 모두 털어 교회에 바쳤고, 죄악이 되는 행동을 금했으며, 공공장소에서 스스로를 채찍으로 때리고, 유대인을 살해했다. 물론 효과는 전혀 없었다. 기독교의 신뢰도만 타격을 입었다.

페스트는 치명적인 전염병의 전형적인 사례다. 6세기에 최초로 유스티니아누스 역병이 발생한 시점으로부터 800년이 지나서야 효과적인 통제 방법이 최초로 발견됐다. 이탈리아 정부와 의사는 역병이 창궐하는 조건인 더럽고 열악한 주거 환경, 오염된 물, 빈곤을 없애기 위해 앞장섰다. 전염병 환자를 격리할 병원을 지었고, 조직을 만들어 도로를 청소하고 변소를 비웠다. 도시의 성문과 산길 길목을 지키는 경비대가 흑사병의 전파를 막았다. 또한 유럽과 아시아 일부, 아프리카 일부에 정보망을 마련하여 흑사병이 다시 발발하면 보고하도록 했다. 1650년이 되자 이탈리아 반도는 최초로 흑사병을 벗어난 지역이 되었고, 다른 국가들이 그 선례를 따랐다.[28] 흑사병의 원인은 미상으로 남았고 치료법도 없었지만, 전염을 막는 시스템이 개발됐다. 바로 검역 조치였다.

감염된 환자가 흑사병의 매개라는 사실은 자명했다. 환자를 방문한 의사와 목사들은 특히 사망률이 높았다. 건강한 사람과 환자를 분리하여 역병의 확산을 막는 전략이 여러 도시에서 도입됐다. 예를 들어 이탈리아의 도시 레지오에서는 흑사병에 걸린 사람을 도시 밖의 들판으로 내보내고 (그럴 가능성은 낮았지만) 회복하면 돌아오도록 했다.**29** 당시 라구사(현재의 두브로브니크, 크로아티아의 아름다운 도시)는 지중해 다른 항구와 무역을 하는 주요 항구였다. 당연히 흑사병이 번질 위험이 컸다. 라구사 최고의 의사가 도시 성벽 밖에 환자들을 내보낼 수 있는 공간을 만들자고 제안했다. 라구사에 들어가려는 외부인 또한 감염이 의심되면 이곳에 머물러야 했다.**30** 그러나 이 방법만으로는 흑사병이 다시 발생하는 사태를 막기 어려웠다. 흑사병에 걸린 사람은 증상이 나타나기 전에 병을 옮길 수 있다는 것이 문제였다. 1377년 라구사 시의회는 시스템을 강화하여 30일의 검역 기간을 두기로 하고, 이탈리아어로 30을 의미하는 트렌티노trentino라는 이름을 붙였다. 새로운 법은 다음과 같다.

1. 흑사병이 지나간 지역에서 온 방문객들은 라구사에 들어오기 전 30일간 격리한다.
2. 라구사 시민은 격리 구역에 들어가서는 안 된다. 들어가면 30일간 격리 구역에 머물러야 한다.
3. 격리 중인 사람의 관리를 맡도록 시의회에서 지정한 자를 제외하고는 누구도 격리 중인 사람을 방문하여 식량을 제공해서는 안 된다. 승인되지 않은 방문 시 30일간 격리 구역에 머물러야 한다.
4. 규정을 어기면 벌금을 부과하고 30일간 격리한다.

마침내 역병의 확산을 예방하는 시스템이 만들어졌다. 마르세유, 베니스, 피사, 제노바에도 곧 비슷한 법이 도입됐다. 기간이 30

일에서 40일로 연장됐고, 명칭도 트렌티노에서 '40'을 의미하는 베니스 방언 '콰란타quaranta'를 딴 '콰란티노quarantino'로 바뀌었다. 오늘날 검역을 의미하는 '콰란틴quarantine'이 여기서 왔다.[31]

안타깝게도, 검역 규정이 제대로 지켜지지 않으면 흑사병은 언제든 돌았다. 흑사병이 마지막으로 창궐한 것은 1720년 프랑스의 지중해 도시 마르세유 항구에서였다.[32] 이곳은 그리스 식민 지배자들이 세운 후 2,000년간 중요한 항구였다. 현재의 레바논, 시리아, 이스라엘에 해당하는 지중해 동부 연안의 레반트와의 무역 거래가 많이 이뤄졌다. 1348년에 이미 마르세유를 통해 흑사병이 프랑스에 유입된 바 있었다. 그래서 도시 지도자들은 동쪽에서 질병을 싣고 오는 배가 위험하다는 사실을 잘 알았고, 도시의 부의 원천인 무역을 지속하면서도 위험을 최소화하기 위해 복잡한 검역 절차를 만들었다. 새로 도착한 배의 선원과 승객은 먼저 병의 조짐이 있는지 검사를 받았고, 역병이 돌았던 항구를 최근에 방문한 적이 있는지 항해 일지를 확인했다. 역병 증상은 나타나지 않았지만 위험도가 높은 항구를 방문한 적이 있다면 마르세유 항구 바깥의 섬에 배를 세우고 기다려야 했다. 감염이 의심되는 배는 멀리 떨어진 섬으로 보내고 60일간 질병의 징후를 관찰했다. 선원들은 그 후에야 도시로 들어와서 물건을 팔고 다음 항해를 준비할 수 있었다.

이렇게 주의를 기울였는데도 1720년에 흑사병이 들어왔다. 감염자가 탄 배에서 전염이 시작되는 일반적인 패턴의 반복이었다. 이번에는 레바논의 시돈을 출발하여 스미르나, 트리폴리를 거쳐 역병이 지나간 키프로스에 정박했던 안토니우스호 때문이었다. 터키인 승객이 배에서 죽었고, 의사를 포함해 선원 몇 명도 희생됐다. 안토니우스호는 이탈리아 리보르노 항구에서 정박을 거절당해 마르세유로 이동했고, 마르세유항 관리국은 배의 귀중한 화물 때문에 안달이 난 도시 상인들의 압박에도 불구하고 도시 밖 격리 구역에 정박할 것을 지시했다.

그러나 격리 조치에도 불구하고 고작 며칠 만에 흑사병이 도시로 번졌다. 아마도 벼룩이 있는 옷감을 배에서 내렸기 때문일 것이다.[33] 흑사병이 다른 지역으로 퍼지는 것을 막기 위해, 마르세유 사람이 외부와 접촉할 시 사형 명령이 내려졌다. 감염된 지역에서의 이동을 막기 위해 2미터 높이로 감시 초소가 있는 벽이 세워졌다. '페스트의 벽Mur de la peste'은 오늘날까지 남아 있다. 마르세유에는 흑사병에 대비해 전문 의사와 간호사가 일하는 공공 병원이 갖춰져 있었지만, 환자 수가 너무 많아 감당하기 힘들었다. 환자를 돌보는 의사들은 구토제, 이뇨제, 완하제를 자주 처방했고, 환자는 탈수로 죽는 경우가 많았다.[34] 도시 전체에 널브러진 수천 구의 시신이 새로 판 구덩이를 금세 채웠다. 2년 만에 마르세유 인구 9만 명 중 5만 명이 죽었고, 인근 프랑스 지역에서도 비슷한 수의 사망자가 나왔다. 그러나 흑사병이 더 멀리 퍼지지는 않아서 검역 시스템이 전염병 확산을 통제할 수 있다는 사실이 증명됐다. 이후 정박하는 배에 대한 격리 및 검역 시스템은 더 강화됐다.

윈난성은 미얀마, 베트남과 국경을 접하고 있는 중국 남서부의 도시다. 18세기 후반, 돈은 많았지만 역병이 돌던 윈난성 산악 지역에 광부가 되려는 한족 수백만 명이 중국 전역에서 몰려들었다. 윈난성 내에서 종종 역병이 일어난 적은 있었지만, 1850년대에는 감염된 쥐와 가까이 사는 사람이 많아지고 대규모 인구 유입으로 도시가 팽창하면서 신종 전염병이 창궐했다. 당시 청 왕조는 중국의 지배력을 잃어가고 있었다. 예수의 동생을 자처한 홍수전洪秀全이 청 왕조에 맞서 일으킨 태평천국의 난은 역사상 가장 피비린내 나는 내전이었고, 이로 인해 질병이 번지기 딱 좋은 환경이 조성됐다. 아마 역병은 여기서부터 아편 거래상을 통해 연안 도시로 퍼졌을 것이다. 1894년 광저우에서는 몇 주 만에 6만 명이 죽었고, 홍콩에서는 몇 달 만에 10만 명이 죽었다. 1896년, 역병은 아마도 홍콩에서 출발한 배를 타고 인도에 도달했다. 늘 그렇듯 항구 도시에서 시작해서 나라 전역을 가로질러 시골까지 퍼졌다. 이후 30년간 인도인 1,200만 명이 사망했다. 영국 식민 지배자들은 격리와 검역, 격리소 설치, 이동 제한 조치로 전염병을 통제하려 애썼다. 동아시아에서부터 샌프란시스코, 호주, 남미, 러시아와 이집트까지 세계 곳곳으로 퍼지고 나서야 역병을 통제할 수 있게 됐다. 이 3차 대유행을 계기로, 과학자들은 미생물학microbiology이라는 새로운 관점으로 전염병의 원인을 조사하기 시작했다.

알렉상드르 예르생Alexandre Yersin은 1863년 스위스에서 태어났고, 나중에 프랑스 국적을 취득했다. 파리에서 루이 파스퇴르Louis Pasteur의 광견병 백신 개발을 도왔고, 독일의 미생물학자 로베르트 코흐Robert Koch와도 일했다. 당시에 받을 수 있었던 가장 우수한 세균학 교육을 받은 셈이다. 파스퇴르와 코흐는 질병의 세균 유래 가설을 세우고 홍보한 개척자들이었다. 특정 미생물이 감염의 원인이라는 이론이었다. 파스퇴르는 와인과 맥주의 식초화가 미생물 때문이라는 사실을 증명했고, 질병을 일으키는 미생물도 있다고 주장했다. 코흐는 다양한 전염병, 특히 결핵과 콜레라의 원인을 앞장서서 파헤친 독일 의사였다. 나중에 장티푸스, 디프테리아, 파상풍, 한센병, 임질, 매독, 폐렴, 뇌수막염 등 수많은 질병을 일으키는 원인균을 밝혀낼 때도 코흐의 방법이 사용됐다. 코흐는 단지 질병의 원인을 알아낼 뿐 아니라 특정 미생물이 특정 질병의 원인인지 아닌지 증명할 수 있는 방법도 제안했다.

1. 해당 미생물은 특정 질병이 발생했을 때 언제나 발견되고, 건강한 유기체에서는 발견되지 않아야 한다.
2. 해당 미생물을 질병에 걸린 숙주에서 분리하여 순수배양(배지에서 세균의 단일종만을 오염되지 않게 배양하는 일—역주)한다.
3. 순수배양한 해당 미생물을 건강한 감염 가능 유기체에 주입했을 때 특정 질병이 나타나야 한다.
4. 실험으로 감염시킨 숙주로부터 미생물을 분리할 수 있어야 하며, 이 미생물은 최초의 병원체와 같아야 한다.[35]

1894년 역병 조사를 위해 예르생과 일본 세균학자 기타사토 시바사부로Kitasato Shibasaburo가 각각 홍콩에 파견됐다. 두 사람은 따로 일했지만 둘 다 코흐의 가설로 역병의 원인을 파악하려 했다. 기타사토는 베를린에서 코흐의 파상풍과 디프테리아 항독소 개발을 도왔던 옛 제자였다. 홍콩에서 몇 달간 연구한 결과, 기타사토와 예르생은 둘 다 역병 환자 시신의 가래톳 고름에서 박테리아를 추출하여 배양하는 데 성공했다. 쥐에 박테리아를 주입하자 빠르게 복제됐고 쥐는 죽었다. 기타사토와 예르생은 1894년 6월 박테리아의 분리와 배양 결과를 발표했다. 기타사토가 먼저 작업을 끝냈지만, 배양액이 다른 박테리아 종으로 오염된 정황이 있었다. 반면 예르생의 실험은 철저했다. 그래서 역병 원인균은 1970년 예르생의 이름을 따서 '예르시니아 페스티스Yersinia pestis'로 명명됐다.

사람들은 최소 1,000년 동안 쥐가 역병과 관계있다고 생각했다. 예르생 역시 홍콩 거리에서 쥐 사체를 많이 보았고, 쥐들도 역병으로 죽었을 수 있다고 여겼다. 이쯤에서 파리 파스퇴르 연구소의 또 다른 베테랑 폴 루이 시몽드Paul-Louis Simond의 이야기를 살펴보자. 1897년, 시몽드는 봄베이로 파견돼 예르생의 연구를 이어갔다. 그는 역병 환자의 다리와 발에서 작은 물집을 발견했는데, 역병균이 득시글대는 액체가 들어 있었다. 그래서 최근에 감염된 쥐를 물었던 벼룩이 환자를 물었고, 그렇게 쥐의 병이 인간에게 전염됐다는 가설을 세웠다. 방금 죽은 쥐에 붙은 벼룩은 특별히 통통하다는 점도 그의 관심을 끌었다.[36]

시몽드는 가설을 검증하기 위해 영리한 실험을 고안했다. 먼저, 역병 환자의 집에서 감염된 쥐를 잡았다. (용감하게도 벼룩에 물려 역병에 걸릴 위험을 무릅썼다.) 고양이에서 잡은 벼룩을 몇 마리 붙여 커다란 유리병에 넣었다. 유리병에 든 쥐가 역병의 마지막 증상을 보일 때, 시몽드는 건강한 쥐를 철망으로 된 우리에 넣어 유리병 바닥에 닿지 않게 매달았다. 우리에 든 쥐는 병든 쥐는 물론, 유리병의 벽이나 바닥과 접촉하지 않은 것이다. 병든 쥐는 다음날 죽었고, 시몬드는 벼룩이 살아 있는 쥐로 옮겨가도록 24시간 동안 사체를 내버려 두었다. 죽은 쥐를 부검하자 페스트균이 득실득실했다. 5일 후, 우리에 든 쥐 역시 역병에 걸려 죽었다. 죽은 쥐에 붙어 있던 벼룩이 뛰어서 새로운 쥐에게 붙어 병을 옮겼다는 사실이 확인됐다. 시몬드는 당연히 흥분했고 이런 글을 남겼다. '그날, 1898년 6월 2일, 나는 역병의 발발 이후 전 세계를 고통에 빠뜨린 비밀을 밝혀냈다는 생각에 이루 표현할 수 없는 감정을 겪었다.'

시몬드는 감염된 사람의 격리뿐만 아니라 쥐와 벼룩을 해결해야 페스트를 예방할 수 있다는 합당한 추론을 해냈다.[37] 이제는 인간 페스트가 대규모로 발발하기 전에 쥐에게서 페스트가 퍼졌다는 사실이 알려졌다. 숙주로 삼던 쥐가 대규모로 죽어가면 기생하던 벼룩은 시몬드의 실험에서처럼 다른 숙주를 찾게 되는 것이다.

흑사병 원인균을 발견하기까지 너무 오래 걸렸다는 것은 비극이다. 작은 미생물을 볼 수 있는 현미경은 17세기부터 개발되어 있었고, 세균이 병을 옮긴다는 생각은 그보다 더 오래됐다. 예를 들면, 스위스 의사 펠릭스 플래터Felix Platter는 1597년과 1625년 논문에서 흑사병과 매독은 전염되며 세균 감염이 질병의 필수 요건이라고 조심스럽게 주장했다.[38] 이미 도구가 갖춰져 있었는데도, 그의 아이디어는 200년 동안 실험을 통해 제대로 후속 연구되지 않았다.

지금은 페스트균 감염이 왜 해로운지, 어떻게 인간의 면역 체계를 엉망으로 만드는지, 페스트균이 어떻게 진화했는지 많이 밝혀졌다.[39] 특히, 페스트균과 같은 박테리아의 DNA 염기서열 분석은 여러 종의 미생물과 그 진화 과정을 비교하는 훌륭한 도구다. 박테리아는 보통 각 유전자를 한 개 갖고 있다. 번식할 때는 단순히 둘로 분열하며, 분열된 세포 각각은 모세포와 같은 DNA를 갖는다. 환경이 갖춰지면 한 시간 이내에도 번식할 수 있어서 1년이면 엄청나게 많은 세대가 생겨난다. DNA가 복제될 때마다 염기서열에 변이가 생길 수 있고, 해당 세포의 후손에는 모두 이 변이가 전달된다. 박테리아 종류마다 특수한 DNA 염기서열이 있어, 어떤 박테리아가 어떻게 퍼졌는지 추적할 수 있다. 따라서 DNA 염기서열 비교는 역병의 근원과 확산을 이해하는 데 매우 유용하다. 잘 보존된 샘플을 찾을 수만 있다면 고대 DNA 염기서열도 알아낼 수 있고, 수백, 수천 년 전 사망의 원인이 된 박테리아를 직접 분석할 수도 있다.

1349년 흑사병의 정점에서는 날마다 런던 시민 200명이 죽었다. 교회 묘지에 묻기에는 너무 많아서 도시 밖에 매장지를 만들었다. 런던 타워 동쪽 템스강 근처에 있는 이스트 스미스필드도 그런 곳이다. 런던 박물관 고고학자들이 1980년대에 발굴했다. 매장된 시신 558구를 발견했는데, 대부분은 5~35세였다. 다른 질병과 달리 흑사병은 노약자나 신생아뿐 아니라 젊고 건강한 사람들까지 사망에 이르게 했다는 사실이 입증됐다. 기독교 전통에 따라 시신은 머리를 서쪽에 발을 동쪽에 두었고, 공동 매장된 시신은 대부분 다섯 겹으로 포개져 있었다. 고약한 체액을 빨아들이는 석탄도 덮여 있었다.

2011년, 이스트 스미스필드 현장에서 나온 46개 치아와 53개 뼈의 DNA를 분석했다. 치아 5개에서 예르시니아 페스티스의 DNA가 발견됐고, 이 결과를 현대 예르시니아 페스티스 17개 종과 비교했다. 그중에는 들쥐에 기생하는 종도 있는데, 이 박테리아의 가까운 친척은 흙에 사는 예르시니아 가성결핵균Y. pseudotuberculosis이다. 스미스필드에서 발견된 박테리아 종은 페스트와 관련된 모든 현대 박테리아 종과 매우 유사했다. 흑사병을 일으킨 균이 모든 현대 예르시니아 페스티스 병원균 종의 조상이었던 셈이다. 흑사병은 사실 변형되었을 뿐 사라지지 않았다는 뜻이다. 그렇다면 현대와 비교해서 과거에는 페스트가 왜 그렇게 치명적이었는지 의문이 남는다. 단순히 페스트균이 특히 치명적으로 변하는 돌연변이가 일어나서 페스트 대유행이 발생했다고 볼 수는 없다. 저항력을 갖추지 못한 적절한 인간 숙주, 기후, 동물 수, 질병 확산의 용이성, 쥐·벼룩과 함께 사는 환경, 사회적 조건, 다른 질병과의 상호작용 등 다른 조건도 작용했다. 흑사병 직전 유럽에는 식량 공급에 비해 인구가 너무 많아 기근이 자주 들었고, 사람들은 영양이 부족해 새로운 질병에 저항할 수 없었다. (시에나의 상황에서 이미 언급한 내용으로 11장에서 더 깊이 다룰 것이다.)**40**

2013년 독일 묘지에서 발견된 1,500년 전의 페스트 사망자 치아 샘플 두 개의 DNA 연구에서도 예르시니아 페스티스의 흔적이 발견되어 두 가지를 확인할 수 있었다. 유스티니아누스 역병은 림프절 페스트가 맞고, 북쪽으로 퍼져 비잔틴 제국 국경을 넘어갔다는 사실이다. 역사에 기록된 유스티니아누스 역병이 예르시니아 페스티스 때문이라는 주장은 오랫동안 의심받았다. 인플루엔자나 탄저병 등 완전히 다른 질병이었으리라 생각하는 사람도 있었다. 이 샘플에서 얻은 DNA 염기서열을 흑사병 대유행 시기 예르시니아 페스티스

131종의 염기서열 데이터베이스와 비교해 보았더니, 유스티니아누스 샘플 두 개는 서로 밀접한 관련이 있었으나 흑사병 종과는 큰 차이를 보였다. 현재까지의 연구에 따르면 유스티니아누스 종은 사람에게서 멸종했다. 그러므로 유스티니아누스 역병과 흑사병은 각각 페스트균이 설치류에서 인간으로 이동한 별개의 사건에서 시작됐다고 보아야 한다. 역병의 증상이 왜 매번 조금씩 달랐는지가 설명된다. 물론 페스트균이 살던 쥐 종류가 달랐을 수도 있다.

유스티니아누스 종의 가장 가까운 친척은 현재 중앙아시아 키르기스스탄의 산맥에 사는 마멋에 기생하는 종이다.[41, 42] 중국과 서양을 연결하는 고대의 실크로드가 키르기스스탄을 지나간다. 약 1,500년 전, 유스티니아누스 종의 페스트균은 설치류에서 인간으로 옮아 아틸라 왕이 이끄는 훈족과 함께 실크로드를 건넜고, 결국 비잔틴 제국에서 비극적으로 폭발했다.[43]

고대 생물학 표본의 DNA 염기서열을 알아내는 현대 기법은 유스티니아누스 역병 이전에도 수천 년간 인류가 역병으로 고통받았다는 사실을 보여준다. 6,000년 전, 우크라이나, 몰도바, 루마니아에 최대 2만 명이 모여 살았을 인구밀도 높은 마을이 나타났다. 해당 지역의 현재 마을 이름을 따서 트리필리아Trypillia 문명이라고 한다. 유럽 최대의 정착지였으며, 도자기, 동물이 끄는 쟁기, 바퀴, 구리 기반의 금속 기술이 있었고, 밀, 보리, 렌틸콩, 소, 양, 돼지, 염소를 길렀다. 무역상이 수천 킬로미터 떨어진 사람들을 이어줬다. 이 광대한 지역에서 어떤 언어가 사용됐는지는 알려지지 않았다.

그때 사람들은 미처 몰랐겠지만, 대도시를 세우고 무역상으로 연결되면서 재앙의 무대가 완성됐다. 트리필리아 문명은 5,400년 전쯤 무너졌다. 마을은 버려지거나 태워졌고 인구는 대폭 줄어서 이후 1,500년 정도 그 수준을 유지했다. 신석기 시대 인구 감소의 원인은 환경 파괴, 삼림 파괴, 기후 변화, 과도한 농지 개발, 외부 침략에 중점을 두고 연구됐다.[44] 그러나 최근 DNA 연구에 따르면 신석기 문화의 붕괴는 역병 때문이기도 하다.

5,000년 전 스웨덴 프렐세고르덴Frälsegården 신석기 정착지의 합장 묘지에 78구의 시신이 묻혔다. 당시 스웨덴의 인구밀도가 낮았다는 사실을 고려하면 한 번에 엄청난 수가 매장된 것이다. 유골에 부상의 흔적이 없어 대량 학살보다는 유행병으로 사망했을 가능성이 제기됐다. 2019년에 프렐세고르덴 묘지에서 발견된 치아를 DNA 염기서열 분석한 결과, 병원체를 찾았다. Gok2라는 명칭의 페스트균 고대 종이 20대 남녀 한 쌍에서 발견됐다. Gok2 종의 DNA를 분석하니 청동기의 페스트균과 유사했다.[45] Gok2 종에 이어 몇몇 다른 페스트균 종이 나타나 시베리아, 에스토니아, 폴란드, 아르메니아로 퍼졌는데,[46] 이 시기는 유럽에서 신석기 인구가 감소한 시기와 일치한다. 고대 DNA 분석 기술이 발명되기 전에는 증상을 설명하는 문자 기록에 의존해서 페스트가 원인이라고 파악할 수밖에 없었다. 그래서 유스티니아누스 역병을 최초의 페스트 창궐로 여겼다. 이제 고대 DNA 염기서열 분석을 통해 문자 기록이 없는 문화권의 시신에서도 역병의 흔적을 찾아낼 수 있다. 트리필리아 문명 역시 지독한 페스트의 유행으로 파괴됐을 가능성이 커 보인다.

다음 그림은 지난 6,000년간 예르시니아 페스티스 종류의 가계도를 보여준다. Gok2와 그 외 청동기 계통은 신석기 인구 감소의 원인이 되었던 종이다. 모두 멸종된 지 3,000년 이상이 지났다. 그 아래는 페스트균의 현대 종이다. 수천 년 전에 나타나 오늘날에도 존재한다. 유스티니아누스 역병은 DA101과 A120이라는 두 종류가 원인이 됐고, 둘 다 현재는 멸종했다. 그 아래쪽 가지는 2,000년 전 유스티니아누스 역병에서 분리돼 나와 흑사병을 비롯한 모든 현대 에르시니아 페스티스를 포함하는 종이다.

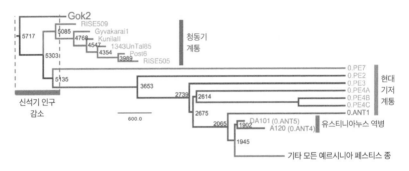

고대 예르시니아 페스티스 종. 숫자는 현대에 이르기까지의 햇수를 나타낸다.[47]

DNA 염기서열 분석 기술은 고고학계에 혁명을 가져왔다. 이전에는 도자기 같은 물건으로 과거의 인간을 파악했다면, 지금은 DNA 염기서열을 바로 분석해서 인구 이동, 나이, 혈연관계 여부를 파악할 수 있다.[48] 인간과 예르시니아 페스티스의 고대 DNA에서 발견한 내용을 고고학과 합치면 신석기 문화가 어떻게 무너졌는지 알 수 있다.[49] 트리필리아의 대규모 정착지는 인구밀도가 높고 동물과의 접촉이 잦았다. 인구 과잉과 과도한 농사일로 영양 부족과 기근의 위험이 컸고, 질병 저항력이 약해졌다. 이때 최초로 신종 역병이 발생했다. 정착지에서 감염된 쥐의 피를 빨던 벼룩이 인간에게 달라붙은 것이다. 이때 쥐가 처음으로 인간에게 병을 옮기진 않았겠지만, 이제 사람들이 모여 살아서 역병은 몇 주 안에 수만 명에게 퍼져나갔다. 겁에 질린 사람들은 정착지를 버리고 자주 다니던 무역로를 따라 떠났고, 그 바람에 병은 유럽과 아시아 전역으로 퍼졌다. 트리필리아의 대규모 정착지들이 폐허가 된 이유는 확실하지 않았고, 보통 고작 150년 정도 지속되다가 태워지고 재건됐다. 아마도 역병을 막기 위한 극단적인 조치였을 것이다. 이때 대규모로 인구가 감소하며 거의 모든 유럽어의 근간이 되는 인도유럽조어를 쓰는 사람들이 동쪽 초원으로부터 이주해 오는 계기가 됐다. 역병이 신석기 문명을 파괴하면서, 인간에 기생하는 페스트균은 멸종했다. 그러므로 이후에 일어난 역병은 다시 설치류에서 옮은 것이다.

설치류와 설치류에 기생하는 해충에 의한 자연 감염으로 인해, 페스트는 여전히 세계 곳곳에서 발생한다. 미국에서는 매년 감염된 들쥐나 들쥐에 기생하는 벼룩과의 접촉 또는 기타 감염된 야생동물(보브캣, 코요테, 토끼 등)이나 반려동물(고양이, 개)과의 접촉으로 환자가 나온다. 보통은 개별 사건으로 그치지만, 사람과 함께 사는 쥐와 벼룩이 감염되면 지금도 페스트가 유행할 수 있다. 아프리카, 아시아, 남미 시골 사람이 쥐로부터 감염되고, 이 사람들이 도시 지역으로 이동하면 대유행이 일어날 수 있다. 특히 전쟁으로 인해 사회 질서가 무너지고 위생 관리가 되지 않는 상태에서 대규모 이동이 이뤄진다면 불가능한 이야기도 아니다. 페스트는 항생제로 치료할 수 있지만, 페스트균의 일부 종은 항생제 내성을 보인다. 어쩌면 항생제로 죽일 수 없는 돌연변이가 발생할 수도 있다. 약의 화학 구조를 무너뜨리는 효소를 가졌거나, 세포 밖으로 약을 밀어내는 수송단백질을 가졌다고 해보자. 이 경우, 다른 박테리아는 항생제로 인해 모두 죽고 돌연변이가 살아남아 복제되어 항생제가 듣지 않는 새로운 박테리아가 남는다. 이것이 자연 선택이다. 결국 모든 항생제는 효능을 잃을 것이다. 치명적인 균이 설치류에서 인간으로 최소 세 번 옮았다는 것은 언제든 같은 일이 또 일어날 수 있다는 뜻이다. 페스트 박멸은 불가능해 보인다. 페스트균은 호주와 남극을 제외한 모든 대륙에서 발견되며 설치류 숙주의 종류도 다양하기 때문이다.

페스트 백신이 있지만 특별히 고위험군인 사람에게만 제공된다. 의료계 종사자나 살아 있는 페스트균을 다루는 연구원들에겐 확실히 접종이 필요하다. 페스트 백신 개발은 두 가지 전략을 따랐다. 먼저, 열이나 화학 물질로 페스트균을 비활성화하여, 죽은 세포로 백신을 만들었다. 이 백신은 안전하고 림프절 페스트에 대한 면역을 형성했지만 동물 사례에서 폐 페스트에는 효과가 없었다. 두 번째로, 페스트균을 오랜 시간 배양하여 치명적이지 않은 페스트균 종을 개발한 뒤 백신으로 썼다. 이 백신은 림프절 페스트와 폐 페스트 둘 다에 효과가 있었지만, 살아 있는 박테리아를 주입하므로 인간의 체내에서 새로운 종이 되어 복제될 위험이 항상 있다. 현재까지 생백신 주입 후 인간이 사망한 사례는 없으나, 실험실 동물이나 인간 외 영장류는 다수 사망했다. 여전히 더 나은 페스트 백신이 필요하다.[50] 이 영역의 연구는 쉽지 않다. 고의로 사람을 페스트에 감염시키는 행위는 비도덕적이므로, 잠재적인 치료법을 시험할 대상이 부족하기 때문이다.

페스트는 이제 주요 사망 원인이 아니다. 2010~2015년, 전 세계에서 3,248건이 보고됐고 584명이 사망했다. 콩고민주공화국, 마다가스카르, 페루가 고위험 국가로 꼽혔다. 그러나 치명적인 전염병이 인간에게 영향을 미치는 상황에서 현실에 안주할 수는 없다. 전 세계 다양한 설치류 종에 기생하고 있는 페스트균을 멸종시키기란 불가능하다. 사람들은 언제라도 벼룩에 물릴 수 있다. 박테리아는 빠르게 진화하고 치명적인 종이 새로이 나타날 수 있다. 실험실에서 유전자 조작을 통해 페스트균이 항생제 내성이 있는 새로운 종으로 변이할 수 있다는 사실이 확인됐으며,[51] 야생에서도 이러한 항생제 내성이 나타나기 시작했다.[52] 어쩌면 고의로 항생제 내성을 갖게 만든 새로운 페스트균 종이 세균전에 사용되어 1346년 카파 포위전의 공포가 재현될지도 모른다.

현대 의학의 엄청난 힘에도 불구하고, 인간은 여전히 전염병의 위험에 노출돼 있다. 치명적인 신종 박테리아나 바이러스가 항생제를 비롯한 치료법에 내성을 갖도록 진화할 수 있다. 비행기 때문에 이런 박테리아가 전 세계로 퍼져서 치료법이나 백신을 개발하기도 전에 사람들을 죽일 수도 있을 것이다. 2020년 코로나 바이러스 대유행은 이를 단적으로 보여주는 최신 사례다. 결국 박테리아와 바이러스의 관점에서 보면, 79억 명의 인구는 단순히 엄청나게 많은 식량 공급원일 뿐이다.

05장

The Milkmaid's Hand

우유 짜는 여자의 손

천연두는 기침이나 재채기로 전염되며 전염성이 매우 높고 치명률도 높은 질병이다. 찰스 디킨스의 소설《황폐한 집Bleak House》에서 가없은 에스더 서머슨Esther Summerson이 자선 활동을 하다가 그랬던 것처럼, 오염된 옷이나 침구를 함께 쓰다가 감염되기도 했다. 천연두에 걸린 사람의 30%는 죽었고, 생존자도 온몸의 수포가 사라지지 않아 흉터를 갖게 됐다. 입술, 귀, 코가 일부 떨어져 나가기도 했고, 각막반흔(각막이 부분적으로 혹은 전체적으로 불투명해진 상태—역주)으로 인한 실명도 흔했다. 지금도 천연두 치료제는 없다. 하지만 천연두는 평생 한 번만 걸린다.

천연두는 약 1만 년 전 아프리카 설치류 바이러스에서 진화하여 아프리카 북동부에서 농경이 시작됐을 때 인간에게 옮았다고 추정되는 천연두 바이러스Variola에 의해 발생한다.[1,2] 이집트 18번째와 20번째 왕조(기원전 1570~1085년) 사이 미라의 얼굴에서 천연두 흉터와 비슷한 상처가 발견됐다. 파라오 람세스 5세의 머리도 그런 사례다.[3] 중국에서는 기원전 1122년에 천연두로 보이는 질병이 묘사됐고, 비슷한 시기 인도의 고대 산스크리트어 문서에도 천연두가 언급됐다.

천연두는 약 1,500년 전에 유럽에 도달했다. 처음에는 아이들이 앓는 흔한 질병 중 하나였는데, 17세기 초 이유는 알 수 없지만 어른들에게도 고질병이 되었다.[4] 18세기 유럽에서는 매년 천연두로 40만 명이 죽었고, 생존자의 3분의 1은 시각을 잃었다.[5] 성인의 경우 치명률은 20~60%였고, 환자가 영아일 때는 더 심각해서 1800년대 후반 런던에서는 80%, 베를린에서는 놀랍게도 98%에 이르렀다.[6] 부와 권력도 천연두를 막지는 못했다. 프랑스의 루이 15세, 영국의 메리 2세, 러시아의 표트르 2세, 중국의 순치제, 오스트리아의 마리아 테레사 대공비 모두 천연두로 사망했다. 이오시프 스탈린Joseph Stalin도 일곱 살 때 천연두에 걸렸는데, 소련 지도부에 오른 후에는 사진을 편집하여 흉터를 없앴다. 영국의 여왕 엘리자베스 1세도 스물아홉에 천연두에 걸린 이후 화장을 두껍게 하고 가발을 썼다. 아첨하는 화가들이 흉터와 탈모를 감춰줬다.

천연두를 예방하는 아주 오래된 방법은 인두법variolation으로 면역이 없는 사람에게 고의로 천연두 바이러스를 주입하는 방식이다.

익은 화농을 면도칼로 찢어 고름을 빼내서 대상자의 팔이나 다리에 옮겨 면역이 생기게 했다. 인두법은 유럽, 아프리카, 인도, 중국에서 각각 여러 차례 개발된 것으로 보인다.[7] 1670년, 이란 북부 캅카스산 맥 서쪽 체르케스 출신 상인들이 오스만 제국에 인두법을 전했다. 체르케스 사람들은 딸이 이스탄불에 있는 술탄의 하렘에 들어가서 아무 일도 하지 않고 호화롭게 살면서 차기 술탄의 어머니가 되기를 간절히 바랐기 때문에, 천연두 자국이 생기지 않도록 인두법을 시행했다. 체르케스 여자들이 아름답다는 명성을 얻은 데 한몫한 풍습이었다.

1717년 오스만 제국에 파견된 영국 대사의 아내 메리 워틀리 몬태규Mary Wortley Montagu는 인두법을 알고는 자신의 아이들에게 이를 적용해 치료에 성공했다. 몬태규 부인은 영국에 돌아가 사형수 여섯 명에게도 이 치료법을 시험했는데, 천연두에 걸린 사형수 여섯 명 모두 운 좋게도 무사했고 자유를 얻었다. 이때부터 인두법은 영국에서 널리 퍼졌고, 다른 유럽 국가에도 전해졌다. 러시아에서는 예카테리나 황후와 아들 파울 1세가 18세기 후반 영국 의사를 초청하여 인두법으로 접종을 받았다. 1776년 5월 프랑스 왕 루이 15세가 천연두로 사망하자, 한 달 후 그의 후계자이자 손자인 루이 16세가 접종을 받았다.[8]

인두법은 성공적이었지만, 두 가지 큰 단점이 있어서 개선할 필요가 있었다. 첫째, 살아 있는 천연두 바이러스를 몸에 주입하는 것은 위험한 시술이었다. 살아 있는 바이러스를 주입 받은 사람 중 2% 정도는 사망했고, 피를 통해 다른 질병이 옮을 수도 있었다. 둘째,

직접 시술을 받은 사람의 경과가 좋다고 해도 주변의 다른 사람들이 위험했다. 접종 받은 보균자로부터 천연두가 옮을 수 있었기 때문이다. 이보다는 가벼운 병에 걸리는 것으로 치명적인 천연두에 대한 면역력을 갖출 수 있다면 더 좋을 터였다.

18세기 영국에서 우유 짜는 여자들은 관능적이고 아름답다고 여겨져⁹ 그림에 등장할 때가 많았다. 토머스 게인즈버러Thomas Gainsborough의 「우유 짜는 하녀가 있는 풍경Landscape with Milkmid」을 생각하면 된다. 우유를 짜는 일을 하면 천연두에 면역이 생겨 흉터가 방지되는 것 같았다. 1796년 우유 짜는 하녀 사라 넴스Sarah Nelmes는 오른손에 생긴 물집 때문에 글로스터셔 지역 의사인 에드워드 제너Edward Jenner를 방문했다. 사라는 글로스터셔에서 키우는 블러섬이라는 소가 최근 우두에 걸렸다고 했다. 제너는 우두에 걸린 소의 젖을 짠 하녀의 손에 물집이 생기는 일이 흔하다는 사실을 알고 있었다. 사라의 손에서 블러섬의 젖에 닿는 부위에 물집이 가장 많이 생겨 있었다.¹⁰ 젖 짜는 하녀들이 우두에 노출되기 때문에 절대 천연두에 걸리지 않는다는 말이 많았던 터라, 제너는 이 미신을 직접 확인해 보기로 했다. 제너는 사라의 손에 난 물집에서 고름을 빼내 자기 정원사의 여덟 살짜리 아들 제임스 핍스James Phipps에게 주사해 가벼운 우두에 걸리게 했다. 이후 핍스에게 여러 차례 천연두를 주사했고, 다행히 핍스는 무사했다.

유의미한 성과를 얻은 제너는 이어 다른 아이 백 명과 자기 자신에게 똑같은 방법을 시행했고 대성공을 거뒀다. 1798년에는 연구 결과를 《우두의 원인과 효과에 대한 연구An Inquiry into the Causes and Effects of Variolae Vaccinae》[11]라는 책으로 발표했고, 라틴어로 '소'를 의미하는 '바카vacca'를 따서 시술의 이름을 '백신vaccination'이라고 명명했다. 우두 고름을 대량으로 채취하고, 수송하고, 활성 상태를 유지하기는 어려워서, 국내와 국외 의사들에게 보낼 수 있도록 건조 시료를 보존하는 방법도 개발했다. 영국 정부는 제너에게 3만 파운드(현재 화폐 가치로 약 65억 원)라는 거금을 지원했다. 평소 영국과 사이가 매우 나빴던 나폴레옹조차 제너에게 선물을 보내 감사를 표했다.

하지만 제너가 최초로 백신을 시도한 사람은 아니었다. 큰 파급력이 없었을 뿐, 제너가 최초의 실험을 한 1796년 이전에 우두로 천연두를 예방하려 한 사람은 최소 여섯 명이었다. 아마도 영국 남서부 도싯의 농부 벤저민 제스티Benjamin Jesty가 최초였을 것이다.[12] 제스티는 우유 짜는 하녀 두 사람이 천연두에 걸린 친척을 방문하고도 병에 걸리지 않은 것을 알게 됐다. 그는 가족을 보호하겠다는 신념으로 우두에 걸린 이웃 소의 고름을 뜨개바늘로 채취해 아내와 어린 아들들에게 주입했다. 자신은 우두에 걸린 적이 있었던지라 직접 맞지는 않았다. 시술 후 아들들의 팔에는 농포가 생겼고, 아내도 팔에 염증이 생겨 아파했지만 모두 회복했다. 이들은 수십 년 후 환자와 접촉하고도 천연두에 걸리지 않았다. 그러나 제스티의 행동은 도싯에서 그다지 인정받지 못했고, 경멸과 조롱, 따돌림의 대상이 됐다. 그러니 아이디어를 널리 알리려 하지 않은 것도 당연하다. 그런데 도싯의 목사 앤드루 벨Andrew Bell은 1805년 제너의 연구와 보상에 대해 듣고는 런던에 있는 천연두 백신 연구소에 편지를 써 제스티가 최초로 백신을 개발했다고 알렸다. 그래서 제스티는 1805년 연구소

를 방문했고, 연구소에서는 제스티의 초상화를 그리는 것으로 존중을 표했다.[13]

의학 교육을 받고 자격증을 취득한 제너는 제스티보다 사람들을 쉽게 설득할 수 있었다. 무엇보다 제너는 여러 나라에 번역된 책을 썼고 활발히 의견을 교환했으며 백신을 유통하려고 노력하여 최초로 백신의 대중화를 이끌었다. 과학계에서 논문 출간은 결정적이다. 아무도 모른다면 과학적 발견은 소용이 없다. 글로스터셔에 있는 제너의 멋진 집은 이제 박물관이 되었고,[14] 지역 아이들에게 백신을 놓던 막사도 그대로 보존돼 있다.

스페인에서는 즉시 백신을 도입하여 1801년 말에는 수천 명이 백신을 맞았다. 또한 천연두에 걸린 환자 절반이 죽었고 검역 조치를 적용하기가 어려웠던 중남미 지역 식민지의 백신 공급에도 힘썼다. 그런데 백신은 열대 기후에서 오랜 시간 이동하면 질이 저하됐으므로, 우두 바이러스가 대서양을 건너려면 다른 방법이 필요했다. 이들이 찾아낸 해결책은 사람의 몸, 특히 3~9세 고아 소년의 몸으로 백신을 옮기는 것이었다. 9~10일 간격으로 감염 경험이 없는 아이 두 명에게 고름을 주입해 백신을 옮겼다. 이렇게 하면 백신은 활성 상태를 유지했고 이동하는 두 달 동안 버틸 수 있었다. 1804년 베네수엘라 카라카스에 도착한 원정대는 열렬한 환영을 받았다. 지원자들이 백신을 맞고 다시 흩어져서 멕시코, 페루, 칠레와 쿠바에 전했다. 멕시코에서 10만 명 이상의 아이들이 면역을 갖추게 되자, 의사 프란시스코 하비에르 데 발미스Francisco Xavier de Balmis는 이제 멕시코 아이 스물여섯 명을 매개로 태평양을 건너 필리핀에 백신을 전하러 나섰다. 다음에는 중국에서 포르투갈 식민지인 마카오로 백신을 가져갔다. 1805년 영국군과 스페인군이 트라팔가르 해전에서 서로 죽이는 상황에서도 발미스는 영국 동인도회사와 협력하여 중국에 생명을 살리기 위한 백신 센터를 세웠다. 다행히 그는 스페인으로 돌아가 보상받고 영예를 누렸다. 제너가 우두접종을 발견한 후 10년 안에 천연두 백신은 거의 전 세계로 퍼졌다. 발미스와 같이 헌신적인 사람의 노력, 정부와 사회의 지원, 백신을 몸으로 옮겼던 어린이 수십 명의 도움 덕분이었다.[15, 16]

바이에른 지역은 1807년 세계 최초로 천연두 백신을 의무화했다. 영국은 1840년 인두법을 법으로 금지하고 백신을 의무화했다. 그래도 20세기까지 천연두 발병 사례가 보고됐는데, 백신 접종에 문제가 있거나 천연두 감염자가 배를 타고 영국 항구로 들어왔기 때문이었다. 당시에는 각국 정부에서 백신 접종 프로그램을 시행했지만, 정부가 불안정하거나 존재하지 않는 국가도 있어 바이러스는 존속했다. 천연두를 완전히 없애려면 세계적인 공동 계획이 필요했다. 1959년 세계보건기구는 천연두 퇴치 계획을 시행했다. 처음에는 자금과 인력, 백신이 모두 부족했다. 1966년까지도 천연두는 흔한 질병이었고, 남미, 아프리카와 아시아에서 정기적으로 유행했다.

세계보건기구는 1967년 다시 천연두 박멸 집중 프로젝트를 시작했다. 양질의 동결건조 백신을 훨씬 많이 확보하고 주삿바늘을 바꿨으며, 천연두 환자를 파악하고 조사하는 추적 시스템을 갖추고, 대규모 백신 접종 캠페인을 열었다. 이때쯤에는 이미 북미(1952년)와 유럽(1953년)에서 천연두가 박멸되어, 남미, 아시아, 아프리카에만 남아 있었다. (오스트레일리아에서는 천연두가 유행한 적이 없다.) 천연두는 먼저 남미(1971년)에서 사라졌고, 이어 아시아(1975년), 마지막으로 아프리카(1977년)에서도 종적을 감췄다. 1975년 천연두에 걸린 방글라데시의 세 살 소녀 라히마 바누Rahima Banu가 아시아 최후의 환자였다. 여덟 살 소녀가 바누의 발병을 알렸다. 바누는 격리됐고, 전염성이 없어질 때까지 경비 요원들이 24시간 집 주변을 지켰다. 바누가 사는 섬에서 반경 2.4㎞ 안에 있는 모든 사람은 즉시 접종을 받았다. 천연두 박멸 프로젝트 팀에 소속된 인력이 반경 8㎞ 안에 있는, 집, 사람들이 모이는 곳, 학교, 의원을 모두 방문해서 다른 환자가 있는지 확인했다. 다른 환자는 발생하지 않았고, 바누는 완전히 회복했다.

자연적으로 천연두에 걸린 마지막 사람은 소말리아 메르카의 병원 요리사이자 보건 직원인 알리 마우 말린Ali Maow Maalin이다. 그는 1977년 병원에서 지역 천연두 사무실까지 환자 두 명을 데려다주던 그 10분 사이에 전염됐다. 당시 많은 국민이 유목 생활을 하던 소말리아는 특히 프로젝트 진행에 어려움이 많았다. 메르카에서의 천연두 유행을 막기 위해 여러 조치가 취해졌다. 말린이 접촉한 161명을 파악해 보니, 41명은 미접종자였다. 이 41명과 그 가족까지 전원 접종을 하고, 6주간 관리했다. 메르카 병원은 신규 환자를 받지 않았고 전 직원이 백신을 맞았으며, 기존 환자들은 내부에 격리됐다. 말린이 거주하는 구역 주민들도 백신을 맞았고, 당국은 추가 발병 사실이 있는지 전 지역을 조사했다. 경찰은 아무도 해당 지역을 벗어나지 않게 지켰고, 이전에 백신을 맞지 않은 신규 유입 주민에게도 백신을 맞혔다. 말린의 확진 이후 2주 안에 5만 4,777명이 백신을 맞았다. 마지막 사망자는 말린이 만난 사람의 가족인 여섯 살 소녀 하비바 누르 알리Habiba Nur Ali였다. 전염 억제 노력은 효과가 있었고, 1978년 4월 17일 세계보건기구는 다음과 같이 발표했다. '조사 완료. 발병 사례 없음. 알리 마우 말린은 세계 최후의 천연두 확진 환자.' 2년 후, 제너가 백신을 발명하고 거의 200년 만에, 세계보건기구는 전 세계에서 천연두가 사라졌다고 선언했다. 아마 이는 국제 보건의 가장 큰 쾌거일 것이다.

2018년, 미국 식품의약국FDA은 최초의 인간 천연두 치료제 티폭스TPOXX를 승인했다.[17] 이제는 천연두가 박멸됐는데 왜 굳이 제약회사에서 치료제를 개발했을까? 무서운 일이지만 천연두가 다시 나타날 수 있기 때문이다. 먼저, 이 바이러스의 DNA 염기서열이 공개되어 있고 현대 화학 기술을 활용하면 공포영화에 흔히 나오는 것처럼 바이러스를 합성하여 대량 생산할 수 있다. 치명률을 더 높이는 방향으로 유전자를 조작할 수 있을지도 모른다. 그리고 바이러스는 여전히 존재한다. 천연두 바이러스는 미국 조지아주 애틀랜타 질병관리센터와 러시아 노보시비르스크의 비슷한 기관VECTOR에 보관돼 있다. 비밀리에 다른 곳에도 있을지 모른다. 센터에서 일하는 직원이 우연히 이 바이러스에 감염되거나(1978년 영국 버밍엄에서 실험실 연구원이 바이러스에 우연히 노출된 후 사망한 사건이 있었다) 누군가 고의로 바이러스를 유출할지 모른다. 마지막으로, 북극에 얼어 있는 시신에 바이러스가 남아 있을 수 있다. 녹은 지 얼마 되지 않은 시체와 밀접 접촉하면 다시 감염이 발생할 수 있다. 모든 상황을 고려할 때 이미 수억 명의 사망자를 낸 질병에 대해서 완전히 마음을 놓을 수는 없다는 뜻이다.

약이 승인을 받으려면 해당 약이 감염된 인간에게 효과가 있다는 사실을 위약을 받은 통제집단과 비교하여 증명해야 한다. 40년간 천연두 환자가 아무도 없었고, 약의 효력을 알아보기 위해 고의로 사람을 천연두에 감염시키는 행위는 점잖게 표현해서 윤리적이지 않으므로 이 약은 인간 실험을 거치지 못했다. 그래서 FDA는 이례적으로 천연두 바이러스와 관련이 있는 원숭이두창과 토끼두창에 걸린 원숭이와 토끼에 대해 효력을 나타냈다고 인정하여 티폭스를 승인했다.

천연두의 사례는 몇 가지 이유로 매우 중요하다. 먼저 20세기에 4억 명을 죽인 끔찍한 질병을 인류가 퇴치했다. 세계보건기구의 천연두 박멸 프로젝트가 성공하면서 전 세계가 협력하면 치명적인 질병을 없앨 수 있다는 사실이 증명된 셈이다. 실제로 인간이 박멸했다고 할 수 있는 질병은 천연두가 유일하다. 현재는 아프가니스탄과 파키스탄에서만 발병하는 소아마비도 박멸을 앞두고 있다.[18] 또한 천연두 사례를 통해 백신 접종 전략의 가치가 증명됐다. 질병의 약한 형태나 병원체 또는 바이러스의 일부에 사람을 미리 노출해 항체 생성을 촉진함으로써 신체가 향후 감염에 저항할 수 있게 만드는 것이다. 백신이 일단 개발되면, 대량생산과 접종은 저렴하고 쉬우면서도 매우 효과적이다.

제스티와 제너의 연구가 탁월했음에도 불구하고, 백신 접종은 50년 이상 천연두에 한정된 개념이었다. 질병에 걸림으로써 다른 질병을 예방한다는 개념은 우두와 천연두 이상으로 일반화되지 않았다. 1870년대에 와서야 프랑스 미생물학자 루이 파스퇴르Louis Pasteur가 죽거나 약해진 병원균으로 탄저병과 광견병을 예방하는 기술을 추가로 개발했다. 지금까지 가장 위대한 백신 개발자는 미국의 미생물학자 모리스 힐먼Maurice Hilleman이다. 힐먼의 팀은 미국 제약회사 머크Merck에서 주로 일하며 40종 이상의 백신을 개발했다. 대표적인 8종이 오늘날에도 쓰이는 홍역, 유행성 이하선염, A형 간염, B형 간염, 수두, 뇌수막염, 폐렴, 헤모필루스 인플루엔자 박테리아 백신이다. 힐먼은 바이러스가 약해지고 위험성이 낮아지지만, 여전히 면역 반응은 일으킬 때까지 변이하도록 배양하는 방법으로 백신을 만든다. 힐먼의 백신으로 매년 8백만 명 이상이 죽음을 피한다. 아마 힐먼은 20세기에 그 누구보다 많은 생명을 살린 사람일 것이다.

[표-10]은 백신이 얼마나 효과적인지 보여주는 데이터로, 백신이 도입되기 이전과 이후 10개 질병의 미국 내 사망자 수를 비교하고 있다. 이를 보면 백신의 효과가 얼마나 엄청난지 알 수 있다. 그러나 지금도 백신 접종을 반대하는 사람들이 있다. 심지어 금전적 이득을 노리고 사기성 과학 논문을 발표하기도 한다.[19] 이들 뒤에 유언비어를 퍼뜨리는 언론의 사주가 있을 때도 있다.[20]

[표-10] 미국에서 백신 접종 이전과 이후 전염병으로 인한 사망자 수[21]

병명	20세기 백신 접종 이전 연간 사망자 수	2017년 연간 사망자 수	감소율
디프테리아	21,053	0	100%

헤모필루스 인플루엔자	20,000	22	>99%
천연두	29,005	0	100%
선천성 풍진증후군	152	2	99%
홍역	530,217	122	>99%
유행성 이하선염	162,344	5,629	97%
백일해	200,752	15,808	92%
소아마비	16,316	0	100%
파상풍	580	31	95%
풍진	47,745	9	>99%

　백신의 개념은 얼마나 보편적으로 적용할 수 있는 것일까? 모든 병에 백신을 만들 수 있을까? 이미 백신 수십 종의 효능이 증명됐고, 추가 개발이 계속 이뤄지고 있다. 2019년 에볼라[22], 2020년 코로나19가 그렇다. 기술은 이미 탄탄하다. 오늘날 사용되는 백신은 대부분 만들어진 지 수십 년이 됐다.

　안타깝게도 어떤 질병은 백신을 만들기가 특히 어렵다. 평생, 최소한 수십 년 면역 효과가 유지되어야 백신이 의미가 있는데, 이런 질병에 면역성이 오래가지 않는다. 어떤 병원체는 너무 변이가 빨라서 새로운 변이종은 백신으로 만든 항체에 인지되지 않을 만큼 달라진다. 박테리아와 바이러스는 몇 시간이면 복제되기 때문에, 1년에도 수천 세대가 바뀌며 변이가 일어난다. 유전자 물질로 DNA 대신 RNA를 사용하는 바이러스(HIV 등)는 더 쉽게 변이한다. 그래서 순전히 우연으로 항체가 인지하는 병원체의 부위가 변화하여 면역 체계를 피해갈 수 있다.

인플루엔자 바이러스는 코로나19가 별것 아니게 생각될 정도로 심각한 전염병 대유행을 부를 수 있는 예의 주시 대상이다. 인플루엔자 바이러스는 계속 변이하여 항체가 결합하는 표면단백질을 바꾸면서 백신을 피한다. 1918년 봄에서 1919년 초에 발생한 전염병은 역사상 가장 널리 퍼졌다. 이 짧은 기간에 놀랍게도 수억 명이 감염됐고 5,000만 명이 사망했다. 대유행은 세 차례 전 세계를 휩쓸었는데, 최초의 사례는 1918년 초 캔자스주 하스켈 카운티에서 발생했다고 보고 있다. 이 인플루엔자 바이러스는 스페인독감Spanish flu으로 알려졌지만, 미국독감이나 캔자스독감으로 불러야 더 정확할 것이다. 한 달 후에는 미군에 의해 서유럽까지 전파되어 유럽의 전장에서 대규모로 퍼졌다. 6월에는 이미 너무나 빠르게 중국, 호주, 인도, 동남아시아까지 퍼져 있었다. 6월에 독일군 50만 명이 신종 독감을 앓고 있었고, 서부 전장으로 계속 진군할 수 없게 됐다. 몇 년간 형편없는 식사를 한 군인들의 면역력은 상대적으로 잘 먹은 연합군보다 못했고, 전쟁이 끝나기 직전 몇 달 사이 독일 민간인 17만 5,000명이 스페인독감으로 사망했다. 8월에 다시 프랑스에서 대유행이 시작됐고, 이번에는 곧 멀리 알래스카, 시베리아, 태평양 섬들까지 번졌다. 이 변이종의 문제는 군인과 같은 청년들에게서 특히 병세가 심각했다는 점이다. 보통은 영아와 노인들이 전염병의 영향을 가장 크게 받는데, 스페인독감은 반대였다. 아마도 윗세대가 이전 독감 유행 시기에 면역을 얻었기 때문일 것이다.[23] 전쟁으로 인해 바이러스가 해로로 퍼지고, 군대나 시위, 연설장에 모인 사람들 사이에 대규모 감염이 일어나면서 사태는 더욱 심각해졌다.

그렇다면 스페인독감의 근원지는 어디일까? 현대 염기서열 분석 기법은 바이러스의 진화에 대한 이해도를 혁신적으로 높였다. 빠르게 변이하는 바이러스의 다른 종을 비교할 수 있게 되면서 매년 바이러스가 어떻게 퍼지는지 알 수 있게 됐다. 현재는 수천 종의 플루 RNA 염기서열이 밝혀져 있다. 플루 바이러스는 인간 외에 닭과 돼지에도 영향을 준다. 현재 짐작하는 바로는 1905년경 H1이라는 종류의 플루가 새에서 인간으로 옮았을 것이다. H1은 큰 문제가 아니었지만, 1917년 인간 H1은 새들의 N1종으로부터 유전자 변형을 획득했다. 이 새로운 H1N1이 치명적인 스페인독감이었다. 인간은 돼지에게도 H1N1을 옮겼다. H1N1은 다시 몇 년 만에 덜 치명적인 형태로 변이했으므로 스페인독감 유행 기간은 길지 않았다.[24]

1957년에는 홍콩에서 유행병이 발생해 25만 명이 감염됐지만, 1919년 스페인독감과 같은 위기는 아슬아슬하게 피했다. 다른 종류의 플루가 나타났다고 생각한 모리스 힐먼이 나섰다. 나중에 아시아독감Asian flu으로 불리게 된 이 병에 걸린 사람들의 혈액 샘플을 구한 힐먼의 연구팀은 홍콩 바이러스를 정제해서 세계 다른 곳의 혈액 샘플에서 얻은 항체로 실험을 했다. 전 세계 혈액 샘플의 항체 중 어느 것도 새로운 바이러스를 인식하지 못했다. 신종 플루에 면역이 있는 사람이 거의 없다는 뜻이었다. 또 세계적인 대유행이 일어날 가능성이 높았다. 세계 여행이 가능한 상태에서 홍콩에서 시작된 전염성 높은 플루의 대유행은 시간문제였다.

힐먼이 비상사태를 알렸다. 급히 새로운 백신을 개발해야 했다. 그는 바이러스를 몇몇 백신 제조사에 보내 달걀에 바이러스를 배양하게 했다. 이윽고 바이러스는 이에 적응했고, 사람에게는 잘 맞지 않고 닭의 몸에 살아갈 수 있는 형태로 변이했다. 결국 바이러스는 사람에게 접종했을 때 덜 위험한 종이 됐다. 그리고 이 닭에서 키운 종을 인간에게 접종했을 때 생성되는 항체는 홍콩의 신종 바이러스를 인식했다. 바로 연구팀이 원하던 백신이었다. 아시아독감이 1957년 미국에 도달했을 때, 제조사들은 이미 플루 백신 4,000만 회분을 만들어 두었기에, 가장 취약한 사람들을 때맞춰 보호할 수 있었다. 1958년 말, 미국에서 아시아독감으로 6만 9,000명이 사망했다. 힐먼과 연구팀이 빠르게 움직이지 않았다면 사망자 수는 훨씬 많았을 것이다.[25] 신종 플루는 언제든 다시 나타날 것이다. 새로운 백신을 빨리 개발하고 대량 생산하여 유통하지 않으면 수백만 명이 죽을 수 있다.

백신 접종은 사전에 병원체 노출을 통해 항체를 생성하여 미래의 감염에 대비하는 전략이다. 병원균에 따라 이 과정이 통하지 않기도 한다. 예를 들면, 임질은 임균Neisseria gonorrhoeae 때문에 생기며 항생제로 치료할 수 있지만, 저항력이 문제다.[26] 이미 임질에 걸렸던 사람도 몇 번이고 다시 감염될 수 있다. 인간의 면역 체계는 임균에 대한 면역을 형성하지 못한다. 임균은 항체가 인식하는 표면을 매우 쉽게 변형하고 일반적인 면역 반응을 교묘하게 교란한다. 병원균은 교묘한 방법으로 인간의 면역 체계를 피해 숨는다. 면역 반응을 억제해서 살아남아 번식한다. 물론 백신이 여러 치명적인 감염을 예방하는 기적의 전략이긴 하지만, 모든 병을 해결할 수는 없다. 사람과 전염병의 전쟁은 절대 끝나지 않을 것이다.

06장

Typhus and Typhoid in the Slums of Liverpool

리버풀 슬럼가의 티푸스와 장티푸스

문명이 시작되던 순간부터, 사람이 붐비는 도시는 질병의 중심지였다. 강물과 빗물에 의존하던 도시 거주자들에게는 마시고 요리하고 씻을 깨끗한 물 수급과 대소변 처리가 중요한 문제였다. 인구가 수만 명일 때까지는 어떻게든 식수 공급과 대소변 처리가 가능했지만, 도시 인구밀도가 급격히 높아지고 절대적인 숫자가 빠르게 늘어나 자연적인 물의 흐름에 의존할 수만은 없게 됐다. 특히 초기 산업화 도시에는 가난하고 영양 상태가 나쁜 하층민이 빽빽하게 모여 사는 슬럼가가 형성됐는데, 여기서 티푸스와 장티푸스가 무섭게 퍼졌다.

영국은 산업혁명을 가장 먼저 겪은 나라였다. 증기 기관, 공장의 기계, 철과 화학물질을 생산하는 신기술이 나라를 바꿔놓았다. 산업화의 결과로 조기 사망이 얼마나 급증했는지, 티푸스와 장티푸스 같은 전염병이 어떻게 서서히 통제됐는지 영국의 사례를 보면 쉽게 알 수 있다. 영국에서 처음 나타났던 문제는, 다른 국가에서도 농경에 의존하는 경제에서 산업사회로 넘어가는 전환기에 똑같이 나타났다. 랭커셔주에 있는 리버풀과 맨체스터의 사례는 특히 시사하는 바가 크다. 이 도시들은 19세기 중반이 되자 세계에서 가장 발달한 제조업과 항만 시설을 자랑했다.

영국에서 최초로 정확한 인구 조사가 이뤄진 시기는 1801년이다. 사람 수, 직업, 출생, 결혼, 사망, 거주지에 대한 자료를 기록했다. 전체 인구는 1,094만 2,646명으로, 30%가 마을과 도시에 살았다.[1] 국민 대다수는 여전히 농사를 지었으나 생활양식은 이미 극적으로 변하고 있었다.

랭커셔의 주요 동력은 섬유 산업이었다. 면과 양모 제품의 생산성을 높이는 기술이 발명되면서 말 그대로 집에서 손으로 작업하던 가내 수공업은 기계화된 공장으로 전환됐다. 슈롭셔주 콜브룩데일에서는 나무가 아닌 석탄을 쓰는 철강업이 개발됐고, 1779년 세번강에는 첨단 기술의 집합체인 최초의 무쇠 다리가 건설됐다. 초기에 건설된 공장의 수력 발전기는 석탄을 때는 증기 기관으로 대체됐다.

산업혁명 이전에는 집에서 실을 잣고 천을 짜서 옷을 만들어 입거나 내다 팔았다. 이런 전통적인 방식으로는 맨체스터와 같은 도시에 자리 잡은 새로운 제조 방식과 경쟁할 수 없었다. 시골의 산업이 무너지자 사람들은 도시로 몰려들었다. 맨체스터의 인구는 1801년

7만 5,000명에서 1901년 64만 5,000명으로 팽창했다. 맨체스터 서쪽에 있는 리버풀의 도시와 항구는 더 빠른 속도로 성장했다. 대서양을 바라보는 리버풀은 북미·서인도제도와의 무역에 이상적인 입지였다. 이곳 항구를 통해 맨체스터를 비롯한 산업화 도시의 상품이 수출됐다. 1715년, 리버풀에는 선박 100척을 수용할 수 있는 세계 최초의 계선독wet dock(조수에 상관없이 선박의 정박과 여객의 승강 및 화물의 적재·양륙이 가능한 구조물—역주)이 건설됐다. 1699년 노예선 한 척으로 시작한 리버풀은 100년 만에 세계 거래의 40%가 이뤄지는 노예무역의 중심지로 떠올랐다. 1700년에 4,240명이던 인구는 1800년에 8만 명으로 늘어 런던에 이어 영국 제2의 도시가 됐고, 글래스고에 따라잡히기 전까지 60년 동안 이 자리를 지켰다. 1721년 리버풀과 맨체스터를 잇는 운하가 건설됐고, 1830년에는 세계 최초의 도시 간 철도가 놓였다. 19세기 중반에는 영국이 세계 무역을 지배하는 데 중요한 역할을 했다. 그러나 도시가 대호황을 누리며 엄청난 부와 권력이 창출되는 사이, 심각한 건강·사회 문제도 생겨났다.

1801년에서 1901년 사이 리버풀 인구는 다시 8만 2,000명에서 70만 4,000명으로 껑충 뛰었다. 1840년대 후반에 가장 인구가 많이 늘었는데, 수많은 사람이 아일랜드 감자 기근의 공포를 피해 아일랜드해를 건너왔기 때문이다. 1847년에만 아일랜드인이 거의 30만 명 들어왔다. 1851년이 되자 리버풀 인구의 25%는 아일랜드 태생이었다. 리버풀 사투리도 뚜렷해졌다. 당시 영국 정부는 국민에게 건강, 교육, 일반적인 복지를 제공하는 것이 의무라고 여기지 않았다. 정부의 두 가지 주요 기능은 영토를 방어하고 법을 집행하는 것이었다. 일자리를 찾아 필사적으로 새로운 도시로 몰려드는 어마어마한 수의 사람들이 살 곳을 마련하는 것은 정부가 알 바가 아니었다. 지방 정부 역시 하수도와 상수도를 마련하는 등의 공공 보건 대책을 마련하지 않았다. 1848년 〈이코노미스트The Economist〉는 공공 위생을 개선하려는 시도를 비판했다. '고통과 악은 자연의 충고로서 사라질 수 없는 것이다. 법률로 세상에서 그것을 없애려는 자애롭되 참을성 없는 시도는 … 항상 선보다는 악을 낳았다.'[2]

슬럼가의 악질 건물주들이 폭발하는 주거 수요를 알고, 끔찍한 환경에 세입자를 받았다. 1800년 리버풀에서는 7,000명이 주거용이 아닌 지하실에, 9,000명이 위생적이지 않은 밀폐된 '마당집courts'(마당에 지은 어둡고 좁은 집)에 살았다. 하수구도 없었다. 있다 해도 집에서 대소변을 내보내는 용도가 아니라 지면의 빗물을 흘려보내기 위해 설계된 것이었다. 사람들은 지하실에 있는 양동이나 오물통에 대소변을 모았다가 똥 푸는 사람이 나타나면 비웠다. 보통 여성이었던 똥 푸는 사람은 오물이 찰랑찰랑하는 수레를 끌고 다니며 분뇨를 받아서 시골에 거름으로 팔았다. 여기에도 돈이 들었기 때문에, 슬럼가 거주자들은 이 돈도 감당할 수 없어 아이들이 노는 마당이나 길에 똥통을 비우는 일도 많았다. 가족들이 살고 있을지도 모를 지하실이 더러운 하수에 잠기곤 했다.

1847년 윌리엄 덩컨William Duncan이 리버풀 최초(영국 전역에서도 최초)의 의료 보건 책임자로 임명됐다. 시 전체에서 해결해야 할 보건 관련 문제를 떠맡는 임시직이었다. 덩컨은 오염된 공기로 질병이 전염된다고 믿었는데, 정확히 맞는 말은 아니었지만 공중 보건을 위해 청결과 위생을 개선해야 한다는 방향은 옳았다. 슬럼가를 조사한 덩컨은 리버풀이 영국에서 가장 건강하지 못한 도시라고 보고했다. 마당집에 사는 인구가 5만 5,000명이었는데, 한 집에 평균 다섯 명이 살았다. 방이 4개 있는 집 하나에 50~60명이 함께 살기도 했다. 여기에도 들어가지 못한 2만 168명은 6,294개의 지하실에서 물도, 위생도, 신선한 공기도 없이 살았다. 노동자 계급이 사는 거리 32㎞에 깔린 하수관은 겨우 6.4㎞였다. 덩컨의 묘사에 따르면 지하실에는 하수가 거의 1미터 깊이로 차 있었고, 그 바로 위의 침대에서 한 가족이 잠을 잤다.[3]

200년 전 시골의 삶은 비참할 정도로 가난하고 힘들었지만, 그래도 도시에서의 삶보다는 훨씬 건강했다. 빵이 주식이었고 고기를 먹는 일은 드물었다. 보통 저녁 식사는 밀가루와 물로 빚은 경단이 전부였다. 반대로, 부자들은 주식으로 고기, 특히 소고기나 양고기를 먹었다. 유제품과 녹색 채소는 좋은 음식으로 여겨지지 않았고, 뿌리채소는 사료와 다를 바 없는 하층민의 음식으로 생각됐다.[4] 그래서 영양실조가 만연했다. 1843년 사회 개혁가 에드윈 채드윅Edwin Chadwick은 [표-11]과 같이 리버풀, 맨체스터와 시골 지역인 러틀랜드의 평균 사망 연령을 보고했다.[5] 예나 지금이나 돈이 많으면 좋지만, 건강에는 산업화된 도시 생활보다 시골 생활이 좋았다. 러틀랜드의 농장 노동자조차 리버풀 중산층보다 오래 살았다.

물론 [표-11]을 보고 노동자 계급이 15살까지밖에 살지 못했다고 해석하면 안 된다. 충격적일 정도로 기대수명이 낮은(흑사병과 기근이 횡행했던 14세기와 비슷하다) 이유는 영아 사망이다. 20% 이상은 첫돌을 넘기지 못하고 죽었다.

최초의 산업화 도시에 살던 사람들은 확실히 수명이 짧았다. 그 이유는 무엇이었을까? 절대 다수는 전염병으로 죽었다. 주요 질병으로는 결핵, 성홍열, 폐렴, 콜레라, 장티푸스, 천연두, 홍역, 백일해, 티푸스, 산욕열이 있다. [표-12]는 1840년(자료를 정확히 기록한 첫해)부터 1910년까지 해당 질병의 사망자 수를 보여준다. 콜레라는 표에서 제외되었는데, 네 차례 대유행한 시기를 제외하고는 나타나지 않았기 때문이다. 증상이 비슷한 티푸스와 장티푸스는 1869년까지 구별되지 않았다.

[표-11] 1843년 영국의 기대수명

지역	기대수명(년)		
	전문직	상인	노동자
러틀랜드	52	41	38
리버풀	35	22	15
맨체스터	38	20	17

[표-12] 전염병 사망자[6] 및 잉글랜드와 웨일스의 기대수명, 1840~1910[7]

	1840	1850	1860	1870	1880	1890	1900	1910
천연두	10,876	4,753	2,882	2,857	651	16	85	19
티푸스				3,520	611	151	29	5
장티푸스	19,040	15,435	14,084	9,185	7,160	5,146	5,591	1,889
성홍열	21,377	14,756	10,578	34,628	18,703	6,974	3,844	2,370
백일해	6,352	8,285	8,956	12,518	14,103	13,756	11,467	8,797
홍역	9,566	7,332	9,805	7,986	13,690	12,614	12,710	8,302

폐렴	19,083	21,138	26,586	25,147	27,099	40,373	44,300	39,760
결핵	63,870	50,202	55,345	57,973	51,711	48,366	42,987	36,334
산욕열	3,204	3,478	3,409	4,027	3,492	4,255	4,455	2,806
기대수명 (남)	40	40		41	44	44	48	51
기대수명 (여)	42	42		45	47	48	52	55

[표-12]를 보면, 20세기가 시작될 때 천연두와 티푸스는 거의 사라졌으며 성홍열과 장티푸스 역시 줄어들고 있다. 심지어 표의 수치가 시사하는 것보다 상황은 더 희망적이었는데, 이 기간에 인구가 폭발적으로 증가해 사망률은 빠르게 감소하고 있었다. 이것이 기대수명에 반영되어 남자는 11년, 여자는 13년이나 는 것이다.

빅토리아 시대 사람들은 어떻게 전염병을 이겨냈을까? 천연두, 티푸스, 장티푸스, 산욕열에 대처하는 방법은 각각 달랐으나 이 질병들은 모두 19세기에 정복됐다.

티푸스는 리케차Rickettsia라는 박테리아와 그 유사종에 감염되어 발병하며, 인간 기생충인 이를 통해 인간에서 인간으로 옮긴다. 이는 옷 솔기에 알을 낳는데, 이는 인간 혈액을 먹지 않으면 죽기 때문에 알에서 깨면 피를 빨아먹는다. 리케차에 감염된 인간의 피를 빤이는 감염되어 이의 내장에서 박테리아가 자라고 대변으로 배출된다. 이렇게 이가 다른 인간 숙주에게로 옮겨가는 것이다. 인간이 이에 물린 곳이 가려워서 긁다가 이의 대변이 상처에 들어가면 티푸스에 전염된다. 증상은 감염 1~2주 후에 나타나는데, 두통, 열, 기침,

발진, 극심한 근육통, 오한, 저혈압, 의식 혼탁, 광과민증, 섬망 등이 나타나고, 치료를 받지 않은 환자의 10~40%는 사망에 이른다.

티푸스는 이가 우글거리는 비참한 환경에서 최악의 순간에 번진다. 감옥이나 전쟁터를 예로 들 수 있다. 영양 부족, 과잉 수용, 위생의 부재가 티푸스 확산을 촉진한다. 1812년 당시 유럽 최대 규모의 군대가 전멸했던, 나폴레옹의 모스크바 후퇴 때 러시아 군인보다 나폴레옹의 군사를 더 많이 죽인 적은 다름 아닌 티푸스였다. 퇴각하던 군인들은 굶주림과 추위에 시달리며 지쳐 있어서 특히 취약했다.

19세기에 항생제와 티푸스 백신은 없었다. 그래도 더러운 옷을 입고 서로 이를 옮기며 살아가던 지저분한 환경을 개선하면 티푸스를 해결할 수 있었다. 1847년, 수천 명의 아일랜드 사람들이 밀려들면서 리버풀 시민 6만 명 이상이 티푸스에 걸렸다. 환자들은 커다란 헛간, 창고, 병원선에 수용됐다. 이민자들을 태우고 아일랜드해를 건너는 초만원 선박에서 감염되기도 했고, 사람이 바글바글한 더러운 거처를 구하다가 병에 걸리기도 했다.[8] 더러운 지하실 한구석에 숙소를 구할 수밖에 없는 사람이라면 빨래를 할 여유는 당연히 없었다.

아일랜드 이민자인 키티 윌킨슨kitty Wilkinson이 1832년에 최초로 리버풀 빈곤층을 위한 세탁소를 열었다. 그 지역에서 유일하게 보일러를 갖고 있던 키티는 1주에 1페니를 받고 세균이 득실거리는 옷과 이불을 빨 수 있게 해줬다. 사람들은 끓인 물과 표백분을 사용해서 박테리아를 죽이고 옷과 이불을 깨끗하게 했다. 전염병을 퇴치하려면 청결이 중요하다는 아이디어는 대중의 지지를 받았고, 리버풀에 공중목욕탕과 세탁소를 만드는 기금이 모아졌다. 곧 수요가 엄청나게 증가하면서 세탁소와 목욕탕이 생겨났다. 리버풀의 가난한 여자들이 매주 옷을 빨 장소가 생겼고, 키티는 슬럼가의 천사로 알려졌다.[9] 19세기 말이 되자 티푸스처럼 더러운 옷으로 옮는 질병은 거의 근절됐다.

이와 티푸스의 관련성을 처음 발견한 사람은 프랑스 미생물학자 찰스 니콜Charles Nicolle이었다.[10] 니콜은 환자들이 뜨거운 물로 목욕하고 옷을 갈아입으면 병을 전염시키지 않는다는 것에 착안하여 환자 자체가 병을 퍼뜨리는 것이 아니라 환자의 옷, 더 정확히 말하면 옷에 사는 기생충이 문제라고 추론했다. 1909년, 그는 침팬지를 티푸스에 감염시킨 뒤 이를 매개로 건강한 침팬지에게 병을 옮기는 데 성공했다. 백신을 만들지는 못했지만, 니콜의 발견 덕분에 제1차 세계대전 서부 전선에는 군복에 살충제를 뿌려 이를 박멸하는 시설이 설치됐다. 상황이 더 암울했던 동부 전선 군인들은 몇 달이나 같은 군복을 입으며 더러운 옷 솔기에 있는 이의 알을 태워 없앴다. 제1차 세계대전 마지막 2년, 볼셰비키 혁명, 러시아 내전을 통틀어 티푸스로 사망한 사람은 약 250만 명이었다.

제1차 세계대전 이후, 폴란드 생물학자 루돌프 와이글Rudolf Weigl은 감염된 이의 내장을 뽑아내 가루로 만드는 방법으로 백신을 개발했다. 작업자의 감염 확률이 높은 위험한 공정이었다. 와이글도 티푸스에 걸렸다가 회복했다. 1939년 9월, 독일의 폴란드 침공 이후 나치-소비에트 불가침조약이 깨졌고, 독일은 와이글을 계속 연구실에 붙들어 놓고 소련과 싸우는 독일 국군이 맞을 백신을 대량 생산하도록 했다. 와이글은 나치를 증오했기에, 비밀리에 연구팀과 함께 독일군에게는 효과가 덜한 백신을 주고, 완전한 효력이 있는 백신 3만 회분은 바르샤바와 르비우에 있는 유대인 강제 거주지역으로 빼돌렸다.[11] 10년 후, 미국의 해럴드 콕스Harold Cox는 리케차 박테리아를 계란 노른자에서 배양하는 방법으로 좀 더 안전한 백신을 발명했다.[12] 지금은 항생제로 티푸스를 쉽게 치료할 수 있다.

장티푸스는 티푸스와 증상이 거의 비슷해 오랫동안 혼란을 유발했다. 사실 장티푸스의 영어 명칭 '타이포이드typhoid'도 '티푸스의 특징을 닮았다'는 뜻이다. 그러나 원인, 전염 방식, 병리학, 치료법은 모두 다르다. 장티푸스는 원인균이 살모넬라균으로, 옷에 사는 이 때문이 아니라 오염된 음식이나 음료를 먹거나 마셨을 때 발병한다. 장티푸스 환자는 박테리아가 농축된 대변을 통해 주변 상수원을 오염시킬 수 있다. 물에 들어간 박테리아가 음식으로 퍼지는 것이다. 감염된 무증상자가 병원균을 옮길 수도 있다. 리버풀과 같은 도시에서 장티푸스가 퍼진 것은 더러운 물 때문이었다. 마당집의 끔찍한 환경을 생각하면, 티푸스와 장티푸스가 흔했던 것도 당연하다.

이렇다 할 치료법은 없었지만, 리버풀과 같은 도시에서 티푸스와 장티푸스의 치명률은 크게 낮아졌다.[13] 윌리엄 덩컨이 1840년대 리버풀 슬럼가의 끔찍한 생활환경을 보고하면서 대책이 마련됐다. 1846년 리버풀 자치구 의회(리버풀은 1880년까지 공식적으로 시 자격을 얻지 못했다)는 '리버풀 자치구 하수도 및 배수 시설 개선을 위한 법률Act for Improvement of the Sewerage and Drainage of the Borough of Liverpool'을 통과시켰다. 처음으로 주택 건축의 최소 기준이 규정되어, 배수관이나 변소가 없는 건물을 지을 수 없었고, 지하실을 주거용으로 쓸 수 없게 되었다.

이전까지 빗물을 흘려보내는 기능만 하던 공공 배수로는 이제 가정 하수도와 연결됐다. 새로운 법률의 힘과 의료 보건 책임자의 권한으로 무장한 덩컨은 주거 환경을 개선하기 시작했다. 1851년까지 대대적인 조사와 법 집행으로 1만 개 지하실에 살던 사람들이 이동했다. 1847~1858년에 리버풀 하수도는 48㎞에서 235㎞로 늘어났다. 자치구 의회는 민간 수도 회사 세 곳을 사들여 식수 공급과 하수 처리를 개선했는데, 확실히 즉각적인 성과가 있었다. 1854년 콜레라가 다시 발발했을 때는 5년 전보다 치명도가 훨씬 떨어졌다. 덩컨이 지칠 줄 모르고 앞장서 노력하면서 리버풀은 달라졌다. 그는 빈곤층의 생활 수준 개선에 대한 훌륭한 선례를 남겼다.

오늘날 장티푸스 고위험 지역의 거주자나 방문자는 백신을 맞을 수 있다. 그러나 박테리아 변종이 존재하는 데다 백신이 모든 종을 막을 수는 없으므로 효과가 없는 경우가 많다.[14] 그래서 항생제 치료가 필요할 수도 있다. 다행히 장티푸스를 일으키는 살모넬라균 종류는 다른 박테리아와 달리 인체에서만 산다. 그러므로 장티푸스균 Salmonella typhi을 모든 인간 숙주에게서 제거한다면 완전히 박멸할 가능성도 있다. 현재 장티푸스 발병 건수가 가장 많은 곳은 인도다. 세계보건기구는 천연두의 선례를 따라 발병 사례가 많은 지역에서 백신 접종 프로그램을 운영하고 있다. 효과가 없지는 않지만, 이것만으로는 장티푸스를 박멸할 수 없다. 감염된 사람을 매개로 병이 퍼지는 것도 막아야 한다. 하지만 인류의 노력이 있었기에 장티푸스나 티푸스 등의 전염병은 이전에 비하면 그림자 정도로 약해졌다.

07장

———— The Blue Death

청사병

19세기에 유럽에서 악명을 떨친 콜레라가 처음으로 들어온 건 1831년 영국 북동부 선덜랜드로 입항하는 배를 통해서였다. 콜레라는 그전 수천 년간 인도 사람들을 괴롭혔는데, 유럽에 도달한 다음에야 원인을 밝히려는 시도가 이뤄졌다. 1816년, 인도 벵골 지방에서부터 콜레라는 크게 일곱 차례 유행했다. 처음에는 4년이 걸려 인도 전역으로 확산됐고, 사방으로 퍼져 자바, 카스피해, 중국까지 도달했다가 1826년에 사그라들었다. 세계적으로 이동이 늘어나면서, 1829~1851년 2차 대유행은 범위가 더 커졌다. 캘리포니아 골드러시 당시 광부들과 메카의 순례자, 아일랜드 감자 기근의 생존자들이 죽었다. 가장 최근의 대유행이 끝난 것은 불과 1975년이다. 지금도 매년 10만 명이 콜레라에 걸리고 수천 명이 사망한다. 최근 가장 나빴던 상황은 아이티의 수도 포르토프랭스가 초토화된 2010년 아이티 지진 이후였다. 지진의 후유증 속에서 약 70만 명이 콜레라에 걸렸고, 거의 1만 명이 사망했다.[1] 콜레라는 늘 두려움의 대상이었는데, 비단 사망자 수가 많아서만은 아니었다. 대유행의 정점이었던 1832년에도 콜레라는 영국 사망자 수의 6%를 차지하는 데 그쳤다. 당시 사망 원인 1위는 결핵이었다. 콜레라가 무서운 건 치명률이 높고 건강한 사람이 사망하기까지 걸리는 시간이 단 12시간 정도로 매우 짧다는 데 있다. 1831년 전에도 영국에 콜레라가 당장이라도 상륙하리라는 소문이 무성했다. 실제로 그런 일이 일어나자 의학 잡지와 대중 언론은 무서운 기세의 치명적인 신종 질병을 다루는 기사로 대중을 겁먹게 했다.[2]

지금은 콜레라균Vibrio Cholerae이 콜레라를 유발한다는 사실이 밝혀졌다. 콜레라균은 원래 염수에 서식하며 특히 게나 새우 등 갑각류 껍질에 잘 붙는다. 그래서 오염된 물을 마시거나 갑각류를 생으로 또는 덜 익혀 먹을 때 인간 몸속으로 들어오게 된다. 인간이 삼킨 수많은 세균은 보통 산성이 강한 위산에 죽는데, 콜레라균은 일반적인 세균보다 강해 일부는 살아남아 소장 내부 공간인 내강까지 이동한다. 내강에는 담즙과 천연 항생물질이 있어서 역시 보통의 세균이 살아남기 어려운 환경이지만, 콜레라균은 두텁고 끈적끈적한 점액을 뚫고 장의 경계가 되는 상피세포에 도달하여 정착한다. 여기까지 인체의 방어선을 모두 뚫는 콜레라균은 극히 적지만, 일단 증식을

시작하면 상피세포층에 군집을 이룬다.[3]

잠깐은 소장 내벽에서 콜레라균이 살아갈 수 있다. 하지만 며칠이 지나면 면역 체계는 침입자를 인식하고 세균을 죽이기 위해 움직인다. 그러면 세균이 빠져나가려 하는데, 이 과정에서 상피세포에 들어가는 단백질 독소[4]를 분비한다. 보통 세포 내 분자 농도는 장기와 조직이 최적의 방향으로 기능하도록 엄격히 조절되지만, 콜레라 독소가 염소 수송 단백질을 영구적으로 활성화된 상태로 만들어 인간의 조절 체계를 장악한다. 염소, 나트륨, 칼륨, 중탄산염이 세포에서 빠져나와 소장 내강으로 들어오면서 염도가 매우 높아지게 되고,[5] 염분이 수분을 강하게 끌어들여 시간당 2리터, 하루 20리터의 속도로 수분이 소장 내강으로 모인다. 이렇게 엄청난 양의 액체가 장으로 쏟아지는데 출구는 하나뿐이다 보니 결과적으로 폭발적인 설사가 발생한다. 대량의 물과 염분 그리고 다른 감염자를 찾는 콜레라균이 설사로 배출된다.[6] 엄청난 양의 설사를 만드는 것은 계속 살아갈 물을 찾는 콜레라균의 생명 활동인 셈이다. 임시 숙주인 인간이 죽는지 사는지는 세균이 알 바가 아니다.

대변은 보통 죽은 적혈구를 포함하고 있어서 갈색이고, 황을 포함한 분자 때문에 악취가 난다. 반면 콜레라로 인한 설사는 매우 묽고 흰색이라 쌀뜨물과 비슷하고 비린 냄새가 난다. 위경련, 메스꺼움, 구토로 인해 추가로 수분 손실이 발생할 수 있다. 탈수가 일어나면서 환자들은 신경쇠약, 무기력, 꺼진 눈, 타액 손실, 피부 건조와 주름, 그리고 당연하게도 극도의 갈증을 경험한다. 혈액은 산성이 되고, 소변 생성이 멈추고, 혈압이 떨어지고 심박이 불규칙해진다.

혈액 속 염분이 손실되어 혈압이 위험 수준으로 낮아지면서 쥐가 나고 쇼크가 온다. 환자들은 근육 경련으로 몸부림치다가 탈진해서 쓰러진다.[7] 혈액이 부족하다는 것은 산소도 부족하다는 뜻인데, 이 역시 치명적일 수 있다. 마지막 단계에는 피부가 청회색이 되기 때문에 '청사병Blue Death'이라는 이름이 생겼다.

물론 19세기 중반에는 이런 과학적 사실이 알려지지 않았다. 그러나 1845~1856년 런던에서 콜레라에 관한 논문만 700건 발표될 정도로 원인과 감염 경로에 대한 논의는 활발했다.[8] 가장 널리 받아들여진 이론은 시체나 하수구 등의 나쁜 성분을 포함한 더러운 공기를 흡입할 때 병이 생긴다는 '포말전염설miasmatic theory'이었다. 오염된 공기에 계속 노출되면 결국 신체에 병이 생긴다는 것이다. 나름대로 합당한 이 이론 덕분에 위생 개선이 이뤄졌다. 6장에서도 다뤘지만 거리와 건물이 깨끗해지고 환기 및 상하수도 시스템이 생기면서 대기 질과 건강이 개선됐다. 정치인들은 포말전염설을 선호했다. 포말전염설이 옳다면 사람들의 반대를 무릅쓰고 영국 항구로 들어오는 배에 검역 조치를 강제할 필요가 없어서였다.[9]

그러나 모든 의사가 포말전염설을 받아들인 건 아니었다. 1850년 영국 보건국에서 1848~1849년 콜레라 대유행에 대한 보고서를 발표했다.[10] 이때 아시아, 유럽, 북미에서 수백만 명이 사망했고, 영국에서만 5만 명 이상이 죽었다. 주요 내용은 일반적인 위생 상태 개선에 대한 제안이었다. 거리와 집을 깨끗이 하고, 자주 환기하고, 폐기물을 잘 처리하자는 것이었다. 그런데 보건국 소속의 스코틀랜드 출신 의사 존 서덜랜드John Sutherland가 이외에도 물이 핵심 열쇠일

가능성을 제기했다. 영국 샐퍼드 지역 호프가街의 콜레라 발발 데이터를 분석한 서덜랜드는 특정한 급수 펌프를 사용하는 집에만 환자가 발생했음을 지적했다. 브리스틀의 감염 추이를 보아도 비슷한 현상이 나타났다. 따라서 서덜랜드는 오염된 물이 콜레라 감염 가능성을 높인다고 제안했다. '물의 오염과 부족'이 유일한 원인까지는 아니더라도 몇 가지 선행 요인 중 하나라는 주장이었다. (서덜랜드가 말한 다른 요인으로는 영양 부족, 과로, 빈곤, 부적절한 주거 환경, 열악한 환기, 알코올 등이 있다.)[11]

한편 오염된 물이 콜레라를 전염시키는 주요 원인이라고 확신하고 이를 밝히기로 단단히 마음먹은 한 사람이 있었다. 요크의 의사 존 스노우John Snow는 이미 에테르와 클로로포름 등 마취제 사용의 지지자로 유명했다. 그는 1853년 빅토리아 여왕이 여덟째인 레오폴드 왕자를 낳을 때 클로로포름을 투여했다. 또한 867건의 발치와 229건의 유방 종양 제거 시에도 이를 사용했다. 클로로포름은 이상적인 마취제는 아니다. 환자는 쉽게 정신을 잃고, 투여량이 많으면 사망에 이를 수도 있다. 그러나 마취제가 전혀 없는 것보다는 나았다.

스노우가 관심을 가진 또 다른 분야는 콜레라였다. 그는 1830년대 런던으로 가기 전 젊은 견습 의사 시절에 뉴캐슬에서 콜레라 유행을 처음 겪었고, 1849년에 〈콜레라의 감염 경로에 대해On the Mode of Communication of Cholera〉라는 논문을 발표했다.[12] 그는 직접 관찰한 다양한 사례를 근거로 콜레라가 수인성 전염병이며, 입을 통해 '콜레라 독소'가 체내에 들어와 위장과 소장에서 증식한다고 확신했다.

이 독소는 콜레라 환자의 설사에 들어 있고, 그 대변이 다시 식수를 오염시킨다고 했다.[13] 그러므로 엄격하게 청결을 유지하고 하수가 식수를 독소로 오염시키지 않도록 관리한다면 콜레라를 예방할 수 있었다. 그러나 의료계와 관련 당국을 설득하려면 더 확실한 근거가 필요했다. 콜레라 환자들이 모두 하나의 상수원에 연결돼 있음을 증명할 수 있다면 이론이 입증될 것이었다.

5년 후, 스노우에게 기회가 왔다. 1854년 8월 31일 밤, 런던 빈민가 소호에서 스노우의 표현을 빌리면 '영국에서 발생한 역대 최악의 콜레라 대유행'이 시작됐다. 스노우는 이 지역을 잘 알았다. 런던 중심가에 있는 본가에서 걸어서 10분 거리였고, 더 가까운 곳에 살았던 적도 있어서 지역 주민들을 많이 알고 있었다. 스노우는 환자들의 집을 방문하기 시작했다. 용감한 시도였다. 만약 콜레라가 오염된 공기로 전염된다면 병이 옮을 수도 있었다. 그는 아마 방문한 집에서 권한 물은 모두 거절했을 것이다.

다음 3일 동안, 브로드가街에서 가장 많은 가구가 감염됐고 127명이 사망했다. 1주일 후, 생존자들은 모두 지역에서 도망친 상태였고, 500명 이상이 사망했다. 이때쯤 스노우는 원인을 파악했다고 확신했다. 그는 '많은 사람이 이용하는 브로드가 공용 급수 펌프에서 오염이 발생했다'고 결론 내렸다. 스노우는 9월 3일 물의 표본을 채취했고, '작고 흰 응집성 입자'를 관찰했다. 하지만 이 자체로는 아무것도 증명할 수 없었다. 한 주민은 최근 물맛이 달라졌다고 말했다. 스노우는 등기소에 사망자의 성명과 주소 목록을 요청했다. 목록에 오른 89명의 주소를 확인한 그는 모든 사망자가 브로드가 펌프 근방에서 발생했음을 즉시 알 수 있었다. 또한 그는 자신의 이론을 벗어난 사례도 설명할 수 있었다. 소호에서 멀리 사는 사망자 다섯 명의 친척이 증언하길, 이들이 브로드가 펌프의 물맛을 좋아해서 그쪽으로 물을 뜨러 갔다는 것이다. 브로드가 근처 학교에 다니던 아이 둘이 죽었는데, 이들은 아마 학교 가는 길에 펌프에서 물을 마셨을 것이다. 펌프 가까이 있었음에도 거의 영향을 받지 않았던 근처 작업장을 조사해보니 내부에 전용 우물이 있었다. 9월 7일 저녁, 스노우는 지역 의회에서 조사 결과를 발표했다. 다음날 브로드가 펌프는 폐쇄됐다. 9월 12일에 한 명이 더 사망했고, 9월 14일이 되자 사망자는 없었다.[14]

일주일 후 콜레라 사태는 진정됐으나, 스노우는 계속 콜레라가 수인성 감염병이라는 이론의 증거를 모았다. 햄스테드의 한 여성과 이즐링턴에 사는 그녀의 조카딸이 오랫동안 소호에 간 적이 없는데도 콜레라로 사망한 것이 첫 번째 수수께끼였다. 스노우는 사망자의 아들과 이야기하다가 그녀가 과거 브로드가에 살았고 그 물맛을 좋아했기에 아침마다 하인을 시켜 물을 길어왔다는 사실을 알게 됐다. 마지막으로 물을 길어온 것이 8월 31일이었고, 때마침 방문했던 조카도 물을 마셨다. 또 다른 문제는 브로드가에 있는 양조장 일꾼들 중 아무도 콜레라로 사망하지 않았다는 것이었다. 스노우는 이들이 종일 공짜 맥주를 마실 수 있어서 브로드가의 물을 마시지 않았음을 알아냈다. 콜레라가 오염된 공기 때문이라면 양조장과 작업장에 있던 사람들 역시 무사하지 못했을 것이다.

스노우는 지역 지도에 조사 결과를 기록했다. 펌프의 위치를 주석으로 표시하고 모든 콜레라 사망자를 검은 막대로 표시했다. 한눈에 보아도 사망자는 브로드가 펌프 주변에 집중되어 있었다.

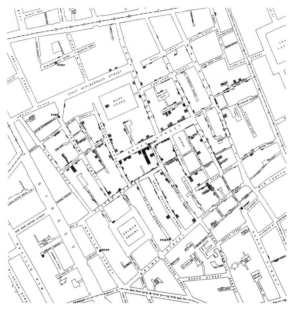

존 스노우의 콜레라 지도.**15** 검은 막대는 사망자를 나타낸다. 양조장과 작업장, 다른 펌프 몇 개도 표시되어 있다. 브로드가 펌프는 중앙에 있다.

1854년 지역 목사 헨리 화이트헤드Henry Whitehead는 〈버윅가의 콜레라The Cholera in Berwick Street〉라는 글로 콜레라의 원인을 설명했다. 화이트헤드는 포말전염설의 지지자였고, 브로드가 펌프에 대해서는 전혀 언급하지 않았다. 1855년, 스노우는 〈콜레라의 감염 경로에 대해〉의 집필을 마치고 화이트헤드에게 한 권을 주었다. 스노우를 믿지 않았던 화이트헤드는 이에 반박하려고 자체 조사를 시작했다. 그는 지역 사람들과 이야기를 나눴다. 모든 콜레라 사망자의 성명,

연령, 집 구조, 위생 수준, 브로드가 펌프에서 물을 마셨는지 여부, 정확한 발병 시각 등을 기록했다.[16]

그런데 데이터가 스노우의 논리와 맞아떨어져서 화이트헤드는 놀랄 수밖에 없었다. 1855년 6월, 그는 〈브로드가에 대한 특별 조사 Special Investigation of Broad Street〉[17]라는 보고서에서 스노우의 이론을 인정했다. '내키지 않지만 다음을 첨언한다'며, 브로드가 펌프의 물이 '계속되는 콜레라 창궐과 관련이 있다'고 결론 내렸다. 게다가 화이트헤드는 콜레라의 진원지도 파악해냈다. 브로드가 40번지에 살던 5개월 여자아이 프랜시스 루이스Frances Lewis는 8월 24일 설사를 앓기 시작했고 9월 2일에 사망했다. 아이의 기저귀는 대충 만든 오물통에 버려졌는데, 브로드가 펌프에서 불과 10미터도 떨어지지 않은 곳이었다. 오염된 물이 오물통에서 새어 나와 급수 펌프에 들어갔을 가능성이 컸다. 프랜시스의 아버지 토머스 루이스Thomas Lewis 순경은 9월 8일 콜레라에 걸려 11일 후에 죽었고, 아내 사라 루이스Sarah Lewis와 다른 두 아이는 살아남았다.[18] 프랜시스가 어떻게 처음에 감염됐는지는 밝혀지지 않았다.

존 스노우는 콜레라가 물로 전염된다는 사실을 설득력 있게 설명했지만, 그의 이론에는 큰 구멍이 있었다. '콜레라 독소'의 정체를 전혀 몰랐던 것이다. 스노우는 알지 못했지만, 같은 시기 필리포 파치니Filippo Pacini라는 이탈리아 의사가 1854년 피렌체 콜레라 대유행을 조사하고 있었다. 파치니는 콜레라 사망자들의 시신을 부검했고, 소장 벽에서 작은 쉼표 모양 세포를 발견했다. 파치니의 생각대로 이 세포가 콜레라의 원인이었고,[19] 여기에 콜레라균이라는 이름이 붙었다. 극히 미세한 세균 세포가 질병을 일으킬 수 있다는 발상은 당시 논란의 대상이었다. 1865~1880년 일련의 논문을 통해 파치니는 콜레라에 대한 아이디어를 발전시켰고, 소장 내강을 둘러싸고 있는 장 점막이 세균의 영향을 받으면서 수분과 염분을 대량으로 손실하는 병이라고 설명했다. 파치니는 콜레라가 세균으로 전염되는 전염병이라는 사실도 알아냈고,[20] 소금물을 정맥에 주입하여 증상을 치료할 수 있다고도 주장했다. 하지만 슬프게도, 파치니의 연구는 주목받지 못했다. (이탈리아인이었기 때문일 수 있다.) 포말전염설이 여전히 주류 이론이었다. 1874년 세계 위생 학회에서 21개 정부 대표들은 만장일치로 '콜레라 유발 물질의 주된 매개체는 공기'라고 의견을 모았다.[21]

30년 후, 로베르트 코흐Robert Koch가 파치니의 연구를 반복했다. 흑사병의 원인 규명 과정을 다룬 앞 장에서 이미 만났던 학자다. 1883년, 탄저병과 결핵을 일으키는 세균을 발견한 것으로 유명했던 코흐는 이집트와 인도의 콜레라 대유행을 조사할 팀을 이끌게 됐다. 파치니와 마찬가지로 그 역시 콜레라 사망자의 장 점막에만 존재하는 세균 종을 찾아냈다. 하지만 이것만으로는 확신할 수 없었던지라 조직을 분리해서 배양하고, 배양된 세균으로 동물을 감염시키는 실험을 했다. 인간에게 콜레라균을 주사했다면 더 결정적 증거가 됐겠지만, 제너가 고의로 아이에게 천연두 바이러스를 접종하던 시기와 달리 의학 윤리가 많이 발전해 그럴 수 없었다. 처음에는 순수한 세균을 배양하느라 고전했지만, 콜레라의 진행을 따라 움직이던 중 캘커타에서 결국 성공을 거뒀다. 코흐는 쉼표 모양의 균이 콜레라 환자에게서 항상 발견되는 반면, 콜레라에 걸리지 않은 환자는 설사를 한다 해도 절대 이 균이 발견되지 않으며, 이 균은 콜레라로 인한 흰색 설사에 대량으로 포함되어 있다고 보고했다. 이 세균으로 다른 동물을 콜레라에 감염시킬 수 없었으므로, 코흐는 다른 동물이 콜레라에 걸리지 않는다고 추론했는데, 이는 옳았다. 이미 권위자였던 코흐의 이론은 충분히 설득력이 있었는지, 프랑스나 영국에서는 인정하지 않았지만, 1884년 독일에서 받아들여졌다.[22] 파치니는 이보다 1년 전, 스노우는 25년 전인 1858년에 이미 사망했으므로 둘 다 자신의 연구가 코흐에 의해 증명되는 것을 보지는 못했다.

다행히 현대의 콜레라 치료는 단순하고 저렴하고 성공률이 높다. 설사로 손실된 수분과 염분을 빠르게 채워주면 된다. 미리 포장된 경구 수분 보충액을 사용하는 것이 제일 좋다. 설탕과 소금이 들어 있는 물인데, 대용량으로 마시면 심한 설사를 치료할 수 있다. 마시는 것으로 충분하지 않다면 정맥주사를 시도할 수 있다. 빠르게 탈수를 치료하기만 하면 사망률은 1% 미만이다. 항생제 치료 역시 세균 퇴치에 도움이 되지만,[23] 보통은 면역 체계가 충분히 이겨낼 수 있다. 의료 시스템이 무너지지만 않으면 콜레라의 치명률은 높지 않다.

스노우의 연구는 깨끗한 식수 공급의 중요성을 당국에 설득했을 뿐만 아니라, 상세한 데이터 분석의 힘을 보여줬다. 서로 다른 집단에 어떻게, 왜 질병이 발생하는지 연구하는 역학 분야에서, 콜레라 대유행에 대한 스노우의 분석과 단일 식수원을 원인으로 본 결단력 있는 설명은 훌륭한 연구 사례로 남았다. 역학 정보는 이제 질병을 이해하는 핵심이다. 오늘날에는 어떤 종류의 환자가 가장 취약한지 등의 연구를 통해 질병을 예방하고 전염병 유행 관리 전략을 개발한다. 뒤에서 역학 연구로 흡연과 폐암의 관계를 밝혀낸 전형적인 사례도 살펴볼 것이다.

08장

Childbirth

출산

출산은 인류에게 언제나 위험하고 고통스러운 과정이었다. 아이가 산도에 낄 수도 있고 감염 확률도 있다. 특히 출산 중 또는 출산 직후 세균 감염으로 발병하는 산욕열은 세균이 들끓는 산부인과에서 출산하기 시작한 17세기 유럽에서 여성의 주요 사망 원인이었다. 헝가리 의사인 이그나스 제멜바이스Ignaz Semmelweis의 훌륭한 연구는 산모의 산욕열을 방지하는 데 위생이 얼마나 중요한지 보여준다. 특히 환자들의 감염을 산모에게 옮기는 일이 잦았던 의사들의 위생이 매우 중요했다. 현재와 같은 개인보호구, 소독제, 무균실 사용의 뿌리는, 빈에서 시행된 제멜바이스의 선구적인 역학 연구일 것이다.

약 500만 년 전, 선조들은 이족보행을 시작했다. 똑바로 서서 다리만으로 걸으며 팔을 다른 용도로 쓸 수 있게 됐다. 인류가 왜 이런 (문자 그대로) 발걸음을 뗐는지는 여전히 수수께끼다. 이족보행을 하는 동물은 거의 없다. 2010년 독일의 진화생물학자 카슨 니미츠 Carsten Niemitz가 직립 자세로의 진화에 대한 논문들을 검토한 바에 따르면, 최소 30가지 가설이 제시되었다고 한다. 더 멀리 보기 위해서, 걷는 것 이외의 목적으로 손을 자유롭게 사용하기 위해서, 높이 자라는 식량을 채취하기 위해서, 호수나 숲이나 초원 등 거주지가 달라지면서, 체온 조절을 위해서 등 내용도 다양하다.[1]

긍정적인 효과가 있는 만큼, 두 다리로 서서 걸으면서 다양한 문제도 발생했다. 네 다리로 뛸 때보다 느려져 포식자를 피하고 사냥하기가 어려워졌다. 넘어져서 다칠 확률도 커졌다. 머리가 더 높이 있고 균형 잡기가 더 어렵기 때문이다. 직립 자세를 유지하려면 에너지가 더 많이 든다. 네발짐승에 최적화돼 있던 관절에는 과부하가 걸렸다. 그래서 요통과 관절염의 저주가 시작됐다. 더 중요한 것은, 동물이 스스로 큰 어려움 없이 할 수 있는 출산이 인간에게는 길고 고통스럽고 위험한 일이 되었다는 사실이다.

태아의 머리는 골반을 빠져나올 때 거의 움직일 수 없다. 태아의 머리에 있는 뼈들은 아직 다 붙지 않아 머리가 짓눌리며 산도를 빠져나올 수 있게 된다. 그래서 신생아의 정수리에는 다이아몬드 모양의 부드러운 부분이 있는데, 8개월 정도 뼈가 성장하면서 완전히 닫힌다.

여성 골반의 산도는 매우 좁다. 직립보행과 출산이 절충된 형태이다. 인간 태아는 출산 과정에서 다른 영장류에 비해 복잡한 궤도를 따라가며 골반의 가장 좁은 부분과 산도를 따라 머리와 어깨를 돌리고 조정해야 한다. 그래서 혼자 출산하는 다른 모든 동물과 달리 인간 여성은 아이를 낳는 데 도움이 필요하다. 신생아는 다른 동물과 비교했을 때 특히 무력하다. 말은 출산 후 30분 이내에 혼자 서서 걸을 수 있다.[2] 반면 인간의 아이는 걷기까지 1년은 걸린다. 아이는 작고 약하고, 성인에게 완전히 의존하도록 태어나는데 자궁 내에서 더 자랐다가는 머리가 너무 커져서 산도를 빠져나오지 못한다. 게다가 9개월 된 태아는 모체의 에너지를 너무 많이 소모해 자궁에서 더 키울 수 없다.

산도는 너무 복잡해서 언제든, 특히 발이 먼저 나오는 역아의 경우 걸릴 수 있다. 오늘날은 역아를 제왕절개로 분만한다. 중세에는 아이가 나오지 않을 때 세 가지 선택지가 있었다. 첫째, 그냥 뒀다. 이 경우 산모와 아이 모두 죽을 수 있었다. 둘째, 마취 없이 제왕절개를 시행했다. 산모는 거의 예외 없이 죽었다. 마지막으로 산모를 구하기 위해 태아의 머리를 부수어 죽이고, 필요하다면 몸을 조각조각 잘라서 꺼냈다. 당시 산파들은 이런 경우를 대비해서 크로셰crochet라는 날카로운 갈고리를 들고 다녔다.

18세기에는 겸자forceps가 널리 사용되면서, 많은 태아와 산모의 생명을 구했다. 16세기 파리와 런던에서 일하던 분만 전문의 챔벌린Chamberlen 의사 가문이 겸자를 발명했는데, 이들은 산파 사업에서 경쟁 우위를 점하려고 발명을 비밀에 부쳤다. 이들은 겸자의 비밀을 지키기 위해 복잡한 절차를 거쳤다. 부유한 가문 여성의 분만을 위해 소환되면 일단 크고 무거워 보이는 상자를 마차에서 꺼내 집으로 가지고 들어가 사람들로 하여금 복잡한 기계가 있겠거니 짐작하게 했다. 그러고는 아이가 태어날 방에 들어가 문을 잠그고 시술 과정을 볼 수 없도록 산모의 눈을 가렸다. 또한 밖에 있는 사람들이 소리를 듣지 못하게 종을 울리고 시끄러운 소리를 냈다. 아이가 무사히 태어나면 기구를 포장해서 다시 마차에 실었다. 산모와 가족들은 어떤 기술을 썼는지 전혀 알지 못했다. 이 방법은 효과가 있었다. 챔벌린 가문은 한 세기 이상 겸자의 비밀을 지킬 수 있었다.[3]

의사가 미숙하거나 무능한 경우, 겸자 때문에 산모나 태아가 다치는 일도 종종 있었다. 나중에는 작은 뚫어뻥같이 생긴 부드러운 기구를 태아 머리에 흡착하는 흡반ventouse이 겸자를 거의 대체했다.

옛날에는 집에서 출산했다. 공식적인 훈련은 받지 않았어도 경험 많은 여성이 산모를 도왔다. 분만에 성공한 후 산모가 죽는 경우는 드물었다. 유럽에서 출산과 관련된 사망은 수백 년 전 의사들이 개입하기 시작하면서 오히려 훨씬 늘어났다. 그전에는 기독교 의사들이 출산의 고통에 큰 관심을 보이지 않았다. 그저 에덴동산에서 이브가 지은 죄에 대해 여성이 벌을 받는다고 생각했다. 예를 들어, 19세기 필라델피아 산과 교수 찰스 메이그스Charles Meigs는 출산 시 마취제 사용을 강력하게 반대했다. '신께서 우리가 즐기거나 고통받도록 내려주신 자연스럽고 생리학적인 힘의 작용을 위배하기 위해, 의사가 시행하는 모든 절차의 본질'이 도덕적이지 않다는 것이었다.[4] 여기서 메이그스는 '우리'라는 말을 썼지만 사실 그 의미는 여성이다. 아마 본인이 아이를 낳는다면 의견이 달랐을 것이다.

17세기에는 여러 유럽 도시에 산부인과가 세워졌다. 겸자를 이용한 출산이 보편화되는 등 의도는 좋았지만, 당시 병원에서 출산하면 산욕열이라고 불리는 감염 위험이 컸고, 사망률 또한 매우 높았다. 출산 직후 태반이 있던 자리는 노출된 상처가 되어 세균 감염에 매우 취약해진다. 산부인과에서 의사와 산파들은 더러운 손, 옷, 기구로 산모들을 감염시켰다. 1646년 파리의 오텔-디외Hôtel-Dieu 병원에서 처음으로 산욕열 사례가 기록됐다. 산모의 사망률이 치솟았고, 네 명 중 한 명이 사망하는 것이 보통이었다. 한 산파는 1830~1831년에 분만을 서른 번 도왔는데, 이중 산모 열여섯이 사망했다.

출산 자체의 위험을 넘긴 직후에 산모를 덮치는 산욕열은 특별히 잔인한 병이다. 수백만 가족이 파괴됐고, 결과적으로 수많은 아이가 보육 시설로 보내졌다. 산욕열의 첫 증상은 오한, 빠른 맥박, 고열이다. 대부분은 복막염의 고통을 겪는데, 복부에 맹장이 터졌을 때와 비슷한 정도의 격한 통증이 인다. 출산 직후에 발병하면 치명률은 거의 80%에 달한다. 1700~1900년 영국에서 산욕열로 사망한 여성은 50만 명으로, 결핵에 이어 당시 15~44세 여성 사망 원인 2위였다.[5]

1795년 산욕열의 원인이 의사일 수 있다는 이론을 처음 제시한 사람은 스코틀랜드 의사 알렉산더 고든Alexander Gordon이다. 고든은 최근에 다른 산욕열 환자를 진료한 의사나 간호사의 방문을 받은 산모만 산욕열을 앓게 된다는 사실에 주목했다. 심지어 그는 용감하고 정직하게 '나 역시 수많은 여성에게 감염을 유발한 매개체였다'고 인정하기까지 했다.[6] 당시 엄청난 논란을 불러일으켰던 이 주장을 미국의 올리버 웬델 홈스Oliver Wendell Holmes 교수가 받아들였다. 홈스는 1843년 〈산욕열의 전염성Contagiousness of Puerperal Fever〉이라는 논문에서 의사가 이 치명적인 질병을 환자에서 환자로 옮기는 매개체라는 증거를 제시했다.[7] 그리고 산욕열 환자와 접촉하는 의사들에게 기구를 소독하고, 분만 시 입었던 옷을 태우고, 최소 6개월간 임신부를 만나지 말라고 권고했다.[8] 또한 염소 용액으로 계속 손을 씻고 옷을 자주 갈아입으라고 했는데, 당시에는 모두 낯선 주장이었다. 의사들은 일상적으로 피가 말라붙은 가운을 입고 환자를 방문했다. 홈스의 논문은 의료계에서 인기가 없었다. 의사가 환자에게 피해를 준다는 주장에 많은 의사가 분노했다.

분만에서 의사의 악영향에 대한 가장 설득력 있는 데이터는 빈 종합병원에서 1846년부터 일하던 헝가리 의사 제멜바이스의 연구다.[9] 이 병원에는 가난한 여성들에게 무료 진료를 제공하는 산부인과 병동이 두 곳 있었다. 두 병동의 설비와 진료 방법은 같았고, 하루씩 번갈아 환자를 받았기 때문에 환자의 차이도 없었다. 제1병동에서는 의대생이, 제2병동에서는 산파가 교육받는다는 사실만이 유일한 차이였다. 그런데 어떤 병동에 입원하느냐에 따라 산욕열 발병 확률이 크게 달랐다. 제1병동의 사망률은 10%, 제2병동의 사망률은 4% 미만이었다. 사람들도 이 사실을 잘 알았다. 진통이 시작된 여성들은 제1병동에 들어가지 않게 해달라고 빌었고, 그냥 길거리에서 아이를 낳겠다는 여자들도 있었다.

제멜바이스는 밖에서 아이를 낳는 것보다 제1병동에 입원하는 것이 더 위험하다는 사실에 놀라 원인을 밝히려 했다. 두 병동에 입원한 환자의 차이는 없었기 때문에, 다른 변수의 교란 없이 의사의 영향을 평가할 수 있었다. 이때 부검에서 사용된 메스에 우연히 찔린 한 의사가 산욕열과 유사한 증상을 보이며 죽는 것을 보았고, 제멜바이스는 시체에 감염원이 있다는 사실을 깨달았다. 의대생들은 교육 과정에서 자주 시체를 다뤘고, 손이 더러운 채로 분만실에 들어갔다. 이에 제멜바이스는 부검 후 염소 용액으로 손을 씻는 원칙을 도입했다. 효과는 바로 나타났다. 최대 18%였던 치명률이 5% 미만으로 떨어졌다. 한 달 내내 사망자가 없는 달도 꽤 있었다.

제멜바이스는 결론을 발표하고,[10] 유럽 전역의 동료들에게 편지를 써서 병원 위생을 개선하기 위해 최선을 다했다. 하지만 슬프게도 그의 의견은 동료 의사들의 조롱을 받았다. 의사들은 제멜바이스의 주장에 불쾌해했고, 보이지 않는 입자가 질병을 유발할 수 있다는 발상을 우스꽝스럽게 여겼다. 의료계의 강력한 반대를 마주한 제멜바이스는 직업을 잃었고 정신병원에 들어가 죽음을 맞았다. 그러나 그가 사망한 지 20년 후 그의 연구가 재발견되면서 그는 부당하게 잊힌 천재라는 재평가를 받았다.[11]

19세기 말 질병의 세균유래설이 인정되고, 마취 기술의 발전으로 제왕절개 수술법이 개발되고 나서야, 출산 시 위생의 중요성이 제대로 논의됐다. 산파 역시 공식 훈련을 받게 됐다. 1902년 영국 의회에서 조산사법Midwives Bill이 통과되면서, 1910년부터는 정해진 강의를 듣고, 구두 및 서면 시험을 통과하고, 정해진 횟수의 분만에 입회하여 자격을 얻은 자만이 분만을 도울 수 있었다. 이러한 조치들과 위생 및 영양 상태의 전반적인 개선으로 마침내 산욕열의 치명률은 감소했고(126쪽 [표-12]), 영아 사망률도 1840년 1,000명당 39명에서 1903년 1,000명당 12명으로 낮아졌다.**12** 1930년대 설포나마이드 sulfonamide 항생제가 도입되고 이어 페니실린이 개발된 후에는 산욕열이 완전히 정복됐다. 산욕열의 진정한 원인인 세균을 죽일 수 있게 된 것이다. 20년 안에 산욕열은 거의 완전히 사라졌다. 감사하게도 이제 출산 시 사망은 매우 드문 일이 됐다.

09장

Deadly Animals

치명적인 동물

매년 전체 사망자 중 1%를 조금 넘는 100만 명 정도가 동물로 인해 사망한다. 대부분은 동물이 전염병을 옮기는 경우로,[1, 2] 그중 80% 이상은 모기가 옮기는 질병 때문이다. 이외에도 질병의 중요한 매개체인 몇몇 무척추동물이 있다. 모래파리는 리슈만편모충증을, 침노린재(잘 때 얼굴을 물기 때문에 키스벌레라고도 한다)는 샤가스병을 일으킨다. 체체파리는 수면병을, 우렁이는 주혈흡충증(빌하르츠)을 유발한다. 어떤 동물은 치명적인 독을 가지고 있다. 뱀이 대표적이고, 전갈, 벌, 해파리도 독이 있다. 위험한 큰 동물도 있다. 악어에 물려 사망하는 사람이 1년에 1,000명 정도다. 하마, 코끼리, 곰, 버펄로, 사자, 호랑이도 건드리지 않는 편이 좋다. 개에 물리면 광견병에 걸릴 수 있으며, 도로에서 동물, 특히 사슴을 치면 사고가 날 수 있다. 동물은 인간이 본능적으로 두려워하는 대상 중 하나지만, 사실 어느 정도는 근거 없는 공포다. 2016년, 세계적으로 늑대에 물려 사망한 인간은 10명에 불과했고, 상어는 6명, 거미 때문에 죽은 사람은 없었다.

이빨이나 독침을 가진 동물이 있다면, 몸 안에 자리를 잡고 해를 끼치는 동물도 있다. 오늘날에도 어떤 형태로든 기생충에 감염되는 것은 드문 일이 아니지만, 몸에 거의 해가 되지 않는 경우가 대부분이다. 예를 들면, 인간의 3분의 1은 면역 체계가 약해진 사람에게 톡소포자충증을 유발하는 톡소플라스마 원충Toxoplasma gondii에 감염돼 있다.[3] 덜 익은 스테이크를 좋아하는 프랑스 사람들의 감염률이 86%로 가장 높다. 재료가 다 익도록 굽는 영국에서는 기생충이 살아남지 못해 감염률이 22%밖에 되지 않는다.[4] 장 내에서 소화를 돕는 박테리아처럼 이익이 되는 공생 생물과 몸에 부담이 되는 기생충은 종이 한 장 차이다. 보통 기생충이 숙주를 아프게 해서 얻는 이득은 없다. 아픈 숙주는 충분한 식량을 제공하지 못하고, 심지어 죽기라도 하면 기생충은 행복한 집을 잃게 된다. 그런데도 일부 기생충, 특히 단세포 원생동물은 질병을 일으킨다. 플라스모듐속 기생생물, 연충류, 진드기·벼룩·이·옴애 등 흡혈절지동물이 그 예다. 이런 벌레는 피부에 붙거나 파고들어서 몇 달씩 지내고, 그것만으로 옴 등의 질병을 일으키기도 한다. 하지만 더 큰 문제는 절지동물이 티푸스, 라임병, 흑사병, 리슈만편모충증, 샤가스병 등을 옮기는 질병의 매개체라는 것이다. 이들 기생충과 질병을 유발하는 미생물의 관계를 이해하면, 그 생애 주기에서 약한 부분을 공략하여 질병을 해결할 수 있다.

메디나충guinea worm은 기생충학 분야의 훌륭한 성공 사례이며, 매우 드물게 인류가 거의 박멸에 가까운 성과를 낸 사례다. 메디나충은 최근까지 아프리카에서 수백만 명을 감염시킨 회충(선충)의 한 종류다. 여느 인간 기생충과 마찬가지로 생애 주기를 살펴보면 다소 역겹다. 회충은 유충 시절 물에 사는 요각류(물벼룩)라는 작은 갑각류에 기생한다. 인간이 회충이 있는 물을 마시면 요각류는 위산으로 죽고 유충은 위벽과 장벽을 뚫고 들어가 복강에서 자란다. 체내에서 성충이 된 뒤, 교미하여 수컷은 죽고 암컷은 1년 정도 더 자란다. 메디나충이 1미터 정도로 커지면 스파게티 굵기가 되어 몸 아래쪽으로 이동하면서 엄청난 고통을 주는데, '불타는 뱀'이라는 별명이 있을 정도다. 보통 발 쪽 피부에 수포를 유발하여 몇 주 만에 여기로 빠져나온다. 사람들은 고통을 덜기 위해 수포가 생긴 부위를 물에 담근다. 물과 접촉하면 메디나충은 수천 마리의 유충을 내보내고, 갑각류가 이 유충을 삼키면서 생애 주기가 완성된다.[5] 메디나충이 숙주를 죽이는 경우는 많지 않지만, 감염되면 몇 개월 동안 고통스럽고 영구적인 장애를 남기기도 한다.

1981년부터 세계보건기구는 유니세프, 미국 질병관리청CDC, 전 미국 대통령 지미 카터Jimmy Carter[6]가 이끄는 카터 센터Carter Center와 함께 메디나충증을 근절하기 위한 전략을 개발하고 시행했다. 메디나충은 몇 가지 특징으로 인해 박멸의 표적으로 적절했다. 진단이 쉽고(메디나충은 맨눈으로도 보인다), 유충이 물에서만 살며, 질병을 치료하는 방법이 단순하고 저렴하다. 또한 이 질병이 존재하는 국가 정부가 모두 참여했다. 어떤 시점에서든 생애 주기를 끊을 수 있다면 충분히 메디나충을 박멸할 수 있었다. 방법은 두 가지다. 사람들이 요각류가 사는 오염된 물을 마시지 않게 하는 것과 새로운 유충이 식수원에 들어가지 않게 하는 것이다. 요각류는 보통 흰 점이 떠다니는 것처럼 눈에 보이므로 요각류가 산다고 의심되는 물은 마시기 전에 나일론 망사로 걸렀다. 그리고 수포에서 메디나충이 나올 때 다리나 발을 따로 떠놓은 물에 담근 뒤 이 물을 안전하게 처리해 식수원의 오염을 막았다.

1980년대 이후, 메디나충 박멸 프로젝트는 엄청난 성과를 거뒀다. 모든 메디나충증 사례를 보고하고 위치를 지도에 표시하는 것이 프로젝트의 시작이었다. 위험이 있는 공동체마다 보건 요원을 배치하여 이 전략을 도입했다. 1985년, 20개국에서 약 350만 건의 신규 감염이 발생했다. 1989년에는 차드, 중앙아프리카공화국, 세네갈, 수단의 데이터가 누락되긴 했지만, 89만 2,055건으로 줄었다. 2020년에는 6개국(카메룬, 에티오피아, 말리, 차드, 앙골라, 남수단) 19개 마을에서 단 27건이 보고됐을 뿐이다.[7] 놀랍게도 프로젝트는 메디나충증을 350만 건에서 27건으로 99.999% 감소시키는 대성공을 거뒀다. 완전히 박멸된 첫 번째 기생충 질환이자 천연두에 이어 두 번째로 박멸된 인간 질환이 탄생하기 직전이다.[8] 이 프로젝트에는 질병을 치료하거나 예방하는 어떤 의약품이나 백신도 필요하지 않았다. 위험이 있는 모든 장소에서 철저하게 기생충의 생애 주기를 끊기만 하면 되었다. 메디나충증 박멸은 굉장한 성과다. 관련자 모두 프로젝트에 전념한다면 신중하게 선정된 질병을 국제 공조를 통해 저비용으로 해결할 수 있다는 가능성을 보여줬다. 지금까지는 순조롭다. 하지만 모든 동물을 합친 것보다도 더 많은 사람을 죽음에 이르게 한 곤충은 어떨까?

1513년, 스페인 탐험가 바스코 누녜스 데 발보아Vasco Núñez de Balboa는 유럽인 최초로 파나마 지협을 건너 태평양에 도달했다. 발보아는 한 손에는 검, 한 손에는 성모 마리아의 깃발을 들고 바다로 뛰어들었고, 위대한 스페인 정복자답게 스페인 왕국의 이름으로 대양 전체와 맞닿아 있는 모든 땅의 소유권을 주장했다. 그의 말을 진지하게 받아들이면(스페인 사람들은 실제로 그랬다) 페르디난드 왕은 이제 지구의 절반을 소유한 셈이었다. 발보아가 아메리카 대륙 서쪽에 있는 미지의 대양을 발견하자, 스페인 사람들은 남미 남쪽 끝까지 수천 마일을 돌아가지 않고도 카리브해와 태평양을 항해할 수 있는 해협이 있는지 궁금해했다. 이에 추가로 탐험을 했으나 그런 해로는 없었다. 그래서 1534년 페르디난드 왕의 후계자인 신성 로마 제국의 황제 카를 5세는 두 바다를 잇는 운하를 건설하기에 적합한 위치를 조사하라고 지시했다. 그런데 조사관들은 안타깝지만 그런 프로젝트는 불가능하다고 알려왔다. 최소한 16세기의 기술로는 그랬다. 프로젝트는 300년 이상 보류됐다.

파나마 지협에 두 바다를 연결하는 운하를 건설하려고 최초로 진지하게 시도한 국가는 프랑스였다. 1869년 수에즈 운하 건설에 성공한 페르디낭 드 레셉스Ferdinand de Lesseps가 프로젝트를 이끌었다. 수에즈 운하가 더 길었지만 평지를 가로지르기 때문에 파나마보다는 쉬웠다. 드 레셉스는 수문이 필요 없는 해수면 높이의 운하를 건설해서 홍해와 지중해를 연결했다. 프랑스는 이번에도 해수면 높이의 운하를 계획하고 1882년 파나마 운하에 착공했다. 그런데 그러려면 굉장히 넓은 면적의 높고 바위가 많은 지형을 깎고 지나가야 했다. 부적절한 장비, 자금 부족, 공사 문제와 부패 등으로 프로젝트는 착공 후 6년 만인 1888년에 중단됐다. 그러나 실패의 가장 큰 원인은 질병이었다. 파나마는 말라리아와 황열병을 옮기는 모기의 주요 서식지였다. 감염이 퍼지면서 공사 인부들은 쇠약해져서 일할 수 없게 됐고, 1882~1888년 약 2만 명의 인부가 죽었다. 드 레셉스의 회사는 파산했고 공사는 중단됐다. 이어지는 물의로 드 레셉스와 회사 간부들(에펠탑을 건설한 에펠도 있었다)은 사기죄로 기소돼 실형을 선고받았다. (이 판결은 후에 번복된다.)

모기는 인류에게 셀 수 없이 많은 재앙을 초래했다. 프랑스의 파나마 운하 건설이 무산된 사건은 그중 하나일 뿐이다. 모기 자체가 끼치는 피해는 짜증나는 가려움과 염증 정도지만, 피를 빨기 때문에 쉽게 질병을 옮긴다. 지카바이러스, 뎅기열, 치쿤구니아열, 황열병은 모두 이집트숲모기Aedes aegypti가 인간에게 옮기는 바이러스성 질병이다. 감염된 사람의 피를 빨면 모기의 내장에서 바이러스가 증식하여 다른 조직으로 퍼지는데, 특히 침샘에 들어가 새로운 희생자를 감염시킨다. 모기가 옮기는 질병은 원래 아프리카에서 유래했지만, 지금은 전 세계에 퍼져 있다. 예를 들어 뎅기열은 지난 20년 사이 여덟 배 늘었으며, 최초 발생 사례를 보고한 나라도 늘었다.[9] 세계 인구 절반 이상이 이집트숲모기가 있는 지역에 산다.

파나마 사태에서 가장 결정적인 요소는 황열병이었다. 황열병은 아프리카 질병으로 지난 몇 백 년 사이 노예선을 통해 북미와 유럽으로 퍼졌다. 황열병에 걸리면 일반적으로 며칠 동안 고열, 근육통, 두통, 식욕 부진, 어지럼증, 구토가 나타난다. 최초 증상에서 회복하면 24시간 이내에 치명적인 두 번째 단계가 나타날 수 있다. 다시 고열이 시작되고 간과 신장 기능에 문제가 생긴다. 황달이 나타나 피부가 특유의 노란색이 된다. 소변 색이 탁해지고 구토를 동반하는 복통이 일며, 입·코·눈·장기에서 출혈이 일어난다. 두 번째 단계에 접어드는 환자의 절반은 10일 이내에 사망한다. 현재 황열병 사망자는 연간 3만 명이고, 아프리카에 집중돼 있다.[10] 황열병에 대한 항바이러스제는 없지만, 한 번의 접종으로 평생 면역이 생기는 매우 효과적인 백신은 있다. 2017년에 황열병 근절을 목표로 황열병 퇴치 프로젝트Eliminate Yellow Fever Epidemics, EYE가 출범했다. 세계보건기구가 이끄는 EYE 파트너십은 아프리카 및 아메리카 40개국과 손잡고 황열병 발발 예방, 감시, 대처를 위해 노력한다. 사람들에게 백신을 맞히고, 발병을 억제하고, 세계로 바이러스가 퍼지는 것을 막는다. 이 프로젝트는 2026년까지 10억 명 이상을 황열병에서 보호하는 것을 목표로 한다.[11]

모기가 옮기는 가장 중대한 질병은 말라리아다. 사람들은 수천 년 전부터 모기가 말라리아를 일으킨다고 짐작했다. 모기를 잡았을 때 벽에 묻는 피가 사람의 것이라는 사실을 알아차리기는 어렵지 않았다. 예를 들어, 기원전 1세기 로마의 농업 전문가 콜루멜라Columella는 이렇게 썼다. '습지는 항상 불쾌하고 유독한 증기를 뿜어내고, 그 열기가 길러낸 침으로 무장한 짓궂은 벌레가 무리 지어 우리에게 날아온다. … 그래서 미지의 질병에 걸리곤 한다.'[12] 로마의 네로 황제는 로마 근처의 늪이 건강하지 않다며 말려버리라고 지시했다. 안타깝게도, 서양 의학은 그 이후 길을 잘못 들어서 말라리아가 더러운 공기와 체액의 균형 상실 때문이라고 주장했다. 의학이 거의 2,000년 후퇴한 셈이다. 1717년 이탈리아 의사 조반니 란치시 Giovanni Lancisi가 '늪에 사는 곤충이 해로운 액체를 침과 섞음으로써 인간에게 미치는 악영향'에 대해 글을 써서 늪지를 메울 것을 제안했지만,[13] 실험적 증명이 없었고, 통념과 정면으로 배치되는 주장이라 심한 반대에 부딪혔다.

지금은 열대열원충falciparum, 삼일열원충vivax, 난형열원충ovale, 사일열원충malariae이라는 네 가지 주요 플라스모듐속 원충(말라리아원충)이 말라리아의 원인이라는 사실이 밝혀져 있다. 말라리아원충의 생애 주기는 복잡하다. 두 가지 숙주의 다양한 장기 안에 산다. 말라리아는 암컷 학질모기Anopheles에서 시작된다. 모기의 침샘 안에 살던 실 형태의 말라리아원충이 사람의 피를 빨 때 혈관으로 들어간다. 원충은 간으로 이동하고, 한 가닥이 증식하여 수만 가닥이 되어 낭포를 형성한다. 이때는 잠복기로 증상이 없어 인간 숙주는 감염 사실을 모른다. 마침내 낭포가 파열되면 기생충이 적혈구로 침범해 산소를 나르는 헤모글로빈 단백질을 잡아먹는다. 그래서 각각이 8~24개 원충을 품은 분열체schizont(말라리아 병원충 같은 포자충이 적혈구에 기생하여 분열하며 생긴 세포—역주)로 발전한다. 성숙한 분열체는 뇌와 태반 등 다양한 조직에 정착할 수 있고, 질병의 증상은 영향을 받는 기관에 따라 다르다.**14** 분열체가 파열되면 새로운 세대의 원충이 혈류로 유입되면서 다시 적혈구를 감염시키고, 고열, 발한, 오한 등 감기 증상이 며칠 간격으로 몰려왔다 사라지기를 반복한다. 이때 모기가 감염된 인간의 피를 빨면 기생충은 모기의 내장에서 낭포를 형성한다. 이 낭포는 포자를 방출하여 침샘을 포함한 모기의 전신으로 퍼뜨린다. 이 모기가 다시 인간을 물면, 포자가 인간에게 주입되어 생애 주기가 완성된다.**15**

중증 말라리아 증상은 신체의 어느 부위가 영향을 받았느냐에 따라 장기부전이나 혈액 이상으로 나타난다. 말라리아는 발작, 의식불명, 코마를 일으킬 수 있으며, 적혈구 손실로 인해 심한 빈혈을 유발한다. 신장 기능 이상, 폐 염증, 비장 확대, 혈당 급강하 등 증상은 다양하다. 환자는 즉시 의료적 처치를 받아야 한다. 휴면기였던 간의 낭포가 다시 활성화되면 몇 년 뒤에도 재발하며, 발화 장애, 난청, 신장 질환, 비장 파열, 실명 등 장기적 문제도 생길 수 있다. 특히 임신 중의 말라리아 감염은 산모와 태아 모두에게 위험하다.**16**

1870년대 세균유래설이 받아들여진 후, 말라리아의 원인균을 찾으려는 시도가 계속됐다. 모기, 말라리아원충, 인간, 즉 3자 간의 모든 단계를 밝혀내는 데는 수십 년이 걸렸다.**17** 혈액 단계에서는 알제리에서 일하던 프랑스 군의관 샤를 라브랑Charles Laveran이 처음 발견했다. 말라리아 환자의 혈액에서 작은 점 같은 색소를 품은 초승달 모양 조직을 발견했는데, 건강한 사람에게서는 볼 수 없는 현상이었다. 라브랑은 이어서 혈액에서 관찰되는 네 가지 독특한 형태를 설명했다. 지금 밝혀진 말라리아원충 생애 주기의 여러 단계에 해당한다. 이후 이탈리아의 카밀로 골지Camillo Golgi가 혈액 내 분열체가 파열되면서 말라리아원충이 방출되고 고열이 시작된다는 사실을 알아냈다.[18]

분명 연구는 발전하고 있었지만, 말라리아 예방이나 치료에 결정적인 도움이 되는 부분은 아직 없었다. 그러다 1897년 인도에서 새로운 발견이 이뤄졌다. 영국 미생물학자 로널드 로스Ronald Ross가 모기 종류의 위에서 조류 말라리아 형태의 기생충을 발견했다. 같은 시기 로마에서 조반니 그라시Giovanni Grassi와 동료들이 학질모기에서 인간 말라리아 기생충을 발견했다. 그래서 모기가 서로 다른 종 간에 병원균을 옮기는 매개체로서 핵심적인 역할을 하고 있음이 드러났다. 결정적으로, 이 발견으로 당시 기술이 해결할 수 있는 표적이 생겼다. 물이 고인 웅덩이 등 모기 서식지를 없애서 모기 개체 수를 줄이는 것이었다.

1881년 쿠바의 의사 카를로스 핀레이Carlos Finlay가 황열병도 모기에 의해 전염된다는 의견을 처음 제시했다. 말라리아, 황열병, 콜레라 등의 전염병은 19세기 쿠바에서 엄청난 문제였다. 핀레이는 황열병에 취약한 지역과 모기 서식지가 일치한다는 것을 인지하고 모기의 생태를 연구했다.[19] 그는 아바나 의학, 물리 및 자연과학 아카데미Royal Academy of Medical, Physical dna Natural Sciences에서 연구 결과를 발표했는데, 반응이 미적지근했다. 사람들은 작은 곤충이 성인을 사망에 이르게 할 수 있다는 급진적인 아이디어를 진지하게 받아들이지 않았다. 그래서 핀레이는 감염된 모기에 물려도 좋다고 자원한 사람 수백 명을 모아 가설을 뒷받침하는 증거를 찾으려 했다. 이는 극도로 위험하지만 가설을 증명하는 가장 직접적인 방법이었다. 하지만 여전히 설득력 있는 결과를 얻지 못했다.[20] 지금 돌아보면 실험이 실패한 것은 핀레이가 상정한 잠복기, 즉 모기가 감염되고 새로운 희생자를 물기까지의 기간이 너무 짧아서였다.[21] 몇 년 뒤 멕시코만 미국 항구에서 검역관으로 일하던 헨리 카터Henry Carter의 연구가 잠복기에 대한 결정적인 열쇠를 제공했다. 그는 사람이 처음으로 감염되고부터 황열병 증상이 나타나기까지 약 5일이 걸린다는 사실을 알아냈다. 그래서 멕시코나 쿠바에서 미국으로 들어오는 배를 7일간 격리하여 황열병 유입을 방지했다.[22] 카터는 고립된 농장에서 방문자가 황열병에 걸리기까지 얼마나 걸리는지 관찰하여 후속 연구를 진행했다.

몇 년 뒤, 핀레이의 연구는 미군의 지원을 받았다. 1898년 미국이 쿠바를 침공한 10주간의 미국-스페인 전쟁 이후였다. 황열병과 말라리아가 군대에 빠르게 퍼지며 75%가 전투 불능 상태가 되었고 군대는 철수할 수밖에 없었다. 전투 중 사망한 미군은 1,000명도 되지 않았지만, 5,000명 이상이 질병, 특히 황열병에 걸려 죽었다. 그런데도 미국은 전쟁에 이겨 쿠바를 점령했다. 미 군정이 세워졌고 해결책을 찾기 위해 황열병 위원회가 설립됐다. 위원회는 핀레이의 도움으로 잠복기를 더 길게 계산하여 모기가 병을 옮긴다는 이론을 입증하려 했다. 이번 실험은 성공적이었다. 초기 팀원 몇 명이 젊은 나이로 사망하는 불행까지 겪으며 몇 년간 실험한 끝에 다음과 같은 결론을 도출했다.

1. 황열병은 침구나 의류로 전염되지 않는다.
2. 황열병에 걸린 사람의 피를 빨았던 모기에 물려서 전염된다.
3. 원인이 되는 모기 종을 파악했다. 이를 이집트숲모기라고 한다.
4. 감염된 사람의 피를 빤 암컷이 건강한 사람을 물어도 최대 10일 후까지는 감염원을 옮기지 않는다. 12일 이상의 간격이 있다.[23, 24]

아바나 최고 위생 책임자 윌리엄 고거스William Gorgas 소령이 새로운 지식으로 무장하고 질병 퇴치에 나섰다. 황열병 환자를 건물에 격리하고, 문과 창문에 모기를 막는 방충망을 쳤다. 군인들은 도시를 수색하며 날아다니는 모기 성체와 물에 사는 모기 유충을 박멸했다. 5개월 이내에 아바나에서 황열병이 사라졌다. 감염원이 무엇인지 정확히 알지 못한다고 해도 생애 주기의 약점을 알면 질병을 없앨 수 있다는 뜻이다.

미국의 파나마 운하 프로젝트를 생각하면 시기적절한 성공이었다. 프랑스가 운하 건설을 시도했을 때 수많은 사람이 죽은 게 파나마 지협에 말라리아와 황열병에 감염된 모기가 들끓었기 때문이라는 사실이 밝혀진 셈이다. 이런 지역에 프랑스처럼 수만 명의 인부를 아무 보호책도 없이 보내면 재앙으로 끝날 수밖에 없었다. 미국 정부는 미국 인부들이 같은 꼴을 당하게 하지 않겠다고 굳게 다짐했다. 1904년 정부는 고거스를 파견해 현지를 조사하고 실행 계획을 세우게 했다. 고거스는 공사 인부들이 삽을 들기 전에, 운하 건설 현장에서 모기 박멸 작업에 착수했다. 유속이 느리거나 고여 있는 물에 모두 살충제를 뿌려 모기 유충을 죽이고 늪지를 메웠다. 모기가 알을 낳을 수 있는 수조를 모두 치우고, 청결한 급수 시스템을 만들어 빗물을 모을 필요가 없게 했다. 인부들이 사용하는 숙소 창문은 방충망으로 막았다. 보건 직원들이 건물을 수색해 모기와 알을 찾아 없앴고, 정부가 공급한 유황을 태워 숙소의 오염 물질을 제거했다. 질병 증상을 보이는 인부는 격리했다. 1906년이 되자 2년도 되지 않아 황열병은 운하 지역에서 사라졌고, 말라리아도 대폭 감소했다.[25]

새로운 공사는 훨씬 안전한 조건에서 진행됐으나 그 혜택을 입는 인부는 일부였다. 대부분 서인도제도 출신이었던 흑인 인부들에게는 안전한 숙소가 제공되지 않아 이들은 모기 박멸 구역 밖에서 텐트를 치고 지내야 했다. 그래서 공사 기간에 흑인 인부의 사망률은 백인의 열 배가 넘었다. 백인 사망자는 350명에 그쳤으나, 흑인 사망자는 4,500명이었다.[26] 질병 외에 산사태나 폭발 사고 등 사고사도 많았다.

미국이 설계한 운하는 태평양과 대서양 가까이에 거대한 수문이 있다. 인양된 배가 댐으로 만들어진 거대한 인공 호수를 건넌 다음, 경로의 가장 높은 땅을 가로지르는 거대한 운하를 지나간다. 강수량이 많은 지역이라, 땅을 높여 운하를 지은 부분의 수위가 유지될 수 있을 것이다. 이 거대한 과제를 해결하고 난 뒤, 발보아가 처음으로 파나마 지협에 발을 디딘 지 401년 만인 1914년에 운하가 개통됐다. 오늘날 매년 1만 5,000척 정도의 배가 약 80㎞인 운하를 지나간다. 파나마 운하는 공학 발전의 집약체이기도 했지만, 어떻게 질병을 예방할 수 있는지 공개적으로 보여주는 계기도 됐다.

말라리아와 황열병은 열대 지방에서만 나타나는 수많은 질병 중 두 가지 예일 뿐이다. 포르투갈의 아프리카 연안 탐험을 시작으로 유럽 국가들이 앞 다투어 무역과 식민지 개척을 위해 아프리카로 몰려가면서, 유럽인들은 거의 면역이 없던 다양한 질병에 노출됐다. 최악은 말라리아, 이질, 황열병이었지만, 자잘한 병은 셀 수도 없었다. 대부분 벌레, 이, 달팽이를 매개로 퍼졌다. 서아프리카 연안에 새로 도착한 사람의 50%는 1년 안에 사망했다.[27] 원주민이 아닌 사람이 살기는 어려운 지역이었다. 설상가상으로, 아프리카 질병이 배를 타고 유럽으로 들어갔다. 말라리아가 대표적인 사례다. 19세기 유행의 정점에서 말라리아는 북쪽으로 몬트리올과 스칸디나비아까지 퍼졌다. 세계 인구 절반 이상이 말라리아 감염 모기가 있는 환경에서 살았던 셈이다. 말라리아모기가 있는 지역에서 말라리아로 사망한 자는 10% 정도였고, 회복했지만 장기적인 증상을 겪는 사람은 더 많았다. 말라리아가 절정일 때는 당시 세계 인구의 5~10%가 사망에 이르렀다.[28] (모기가 지구상에 존재했던 인간의 절반 이상을 죽였다는, 널리 알려진 말은 거짓이다. 2002년 〈네이처〉에 실린 기사에서 유래한 소문인 듯하다.[29])

모기를 표적으로 삼자 말라리아는 정점을 지나 줄어들기 시작했다. 파나마 운하 건설 현장에서 썼던 모기 박멸 전략이 널리 사용됐다. 이후 토지 용도와 농업 환경이 변해 늪지 등 모기가 좋아하는 환경이 사라지고, 주택이 개선되면서, 말라리아는 20세기 전반에 유럽에서 사라졌다. 제2차 세계대전 이후 살충제 DDT가 나왔다. 인도와 소련을 비롯한 나라에서 DDT를 집 벽에 뿌리는 방법으로 효과를 보았다. 1966년이 되자 DDT 사용, 모기장, 모기의 산란 장소 제거 등으로 5억 명 이상이 말라리아의 위협을 피했다.[30, 31] 모기가 널리 퍼져 있는 사하라 이남 아프리카 지역에서 말라리아 퇴치는 훨씬 어려웠다. 아프리카에서 가장 영향을 많이 받는 지역에 사는 사람은 감염된 모기에 물릴 확률이 아시아인의 200배였다.[32]

말라리아에 대항하는 인류의 두 번째 무기는 기생충을 죽이는 약이다. 환자에게도 도움이 되고, 환자가 병을 옮기지 않게 하는 효과도 있다. 아르테미시닌Artemisinin이 대표적인데, 개똥쑥에서 발견되는 성분으로 중국 약초학자들이 2,000년 전부터 사용했다. 베트남 전쟁 중 공산당 리더 호찌민Ho Chi Minh이 중국에 말라리아 퇴치를 도와달라고 부탁했고, 중국 과학자들은 1972년 유효성분 추출에 성공했다. 연구팀을 이끌었던 투유유Tu Youyou는 아르테미시닌 발견으로 중국 최초로 노벨생리의학상을 받았다. 노벨상을 받은 중국 최초의 여성이기도 하다. 안데스산맥에서 자생하는 키나나무 가지에서 발견되는 퀴닌quinine도 400년간 사용됐다. 퀴닌은 대부분 자바에서 생산되는데, 제1차 세계대전 당시 아시아로부터 수급에 문제가 생기자 독일 화학자들은 대안을 찾아 나섰다. IG 파르벤IG-Farben 직원들이 1930년대 성공 가능성이 보이는 화합물을 여러 가지 찾아냈는데, 그중 클로로퀴닌choloroquinine이 있었다. DDT와 클로로퀴닌은 제2차 세계대전 이후 세계보건기구가 말라리아를 박멸할 때 가장 많이 쓰는 화합물이 되었다. 하지만 안타깝게도, 오래지 않아 클로로퀴닌에 내성이 있는 새로운 종류의 기생충이 나타났다.[33] 이후 항말라리아제가 십수 가지 더 개발됐지만, 100%의 예방책은 없었다. 내성이 생기거나 부작용이 나타나거나 효능이 떨어졌다. 애초에 감염된 모기에게 물리지 않는 것이 최선이었다.

말라리아로 짐작되는 질병에 대한 기록은 거의 역사 시대 초기부터 발견된다. 중국 의학의 바이블이라고 할 수 있는 약 5,000년 전의 《내경內經》에 말라리아와 유사한 증상이 비장 비대와 관련돼 있다고 서술되어 있다. 이라크 니느웨Nineveh의 아시리아 황제 도서관에서 발견된 점토판에도, 인도 베다 시대(기원전 1500~800년)와 기원전 1550년 이집트의 파피루스 문서에도 말라리아에 대한 기록이 있다.[34] 5,000년 이상 된 이집트 미라에서도 열대열원충 감염 흔적이 나타난다.[35] 호메로스, 플라톤, 초서, 셰익스피어가 모두 말라리아를 언급했다.

인류와 5,000년만 함께했다고 해도 가장 오래된 병 축에 속하는데, 말라리아와의 불편한 관계는 사실 더 오래전으로 거슬러 올라간다. 모기의 조상은 약 1억 5,000만 년 전에 나타났다. 고대 말라리아 기생충은 고대 모기와 모기가 피를 빠는 동물(다양한 파충류, 조류, 포유류)에 기생하는 생애 주기에 적응했다. 말라리아원충은 특히 인간이 속한 영장목에서 흔했다.[36] 지난 1만 년 사이 어느 시점에, 모기는 고릴라에서 인간으로 열대열원충을 옮겼다.[37] 삼일열원충이 인간, 침팬지, 고릴라에 기생한 것은 심지어 더 오래됐다.[38]

말라리아는 수만 년 동안 인류와 함께하며 DNA에 지대한 영향을 미쳤다. 더피-네거티브Duffy-negative라는 DNA 변형이 대표적이다.[39] 최초로 발견된 환자의 이름을 딴 더피 유전자는 삼일열원충이 세포에 들어갈 때 사용하는 적혈구 표면의 단백질을 형성한다. 더피-네거티브인 사람들은 적혈구에 이 단백질이 없어서 기생충이 진입하기 훨씬 힘들다. 그렇게 기생충 생애 주기의 중요한 단계를 차단해서 삼일열말라리아를 예방할 수 있고, 걸리더라도 중증으로 진행될 확률을 낮출 수 있다. 따라서 더피-네거티브 혈액형은 삼일열원충이 많은 지역에서는 이점이 매우 크다.[40] 다음 지도는 사하라 이남 아프리카에서는 더피-네거티브 혈액형 비율이 100%에 육박하지만, 세계의 다른 지역에서는 0에 가깝다는 것을 보여준다. 그래서 남부 아시아와 라틴아메리카에서 흔한 삼일열말라리아가 사하라 이남 아프리카에서는 드물다. 500년 전에 시작된 인구 대이동 이전에는 아메리카 대륙에 더피-네거티브 혈액형이 없었다. 현재 아메리카에 사는 사람의 더피-네거티브 유전자는 조상이 아프리카계 흑인이라는 신뢰도 높은 지표다. 아프리카계 미국인, 서인도제도인, 남아메리카인에게서 서로 다른 비율로 더피-네거티브 유전자가 나타난다. 모두 아프리카에서 노예선을 타고 넘어온 사람들의 후손이 있는 지역이다.[41]

더피-네거티브 유전자의 국제적 분포.[42] 인간 DNA에 더피 유전자는 두 개가 있는데, 이 지도에 표시된 사례는 두 개 모두 기능하는 더피 단백질을 포함하지 않은 사람의 비율이다.

왜 인도와 동남아시아에서는 더피-네거티브 유전자가 나타나지 않을까? 나타났다면 삼일열말라리아를 예방할 수 있었을 텐데 말이다. 약 10만 년 전, 인류는 아프리카에만 살았고 다른 유인원과 마찬가지로 일상적으로 삼일열말라리아에 감염됐다. 약 5만 년 전, 현대 인류의 작은 집단이 동아프리카를 떠나 인도양 연안을 따라 아라비아, 페르시아, 인도, 동남아시아에 도착했고, 삼일열원충도 함께 이동했다. 더피-네거티브 유전자는 3만 년 전 아프리카에 퍼지기 시작했고,[43] 결국 너무 많아져 아프리카 대륙에서 삼일열말라리아가 사실상 사라지게 되었다.[44] 그래서 오늘날 삼일열말라리아는 아시아와 라틴아메리카의 질병이 되었다. 그러나 아프리카에 사는 비흑인들은 여전히 삼일열말라리아에 걸릴 위험을 안고 있다. 2005년, 32세의 백인 남성이 중앙아프리카에서 18일간 일하는 동안 감염된 유인원을 문 모기에 물려 삼일열말라리아에 걸린 바 있다.[45]

더피-네거티브 유전자에는 단점이 있을 수 있다. 더피 단백질은 삼일열원충이 적혈구에 들어오는 과정만 돕는 것이 아니라 면역 체계의 일부로 기능한다.[46] 따라서 더피 단백질이 없으면 다양한 질병이 중증으로 진행될 수 있다. 예를 들면 더피-네거티브인 사람(사실상 모두 아프리카 혈통)은 암에 더 쉽게 걸릴 수 있다.[47,48,49] 삼일열원충이 우글거리는 지역에 살지 않는 한, 적혈구에 더피 단백질이 있는 편이 종합적으로 낫다.

게다가 더피-네거티브 유전자는 열대열원충이 일으키는 더 치명적인 형태의 말라리아에 대해서는 소용이 없다. 그래서 열대열말라리아의 위험이 있는 인구는 이를 예방하는 다양한 다른 돌연변이로 진화해왔다. 그런데 가장 널리 퍼진 항말라리아 돌연변이는 안타깝게도 탈라세미아(지중해빈혈)나 포도당-6-인산탈수소효소G6PD 결핍증, 겸상적혈구질환을 일으킨다. 겸상적혈구질환은 통증, 감염, 발작을 유발하며, 기대수명을 수십 년씩 줄인다. 탈라세미아는 악성빈혈, 심장질환, 골 기형, 비장 손상을 일으킨다.[50] G6PD 결핍증이 있는 사람은 누에콩(잠두)을 먹었을 때 황달, 빈혈, 호흡 곤란, 신장 부전이 나타날 수 있다. 그리스의 현자이자 수학자였던 피타고라스는 제자들이 누에콩을 먹는 것을 금지했다. 피타고라스가 G6PD 결핍증이었다고 추측할 수 있다. 겸상적혈구질환, 탈라세미아, G6PD 결핍증은 모두 심각하지만 널리 퍼진 유전병이다. 그래도 말라리아보다는 낫다. 말라리아는 흔한 질병이지만 신체에 엄청난 악영향을 미친다. 항말라리아 돌연변이는 단점에도 불구하고 열대열원충이 적혈구에 작용할 때 저항할 수 있기 때문에 아프리카, 아시아, 지중해와 중동에 퍼지게 됐다. 말라리아와 싸우는 자연의 방식이다. 하지만 인류에게는 더 나은 해결책이 필요하다.

오늘날 모기는 여전히 세계에서 가장 치명적인 동물이다. 2017년 말라리아로 사망한 50만 명은 대부분 면역력을 기르지 못한 어린이들이었다. 그러나 인류는 진보하고 있다. 지난 15년간 사망자 수는 반으로 줄었고, 미국과 유럽 등 한때 대유행했던 지역에서 박멸됐다. 예를 들면, 미국에서는 군대를 기점으로 진행했던 성공적인 프로젝트를 모방하여 1947년 전국 말라리아 박멸 프로젝트를 도입했다. 미국 동남쪽 13개 주가 대상 지역이었다. 500만 가구에 DDT 처리를 했고, 모기가 알을 낳는 장소를 없애고 살충제를 뿌렸다.

1949년 미국은 중대한 공공 보건 의제에서 말라리아를 공식적으로 제외했다. 이제 추적 관리만으로 충분하다는 의미다.[51]

인간이 언젠가는 말라리아를 비롯해 모기가 옮기는 질병을 뿌리 뽑을 수 있을까? 많은 국가에서 성과가 있었다. 메디나충과 천연두의 사례는 질병과 싸우는 데 국제 공조가 중요하다는 사실을 보여준다. 아프리카 중앙과 서부 지역에서는 여러 요소 때문에 말라리아를 박멸하기가 특히 어렵다. 다양한 종류의 벌레와 말라리아원충이 질병을 유발하고 전염시킨다. 한 종류의 모기를 박멸하면 그만큼 해로운 다른 종이 생태계를 장악하는 결과를 낳을 수도 있다. 이전의 말라리아 관리 프로젝트는 정부 기능이 형편없고 자금이 부족해서 실패했다. 세계는 손길이 닿지 않는 곳에 있고 의료 체계가 없는 빈곤한 공동체들을 도와야 한다. 모기장, 방충망, 고인 물 없애기 등 말라리아와 모기에 대항하는 전통적인 방법도 중요하지만, 새로운 기술도 필요하다. 더 나은 약품, 살충제와 진단법을 계속 개발해야 한다. 지난 10년간 새로운 혁신과 정치적·재정적 지원이 있었기에 2010~2019년 세계적으로 말라리아로 인한 사망자 수는 44% 감소했다.[52] 매년 말라리아 종식을 선언하는 국가가 늘고 있다. 완전히 새로운 접근이 도움이 될 수 있다. 부르키나파소에서 시범 도입한 항말라리아 백신은 유의미한 초기 성과를 보였다.[53]

유전자 조작 모기를 만들어 바람직한 유전자를 전달하도록 풀어놓자는 급진적인 아이디어도 나왔다.[54] 소위 '유전자 드라이브gene drive' 기술은 새로운 유전자가 이후 세대에서 우성 유전자로 나타나게 하는 것이다. 예를 들어, 모기가 열대열원충에 감염될 수 없도록 유전자를 조작하면 가장 위험한 형태의 말라리아가 영영 사라질지도 모른다. 유전자 조작된 모기를 소수 방생해서 결국은 세대를 거듭하며 새로운 유전자로 바뀌게 하는 식이다. 아니면 모기의 생식을 방해하는 유전자 조작으로 모기를 멸종시킬 수도 있다. 유전자 드라이브는 어마어마한 잠재력을 가진 기술이다. 실험실에서 돌연변이 동물을 만들어낸 지 100년이 되었는데, 유전자 드라이브는 이를 넘어서서 지구 전체 모든 동물의 유전자를 변형시키는 힘이라 할 수 있다. 유전자 조작 모기 방생의 윤리적 문제와 위험을 10년 동안 논의한 끝에,[55] 플로리다의 이집트숲모기를 대상으로 한 첫 번째 실험이 시작됐다. 후대에 영향을 주는 유전자 드라이브 대신, 암컷 모기를 유충 상태에서 죽게 만드는 유전자를 사용했다.[56] 전망이 좋아 보이지만 심각한 우려도 있다. 일단 유전자 조작 모기가 자연으로 나가면 이 모기를 다시 잡아넣을 방법이 없고, 생태계에 예상하지 못한 문제가 생길 수도 있다. 새로운 유전자가 돌연변이를 일으키거나 완전히 새로운 종을 만들어낼지도 모른다. 이러한 해로운 유전자에 저항하기 위해 모기가 진화하는 것도 피할 수 없는 결과다.

자금 지원이 원활하다면 말라리아, 뎅기열, 기타 모기가 옮기는 질병을 수십 년 안에 세계에서 종식한다는 목표는 비현실적이지 않다. 말라리아처럼 광범위하게 퍼진 오래된 질병은 한 국가 국민의 건강뿐 아니라 재정을 갉아먹는다. 말라리아 근절 프로젝트에는 자금이 많이 들지만, 그 투자로 인한 장기적인 경제적 효과는 어마어마할 것이다.[57] 수십억 명에게 엄청난 혜택이 돌아가고 특히 아프리카 국가에 변화가 찾아올 것이다.

10장

The Magic Bullet

마법의 탄환

여전히 현재진행형이지만 승리로 기울어지고 있는 전염병과의 전쟁에서 인간은 어떤 교훈을 얻을 수 있을까? 제2차 세계대전 이후 항생제가 널리 사용되기 전까지, 의사가 전염병에 대해 할 수 있는 일은 거의 없었다. 산욕열 사례에서 보았듯 의료진의 진찰이 오히려 위험을 더하기도 했다. 여러 전염병의 발병 사례는 빅토리아 시대에 대폭 줄었다. 예를 들면 잉글랜드와 웨일스 지역에서 장티푸스로 인한 사망은 1840~1910년에 90% 감소했다(126쪽 [표-12]). 집단 예방접종이 시행되거나 효과 있는 약이 개발되기도 전에 얻은 성과다. 혈액의 순환을 이해하거나 해부를 통해 인체 구조를 알게 되는 등 의학 지식은 확실히 쌓이고 있었으나, 이론이 현실적인 의학으로 발전하기까지는 수백 년이 걸렸다. 19세기 후반까지 백신이 개발된 질병은 천연두가 유일했다. 오늘날까지 가장 큰 의학의 발전은 질병 치료보다 감염 예방으로 이뤄졌다. 수술에서 소독 기술이 사용되기 시작했고, 소독제와 더불어 마취제가 개발되면서 환자가 수술을 버텨낼 확률이 훨씬 높아졌다. 마취제를 쓰기 전에는 의사들이 최대한 빨리 사지를 절단하는 솜씨에 굉장한 자부심을 느끼곤 했지만, 이후에 환자들이 쇼크나 감염으로 죽는 경우가 대부분이었다. 19세기를 지나며 영국인의 기대수명은 30대 후반에서 50대 초반까지 늘었다.[1]

앞에서도 언급했지만 19세기 전반 정치인들은 자유방임주의를 믿었다. 정부가 자유시장의 작용에 개입하지 않았다는 뜻이다. 의학, 깨끗한 물, 하수 시스템과 주거 환경을 원하는 사람이 충분히 많아지면, 이를 제공하는 민간 회사가 생기리라고 생각했다. 그러나 국가와 지방 정부가 우리가 오늘날 누리는 공공 서비스에 비용을 투자하면서 자유방임주의 사고방식에 변화가 일어났다. 당시에는 인도적 차원에서 공공의 선을 위한다기보다는 세금을 내는 부자들의 보건 관련 지출을 줄이기 위한 정책이었지만, 일반 대중, 특히 빈곤층이 엄청난 혜택을 입었다.

오염된 물이 질병을 일으킨다는 사실을 알아내도 즉시 치료법이 개발되진 않았지만, 사람들은 질병을 예방하는 데 위생의 중요성을 알게 됐다. 빅토리아 시대 사람들은 의사로서는 빵점이었을지 몰라도 건설에는 일가견이 있었다. 이 시대에 세운 수많은 도로와 철도, 다리, 운하, 고가도로, 하수도, 파이프, 저수지가 지금까지 사용되고 있다. 정수 시설도 만들어졌다. 처음에는 단순히 모래에 물을 통과시키는 형태였지만, 나중에는 염소 처리가 이뤄지며 수질이 개선됐다. 요리·청소·대소변 처리에 쓰고 마실 수 있는 깨끗한 물이 공급되면서 수백만 사람들의 삶이 나아졌다. 하수도는 오염된 물을 배수하여 안전하게 처리했다. 수천 명을 최대한 저렴하게 수용하기 위한 빈민가 건물들은 서서히 철거되었고, 더 나은 주거용 건물이 들어섰다. 영양의 기준이 개선된 것도 이 시기였다. 균형 잡힌 식단으로 충분한 열량을 섭취하며 몸이 건강해진 사람들은 감염과 싸울 힘을 얻었다.[2] 농장에서 도시까지 세균이 번식하는 통에 담겨와 결핵 등의 질병을 일으키던 우유는 이제 저온살균법으로 처리됐다. 탄수화물, 지방, 단백질을 포함하는 식단의 중요성이 인지됐다. 빅토리아 시대 영국의 경제 수준이 크게 높아지며 거의 모든 국민의 생활 수준이 개선됐다.

존 스노우, 이그나스 제멜바이스, 로버트 코흐, 루이 파스퇴르를 비롯한 학자들의 선구적인 연구로 전염병은 질병을 유발하는 미생물의 전파로 인해 발생한다는 세균유래설의 강력한 근거가 마련됐다. 질병은 더러운 공기가 아니라 물속에 사는 미생물에 의해 퍼지는 것이었다. 펌프에서 나오는 식수는 보기에 깨끗하고 맛도 좋았으니, 더운 여름날 오물이 뒤덮인 개울에서 스멀스멀 올라오는 증기가 질병의 원인이라 오해하는 것도 당연했다. 하지만 보기에 괜찮은 물도 장티푸스균이나 콜레라균 등 세균을 포함하고 있다면 치명적일 수 있다. 전염성이 있는 아주 작은 세균에 의해 질병이 퍼진다는 깨달음은 즉시 매우 효과적인 결론으로 이어졌다.

- 위생 관리로 질병의 전파를 막을 수 있다.
- 의사들은 한 환자를 진료한 뒤 다음 환자에게 갈 때는 손을 씻고 깨끗한 옷으로 갈아입어 세균을 옮기지 않도록 해야 한다. 감염된 사람이나 시신을 만진 손으로 환자를 치료하면 안 된다.
- 병원 침구에 피나 고름이 묻어 있으면 안 된다.
- 옷과 침구를 정기적으로 세탁해야 한다.
- 대소변 및 체액과의 접촉을 피해야 한다.
- 자주 씻는다.

우리가 아이에게 귀에 못이 박이도록 말하는 기본적인 위생 수칙들은 19세기에야 일반화됐다. 또한 모기나 쥐 같은 동물에 의해 질병이 퍼지는 것을 알게 되면서 이들의 서식지를 없애고 인간과의 접촉을 줄여 전염병을 멈출 수 있다는 결론에 도달했다. 모기가 알을 낳는 늪지를 메우고 집을 소독해서 해충을 몰아냈다.

세균유래설은 백신 접종이 왜 효과가 있는지 설명한다. 인간의 신체가 병원균에 한 번 노출되면 같은 균을 다시 만났을 때 싸워 이길 수 있다. 면역 체계가 해당 병원균을 위험한 침입자로 인식하기 때문이다. 죽은 세균, 세균의 일부 또는 유사한 세균만으로도 면역 반응을 촉발할 수 있다. 이것이 바로 백신이다. 백신을 만드는 데는 복잡한 기술이나 면역 체계가 어떻게 작동하는지에 대한 지식이 필요하지 않다. 질병을 일으키는 세균을 배양하고 죽이거나 쪼개거나 조작해서 치명적이지는 않지만 여전히 면역 반응을 일으키는 형태로 만들기만 하면 된다.

질병을 일으키는 세균을 파악하고 배양할 수 있다면, 이 세균을 죽이는 법도 실험할 수 있다. 1907년 로버트 코흐의 전 동료인 독일계 유대인 파울 에를리히Paul Ehrlich는 인간 세포에 영향을 끼치지 않고 세균을 죽이는 화학 물질을 찾아 나섰다. 에를리히의 꿈은 '마법의 탄환', 즉 표적 유기체를 죽이지만 다른 세포에는 영향을 미치지 않는 약품을 만드는 것이었다. 전쟁터의 아수라장 속에서 오직 적군만을 맞히는 기관총을 쏘는 것으로 비유할 수 있다. 쉽지 않은 일이었다. 99% 이상의 화학 물질은 세포에 따른 효과의 차이가 거의 없다. 예를 들면 청산가리는 모든 세포를 죽이기 때문에 약으로 쓸 수 없다. 에를리히는 한 종류의 세포만 선택적으로 죽이는 것이 가능한 일인지조차 알지 못했다.

에를리히는 세포를 염료로 물들이는 자신의 이전 연구에서 마법의 탄환 아이디어를 떠올렸다. 당시 빠르게 성장하던 화학 산업에 힘입어 새로운 염료가 수백 가지 쏟아졌다. 그는 세포 준비 과정에서 다양한 염료를 더하면 다른 종류의 세포를 현미경으로 보았을 때 서로 다른 색깔로 보인다는 사실을 알아냈다. 이 방법으로 새로운 종류의 세포를 발견했다. 그래서 세포가 염료에 다르게 반응한다면, 세포를 죽이는 분자에도 다르게 반응할 수 있다고 추론한 것이다. 질병을 유발하는 세균만 선별적으로 죽이는 분자가 있다면 그것이 바로 마법의 탄환이었다.

에를리히는 마법의 탄환을 찾기 위해 일단 적합성을 따지지 않고 표적을 죽이는 데 효과가 있는 화학 물질부터 찾았다. 인간 세포에 바람직하지 않은 독성을 보이더라도 일단 포함했다. 이 처음 분자를 단서 화합물lead compound이라 했다. 이 단서 화합물을 화학적으로 조작하여 표적 세포에 대한 효력을 높이는 한편, 독성을 줄여나가서 의약품으로 기능할 수 있도록 개선했다. 화학 물질의 구조 변화에 따라 유기체에 미치는 영향이 어떻게 달라지는지 확인하면서 화학의 세계를 생물의 세계와 연결하는 작업이었다.

에를리히는 아프리카수면병에 이 접근법을 시험했다. 이 병은 체체파리를 매개로 파동편모충trypanosome에 감염되어 생긴다. 아톡실Atoxyl이라는 화합물이 시작점이었다. 아톡실은 1905년 수면병 치료제로 사용되어 일부 성공을 거뒀으나, 장기 사용하면 시신경이 손상되어 실명에 이르렀다. 에를리히 팀은 먼저 아톡실의 정확한 구조를 파악했고, 이를 바탕으로 수백 가지 다른 형태를 합성하며 개선을 꾀했다. 418번 화합물이 가장 좋은 성과를 보였다. 생쥐 실험에서 파동편모충을 죽이면서도 독성이 낮은 것으로 나타났다.[3] 1907년, 연구팀은 인간을 대상으로 실험했고, 종종 부작용이 나타났으나 가장 심각한 종류의 수면병에 효과가 있었다.[4]

에를리히는 희망을 얻어 이번에는 매독을 겨냥했다. 1905년 프리츠 샤우딘Fritz Schaudinn과 에릭 호프만Erich Hoffmann은 매독이 매독균Treponema pallidum이라는 세균에 감염되어 생긴다는 사실을 밝혀냈다.[5] 호프만은 에를리히에게 수면병을 위해 개발한 화합물 중 매독에 효과가 있는 것이 있는지 확인해보자고 제안했다. 에를리히는 일본인 동료 사하치로 하타Sahachiro Hata에게 프로젝트를 넘겼고, 하타는 토끼를 매독균에 감염시켜 실험을 진행했다. 인고의 노력 끝에 606번 화합물이 토끼에게 피해를 주지 않고 매독균을 죽인다는 사

실을 밝혀냈다. 이것이 아르스페나민arsphenamine, 에를리히가 찾던 마법의 탄환이었다.[6]

추가로 동물 실험을 진행하여 아르스페나민의 효력과 안전성을 확인한 에를리히는 매독 환자를 대상으로 임상 실험을 진행했다. 실험이 성공하자 수요가 폭발했다. 에를리히는 제약사 훼이스트Hoechst와 손잡고 살바르산Salvarsan이라는 명칭으로 약을 제조하여 판매했다. 이어 1914년 부작용을 개선한 네오살바르산Neosalvarsan을 출시했다. 살바르산과 네오살바르산은 페니실린이 도입되기 전까지 30년간 매독 치료제로 쓰였다. 아톡실을 기반으로 한 에를리히의 약은 1930년대 설포나마이드sulphonamide라는 새로운 종류의 약이 개발되기 전까지 유일한 합성 항생제였다. 뛰어난 실력에도 겸손했던 에를리히는 살바르산의 발명에 대해 이렇게 말했다. '7년 동안 운이 좋지 않다가 한 번 행운이 찾아왔다.'[7]

코흐, 하타, 에를리히 등의 선구적 연구는 신약 개발 절차를 확립했다. 지난 100년 사이 신약 개발의 규모가 커지고 기술이 고도화됐지만, 전반적으로는 여전히 에를리히가 고안하여 수면병과 매독 치료제 개발에서 실행한 절차를 따른다. 에를리히의 아이디어는 수천 가지 효과가 있는 약을 만들어냈고, 지난 세기 동안 수십억 명의 목숨을 살리면서 기대수명을 수십 년 연장했다. 인간은 계속해서 감염을 예방·치료하려고 노력하겠지만, 신종 질병은 언제든 또 나타날 것이다. 우리에겐 언제나 마법의 탄환이 필요하다.

THIS MORTAL COIL

3
부

내가 먹는 것이
곧 내가 된다

자연이 정해준 원래 인간의 자리를 벗어나 일탈하면 다양한 질병을 얻게 되기 쉽다.

- 에드워드 제너Edward Jenner,《우두의 원인과 효과에 대한 연구》(1798)[1]

헨젤과 그레텔

영국의 사제 토머스 맬서스Thomas Malthus는 1798년 유명한 저서《인구론An Essay on the Principle of Population》에서 자원이 인구를 억제한다고 주장했다.[1] 어느 국가에서 생존 자원(즉, 식량)이 국민을 먹여 살리기에 충분하다면 인구 증가가 뒤따르는데, 그러면 공급되는 식량을 더 많은 사람이 나눠야 하고, 이때 가난한 사람들의 생활이 어려워지면서 극심한 곤경으로 인구가 감소한다는 것이다. 맬서스가 말하는 '곤경'은 다음과 같다.

인구의 힘은 인간을 위해 식량을 생산하는 땅의 힘보다 훨씬 강

해서, 어떤 형태로든 이른 죽음이 인류를 찾아올 것이다. … 계절
성 질환, 유행병, 악성 전염병, 역병이 폭풍처럼 밀려와 수천 명,
수만 명을 쓸어버릴 것이다. 그래도 인구가 조절되지 않는다면,
엄청난 기근이 강력한 일격을 가하여 세계의 인구와 식량을 비슷
한 수준으로 맞출 것이다.[2]

농업 생산성을 높이려는 노력의 효과는 기껏해야 일시적일 것이
다. '결국 생존 자원을 늘리기 시작한 시점의 인구와 동일한 비율이
될 것'이기 때문이다. 식량 부족은 인간 개체 수를 궁극적으로 억제
하는 기능을 하며, 기근은 '자연의 가장 무시무시한 최후 전략'이다.
간간이 일어나는 기근은 인류의 삶에서 피할 수 없는 부분이다. 인
류는 덫에 걸렸다. 맬서스는 세계 최고의 염세주의자 중 하나여서,
우리가 무슨 짓을 해도 '악덕과 빈곤 없이는 인구가 늘어나는 강력
한 힘을 막을 수 없다'[3]고 주장했다. 하지만 식량이 인구를 제어한다
는 맬서스의 주장은 옳았을까?

지난 1,000년 동안 서유럽의 삶에 대해서는 기록이 잘 남아 있어
서, 오랜 시간 어떻게 기근이 일어났고 결국 어떻게 극복됐는지 살
펴볼 수 있다. 1250~1345년, 흑사병 대유행 직전 유럽에서 기근은
빈번했다.[4] 유럽은 고질적인 식량 부족에 취약했다. 수요가 가용 식
량 자원을 넘어서기 직전이었기 때문이다. 영양실조 상태에서는 질
병과 싸울 힘이 없다. 그래서 역병이 찾아온 1340년대 후반은 특별
히 나쁜 시기였다. 반면 흑사병 이후 인구가 급감했던 약 200년 동
안 기근은 드물었다. 1550년이 되자 인구는 흑사병 이전 수준으로

팽창했고 다시 기근이 찾아오기 시작했다. 이를 통해 특정 지역 인구가 최대 수용 인구에 도달하면 기근이 발생함을 알 수 있다. 중세 시대 최대 수용 인구는 프랑스 2,000만, 이탈리아 1,400만, 영국 500만 정도였다. 인구가 이 정도 되면 식량 생산에 중대한 차질이 생겼을 때 기근이 발생했다.

기근의 흔한 원인 중에는 악천후가 계속되어 추수에 실패하는 경우가 있었다. 1315년 봄, 북유럽에서 폭우가 시작됐다. 프랑스 라온 근처에 있던 성 빈센트 수도원의 기록에 따르면 '기막힐 정도로 거세게 너무나 오랫동안' 내린 비는 8월 중순까지 멈추지 않았다. 범위도 광대해서 프랑스부터 영국, 독일, 스칸디나비아 전역, 그리고 폴란드와 리투아니아까지 영향을 받았다. 155일 연속 비가 내렸다는 기록도 있다. 다리가 무너지고, 작업장과 마을이 홍수로 떠내려갔다. 땔감과 석탄이 모두 젖어서 불이 붙지 않았다. 채석장과 지하 창고에 물이 찼다. 밀짚과 건초를 말릴 수 없어서 겨울 동안 가축에게 먹일 사료도 없었고, 굶주린 소와 양은 병을 이기지 못하고 죽어 갔다. 주식인 밀은 익지 않고 밭에서 썩었다. 음식을 보존하고 치즈를 만드는 데 필요한 소금을 만들려면 해수를 증발시켜야 했는데 이 것도 어려웠다. 최악은 농사 피해였다. 물이 넘치는 땅에서는 곡식을 심을 수도 거둘 수도 없었고, 소중한 겉흙이 씻겨 내려가서 비옥했던 농지는 점토가 되고 심지어 돌밭이 되었다.

한 해 추수에 실패하면 힘든 상황이긴 하지만 기근까지 가지는 않았다. 영국의 에드워드 2세는 처음에 프랑스 루이 10세에게 곡식을 사려고 했으나, 프랑스의 비 피해도 만만치 않다는 것을 알고 남유럽의 스페인, 시칠리아, 제노바로 배를 보내도록 지시했다. 물론 비용은 많이 들었지만, 다음 해 추수가 제대로만 된다면 대재앙을 피할 수 있을 것이었다.

그러나 다음 해 추수도 제대로 이뤄지지 않았다. 1316년 다시 폭우가 내렸고, 전년도와 똑같이 처참한 패턴이 반복됐다. 이제 농민들은 미래야 어찌 되든 밭에 심어야 할 종자용 옥수수와 가축을 먹으면서 버텼다. 1317년 여름에야 날씨가 정상으로 돌아왔지만, 다들 몸이 약해진 데다, 종자 옥수수와 가축을 다 먹어치워서 제대로 농사를 지을 수 없었다. 게다가 1317~1318년 겨울은 매우 추웠다. 잘 먹지 못한 가축 수천 마리가 얼어 죽거나 병에 걸려 죽었다. 식량 공급이 이전 수준을 회복한 것은 1325년이 되어서였다. 모두 합쳐 북유럽 인구의 10~25%가 사망했다.[5]

두 번째로 흔한 기근의 원인은 지진, 쓰나미, 화산폭발 등 자연재해였다. 화산폭발이 일어나면 용암류, 유독가스, 비처럼 떨어지는 돌 등도 치명적이지만, 폭발 위치로부터 수천 킬로미터 떨어진 곳에서 몇 달, 몇 년 후에 기근이 일어나기도 한다. 현대 영국사 최악의 자연재해로 남은 1783년 아이슬란드 화산폭발로 인해 영국에서 2만 명 이상이 사망한 바 있다.[6]

지구에서 가장 긴 산맥은 대서양 한가운데에 있는 대서양 중앙 해령Mid-Atlantic Ridge이다. 거대한 컨베이어 벨트처럼 반대 방향으로 움직이는 두 개의 판 사이로 용암이 솟아올라 해령이 만들어졌다. 그렇게 유럽과 아프리카는 매년 몇 센티미터씩 아메리카 대륙에서 떨어져 나왔고, 약 1억 2,000년 만에 대서양이 형성됐다. 열곡을 사이에 두고 산등성이가 솟은 아이슬란드 싱벨리어에서는 판이 만나는 자리를 뚜렷이 볼 수 있다. 그래서 아이슬란드는 지구상에서 가장 화산 활동이 활발한 나라 중 하나다. 끈적이는 용암이 흘러나와 공기 흐름을 막는 대륙 화산과는 달리, 해양지각이 녹으면 화산에서 묽은 용암이 강물처럼 흘러나오고 폭발이 더 쉽게 일어난다. 1783년 6월, 아이슬란드 남부의 라키Laki 화산 폭발은 여덟 달 동안 멈추지 않았다. 23km 길이의 균열을 따라 130개 분화구에서 용암류, 용암천, 폭발이 발생하여 15km³의 용암을 분출했다. 934년 화산폭발(역시 아이슬란드였다) 이후 최대 규모였다. 비교하자면, 라키 화산은 현재 지구상에서 가장 활발한 화산(하와이의 킬라우에아Kīlauea 화산)이 지난 100년간 분출한 만큼의 용암을 여덟 달 만에 분출했다. 게다가 아이슬란드에서 가장 자주 폭발하는 그림스뵈튼Grímsvötn 화산이 근처에서 동시에 폭발했다.[7]

라키 화산에서 흘러나온 용암류로 마을 20곳이 파괴됐다. 여기에 대한 가장 상세한 기록은 화산폭발이 사람들에게 미친 영향을 직접 보고 증언한 존 스타인그림슨Jón Steingrímsson 목사의 《시두 지역 화재에 대한 완전한 설명A Complete Treatise on the Síða Fires》이다. 스타인그림슨은 1783년 7월 어느 일요일에 기적을 행했다고 전해진다. 용암류가 예배 중인 교회를 위협했지만, 그는 교회(와 본인)의 마지막 순간이 왔다고 생각하며 예배를 계속 진행했다. 설교를 하는 사이 용암류는 멈췄고, 교회와 신자들은 무사했다.

용암보다 더 심각한 문제는 라키 화산이 뿜어낸 엄청난 양의 유독한 불화수소와 아황산가스였다. 아황산가스는 물과 반응하여 식물을 죽이고 폐와 피부 손상을 유발하는 아황산과 황산을 만든다. 불화수소는 더 나쁘다. 부식성의 산성 기체인 불화수소로 인해 식물에 불소가 쌓이고, 가축이 이것을 먹으면 불소 중독이 된다. 라키 화산폭발로 아이슬란드에서 방목하던 가축의 60%가 죽었으며, 곡식도 대부분 죽었다. 그리고 이어진 기근으로 아이슬란드 인구의 4분의 1인 1만 명 이상이 사망했다.[8]

아황산가스는 그대로 대기 상층부에 도달해서 북반구를 순환했다. 유독한 안개 때문에 서유럽에서 수천 명이 죽었다. 산성비로 곡식이 피해를 입었다. 날씨도 영향을 받았다. 높은 고도에서 증기 입자가 햇빛을 가리면서 몇 년간 이상 저온이 이어졌다. 남쪽에서 기상 패턴이 무너지자 인도에 가뭄이 들었고, 고원에 비가 오지 않아 나일강으로 흘러드는 물이 없었다. 이집트는 매년 나일강의 범람에 전적으로 의존해 토지에 물을 댔다. 나일강이 넘치지 않자 수확량이 처참했고 이집트 인구의 6분의 1이 죽었다.[9] 화산폭발의 영향으로 모두 600만 명이 사망한 셈이다. 폭발 당시에는 영국 등지에서 유독가스를 흡입했기 때문이었고, 나중에는 기근 때문이었다.

기근 때는 어떤 일이 일어날까? 추수에 실패하고 일반적인 작물을 구할 수 없게 되자, 사람들은 상상도 할 수 없는 다양한 방식으로 대용 식량을 찾았다. 처음에는 맛은 없어도 영양가 있는 음식을 구했다. 특히 노인들이 가지고 있던 실생활의 지혜를 발휘해 어려운 시기에 무엇을 먹어야 할지, 먹을 만한 재료를 어떻게 알아보고 요리하는지 알려줬다. 상황이 더 나빠지면 사람들은 아무것으로나 배를 채웠다. 사탕무, 크로커스·붓꽃·튤립 등 꽃의 구근, 감자껍질, 쐐기풀, 산딸기와 머루, 너도밤나무 열매, 도토리, 야생 버섯, 나뭇잎, 견과, 야생 사과, 민들레, 고양이, 들쥐, 개, 동물원 동물, 지렁이, 참새, 거미, 전갈, 누에, 메뚜기, 풀, 해초, 톱밥, 동물 똥, 나무껍질, 가죽, 풀무치, 엉겅퀴, 땅콩 껍데기, 가축 사료 등 가리지 않고 먹었다.[10, 11] 1959~1961년 중국 대기근 때는 굶주린 아이들이 바닥에 있는 토사물을 먹으려고 버스 정류장 근처에서 어슬렁거렸다고 한다.[12] 말할 필요도 없이 건강한 먹거리는 아니다. 이미 감염에 저항하기 힘든 몸 상태에서 부패한 음식을 먹으면 소화기 질환과 설사병에 걸린다. 그래서 기근 때 잘못 먹었다가 죽는 경우가 많았다.

가족 전체가 굶주리면 어린아이를 더 잘 먹을 수 있는 집으로 팔아넘기기도 했다. 일본에서는 일본 역사상 최악이었던 1231~1239년 칸기 대기근 때 이를 합법화했다.[13] 확실한 근거는 없지만 최악의 굶주림 속에서는 식인이 성행했다고도 한다. 생존자들은 필사적으로 불법을 저지르며 살아남았다고 인정하지 않지만, 요리된 뼈에 있는 절단의 흔적이 진실의 열쇠일지도 모른다. 아일랜드에는 1315년 대기근 때 사람들이 '너무 굶주려서 공동묘지에서 시신을 파헤쳐 두개골의 살을 발라 먹었고, 여자들은 배고픔에 미쳐 자기 자식을 먹었다'[14]는 기록도 있다. 폴란드에서도 '여기저기서 부모가 자식을, 자식이 부모를 먹었다'고 한다. 교수형을 당한 시신을 먹기도 했다고 한다. 부모들은 자식을 다른 집 자식과 바꿨다. 남의 자식을 먹는 편이 쉽기 때문이었다. 비슷한 이유로, 신체 부위 중 머리를 마지막으로 먹었다.

잘 알려진 독일 동화 《헨젤과 그레텔》에서, 굶주린 나무꾼과 새부인은 식량을 아끼려고 아이들을 숲에 버린다. 아이들은 과자로 만든 멋진 집을 발견하고, 여기서 그들을 잡아먹으려는 마녀에게 붙잡힌다. 헨젤은 우리에 갇혀 살이 쪘고, 그레텔은 마녀를 위해 일해야 했다. 아이들은 운 좋게도 마녀를 속여 오븐에 밀어 넣어 죽여 버리고, 마녀의 보물을 찾아내 아빠에게 돌아간다. 다행히 계모는 이미 죽었고, 세 가족은 행복하게 살아간다.

몇 장 안 되는 분량에 기근의 모든 공포를 담아낸 기분 나쁜 이야기다. 음식에 대한 집착, 부모의 죽음, 빈곤, 아동학대, 노예 생활, 굶주림, 살인, 아동 유기, 식인을 다룬다. 이상하게도, 수백 년간 부모들은 아이들이 자기 전에 헨젤과 그레텔 이야기를 들려줬다. 이 이야기는 1315년 대기근 시기 독일에서 만들어졌다. 이때는 벼랑 끝에 몰린 가족들이 실제로 아이를 굶어 죽게 두고 심지어 잡아먹기도 했다. (비슷한 이야기가 독일뿐만 아니라 발트해 연안국 여러 곳에서 발견되는 것을 보면 더 오래되었을 수도 있다.)

극도의 굶주림은 인간에게 어떤 영향을 주는가? 지방 저장량과 건강 상태에 따라 다르지만, 인간 신체는 음식을 전혀 먹지 않고 약 8주간 버틸 수 있다. 매우 춥거나 신체 활동을 해야 한다면 체온을 유지하기 위해 더 많은 열량이 필요하다. 신체는 오랜 굶주림에 어떻게 적응할까?

탄수화물을 먹으면 혈액 속 포도당 농도가 높아지고 간으로 전달된다. 간에 포도당 분자가 모여 글리코겐이라는 녹말 비슷한 고분자가 된다. 기아의 첫 단계에서는 글리코겐을 다시 포도당으로 분해하여 에너지로 쓴다. 글리코겐이 모두 소모되면 혈당을 유지하기 위해 지방과 단백질을 분해한다. 지방은 글리세롤과 지방산으로 분해된다. 이때부터 근육 등 지방산을 에너지원으로 쓰는 조직에서는 지방산을 쓰고, 혈중 포도당은 포도당을 에너지원으로 쓰는 기관(예를 들어, 뇌)을 위해 남겨둔다. 마라톤 선수들이 '벽'이라고 부르는 순간이 바로 글리코겐에서 지방으로 에너지원을 전환하는 시점이다. 잘 훈련된 마라톤 선수라면 처음 30㎞ 정도는 그리 어렵지 않게 달릴 수 있다. 그러나 갑자기 에너지가 급격히 고갈되면서 한 걸음 내디딜 때마다 발가락부터 고관절까지 고통이 느껴질 것이다. 아무리 마라톤 전 며칠 동안 탄수화물을 먹어서 글리코겐 저장량을 최대한 늘려놨다고 해도 보통은 정식 마라톤의 4분의 3 정도를 버틸 힘밖에 낼 수 없다.

보통 몇 주간 지속되는 기아의 두 번째 단계에서는 지방이 주요 에너지원이다. 간은 대사 작용을 통해 지방산을 뇌의 대용 에너지로 쓸 수 있는 케톤체로 바꾼다. 케톤체는 아세톤으로 바뀌기 때문에 고약한 입 냄새가 난다.

지방 저장량이 떨어지면 단백질이 주요 에너지원으로 쓰인다. 근육은 가장 큰 단백질 저장고인 데다 어느 정도 없어도 인간이 살 수 있으므로 근육이 먼저 사라진다. 자연히 힘이 없어진다. 근육이 없어진 후에는 세포 기능에 필수적인 단백질이 분해되기 시작하고, 상태는 더 심각해진다. 이제 면역 체계의 기능이 떨어져서 감염에 취약해진다. 추가로 피부 건조, 머리카락 색 변화, 탈수, 수면욕 상실, 두통, 소음과 빛에 대한 민감성, 청각 및 시각 장애, 복부 팽창 등의 증상이 나타난다. 신체가 에너지 사용을 최소화하면서 체온이 낮아지고 심박과 호흡이 약해진다. 면역 체계가 이제 형편없어져서 전염병을 견딜 수 없다. 치명적인 감염을 피한다 해도 결국 심정지로 사망할 것이다.

1944년 미네소타 대학에서는 미국의 생리학자 앤셀 키스Ancel Keys의 주도하에 기아의 심리적 영향에 관한 연구가 진행됐다.[15, 16] 윤리적으로 옳다고 할 수는 없지만, 대단히 흥미로운 연구였다. 연구진은 신체적, 심리적으로 건강하고 실험 목표에 공감하는 청년 남성 36명을 모집했다. 이들은 제2차 세계대전 때 군 복무 대신 실험에 지원한 양심적 병역 거부자였다.

실험을 시작하고 첫 3개월 동안, 참가자들은 평범한 식사를 했고 연구진은 각 참가자의 행동, 성격, 식사 패턴을 자세히 관찰했다. 다음 6개월 동안 참가자들은 신체 활동을 유지하며 이전 섭취량의 절반만 먹었고, 체중이 약 25% 줄었다. 6개월 동안 배고픈 시간을 보낸 후에는 평범한 식사를 할 수 있는 3개월의 회복기가 주어졌다. 개개인의 반응은 매우 달랐지만, 대부분 신체적, 심리적, 사회적 변화를 크게 겪었고, 다시 원래의 식사 패턴으로 돌아갔을 때도 변화는 지속됐다.

참가자들은 음식에 관심이 커졌다. 어쩌면 당연한 일이지만, 이상한 식탐을 드러내곤 했다. 음식 생각을 멈추지 못해서 집중력이 떨어졌고, 서로 대화할 때 주요 화제는 음식이었다. 식사는 몇 시간이나 걸렸고, 미친 듯이 빠르게 음식을 집어삼키기도 했다. 요리책, 메뉴 설명, 농사 관련 기사가 가장 인기 있는 읽을거리였고, 다른 사람이 먹는 모습을 지켜보는 것이 최고의 오락이었다. 커피포트, 국자, 스푼, 냄비 등 쓰지도 않는 음식 관련 물건을 모으는 사람도 있었다. 이 경향은 오래된 책이나 입을 수 없는 옷 등 음식과 관련 없는 물건을 마구 쌓아 놓는 행동으로까지 이어졌다. 차, 커피, 껌 소비량이 치솟아서 하루에 커피는 9잔, 껌은 2통으로 제한해야 하는 상황까지 벌어졌다.

3개월의 회복기 동안, 대부분은 계속 폭식을 해서 하루 8,000~1만kcal(보통의 3배)를 섭취했다. 과식으로 배탈이 난 사람도 많았다. 다른 사람들은 먹을 수 있는 만큼 먹었고, 한 끼에 5,000kcal를 먹고도 허기를 느꼈다. 하지만 몇 달이 지나자 다들 원래 식습관으로 돌아갔다.

기아는 우울증, 조증, 분노, 과민, 불안, 무관심, 조울증 등 정신적 고통을 유발했다. 한 명은 손가락 두 개를 자르기까지 했다. 신체적, 정신적으로 건강한 실험 대상자를 선택했는데도 그랬다. 참가자들은 사회적 접촉, 특히 이성과의 교류를 피하기 시작했고 점점 더 내성적으로 변해 외부와 담을 쌓았다. 유머 감각, 동료애, 성관계에 대한 흥미를 잃었고, 스스로를 사회 부적응자라고 느꼈다. 한 사람은 다음과 같이 말했다.

나는 아직 이성을 만나는 서너 명 중 하나다. 실험 기간에 한 여자와 사랑에 빠졌는데, 지금은 자주 보지 못한다. 실험실까지 나를 찾아온다고 해도 만나기가 너무 귀찮다. 손을 잡으려면 노력이 필요하다. 노는 것도 재미없다. TV를 볼 때면 누군가 음식을 먹는 장면이 가장 흥미롭다.[17]

참가자들은 앞서 기술한 신체적 증상 외에도 에너지, 집중력, 각성도, 이해력, 판단력의 상실을 보였다. (전반적인 지능은 떨어지지 않았다.)

이 연구는 인간이 굶주리면 점점 더 많은 자원을 먹는 데 투입한다는 사실을 증명한다. 걷잡을 수 없는 식탐 때문에 특히 이성과의 사회적 관계 등 보통 청년의 주요 관심사는 뒷전이 된다. 선조들은 반복되는 기근에서 살아남았을 테고, 우리는 생존자들의 후예다. 이러한 신체적, 심리적 변화는 음식이 충분해지기 전까지 식량 부족 상태를 헤쳐 나가는 데 필요한 진화였을 것이다.

미네소타 연구는 안전한 환경에서 진행됐다. 대상자들이 스스로나 다른 참가자에게 심각한 위험이 되면 프로그램에서 제외했다. (한 명이 손가락을 잃는 일이 일어나긴 했지만.) 그러나 실제 기근 상황에서는 사회가 완전히 무너지기도 했다. 기근 시기의 극심한 스트레스는 극단적인 행동을 유발했고 끔찍한 결과를 낳았다. 생존이라는 관심사 앞에 모든 것이 무시됐다. 사람들은 수치와 공감을 잊었다. 범죄율이 치솟았다. 특히 식량 또는 빠르게 팔거나 식량으로 교환할 수 있는 물건을 훔치는 일이 빈번했다. 노예제가 있는 사회에서는 주인들이 노예를 먹여 살릴 책임을 덜기 위해 '해방'시키거나 그냥 죽였다. 절망에 빠진 부모들은 아이를 노예로 팔거나 본인이 노예로 들어가려고 했다. 팔 것이 몸밖에 남지 않은 여자들은 매춘에 나섰지만, 남자들도 굶주려 성관계를 원하지 않았다. 자살하거나 아이를 버리는 사람이 늘어났다. 노인과 아이가 먼저 죽었다. 절박한 사람들은 시골을 벗어나 도시로 가거나, 먹을 것이 있을 법한 땅으로 이동했다.[18]

1798년, 맬서스는 식량이 궁극적으로 인구 증가를 억제한다고 주장하는 책을 출간했다. 이때까지 상황을 보면 그 생각이 대략 옳아 보였다. 한 해 농사가 흉년이면 사람들은 굶주렸고, 전염병과 사회 붕괴가 뒤따랐고, 인구는 줄어들었다. 풍년이면 특히 신생아가 늘면서 인구도 늘어났다. 새로운 작물의 도입, 농지 개간이나 운송 수단의 개선으로 인한 식량 생산량 증가는 일시적인 해결책밖에 되지 못했다. 늘어난 식량 공급량에 맞춰 인구는 늘어났고, 다시 기근의 위험이 찾아왔다.

1798년에는 그런 것 같았다. 그러나 인구와 기근의 관계로 돌아와서, 1650년쯤 영국에서, 이어서 50년 뒤쯤 프랑스와 이탈리아에서 이상한 일이 일어났다. 인구가 증가했지만, 맬서스가 예측한 것과 반대로 기근은 일어나지 않았다. 어쩐 일인지, 인구가 너무 많아지면 기근에 취약해진다는 연결 고리가 끊어진 것이다.

네덜란드는 17세기에 만성적인 기근을 최초로 없앤 국가였다. 1568년 오늘날 네덜란드의 전신이라고 할 수 있는 7개 주 공화국 Seven Provinces은 스페인으로부터 독립하기 위한 80년 전쟁Eighty Years' War을 시작했다. 1585년 네덜란드는 나중에 벨기에가 된 천주교 남부와 네덜란드가 된 개신교 북부로 갈라졌다. 북부는 플랑드르, 프랑스, 스페인, 포르투갈의 재능 있고 부유한 개신교인과 유대인을 받아들이는 유연한 정책을 펼치며 이익을 얻었다. 네덜란드 경제는 특히 해상 무역 덕분에 100년 동안 호황을 누렸다. 1670년이 되자 유럽의 상선 절반이 네덜란드 배였다. 국부가 쌓이면서 예술과 과학계에서 세계를 선도하는 네덜란드인이 나왔다. 경제 발전과 활발한 무역으로 네덜란드는 기근을 벗어날 수 있었다.

1602년에는 네덜란드 동인도회사Verenigde Oostindische Compagnie, VOC 를 설립하여 아시아와 무역을 시작했고, 이전에 아시아의 주요 무역 상대국이던 포르투갈을 제치고 세계 최대의 상사가 됐다. 네덜란드 는 자금 운용을 위해 자본주의의 필수적 도구인 최초의 주식거래소 와 중앙은행을 만들었다. 네덜란드 동인도회사의 무역은 대부분 북 해와 발트해에서 이뤄졌고, 네덜란드는 엄청나게 쌓여 있던 목재와 곡식을 수출했다. 이 덕분에 네덜란드는 흉년이 들어도 버틸 수 있 었다. 쌓인 국고로 해외에서 식량을 사 해로로 운송할 수 있었기 때 문이다. 또한 30년 전쟁(1618~1648년)으로 황폐해진 독일과 달리, 네 덜란드는 전장이 아니었다는 점도 행운이었다. 네덜란드는 토지 활 용에도 능숙해서 운하와 제방을 짓고, 풍력을 써서 호수의 물을 빼 내고 새로운 농지를 만들었다. 그래도 흉년이 들면 최빈층은 힘든 환경에 처했다. 그럴 때를 대비해 체계적으로 빈민 구제책을 정비해 마을 지도부나 교회에서 가난한 사람들을 돕도록 했다. 복지의 초기 형태라고 볼 수 있다. 전체 가구의 약 10%가 혜택을 받았다.[19]

한편 영국은 네덜란드와 상업적, 군사적 경쟁 관계였다. 결국 영 국은 이길 수 없다면 친해지자는 결론을 내렸고 1688년 천주교도 인 제임스 2세 대신 네덜란드 개신교도 오라녜 왕가의 윌리엄Willam of Orange을 왕으로 추대했다. 농업 생산량은 1600년쯤부터 증가하기 시작했다. 이는 자연스럽게 인구 증가로 이어졌으나 식량 생산량이 인구보다 빠르게 증가하여 기근을 피할 수 있었다. 영국의 식량 생 산은 1600년부터 1800년 사이 두 배로 늘었다. 교통수단이 개선되고 토지를 개간한 데다 새로운 농법이 도입됐기 때문이다.

영국 케임브리지 북쪽에는 수평선까지 뻗은 평지가 특징인 펜스 Fens 지역이 있다. 이곳에는 마을이 거의 없고, 강조차 직선으로 흐른다. 17세기 네덜란드 기술자들은 운하와 제방, 풍차에 대한 전문성을 살려 펜스의 습지를 말리는 계획을 세웠다. 19세기 초반에 프로젝트가 거의 완수되어 비옥한 농토가 새로 생겼다. 지금은 네덜란드처럼 많은 부분이 해수면보다 낮은 저지대다.

중세의 '도로'는 사실상 많은 사람이 지나다니는 길 이상은 못 됐다. 포장도로도 아니었고, 울타리도 표지판도 없었다. 비가 오면 진창이 되어 수레를 쓸 수 없는 날이 반이었고, 그럴 때는 말에 짐을 실어 날랐다. 18세기, 여행자들이 유료 도로에서 요금을 내는 턴파이크Turnpike 시스템을 도입하며 상황이 점차 개선됐다. 도로 상태를 유지하는 데 요금이 쓰였다고 한다. 새로운 형태의 세금이 유명해지면서, 사람들이 요금 징수소를 부수거나 화약으로 날려버리기도 했는데, 요크셔에서 특히 심했다. 그래도 런던에서 맨체스터까지 이동 시간은 1754년 4일 반에서 유료 도로 시스템이 도입된 30년 후에는 하루를 조금 넘는 정도로 줄었다. 1930년대 중반이 되자 턴파이크 신탁이 운영하는 도로는 3만 2,000㎞가 넘었다.[20] 무역에 방해가 되는 내부 관세, 관세 장벽, 봉건제의 세금은 꾸준히 사라졌다. 네덜란드와 영국은 배가 쉽게 접근할 수 있는 연안이나 강가에 도시가 밀집되어 있다는 지리적 이점도 누렸다.

브리지워터Bridgewater의 3대 공작인 프랜시스 에저튼Francis Egerton 은 맨체스터에서 서쪽으로 16㎞ 떨어진 워슬리Worsley에 석탄 광산을 소유하고 있었다. 석탄은 도시 산업지구에서 증기기관을 움직이는 데 필요했지만, 강이나 짐 나르는 말을 이용해 석탄을 수송하는 일은 느리고 안정성이 떨어지며 비쌌다. 에저튼 공작은 송수로와 터널이 있는 브리지워터 운하를 건설하고자 했다. 말이 운하용 보트를 끌면 마차의 10배로 짐을 실을 수 있어 맨체스터의 석탄 가격을 절반으로 낮출 수 있었다. 지금도 사용되는 브리지워터 운하가 성공하자 1770년부터 1830년까지 영국에서는 운하 건설 붐이 일어서 약 6,400㎞가 건설됐다. 운하의 인기는 1830년 이후 철도 인기로 이어졌다. 철도 승객은 1838년 550만에서 1855년 1억 1,100만 명까지 늘어났다.

그 이름도 유명한 제쓰로 툴Jethro Tull과 '순무' 타운센드'Turnip' Townshend 등 귀족 농부들이 농업에 관심을 두기 시작했다. 이들은 새로운 과학적, 계몽적 사고로 곡식 재배, 가축 번식, 기술 등을 시험했다. 같은 밭에서 같은 곡식을 계속 키우면 땅의 영양이 고갈되어 수확량이 급감할 수 있다. 전통적인 해결책은 한 해 동안 밭이 지력을 회복하도록 비워두는 것이었다. 더 나은 해결책은 농작물을 바꾸는 것이다. 특히 완두콩, 강낭콩, 순무나 클로버 등은 대기 중 질소를 흡수하여 토양에 새로운 힘을 불어넣었다.

미국과의 접촉으로 유럽에는 귀중한 새 곡식이 들어왔다. 감자, 토마토, 옥수수, 콩, 호박, 땅콩, 코코아 등이다. 식용 작물의 종류가 많아지면서 한 작물이 실패해도 치명적이지 않았고, 식단은 다양하고 건강해졌다. 18세기 말에는 극빈층까지도 쌀, 차, 설탕(사탕수수), 감자를 일상 식단에 넣게 되었다.[21] 과도하게 개발된 공유지는 땅을 잘 보살필 새로운 주인에게 넘어갔다. 농민은 농사를 지어 가족에게 먹이기보다 작물을 시장에 가져가 팔게 됐다. 쟁기나 파종기 등 새로운 기계가 생산성을 높였고, 양질의 질산나트륨 비료가 칠레에서 수입됐다. 영국의 농업 전문가 로버트 베이크웰Robert Bakewell의 선별 사육 기술 덕분에 가축의 질이 크게 개선되어 소의 평균 체중은 두 배로 늘었다. 오늘날 사육되는 말, 양, 소 중에도 베이크웰이 길러낸 가축의 후손이 많다. 1768년 맨체스터 근처의 샐퍼드에서는 농업 박람회가 처음 열렸다. 농부들은 서로 경쟁하고 관객에게 볼거리를 제공하는 한편, 가장 좋은 가축과 곡식 종자를 주고받았다.

이러한 변화로 농업 생산량이 크게 증대됐다. 영국에서 밀, 보리, 완두콩, 콩, 귀리, 호밀 생산량은 1650~1800년에 약 두 배로 늘었다. 해로를 통한 식량 수입 역시 급격하게 늘어났다. 영국은 1642~1651년의 내전 외에는 본토에서 큰 전쟁이 일어난 적이 없으니 운이 좋았다. 결국 일정 기간 인구보다 식량 생산량이 빠르게 증가하면서 맬서스가 예견했던 처참한 기근을 피할 수 있었다. 맬서스가 1798년에 내린 결론은 과거에 대해서는 옳았으나 미래에 대해서는 완전히 틀렸다. 심지어 지구 인구가 역대 최고치인 70억 명에 달한 오늘날, 기근은 거의 정복됐다.

다행히 현대인은 직접 기근을 겪은 적이 없지만, 농경 사회가 시작되고부터 몇 백 년 전 농업 혁명 이전까지 주기적 기근이 일상이었다는 사실을 기억해야 한다. 성인 대부분은 기아의 장기적인 영향 아래 있었고, 보통은 기근을 겪으면서 성장이 부진하고 각종 질병에 걸렸을 것이다. 다시 말하지만, 세계 인구가 어마어마하게 많은데도 식량이 풍족하고 다양한 현대 사회는 인류 역사에서 매우 예외적인 상황이다. 기근에서 생존한 인간에게 남는 신체적, 정신적 영향은 대부분 사라졌다.

전통적으로 경제학자들은 기근 발생 원인을 추수 실패로 인한 식량 부족으로 보았다. 다시 말해, 필요한 사람에 비해 식량이 충분하지 않은 것이다. 여기서 시장의 힘이 작동하여, 식량에 더 많은 돈을 낼 용의가 있는 사람들의 수요를 맞추기 위해 기업이 움직인다. 자유시장이 알아서 문제를 해결할 것이기 때문에, 당국은 무료 식량을 공급하며 개입할 필요가 없다. 개입은 오히려 시장의 완벽한 자동 조정 기능을 방해하므로 상황을 악화시킨다. 이러한 관점을 옹호할 때 로버트 맬서스와 애덤 스미스Adam Smith[22]가 자주 인용된다. 스미스의 경제적 주장은 특히 영국에서 정책 결정자들에게 큰 영향을 미쳤다. 예를 들어, 1812년 인도 구자라트에 흉년이 들었을 때, 봄베이(현재의 뭄바이) 주지사는 관련 지역에 식량을 전달하려는 정부의 제안을 거절했다. 그런 문제는 자유시장이 해결해야 한다며 애덤 스미스를 인용했다.[23] 그러나 스미스가 기아를 옹호했는지는 알 수 없는 일이다.

1981년 초판이 출간된 경제학자 아마르티아 센Amartya Sen의 《빈곤과 기아: 지원과 박탈에 대하여Poverty and Famines: An Essay on Entitlement and Depravation》는 식량의 가용성에 집중하는 단순한 접근을 반박한다.[24] 몇몇 기근과 관련된 경제 데이터를 검토함으로써, 센은 현대의 기근을 식량 공급 부족으로 설명할 수 없다는 사실을 증명했다. 그보다는 사람이 식량을 구할 능력을 잃었을 때, 즉 극히 빈곤한 사람이 식량 가격을 감당할 수 없을 때 기아가 일어난다.

아마르티아 센은 1933년 영국이 지배하던 인도에서 태어나 1943년 9살의 나이로 300만 명이 죽은 벵골 대기근Bengal Famine을 겪었다. 원인을 밝히기 위해 결성된 기근조사위원회는 '벵골 주민이 섭취할 쌀 공급의 심각한 부족'이 원인이라고 분석했다. 쌀은 벵골의 주식이었다. 당시 널리 인정받은 이 설명은 센의 경제 데이터에 의하면 거짓이었다. 인도에는 벵골 사람들이 먹고도 남을 식량이 있었고, 그렇게 많은 사람이 죽는 일을 막을 수 있었다. 문제는 식량 가격이 오르던 시점에 시골 노동자들이 일자리를 잃고 굶주렸다는 데 있다. 영국 당국은 기근을 해결하려는 움직임을 취하지 않았다. 영국의 주요 관심사는 일본의 침략으로부터 인도를 지키는 것이었기 때문이다. 자유시장은 실패했다. 소위 '자비로운 영국의 지배'의 처참한 실패는 4년 후 인도 독립운동의 강력한 근거가 됐다.

센은 임금 하락, 실직, 식량 가격 상승, 식량 분배 불균형 등 사회 경제적 요인이 특정 사회 집단의 기아로 이어질 수 있다는 결론을 내렸다. 식량이 있어도 그것을 취득할 능력이 없는 사람에게는 소용이 없다. 그러므로 기근은 단지 식량난이 아니라 경제적 재난이다. 맬서스의 연구는 현대 사회에는 적용되지 않는다.

《빈곤과 기아》가 출간된 직후, 1959~1961년 중국 대기근 소식이 서서히 퍼졌다. 마오쩌둥毛澤東 공산당 주석의 완전한 실패작인 대약진운동大躍進運動이 초래한 20세기 최악의 기근이었다. 중국은 대참사를 숨기려 애썼지만, 1976년 마오쩌둥이 사망하자 결국 수천만 명이 죽었다는 사실이 드러났다. 센은 은폐 노력과 어마어마한 사망자 수가 같은 동전의 양면이라고 보았다. 중국에는 정권에 경종을 울릴 자유 언론도 반대 정당도 없었다. 중국 공무원들은 마오쩌둥의 정책 실패를 보고하기 두려워했다. 반면 인도는 1947년 독립하여 민주주의 체제가 된 이후 언론의 자유가 생기면서 기근을 겪지 않았다. 영국 식민 지배하에 있던 상황이나 왕이 통치하는 상황과는 극명한 대조를 이뤘다.[25] 센은 인도에서 중국과 비슷한 기근이 일어났다면 언론이 분노해서 조치를 요구하고 정부를 뒤엎었을 것이라고 주장한다. 하지만 중국에서는 상황이 완전히 달랐다. 해외 정부와 언론 역시 중국에서 무슨 일이 일어나는지 거의 알지 못했다.

1999년 센은 이렇게 썼다. '제대로 기능하는 다당제 민주주의가 있는 곳에 기근은 없다.' 민주주의 체제에서 정당들은 '선거에 이겨야 하고 대중의 비판을 마주하므로, 기근을 비롯한 재난을 막을 강력한 동기가 있다.'[26] 더 최근 연구를 보면 이 의견이 옳다. 정부가 제 기능을 하고 부패가 없는 민주주의 국가에서는 기근을 피할 수 있다.[27] 물론 민주주의 국가도 완벽과는 거리가 멀고, 국민을 잘 돌보는 비민주주의 정부도 많다. 그러나 민주주의 정부는 본질적으로 국민의 이익을 위해야 하며, 그렇지 않으면 정권을 잃는다.

앞에서 본 것처럼, 현대 산업화 사회에서 기근을 유발하는 원인은 보통 농사 실패가 아니다. 현대에는 정부의 정책 실패나 무능, 또는 전쟁의 영향이 기근을 일으킨다. 기상 악화나 흉년 같은 어려운 시기에 어떻게 대응하는지도 중요하다. 현대 기근의 사례로는 아일랜드와 스코틀랜드의 감자 기근(1845~1849년), 중국 태평천국의 난(1850~1873년), 구소련(특히 우크라이나)의 공산주의 농업 정책 실패(1932~1933년), 중국 마오쩌둥의 대약진운동(1959~1961년), 북한 (1995~1999년), 제2차 세계대전 때 네덜란드, 인도네시아, 인도, 그리스, 바르샤바, 레닌그라드(현 상트페테르부르크)에서의 기아, 방글라데시(1974년), 에티오피아(1984~1985년), 남수단(2013~2020년), 예멘 내전 (2014~현재)이 있다.

정부에서 전쟁 수단으로 일부러 기근을 일으키기도 한다. 도시 거주민이 굶주리다 못해 항복하게 만드는 것은 수천 년 동안 포위전의 전략으로 사용됐다. 제1차 세계대전에서 독일이 그랬듯, 나라 전체가 포위망에 들어가기도 한다.

20세기 초, 독일과 영국은 식량과 산업용 자원 수급을 아메리카 대륙으로부터의 수입에 크게 의존했다. 그래서 영국 해군과 독일 잠수함 군단은 해상에서 상대의 운송 자원을 차단하려고 애썼다. 제국주의 독일의 작전 참모들은 독일이 자원의 장기간 차단에 취약하다는 사실을 잘 알고 있었다. 그래서 전 병력을 서쪽으로 파견해 총력을 다해 프랑스를 빠르게 이긴 다음, 동쪽으로 방향을 틀어 프랑스의 아군 러시아를 치기로 계획했다. 소모전에 대한 계획은 거의 세우지 않았다. 영국의 육군 규모는 작았기에, 프랑스와 러시아 쪽에 합류한다 해도 별 지장이 없다고 판단했다.

독일군의 진격은 처음에 성공적이었다. 하지만 프랑스군이 파리 동쪽의 마른 전투Battle of the Marne에서 침략군을 격퇴했다. 양측은 수백 킬로미터의 참호를 팠다. 당시 전쟁 기술은 방어군에 훨씬 유리했기 때문에, 서부 전선은 1914년 후반까지 제자리걸음이었다.

독일과 맞서는 영국의 전략은 동맹국인 프랑스와 러시아로부터 육군 지원을 받고, 세계 최강인 영국 해군에 의존하는 것이었다. 봉쇄 계획은 1904년부터 진행되었다. 1914년 해군 장관 윈스턴 처칠 Winston Churchill은 이렇게 말했다. '영국의 봉쇄 작전은 독일 전체를 요새 하나로 간주하고 포위하여 독일 인구를 모두 굶겨서 남자, 여자, 아이, 노인, 청년, 부상자, 일반인 할 것 없이 복종시키는 것이다.'[28] 독일을 포위한 군대가 독일과의 무역을 위해 북해를 항해하는 상선을 멈췄다. 비단 영국 해군만의 힘만은 아니었다. 중립국들은 연합군에 참여하거나, 최소한 독일 및 그 동맹국과의 무역을 끊도록 (여러 방법으로) 설득 당했다. 수천 명의 분석가가 독일에 어떤 수입품이 가장 중요한지 신중하게 연구했고, 이런 상품은 특별히 신경 써서 공급을 끊었다. 스파이와 암호 해독가는 활약해서 큰 이윤을 남길 목적으로 독일에 진입하려는 배를 찾아냈다.[29]

1914년 8월 전쟁 발발 시기부터 고립 시도가 있었지만, 전면적인 포위전은 11월이 되어서야 시작됐다. 처음에는 영국이 중립이던 미국을 등지길 주저했기 때문이다. 독일군이 벨기에와 프랑스 민간인에게 저지른 만행이 알려지면서 미국이 독일에 등을 돌리자, 영국은 봉쇄를 강화할 수 있었다. 영국은 세계 최대 무역 국가라는 지위를 이용해서 중립을 지키는 국가들에게 석탄 공급을 유예하고, 조사 기간을 늘려 배를 잡아두고, 가장 필요한 수입품에 대해 독일보다 높은 가격을 제시하면서 독일을 고립시키는 데 동참하도록 유도했다. 결국 독일의 가장 중요한 중립적 무역 대상국은 스웨덴이었다. 스웨덴은 식량, 철광석, 기타 물자를 영국 해군의 영향력이 미치지 않는 발트해를 통해 공급했다.[30]

독일에서 전쟁 중 수십만 명이 사망한 데는 식량 부족의 영향이 컸다. 다들 질병에 취약해진 것이다. 덴마크의 유제품을 공급받지 못하게 되면서 식단에서 지방이 극히 부족해졌다. 비료와 폭발물 재료로 칠레에서 수입하던 질산칼륨도 들여오지 못했다. 독일의 우수한 화학 산업이 어떻게든 빈틈을 메우려 애썼다. 독일 정부는 군을 우선순위에 두고 경제의 모든 부분을 통제했다. 농장 노동자와 말이 전장으로 끌려 나가면서 농업 생산량이 떨어졌다.

1915년 초부터 독일에서는 감자를 찾아보기 어려워졌고, 이어서 밀도 없어졌다. 식량, 연료, 의복, 세제 등의 공급이 줄어들거나 아예 없어지면서 폭동과 범죄가 늘어났다. 1917년 슈투트가르트에서만 3개월간 12~14세 어린이 273명이 절도로 유죄 판결을 받았다. 전부 농장에서 먹을 것을 훔치려 한 어린이들이었다.[31] 1916년에는 거의 모든 식량과 연료가 배급으로 이뤄졌고, 공식적으로 가격이 통제됐다. 민간인들은 물자를 받기 위해 줄을 섰지만 받지 못하고 돌아오는 경우가 많았다. 베를린 암시장의 고기 가격은 전쟁 전날부터 전쟁이 끝날 때까지 20배 치솟았다.[32] 1916년 감자 농사가 실패했고 사람들은 소위 '순무 겨울Turnip Winter'을 보내게 됐다. 전에는 돼지 사료로 쓰던 맛없는 스웨덴 순무(루타바가)를 먹고 살아야 했던 것이다. 독일 여성 토니 젠더Toni Sender는 다음과 같이 그때를 회상한다.

1917년 겨울은 최악이었다. 순무와 순무가 들어간 음식만 먹고 살았다. … 순무를 섞은 밀가루로 빵을 만들었고, 점심과 저녁은 순무였고, 순무로 잼을 만들었다. 공기 중에 순무 냄새가 그득해서 거의 토할 지경이었다! 우리는 순무가 너무 싫었지만 먹어야만 했다. 충분히 구할 수 있는 식량은 그것뿐이었으니까.[33]

음식과 의복은 이전보다 못한 상품으로 대체됐다. 도토리 가루가 들어간 카페인 없는 '커피'나, 가죽 대신 나무로 만든 신발 밑창을 썼다. 불법 암시장이 성행했고, 절도, 폭동, 파업이 판쳤다. 모두 식량이 부족해서였다. 독일의 동맹국인 오스트리아와 헝가리의 주요 도시인 빈과 부다페스트에서도 상황은 마찬가지였다. 사람들은 정부를 비판했고, 더불어 으레 그렇듯 폴란드인과 유대인을 비난하기도 했다. 군에서도 배급품과 식량이 줄었다. 가족들이 어떻게 지내는지 모를 리 없었으니 사기도 떨어졌다. 1917~1918년, 보통의 독일인은 하루 1,500㎉ 미만으로 먹었다. 1916년에는 1,700㎉, 대부분 육체노동을 하던 전쟁 전년도에는 4,020㎉를 먹었다. 어린이 평균 체중은 1917년 말까지 15~20% 감소했다.[34]

1918년 11월, 독일은 한계를 맞았다. 러시아를 격퇴한 병력이 합류한 1918년 봄, 최후의 공격은 꽤 성공적이었지만, 1918년 8월부터 미군이 대규모로 빠르게 파견되어 연합군에 합류하면서 연이어 패배했다. 독일 국민은 몇 년이나 굶주렸고 전쟁이 끝나기만을 바랐다. 지도부는 패배를 직감하고 1918년 11월 11일 휴전 협정에 서명했다. 전투는 끝나도 잔인한 포위전은 계속됐다. 지도부를 압박하여 전쟁의 책임을 독일에 돌리는 보복성 베르사유 조약Versailles Treaty에 서명하게 만들기 위해서였다. 포위전은 1919년 7월 12일에 마침내 끝났다. 휴전 협정 후 8개월 만이었다.

25년 뒤 제2차 세계대전에서 처칠은 또 한 번 독일 국민을 죽이고 도시를 파괴하여 간접적으로 전쟁에서 이기려 했다. 이번에는 공중 폭격을 통해서였다. 미군이 합류했다. 1945년 미군의 보잉 슈퍼포트리스 폭격기는 일본의 주요 섬 사이 내륙해를 폭격하여 일본의 식량 수송을 막았다. 미국은 위선을 떨 생각이 없었다. 이 작전의 코드명은 기아 작전Operation Starvation이었다.

정확한 통계는 없지만, 1914~1919년 고립된 독일에서 수십만 명이 죽은 것은 확실하다. 영국의 공식 전후 통계에 따르면 독일인 77만 2,736명이 아사했다.**35** 1918년 12월 독일 공공보건위원회는 독일 민간인 76만 3,000명이 포위전에 의해 아사 또는 병사했다고 밝혔다.**36** 전투가 끝난 1919년에도 추가로 10만 명 정도가 사망했다. 1928년 학계 연구에서는 총 사망자를 42만 4,000명으로 보았다.**37** 이러한 통계치는 정치적 이유로 의심을 받는다. 영국은 전쟁 시기 정치 선전에서 독일인이 굶어죽고 있다고 했지만, 독일인은 포위전이 효과가 없다고 미국을 설득하려 했다. 둘 다 사실이 아니었다. 전쟁이 끝나자 이들의 입장은 뒤집혔다. 영국은 민간인 사망에 대한 책임을 가볍게 만들려 했고, 독일인들은 과거의 적군과 싸운 일을 정당화하기 위해 기근의 영향을 과장했다.

결핵, 폐렴 및 기타 폐질환이 독일에서 엄청나게 늘었다. 최악의 생활환경을 상징하는 티푸스가 돌아왔다. 특히 아이들은 비타민 부족으로 구루병과 괴혈병을 앓았다. 장기적인 소화기 장애는 '순무병turnip disease'으로 불리게 됐다. 물을 탄 우유와 양을 불리기 위해 음식에 넣은 이물질(톱밥이나 흙 등)이 여러 가지 장애를 유발했다. 비누,

세제, 옷감이 극히 부족해서 사람들은 이전처럼 더러운 누더기를 입고 살았고, 여러 건강 문제가 생겼다. 다양한 질병의 고통은 몇 년이고 계속됐다. 돼지와 소는 대부분 죽었고, 살아남은 가축은 쇠약해져서 우유나 고기를 생산하지 못했다.

1872년부터 기록을 시작한 독일 통계청의 자료 중에는 1914~1924년에 측정된 학생 약 60만 명의 신장과 체중 자료가 있다. 2015년까지 재검토·발표되지 않은 이 귀중한 자료는 옥스퍼드 대학의 메리 콕스Mary Cox가 독일 아카이브와 도서관을 집요하게 뒤진 끝에 빛을 보게 됐다.[38] 1910년생 아이들은 6~13세 사이 영양실조 증상을 보이기 시작했고, 1918년에 증상이 가장 심했다. 다들 전쟁 이전에 태어난 아이보다 키와 몸무게가 작았고, 작은 키는 평생 유지됐다. 특히 남자의 경우 청소년기 급성장이 늦게 나타났다. 형편에 따라 다른 학교에 다녔기 때문에 상류층 아이들이 중산층보다 몇 센티미터 컸고, 중산층은 노동자 계급 아이들보다 조금 컸음을 알 수 있다. 이는 아마 부유한 가정이 암시장에서 식량을 더 샀기 때문일 것이다. 원래는 공장 노동자, 특히 군수산업 종사자가 추가 배급을 받게 되어 있었다.

전쟁이 끝난 후 여러 자선단체와 종교단체가 가난한 독일 아이들에게 식량을 나눠줬다. 당시 미국 식량관리청장이었고 이후 대통령이 된 허버트 후버Herbert Hoover는 영국과 프랑스의 반대에도, 연민을 가지고 식품과 의복 운송을 지휘했으며, '미국은 독일 아이들과 전쟁을 하는 것이 아니다'[39]라는 말을 남겼다. 후버는 미국 퀘이커 봉사 위원회로부터 큰 도움을 받았다. 독일 아이들은 건강 상태가 현저하게 개선돼 1923년에는 전쟁 이전의 신장과 체중을 회복했다.

학계는 제1차 세계대전 당시 독일 포위전, 1944~1945년 네덜란드의 굶주린 겨울Dutch Hunger Witer, 레닌그라드 포위전Siege of Leningrad(1941~1944년)을 면밀하게 연구하여 기근이 삶에 어떤 영향을 미치는지 관찰했다. 사건 이후 시간이 얼마나 지났는지 고려하면 기근의 영향이 평생 어떻게 나타나는지 추적할 수 있다. 이런 연구 결과에는 종종 모순이 있고, 새로운 결과가 늘 발표된다. 물론 유년기의 열량, 단백질, 필수 아미노산, 비타민 및 미네랄 부족은 성장을 저해한다. 성장 부진은 학교에서의 저성과와 행동 이상으로 이어지고, 이는 평생 지속될 수 있다.[40] 기근은 어쩌면 태아에게 가장 큰 영향을 주는지도 모른다. 산모가 굶주리면 태아는 DNA의 화학적 조작으로 적응하여 식량이 부족한 삶에 대비한다. 안타깝게도 이러한 변화에는 심혈관계 질환, 뇌졸중, 당뇨, 고혈압의 위험을 높이는 부작용이 있다.[41] 중국에서 대약진운동의 유일한 장기적 효과는 조현병의 증가인 듯하다.[42] 한편 우크라이나와 독일에서 굶주렸던 아이들은 60년 뒤 2형 당뇨병에 걸린 경우가 많았다.[43, 44] 왜 이러한 차이가 나타나는지는 알려지지 않았다.

오늘날 세계 인구는 얼마나 잘 먹고 있을까? 세계기아지수Global Hunger Index, GHI[45]는 나라마다 다음과 같이 점수를 매겨 기아를 추적한다.

먼저, 국가마다 다음 네 가지 지표로 점수가 결정된다.

1. 영양 결핍Undernourishment: 영양 결핍(열량 부족)을 겪는 인구의

비율

2. 저체중 아동Child wasting: 신장에 비해 체중이 지나치게 낮은(즉, 너무 마른) 5세 미만 아동의 비율

3. 발육 부진Child stunting: 연령에 비해 신장이 지나치게 작은(즉, 키가 작은) 5세 미만 아동의 비율

4. 아동 사망률Child mortality: 5세 미만 아동의 사망률

이 기준을 합쳐 국가마다 0(최고)에서 100(최악)까지 GHI가 매겨진다. 다음 그래프는 2000년부터 2021년까지 6개 지역의 상황을 보여준다. 어느 기준으로 보나 모든 지역에서 지난 18년 사이 상황이 엄청나게 나아졌다. 물론 아무도 굶주리지 않으려면 갈 길이 멀지만, 그래도 매우 좋은 소식이다. 민주주의 역시 퍼지고 있다. 민주주의 정부가 들어서면 기근을 피할 수 있다는 센의 의견과도 일치하는 추세다.

세계 및 지역별 2000, 2006, 2012, 2021년 세계기아지수 및 구성 요소

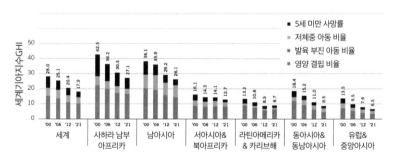

2000~2021년 세계기아지수[46]

2000년보다 2020년 GHI가 하락한 곳은 107개국 중 베네수엘라 뿐이다. 그런데 베네수엘라보다 가난한 나라가 20개국이 있다. 차드가 맨 아래고, 동티모르, 마다가스카르, 아이티, 모잠비크가 그 뒤를 따른다. 만성적인 분쟁과 빈번한 가뭄 때문에 차드는 5세 미만 아동의 10%가 사망하는 몇 안 되는 국가 중 하나다.

차드의 상황이 나쁘다고는 해도, 북한보다는 살기가 나을 것이다. 북한은 현재까지 세계에서 가장 억압적인 전체주의 국가로, 조지 오웰George Orwell이 《1984》에서 묘사한 공포 국가와 가장 유사하다. 북한 주민들의 삶이 어떤지 알기는 쉽지 않다. 국가가 모든 정보를 철저히 통제하고 있다. 볼 수 있는 TV 채널이 하나뿐인 주민들은 일상적인 정치 선전에 노출돼 있고, 북한이 세계 최고의 국가라서 다른 국가의 우러름을 받는다는 이야기를 듣는다. 사람들이 실제로 이를 믿는지는 알 수 없다. 정권을 비판하면 잔혹한 정치범 수용소에서 긴 형을 살아야 한다. 외국인은 전기와 난방이 하루 몇 시간은 작동하는 수도 평양만 방문할 수 있다. 수도를 벗어나면 상황은 더 나쁠 것이다.[47]

1990년대 중반, 외국인들은 평양에 굶주리는 사람이 많다는 것을 눈치챘다. 배고픈 노동자와 고아가 된 아이들이 먹을 것을 찾아 거리를 떠돌았다. 이는 심각한 기근의 징후인데 아직도 이때의 일은 베일에 싸여 있다. 몇 명이 죽었는지 아무도 모른다. 사망자 수 추정치가 50만을 넘지 않는다는 의견부터 2,500만 인구 중 수백만이 죽었다는 설까지 다양하다. 북한 공무원들은 기근이 발생했다는 사실을 인정한 적이 없으며, 당시를 '고난의 3월'이라고 부를 뿐이다. 북한에서 기근이나 기아에 대한 언급은 금지되어 있다.

식량난이 왜 발생했는지 이해하기 위해서는 북한의 역사를 알아야 한다. 1940년대 후반에 확립된 김씨 공산주의 정권은 식량을 비롯한 물자의 배분을 통제했다. 충성을 끌어내기 위해 정치 엘리트와 군부에 최상의 자원을 배분했다. 북한의 땅은 농경에 적합하지 않지만, 처음에는 큰 문제가 없어 보였다. 소련이 공산주의 국가인 북한에 원조, 식량, 연료를 제공했기 때문이다. 소련이 흔들리다가 완전히 무너지자 북한에 대한 지원도 줄어들다가 전면 중단되고 말았다. 중국이 어느 정도 도왔으나, 중국에 흉년이 들어 곡식이 필요해지자 1993년에 지원을 끊었다. 이에 대응해 김일성은 국가의 자립과 고립을 강조하는 마르크스-레닌주의, 다른 말로 '주체사상'을 발표했다. 북한은 이전에 소련으로부터 연료를 싸게 들여와 화학 비료를 만들었다. 원료 공급이 끊기자 비료 공장은 문을 닫았다. 농부들은 어쩔 수 없이 인간 분뇨를 써야 했다. 곡식 생산량이 곤두박질쳤고 기생충 감염이 퍼졌다. 식량 배급량이 줄어 하루 두 끼밖에 먹을 수 없었다. 맬서스가 말하는 '기근에 매우 취약한 상태'가 된 것이다. 풍년이 들어도 식량 생산량이 국민의 수요를 겨우겨우 맞추는 정도였다.

1995년과 1996년 수확 상황은 좋지 않았다. 1995년에는 70년 만에 가장 많은 비가 내려 홍수로 농지의 20%가 파괴됐다. 북한은 식량 배급을 줄였고, 농부들은 곡식을 내놓아 나누는 대신 숨기기 바빴다. 절박한 상황에서 북한 지도부는 흔치 않게 국제 사회에 식량 원조를 요청했다. 국제 사회가 응답했지만, 원조 식량은 대부분 굶주린 민간인 대신 지도부가 가져가거나 군대에 제공됐다. 북한 사람들은 풀을 뜯어 먹고 중국 국경을 넘어가기 시작했다. 고통받지 않는 사람은 없었는데, 아이들이 가장 큰 피해를 입었다. 어릴 때의 식량 부족으로 해당 세대 전체가 신체적, 정신적 장애를 갖게 됐을 것이다.

북한의 상황은 여전히 절망적이다. UN은 여전히 굶주리고 기본적인 의료와 위생을 누리지 못하는 북한 인구가 40%라고 추정한다. 70% 이상이 생존을 위해 (주체사상에도 불구하고) 국제 식량 원조에 의존한다.[48]

기근을 어떻게 피할 수 있을지는 이미 다뤘다. 북한은 정확히 그 반대를 보여주는 좋은 사례다. 먼저, 정보와 언론의 자유가 필수적이다. 신문, TV 및 기타 언론 매체는 정부의 치어리더 노릇을 하지 말고 책임을 물어야 한다. 무슨 일이 일어나는지 모르면 기근에 전혀 대처할 수 없다. 공무원은 정권을 비판했다는 이유로 처벌받을 수 있다는 두려움 없이 문제를 지도부에 보고할 수 있어야 한다. 많은 국제기구와 타국 정부가 도울 의지가 있고 실제로도 돕고 있지만, 외부에서도 상황을 인지하고 접근할 수 있어야 한다. 북한의 선택적 고립과 폐쇄성은 문제를 해결하는 데 중대한 장애물이다.

둘째, 정부가 관심을 가져야 한다. 북한 정권의 최우선 관심사는 국민의 생활이 아니라 정권 유지다. 이를 위해 놀랍게도 GDP의 24%를 군비에 쏟아붓고 있다. 어떤 국가보다도 훨씬 큰 비중이다.[49] 군대를 만족시키면 다른 국가의 개입과 정권을 전복시킬 수 있는 군부 쿠데타를 막을 순 있겠지만, 절실하게 투자가 필요한 다른 부분 (예를 들면 식량과 연료)이 도외시된다. 북한은 명백히 민주주의가 아니므로, 일반 국민은 누가 정권을 잡는가에 대해 발언권이 없다. 지도

부에겐 국민을 행복하게 할, 아니 심지어 제대로 먹일 일말의 동기도 없다.

셋째, 위기의 순간에 식량을 수입할 수 있도록 국경을 열어야 한다. 무역으로 국고를 채우면 필요할 때 식량을 살 수 있다. 북한은 주체사상을 따르면서 고의로 고립을 추구하고 국경을 닫는다. 이는 국민을 무지하게 하고 자금을 막으며 수입과 수출을 어렵게 만든다.

넷째, 식량 생산을 최대화하기 위해 현대 농법을 사용해야 한다. 심각한 연료 부족으로 북한 농업은 트랙터 대신 인간 노동력을, 화학 비료 대신 분뇨를 쓰는 수준으로 후퇴했을 것이다. 기계화, 최신 종자, 비료가 필요하다. 최근 쌀 대신 감자 농사를 권장하는 것은 합리적인 움직임이다.

어떤 나라든 자연재해 때문에 때때로 흉년을 겪는다. 너무 가난해서 돈으로 문제를 해결할 수 없는 나라에 흉년이 발생하더라도 기근을 막을 수 있다. 위험을 알릴 통신망이 발달했고 식량 운송과 저장 비용이 낮아졌으며 해외 정부와 자선단체의 원조도 활발히 이뤄지고 있다. 신종 전염병에 대응할 항생제, 탈수 치료를 위한 전해액이 있고, 응급 식량도 개발됐다. 예를 들어, 땅콩버터와 우유를 섞고 미량 영양소를 추가해 만든 고열량의 플럼피넛Plumpy'nut은 훌륭한 아동 구황 식품이다.[50] 이런 방법은 효과가 있다. 심지어 사하라 이남 아프리카에서도 몇 십 년 전과 비교하면 기근은 드물어졌고, 정도도 심하지 않다. 여러 나라가 주기적으로 아사의 벼랑에 몰리던 상황에서, 전 세계 인구가 충분히 먹을 수 있는 상황으로 바뀐 것이다.

12장

A Treatise on the Scurvy

괴혈병에 대한 논문

1750년경 서유럽 일부 국가에서 기근의 지속적인 위협은 끝났다지만, 그렇다고 젖과 꿀이 흐르는 행복한 땅과는 거리가 멀었다. 극빈층 사람들은 여전히 만성적인 영양실조 상태였다. 이 시기에는 화학이라는 새로운 과학이 대두되면서 인간 신체가 정확히 무엇으로 만들어졌는지 밝혀졌고, 신체에 필요한 성분을 먹지 않으면 질병이 발생할 수 있다는 사실도 알게 됐다. 식품의 질과 양은 다르다. 무엇을 먹는지는 굉장히 중요한 문제다. 나쁜 식단은 심지어 오늘날도 수십억 명에게 질병을 일으키고 있고, 특히 필수 미량 영양소의 부족은 심각한 문제를 초래한다.

식품의 질을 측정하는 가장 단순한 기준은 열량, 즉 식품이 제공하는 에너지의 양이다. 현대인은 살이 찌지 않기 위해 열량 수치에 관심을 기울이는데, 19세기 사람들은 그 반대였다. 충분한 열량을 섭취할 수 없어 며칠씩 배고픈 채로 지냈다. 지금은 체중을 유지하는 데 성인 남성은 하루 2,500kcal, 여성은 2,000kcal가 권장된다. 적절한 의복과 난방이 갖춰지고, 차를 타고 출근하고, 앉아서 일하는 현대 생활양식에 맞춰 계산한 값이다. 과거에는 난방을 하려면 번거롭고 돈이 들었기 때문에 추운 집에서 지냈고 적절한 의복도 없었다. 또한 논밭이나 광산, 공장에서 육체노동을 했으므로, 훨씬 많은 열량이 필요했다. 아마 하루 4,000kcal 정도는 소모했을 것이다.

1750년부터 1900년 사이 산업혁명과 과학혁명으로 눈부신 진보가 이뤄지고 유럽의 힘이 전 세계로 뻗어나갔지만, 하류층의 건강은 1900년대 후반까지 거의 나아지지 않았다. 굶주림은 흔했다. 1700년부터 프랑스와 영국의 1인당 하루 평균 섭취 열량에 대한 자료가 있는데, 놀랄 정도로 낮은 수치를 보여준다. 1700년 영국에서는 약 2,100kcal였고, 프랑스에서는 더 적었다. 1850년에는 두 국가 모두 2,400kcal로 증가했다. 비교하자면 1965년 세계에서 가장 영양실조가 심각한 르완다의 일반 식단 열량이 1700년의 프랑스와 같았다. 1850년 영국 식단의 1인당 섭취 열량은 현대의 인도와 비슷하다. 게다가 유럽의 식단은 열량이 부족했을 뿐만 아니라 고기와 유제품도 없었다. 농민들은 거의 곡물과 뿌리채소만 먹고 살았다. 이렇게 섬유질이 많은 식품은 무게당 열량이 낮다.[1]

식품으로 섭취한 에너지는 심장 박동, 뇌 기능, 심폐 기능 등 기본적인 신체 기능을 유지하고, 신체 내부 온도를 37℃ 전후로 유지하는 데 대부분 사용된다. 음식을 먹고 소화하는 데도 에너지가 필요하다. 이렇게 필수적인 부분이 해결된 후에야 공급된 에너지를 다른 활동, 특히 노동에 쓸 수 있다. 1750년, 평균적인 영국인이 활동에 쓸 수 있는 에너지는 하루 800kcal였고, 프랑스에서는 겨우 그 절반이 될까 말까 했다. 영양실조가 가장 심각한 하위 20%는 하루에 몇 시간 천천히 걸을 정도의 에너지밖에 없었다.[2]

체구가 작으면 음식이 덜 필요하다. 오늘날 일반적인 남성은 키가 177cm, 몸무게가 78kg이다. 아무 활동을 하지 않아도 이 신장과 체중을 유지하는 데만 하루 2,280kcal가 필요하다. 250년 전에 이 정도로 체격이 컸다면 굶어 죽었을 것이다. 당시에는 구할 수 있는 식량이 빈약했고, 음식을 먹으면 기생충이나 설사성 감염이 동반되어 사람들은 작고 말랐었다. 임신한 산모가 잘 먹지 못하고, 태어난 아이가 어린 시절에도 계속 음식이 부족하면 성인이 되어서도 체구가 작다. 그러면 음식이 덜 필요해서 아사를 방지할 수 있었다. 1750년대 유럽인들은 지금 시각에서 보면 심각하게 저체중이었다. 1705년 프랑스인의 평균 신장은 161cm, 체중은 46kg, BMI는 18이었다. 현대 기준으로는 우려될 정도로 낮은 수치다. 1967년 프랑스인의 평균 신장은 12cm 커졌고, 체중은 놀랍게도 27kg이나 늘었다. 200년 전과 비교했을 때 체구가 50% 커진 것이다.

키가 작고 마른 체형은 식량이 부족할 때 생존에 유리했지만, 그 대가는 컸다. 키에 비해 너무 마르면 다양한 만성 질병의 발병률이 높아진다. 근육, 뼈, 심장, 폐, 기타 모든 신체 체계에 장기적인 건강 문제가 발생할 가능성이 커진다. 18세기 후반, 미국과 영국, 이어서 기타 유럽 지역을 시작으로 상황이 개선되기 시작했다. 식량이 조금 더 늘어났다는 것은 일할 수 있는 에너지가 남는다는 것을 뜻했다. 일을 더 하면서 생활수준이 개선되었고, 굶어 죽을 위기에 허덕이며 필사적으로 목숨만 부지하던 삶에서 벗어나는 사람이 많아졌다. 이제 더 생산적으로 일하고 의복과 주거를 개선할 시간과 에너지가 생긴 것이다. 키가 더 크고 건강해진 사람들은 만성 질병, 기생충 감염, 기타 건강 문제와 싸워 이길 수 있게 됐다. 세대가 거듭될수록 이전 세대보다 나아지는 선순환이 이어졌다.

200년 전, 프랑스 화학자 앙투안 라부아지에Antoine Lavoisier는 음식에서 에너지를 얻는 방식이 연소와 근본적으로 같다는 사실을 증명했다. 둘 다 물질이 공기 중의 산소와 반응하여 이산화탄소와 물을 만든다. 그러므로 식품의 에너지값(열량)은 연소했을 때 발생하는 열의 양을 측정하여 구할 수 있다. 통제되지 않은 연소는 불꽃, 소리, 열을 발생시키는데, 체내에서는 이 에너지가 새로운 분자를 만들거나 체온을 올리는 등 유용한 기능을 하는 데 사용된다.

식품에 열량 말고 다른 가치는 없을까? 다시 말해, 열량만 충분하면 어떻게 열량을 섭취하는지는 중요하지 않은 걸까? 쌀이나 감자 등 한 가지 음식만 먹고도 살 수 있을까? 아니면 열량이 동일하다고 해도 다양한 음식을 먹어야 할까?

1840년, 화학이라는 새로운 과학은 모든 것이 원자로 되어 있으며, 모든 물질을 각 원자가 몇 개 있는지 보여주는 화학식으로 나타낼 수 있다는 사실을 알아내는 데까지 발전했다. 예를 들어 암모

니아는 NH_3, 이산화탄소는 CO_2, 황산은 H_2SO_4이다. 이런 화학식
은 존재하는 요소의 목록을 보여준다. 음식은 어떨까? 원자로 분
리하고 분석하는 기술을 음식에 적용해서 단백질, 지방, 탄수화
물이라는 기본 요소를 밝힐 수 있었다. 네덜란드 화학자 헤라르뒤
스 요하네스 뮐더Gerardus Johannes Mulder는 모든 단백질의 화학식이
$C_{400}H_{620}N_{100}O_{120}S_1$ 또는 $C_{400}H_{620}N_{100}O_{120}S_2$ P^2라는 결론을 내렸다.[3]
각 성분에 붙은 높은 숫자는 단백질이 매우 복잡한 분자라는 것을
의미한다. 이 단백질 화학식은 틀렸지만, 옳은 식을 도출했더라도
19세기 화학으로는 모든 원자가 어떻게 화학적 결합으로 연결되어
있는지 알아낼 수 없었을 것이다. 생명이 화학에 의해 작동하는 것
같기는 한데, 관련된 분자가 엄청나게 복잡하다.

단백질은 생명 유지에 필요하다. 단백질 없이 설탕, 올리브유, 물
을 먹은 개는 필요한 열량을 모두 얻었지만 아사했다. 이런 결과에
기반해 1848년 독일의 저명한 화학자 유스투스 폰 리비히Justus von
Liebig는 신체의 모든 화학 물질을 창조하는 데는 단백질이 필요하며,
지방과 탄수화물은 에너지를 제공한다는 이론을 제시했다. 즉, 단백
질·지방·탄수화물이라는 3대 영양소와 소금 등 몇 가지 미네랄만 있
으면 신체에 필요한 모든 요소를 얻을 수 있다는 것이다.[4]

폰 리비히는 틀렸다. 단백질, 지방, 탄수화물만으로는 살 수 없
다. 장기 항해에 나선 선원들의 끔찍한 경험으로 보아 식단에 꼭 필
요한 요소는 또 있었는데, 감귤류 과일에 많이 들어 있는 물질이다.
지금은 그 물질이 비타민C라는 사실이 알려져 있다. 비타민C를 발
견하고 괴혈병을 예방하는 효과를 알아내는 기나긴 우여곡절은 인

간이 미량 영양소의 중요성을 이해하게 되는 과정이기도 했다. 미량 영양소는 아주 소량이지만 식단에 반드시 필요한 물질이다.

괴혈병의 무시무시함은 고대부터 유명했다. 성지에서 성을 포위한 십자군은 특히 사순절에 금식하는 동안 괴혈병에 걸리곤 했다. 다음은 1270년 8차 십자군원정 시 프랑스군 내부의 기록이다.

> 막사에서 병이 점점 나빠져서, 의사는 군인들이 음식을 씹고 삼킬 수 있도록 잇몸의 죽은 살점을 제거했다. 썩은 부분을 도려내는 동안 환자의 목소리는 끔찍하기 짝이 없었다. 아이를 낳는 산모만큼이나 크게 소리를 질렀다.[5]

그러나 괴혈병이 주목받은 것은 유럽인들이 대항해를 시작한 후였다. 귀한 상품을 얻을 수 있는 인도나 스파이스 군도(지금의 인도네시아)에 다녀오려면 몇 년이 걸렸다. 해군도 마찬가지로 적국의 함대를 뒤쫓거나 항구를 봉쇄하느라 오랜 시간 바다에 있어야 할 때가 있었다. 이런 환경에서 무시무시한 괴혈병이 덮쳤다. 괴혈병은 피하 출혈, 관절통, 잇몸 감염, 치아 흔들림(씹기가 고통스러워진다), 극도의 무기력, 근육 이완, 지독한 악취를 동반한다. 병이 더 진행되면 오래된 상처에 통증이 생기고 멍이 든다. 팔다리가 붓고 검어진다. 환자는 움직일 수 없게 되고 결국 사망한다.

장기간 항해에서 선원들의 주식은 염분이 많은 말린 고기, 밀가루와 물로 구운 비스킷이었다. 비스킷은 처음 구웠을 때 돌덩이처럼 딱딱했다. 하지만 시간이 지나면 바구미와 구더기가 생기면서 부드러워져서 염증이 생긴 잇몸으로도 씹을 수 있게 된다. 구더기가 들끓는 비스킷은 보기에 매우 역겨웠기 때문에 어두운 곳에서 먹었다.[6]

신선한 과일과 채소를 먹으면 괴혈병을 치료하거나 예방할 수 있다는 사실은 이제 상식이다. 오렌지와 레몬이 특히 효과적이다. 이상하게도, 이 단순한 사실은 20세기 초까지 몇 번이나 발견되었다가 곧 잊히곤 했다. 1510년으로 돌아가 보면, 포르투갈 선장 페드로 알바레스 카브랄Pedro Álvares Cabral은 괴혈병에 걸린 선원들이 감귤류 과일을 먹고 나았다고 보고했다. 네덜란드와 스페인 선원들도 같은 결론을 내렸다. 네덜란드 동인도회사에서는 회사 선박이 정박하는 희망봉에 과일나무를 심었다. 그러나 괴혈병의 원인이 더러운 공기, 염분 과다, 혈액 오염, 더러운 물, 운동 부족, 감염, 게으름 또는 마음의 불만족이라는 주장을 굽히지 않는 의사들이 여전히 많았다.

스코틀랜드 선박의 의사 제임스 린드James Lind는 레몬즙이 괴혈병을 예방한다는 사실을 발견한 일등 공신으로 여겨진다. 린드는 1746년 영국 군함 솔즈베리호의 의사로 임명됐다. 괴혈병은 당시 영국 해군의 큰 고민이었다. 특히 2년 전 앤슨Anson 준장이 이끌었던 4년간의 항해에서 선원 대부분이 사망하고 2,000명 중 600명만 살아남았다. 프랑스군이나 스페인군의 총에 맞아 죽은 선원보다 괴혈병에 걸려 죽은 선원이 더 많았다.

린드는 문제를 해결하러 나섰다. 먼저 괴혈병에 대한 60명이 넘는 저자의 문헌을 읽었는데, 대부분은 가치가 없었다. 엄격하고 이성적인 새로운 접근법이 필요했다. 그는 '이론에 구애받지 않고 경험과 사실로 증명된 가장 확실하고 정확한 지침'을 제안할 생각이었다.[7] 솔즈베리호의 두 번째 항해에서 심각한 괴혈병이 번지면서 린드에게 기회가 생겼다. 그는 괴혈병 진행 단계가 비슷한 12명을 선택해서 두 명씩 여섯 쌍으로 나눴다. 2주 동안 모두가 같은 숙소에서 같은 식단을 먹으면서 각기 다른 잠재적 치료제를 복용했다. 6개 집단에 매일 제공된 치료제는 각각 다음과 같았다. 사과주스 두 잔; 황산 25방울(물론 물로 희석했다); 식초; 바닷물 반 컵; 오렌지 2개와 레몬 1개(단 6일 만에 과일이 떨어지기 전까지); 마늘과 겨자무, 겨자, 기타 재료로 만든 '육두구의 크기bigness of a nutmeg'라는 이름의 이상한 혼합물이었다. 린드 준장의 실험은 확실한 결과를 나타냈다. 6일 후, '오렌지와 레몬을 받은 집단의 병세가 가장 뚜렷하게 호전됐다.'[8] 사과주스를 받은 집단도 조금 나아졌으나 나머지는 더 나빠졌다. 감귤류 과일로 괴혈병을 치료할 수 있다는 결론이 나왔다.

린드는 지금까지도 실험 수행의 황금률로 여겨지는 방법, 즉 임상 시험을 생각해냈다. 신약이 질병을 치료하는지 알고 싶을 때는 환자를 두 집단으로 나눈다. 한 집단은 실험 대상 약을, 한 집단은 이 약과 크기, 색, 맛 등이 최대한 비슷한 위약(플라시보)을 받는다. 환자 집단은 성별, 연령, 건강 상태 분포 등이 같도록 구성해야 한다. 모든 부분을 세심하게 처리하면, 다른 요소가 모두 같으므로 집단 간에 나타나는 차이가 약의 차이 때문이라고 생각할 수 있다. 린드가 솔즈베리호에서 사용한 방식이다. 감귤류 과일을 먹었는지 아닌지가 유일한 차이점이었다.

이전에 이 문제로 혼란이 있었던 것은 항해마다 너무 많은 조건이 바뀌었기 때문이다. 예를 들어, 남미로 항해할 때는 괴혈병이 발생하지 않았는데, 지나고 보니 가는 길에 대서양의 마데이라섬에서 신선한 과일을 가져갔기 때문이었다. 그러나 이 항해의 다른 점은 과일을 디저트로 먹었다는 것 말고도 천 가지는 더 있었다. 그래서 오렌지가 결정적인 차이의 원인인지 확인하기 어려웠다.

모든 과학적 실험은 대조군과의 비교를 활용하는 린드의 전략을 따른다. 이것은 과학적 방법론의 하나로서, 개인적으로 역사상 가장 훌륭한 아이디어라고 생각한다. 과학적 방법은 자연계에 대한 정확한 정보를 얻는 방법이며, 인간이 현대와 같이 살아갈 수 있게 한 어마어마하게 강력한 아이디어다. 먼저 가설로 시작한다. 예를 들어, '감귤류 과일이 괴혈병을 예방한다'는 가설이다. 가설은 예측으로 이어진다. 이 경우, '감귤류 과일로 괴혈병을 치료할 수 있을 것이다'라고 예측할 수 있다. 대조군을 활용한 실험과 관찰로 예측을 확인한다. 린드가 썼던 방법이다. 실험 결과가 예측과 같으면 가설이 옳다는 데 무게가 실리고, 예측이 맞지 않으면 가설은 거짓으로 증명된다. 그러므로 '황산이 괴혈병을 예방한다'는 가설은 황산을 섭취한 선원 두 명이 황산을 먹지 않은 대조군과 비교해 나아지지 않았을 때 거짓으로 증명되었다. 권위에 호소하는 오류—'나는 달이 치즈로 만들어졌다고 생각한다. 와플 교수님이 그렇게 말씀하셨는데 그분은 정말 똑똑하니까.'—는 과학에서는 통하지 않는다.

제임스 린드는 두 가지 매우 중요한 발견을 했다. 오렌지와 레몬이 괴혈병을 예방한다는 사실을 밝혔고, 더 중요하게는 임상 시험의 절차를 개발했다. 하지만 그 발견의 가치를 깨닫지 못하고 의심에 압도된 나머지 기존의 전통을 벗어나지 못한 듯하다. 1753년, 린드는 〈괴혈병에 대한 논문Treatise on the Scurry〉[9]을 발표했다. 358페이지 중 그의 위대한 실험 결과는 다섯 문단에 불과했다. 쓰레기더미에 파묻힌 금괴였던 셈이다. 린드는 레몬즙이 효과가 있다는 확실한 결론을 전달하는 대신, 여러 치료법을 제안하면서 단순하고 강력한 결론을 흐리고 말았다. 따뜻한 공기, 피 흘리기, 산성 물질 섭취, 겨자, 심지어 말 타는 움직임을 흉내 낸 기계를 설치하는 것까지 제안은 다양했다. 결국 위대한 연구의 결론은 식단의 영양소 결핍이 아니라 소화 불량 때문에 괴혈병이 생긴다는 것이었다.[10]

신선한 과일이 괴혈병을 예방한다고 하지만, 쉽게 상해 버리는 과일을 항해 중에 규칙적으로 먹는 것은 쉬운 일이 아니었다. 린드의 해결책은 오렌지와 레몬즙이 시럽으로 졸아들 때까지 최소 12시간 끓여 만든 농축액을 배에 싣는 것이었다. 유리병에 넣은 농축액은 몇 년까지도 보관할 수 있었다. 린드는 농축액을 물에 타면 방금 짠 즙과 구별할 수 없으며, 이 방법을 쓰면 선원들은 항해 내내 감귤류 과일을 섭취하는 효과를 볼 수 있다고 주장했다. 이 아이디어는 훌륭해 보였지만, 안타깝게도 치명적인 결점이 있었다. 레몬즙을 끓이면 비타민C가 파괴된다. 이 문제점은 150년 동안 발견되지 않았다.[11] 제임스 린드는 괴혈병의 해결책을 찾아내고도 계속 효과 없는 치료법을 권장한 셈이다. 해군 장관으로 승진한 앤슨은 린드의 조언을 받아들였으나, 함장들은 농축액이 쓸모없다는 것을 알게 되었고 감귤류 과일이 괴혈병의 해결책이라는 아이디어를 믿지 않았다.

린드의 실험으로부터 40년 후, 서인도 제도 함대의 의사인 길버트 블레인Gilbert Blane이 다시 괴혈병 치료법을 실험했다. 1793년 영국 군함 서픽호는 신선 식품을 전혀 싣지 않고 23주간 서인도 제도로 항해했는데, 보통은 이 정도면 괴혈병이 발병했다. 그러나 이번에는 소량의 레몬즙이 예방책으로 제공됐고, 괴혈병이 나타나면 더 많은 양을 주었다. 대조군은 없었지만 이 방법은 성공했다. 1795년부터 해군에서는 레몬즙이 매일 배급됐고, 마침 1805년 트라팔가르 해전의 압승으로 막을 내린 프랑스와의 심각한 갈등에 때맞춰 영국 해군에서 괴혈병은 사라졌다. 영국 해군은 레몬즙 덕분에 대규모 괴혈병 발발 없이 몇 년씩 바다에서 머물 수 있었고 유리한 고지를 점했다. 프랑스는 다소 시큰둥하게 '우리는 레몬에게 졌다'고 반응했다.[12]

이쯤에서 괴혈병은 끝났어야 했다. 그러나 이후에도 실수가 뒤따랐다. 1860년, 해군에서는 시칠리아에서 자란 레몬 대신 서인도 제도의 라임을 썼다. 당시 두 가지 과일을 구별 없이 레몬 또는 라임이라고 불렀기 때문에, 이 변화가 문제가 될 거라고는 아무도 생각하지 못했다. 하지만 라임의 비타민C 함유량은 레몬의 4분의 1이다. 처음에는 아무도 문제를 알아채지 못했다. 증기선의 속도가 빨라져서 바다에 오래 있지 않았기 때문에 선원들은 거의 무방비 상태에서도 괴혈병에 걸리지 않았다. 그러나 극지탐험 때 괴혈병이 돌아왔다. 사람들은 몇 달, 몇 년씩 신선한 식품을 먹지 못했다. 1911년, 괴혈병은 스콧Scot 대령의 남극 탐험대를 휩쓸었고, 귀환하는 길에 팀 전원이 사망하는 주요 원인이 되었다.[13]

단백질, 지방, 탄수화물이 음식의 전부가 아니라는 추가적인 단서는 1907~1911년 위스콘신 대학에서 수행한 단일 곡식 실험이었다.[14] 위스콘신은 미국의 낙농 지대로, 소 연구에 최적화된 장소다. 위스콘신 연구팀은 어린 암소를 네 집단으로 나눠 각각 옥수수, 밀, 귀리, 세 가지의 혼합물을 먹였다. 열량과 단백질 함량은 모두 같았다. 당시 가설은 모든 식단의 가치가 같다는 것이었으나 결과는 달랐다. 소들은 같은 양을 먹었지만 밀을 먹은 집단은 나머지에 비해 어려움을 겪었다. 체중이 잘 늘지 않았고 건강한 송아지를 낳지 못했으며 우유가 적게 나왔다. 옥수수를 먹은 소가 가장 건강했다. 밀에 없는 추가적인 영양소가 소에게 필요하다는 것이 확실해졌다.

이런 종류의 실험을 하면서 비타민이 발견됐다. 비타민은 인간에게 필수적인 화학 물질이다. 식단에 비타민이 부족하면 질병이 발생한다. 필요량은 매우 적지만 전혀 없으면 안 된다. 노르웨이의 악셀 홀스트Axel Hols와 테오도르 프뢸리히Theodor Frølich가 비타민C를 발견했다. 이들은 괴혈병과 유사한 각기병beriberi을 먼저 연구했다. 각기병은 가장 먼저 알려진 비타민 결핍증으로, 5,000년 전 중국에서 최초로 보고됐다.[15] 1880년 일본 의사 다카기 가네히로는 일본 해군에 각기병이 많이 발생하는 이유가 질소가 부족한 흰쌀 위주의 식단 때문이라는 사실을 밝혀냈다. 식단에 채소, 보리, 생선, 고기를 더하자 질소 단백질이 공급되어 각기병이 사라졌다.[16] 1897년 네덜란드 동인도회사에서 크리스티안 에이크만Christiaan Eijkman은 백미만 먹인 닭에게서 각기병과 비슷한 증상이 나타난다는 것을 관찰했다. 현미를 먹이면 증상은 사라졌다. 에이크만은 겉껍질에 있는 해독제가 도정된 쌀의 독성 성분을 중화하는 것이라고 생각했다. 지금은 백미에 비타민B_1이 없어서 각기병이 발생했다는 사실이 알려졌다. 쌀 겉껍질에 있는 B₁은 백미를 만들기 위한 도정 과정에서 제거된다.

이 연구에서 영감을 받은 홀스트와 프릴리히는 새가 아닌 포유류의 각기병을 살펴보기로 했다. 이들은 운 좋게도 기니피그를 선택했다. 기니피그는 인간 외에 비타민C를 자체 합성하지 못하는 몇 안 되는 동물 중 하나다. 기니피그에게 다양한 곡물로만 구성된 식단을 줬을 때, 놀랍게도 각기병 대신 괴혈병과 유사한 증상이 나타났다. 동물에게서 괴혈병이 나타난 적은 없었다. 인간과 마찬가지로 생양배추나 레몬즙을 주면 기니피그는 나았다.[17, 18] 기니피그는 괴혈병 연구에 이상적인 실험동물이었던 셈이다.

비타민C 결핍은 왜 괴혈병을 일으키는가? 체내에 압도적으로 풍부한 단백질은 콜라겐이다. 콜라겐은 피부, 뼈, 인대, 힘줄은 물론 근육, 혈관, 내장의 주요 구성 성분이다. 콜라겐의 구조는 세 가닥의 끈을 얽어 만든 밧줄을 닮았다. 그리고 콜라겐 사슬에 산소 원자를 더해주는 비타민C는 콜라겐 합성에 필수적이다. 산소 원자는 가닥을 따라 결합력을 형성하여 밧줄 구조를 안정시킨다. 그러므로 비타민C가 없으면 산소 원자가 없어 콜라겐 구조가 취약해진다. 그래서 괴혈병의 증상은 콜라겐이 필요한 부위를 따라 나타난다. 예를 들면 치아 뿌리와 치아가 박혀 있는 턱뼈를 연결하는 치주인대가 있는데, 콜라겐 구조가 약하면 치주인대가 약해져서 이가 빠진다.

동물은 대부분 자체적으로 비타민C를 합성할 수 있다. 기니피그, 어류 일부, 박쥐, 새와 영장류(인간 포함)는 예외다. 유인원에서 진화하는 어느 시점에서, 비타민C 합성의 마지막 단계에서 효소를 만드는 유전자가 돌연변이를 일으켜 기능하지 않게 됐다. 인간 DNA

에는 여전히 그 유전자의 흔적이 남아 있으나, 돌연변이가 심하게 진행되어 효소로 쓰일 수 없다. 이러한 돌연변이는 고대 영장류에겐 문제가 되지 않았다. 과일을 많이 먹었기 때문에 비타민C를 만드는 능력 없이도 잘 살 수 있었다. 현대의 야생 고릴라 역시 늘 필요량보다 훨씬 많은 비타민C를 먹어서 절대 괴혈병에 걸리지 않는다. 기능하지 않는 비타민C 유전자는 인류의 먼 조상에겐 나쁜 점이 없었으므로 세대를 내려와 전해졌다. 그러나 인류가 과일과 채소가 부족한 식단을 먹기 시작하면서 효소의 결핍이 문제가 됐다.[19]

비타민C는 물론 여러 비타민 중 하나일 뿐이다. 수천 년 동안 사람들은 너무 제한된 식단을 먹었을 때 비타민 결핍으로 발생하는 질병으로 고생했다.[20] 비타민D(와 햇빛)의 부족은 골연화骨軟化와 구루병을 일으킨다. 비타민B_3의 부족은 뱀파이어와 증상이 비슷한 펠라그라pellagra를 유발한다. 즉, 햇볕을 받으면 피부에 물집이 잡히고, 창백해지고, 생고기를 원하며, 입에서 피가 나고 공격성과 정신 이상이 나타난다. 비타민B_{12}의 부족은 혈액질환을 유발하고 뇌 기능을 저해한다.

비타민은 큰 범주에서 미량 영양소에 들어간다. 대량으로 필요한 탄수화물, 지방, 단백질과 물 외에 식단에 소량으로 반드시 있어야 하는 성분이다. 현재 세계적으로 가장 흔하게 결핍되는 미량 영양소는 철분, 요오드, 비타민A, 엽산, 아연이다. 특히 사하라 이남 아프리카와 남아시아에서 이러한 미량 영양소 결핍증이 나타난다. 이 지역에서 5세 미만 아동의 절반은 해당 영양소 하나 이상의 결핍으로 건강 문제를 겪고 있다. 세계적으로 20억 명 정도가 미량 영양소 결핍증을 앓는다.[21, 22] 임신한 여성과 아이들이 더 위험한데, 이들에게는 특정 미량 영양소가 더 필요하기 때문이다.

비타민A 결핍증은 보통 아이들에게 영향을 주고, 어두운 곳에서의 시력 상실(야맹증)을 유발하다가 결국 완전하고 영구적인 실명으로 이어진다. 망막에서 빛을 흡수하는 분자인 시홍소를 만드는 데 비타민A가 필요하기 때문이다. 비타민A는 면역 체계에도 중요하다. 철분은 혈구의 헤모글로빈에서 산소를 운반할 때 필요하다. 철분이 부족해서 생기는 빈혈은 여성과 신생아에게 가장 흔하다. 빈혈이 있는 아이는 신체 성장이 더디며 감염에 취약하고 지능 발달도 느리다. 임신 중 빈혈은 태아 성장을 늦추고 신생아 사망률과 출산 중 산모 사망률을 높인다. 요오드 결핍은 토양에 요오드가 부족한 지역에서 흔하다. 지적장애의 가장 흔한 원인이며, 유산, 사산, 선천적 결손증을 유발하기도 한다. 아연은 다양한 효소의 기능에 관여한다. 감염에 대한 저항력을 높이고 신경계 발달을 촉진한다. 아연 부족은 조산의 가능성을 높인다. 임신 몇 주 후에 배아줄기세포의 층이 접혀서 고랑이 생기고 닫혀서 신경관을 형성하는데, 이것은 뇌, 척수 및 중추신경계의 전구물질이다. 엽산은 이 과정이 성공적으로 완료되는 데 필수적이다. 엽산 부족은 신경관이 완전히 닫히지 않는 이분척추 등 신경관 결손의 원인이 된다.

좋은 소식은 미량 영양소가 풍부한 음식 섭취 또는 식품 강화food fortification(식품에 미량 영양소를 추가하는 과정—역주)를 통해 모든 결핍증을 해결할 수 있다는 사실이다. 예를 들어, 비타민A는 간, 당근, 브로콜리, 치즈에 많이 들어 있다. 아연은 육류와 견과류에 있다. 소금에 요오드를, 밀가루에 철분과 엽산을 더할 수 있다. 알약, 가루, 액체 형태의 보충제 섭취도 가능하다. 토양에 아연이 결핍된 지역에서 자란 곡물에는 아연이 없다. 아연 기반 비료를 쓰면 건강에 더 좋은 곡식을 생산할 수 있을 뿐 아니라 수확량도 늘어난다.

세계보건기구나 미국 질병통제예방센터 등에서 영양실조를 퇴치하려는 노력을 이끌고 있다.[23] 미량 영양소 결핍을 해결하는 방법은 저렴하고 매우 효과적이다. 다른 질병과 마찬가지로 해결책에 첨단 기술이 필요하지 않은 경우가 많다. 정치적 의지가 더 중요하다. 식물 육종이나 유전자 조작 기술을 통해 주식으로 먹는 곡물에 미량 영양소 함량이 높아지도록 개량하는 방법도 대안이 될 수 있다. 비타민A가 보강된 황금쌀이 가장 유명한 사례다. 그러므로 영양실조는 완전히 해결할 수 있는 문제다. 영양실조가 사라지면 신생아와 아이들이 더 건강해져서 더 건강한 어른으로 자라고, 각자 국가 경제와 행복에 이바지할 것이다.

13장

The Body of Venus

비너스의 몸

비만은 거의 모든 국가에서 중요한 문제다. 2016년 기준으로 성별에 따른 차이 없이 세계 인구 39%가 비만이었다.[1] 이는 최근에 나타난 현상이다. 다음 지도는 1975년과 2016년 국가별 여성 평균 BMI를 비교한 것으로, 남성의 자료도 같은 분포를 보인다. 거의 모든 국가에서 평균 BMI는 증가했다. 1975년에는 저체중 인구가 비만 인구의 두 배였다. 지금은 사하라 이남 아프리카와 아시아 일부 지역을 제외한 전 세계에서 저체중보다 비만 인구가 많다.

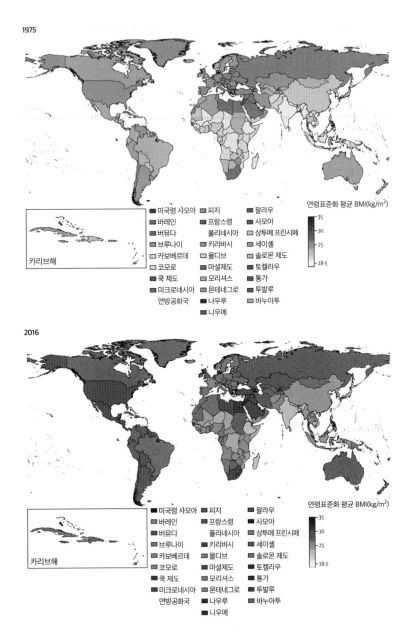

1975

미국령 사모아	피지	팔라우
바레인	프랑스령	사모아
버뮤다	폴리네시아	상투메 프린시페
브루나이	키리바시	세이셸
카보베르데	몰디브	솔로몬 제도
코모로	마셜제도	토켈라우
쿡 제도	모리셔스	통가
미크로네시아	몬테네그로	투발루
연방공화국	나우루	바누아투
	니우에	

연령표준화 평균 BMI(kg/m²)

카리브해

2016

미국령 사모아	피지	팔라우
바레인	프랑스령	사모아
버뮤다	폴리네시아	상투메 프린시페
브루나이	키리바시	세이셸
카보베르데	몰디브	솔로몬 제도
코모로	마셜제도	토켈라우
쿡 제도	모리셔스	통가
미크로네시아	몬테네그로	투발루
연방공화국	나우루	바누아투
	니우에	

연령표준화 평균 BMI(kg/m²)

카리브해

1975년과 2016년 국가별 여성의 연령표준화 평균 BMI[2]

300년 전쯤 시작된 농업 혁명 이후 점진적으로 식품의 양과 질이 개선되고 동시에 공중 보건 정책이 시행되면서, 사람들의 체격은 커지고 수명은 길어졌다. 또한 경제가 성장하고 생산성이 증대되며 여가가 늘어났다. 기계가 수작업을 대체하면서 육체노동은 줄어들었다. 공장이나 선박, 농지, 광산에서 일하는 노동직보다 사무직이 많아졌다. 식량을 구하기 위해 현대인이 소비하는 에너지는 냉장고로 걸어가거나 마트에 차를 몰고 가는 정도다. 먹고살기 위해 일 년 내내 힘겨운 농사일을 해야 했던 과거와는 다르다. 제2차 세계대전 이후 일터에서의 신체활동은 줄고, 당과 지방, 복합탄수화물이 풍부한 식품은 쉽게 구할 수 있게 되면서, 과체중과 비만 인구가 늘어났다.[3] 체중만 늘어난 것이 아니라 신장도 커졌다. 1860년 네덜란드인 평균 신장은 164cm밖에 되지 않았다. 지구상의 최장신 국가 중 하나인 네덜란드인의 평균 신장은 현재 182cm이다.

역사시대를 통틀어 대부분의 시간 동안 식량이 부족했기 때문에 과체중은 선망의 대상이었고, 이는 예술과 문학에 반영됐다. 초기 구석기 시대의 뚱뚱한 여신상부터 플랑드르의 화가 페테르 파울 루벤스Peter Paul Rubens의 그림 속 통통한 인물까지 사례는 다양하다. 루벤스가 그린 비너스의 몸은 부와 높은 지위를 반영한다. 루벤스의 비너스는 분명 잘 먹었을 것이고, 흰 피부를 보면 보통의 농민처럼 밖에서 일한 적이 없을 것이다. 세르반테스의 산초 판자(소설《돈 키호테》에 등장하는 인물. '판자'는 배불뚝이라는 뜻이다.-역주), 셰익스피어의 폴스타프(희곡《헨리 4세》1부·2부와《윈저의 즐거운 아낙네들》에 등장하는 인물—역주), 코카콜라의 산타클로스와 같은 뚱뚱한 인물은 쾌활하고 사랑스럽게 여겨졌다.[4] 비만이 부끄러운 일이 되고 패션계에서 키가 크고 마른 체형을 이상적으로 여기게 된 것은 20세기 후반의 일이다. 17세기 보통 여성들은 루벤스의 모델과 같은 몸매를 가질 수 없었다. 마찬가지로, 오늘날 99%의 여성은 슈퍼모델과 같은 몸을 가질 수 없고 그래서도 안 된다. 지나치게 마르면 건강에 좋지 않다. 면역 체계가 약해지고 영양소 결핍과 골밀도 저하의 가능성이 높아진다. 다른 문제도 많지만, 심혈관계 질병의 위험이 있다.[5]

앞에서 본 것처럼, 다행히 기근은 드문 일이 되었고, 만성적인 영양실조와 배고픔의 나날은 끝났다. 이러한 진보는 좋은 일인데, 그 이면에는 음식을 너무 많이 먹는 현대인이 있다. 비만율이 치솟고 이와 관련된 온갖 건강 문제가 생겼다.

사람의 체격은 체중(kg)을 키의 제곱으로 나눈 체질량지수BMI, body mass index로 측정할 수 있다. 정상 범위는 18.5~24.9kg/m²이며, 30이 넘으면 비만으로 본다. BMI는 과체중 여부를 판단하는 유용하고 간단한 지수이지만 완벽하지는 않다. 몸매가 탄탄한 운동선수는 근육량이 많아 정상 범위를 벗어난다. 과식한다는 편견(근거가 없지는 않지만)이 있는 미국과 영국 모두 BMI 상위 10개국에 해당되지 않는다.[6] 다른 두 지역이 비만 국가 목록 상위권을 차지하고 있다. 태평양 연안국과 중동이다.

쿠웨이트는 페르시아만 연안에 있다. 석유 산출국의 부유함은 수많은 외국인 노동자를 불러들였고, 420만 인구 중에 인도 아대륙과 다른 아랍 국가에서 온 외국인 체류자가 70%나 된다. 대부분이 수도인 쿠웨이트에 산다. 쿠웨이트 국민은 대체로 건강 상태가 좋고 기대수명도 78세로 나쁘지 않다. 이주 노동자가 많아 인구의 60%가 남성, 40%가 여성으로 성비는 불균형하다.[7] 쿠웨이트는 세계에서 비만 인구가 가장 많다는 불명예를 안고 있다. 인구 43%가 비만이고 70%가 과체중이다. 패스트푸드, 액상과당 음료, '루카이마트luqaimat'라는 달콤한 만두가 잘 팔린다. 더운 기후 때문에 야외 활동을 하지 않고 에어컨이 켜진 실내에서만 지낸다. 아이들은 열기 속에서 걷는 대신 부모님의 차를 타고 학교에 간다. 그래서 특히 청소년 사이에 2형 당뇨 비율이 치솟고 있다. 쿠웨이트 사람들은 위의 많은 부분을 제거하여 식사량을 줄이는 위소매절제술sleeve gastrectomy 등 체중 감량 수술을 통해 이 문제를 해결하려 한다. 쿠웨이트에서 비만과 관련된 수술 치료를 받는 사람은 매년 3,000명이 넘는다.[8]

쿠웨이트와 기타 중동 국가에서 비만 문제가 심각한 이유는 현대에 들어 갑작스럽게 문화가 변했기 때문이다. 중동 국가는 몇 세기 동안 유목 생활을 했으며, 가족이 먹고살기 위해 가축을 기르고 농사를 지었다. 늘 다소 불안정하게 생활했기에 '통통한 아이가 건강하고 마음껏 먹는 것이 좋다'는 믿음이 생겼다. 신체활동이 많고 때로 음식이 부족한 시기가 닥치던 과거에는, 먹을 수 있을 때 최대한 먹어 두는 것이 바람직했다. 당장이라도 정크푸드를 먹을 수 있는 현대의 도시 생활에는 맞지 않는 식습관이다.[9]

태평양을 따라 나우루, 쿡 제도, 팔라우, 마셜 제도, 투발루, 통가, 사모아와 피지가 흩어져 있는데, 이 작은 섬나라들에는 지구상에서 가장 뚱뚱한 사람들이 산다.[10] 중동과 마찬가지로 전통적으로 신선한 과일, 채소, 생선을 먹던 사람들이 최근 호주, 뉴질랜드, 미국에서 수입한 고열량 가공식품을 먹는다. 생태학적 변화로 섬의 농지가 망가지면서, 수입 식품에 대한 의존도가 높아졌다.

태평양 섬에 사는 사람들은 보통 골밀도가 높고 근육량이 많아 훌륭한 럭비 선수가 될 수 있는 체형이지만,[11, 12] 체중이 너무 많이 느는 경향이 뚜렷이 보인다. 자연 선택 때문이기도 할 것이다. 폴리네시아인과 미크로네시아인은 크게 보아 4,000년 전쯤 동남아시아에서 유래한 오스트로네시아 민족에 속한다. 이 지역에서 아우트리거 카누outrigger canoe(선체와 평행한 아우트리거를 부착하여 배를 안정화한 카누 —역주)가 발명되면서 역대 가장 위대한 항해가 시작됐다. 대양을 건너는 장거리 항해를 가능하게 한 최초의 기술이다. 아우트리거 카누는 1개 또는 2개의 아우트리거(부양물)를 본 선체에 막대로 연결한 형태로, 두 대의 카누를 묶는 데서 출발했다. 파도가 거칠 때도 안정적으로 속도를 유지할 수 있다. 현재 대만 사람들은 대부분 한족의 후손이지만, 대만 원주민은 오스트로네시아인이었다. 오스트로네시아인은 대만에서 남쪽으로 이동해, 필리핀, 인도네시아, 뉴기니에 도착했고, 그곳의 원주민과 섞여 살았다. 거기서 다시 미지의 바다로 향했고 결국 지구 반 바퀴에 걸쳐 살게 되었다. 3,000년 전에는 뉴기니 북동쪽 미크로네시아의 작은 섬 수백 개에 도착했다. 그로부터 1,500년 후에는 하와이로 이동했다. 다음은 뉴질랜드였다. 한편 인도네시아에서 서쪽으로 향한 무리는 인도양을 건너 비슷한 시기 마다가스카르에 도착했다. 오스트로네시아인이 동쪽으로 가장 멀리 간 곳은 칠레에서 서쪽으로 3,219km 떨어진 라파누이(이스터섬)인 것으로 보인다. 더 멀리 가서 남미 사람들과 만나거나, 마다가스카르 서쪽으로 가서 동아프리카에 닿았을 가능성도 있다. 이때는 문자가 없었지만(예외로, 라파누이섬에는 지금 아무도 읽을 수 없는 고유 문자가 있었다), 공통된 문화와 유적, 언어와 유전자는 놀라운 탐험과 정착의 이야기를 들려준다.[13]

아마도 이러한 역사로 인해, 태평양 섬의 비만율과 당뇨 환자 비율이 높은 듯하다. 아우트리거 카누를 타고 미지의 대양으로 나섰던 용감무쌍한 뱃사람들은 언제 육지에 닿을지, 육지를 찾을 수는 있을지 알 수 없었다. 선원들은 항해에서 식량이 떨어져 굶주렸다. 체지방이 적은 사람이 가장 먼저 죽었을 것이다. 그러므로 살아남은 태평양 섬 주민들은 항해에 나섰던 비만인의 후손일 것이다. 수천 년 동안 여러 차례의 유전적 병목현상(후손들의 유전적 다양성이 줄어드는 현상—역주)으로 마른 선원들이 죽었고, 그래서 비만의 성향이 강력하게 남았다.[14] 궂은 날씨에 개방된 카누를 타고 몇 주 동안 여행하면 물에 젖은 채로 지내야 한다. 태평양 항해는 보통 열대지방에서 이뤄지지만 때때로 끔찍하게 추운 날도 있었다. 이런 조건에 잘 대처하고 저체온증을 이길 수 있는 신체 유형이 자연의 선택을 받았을 것이다.

태평양 섬사람들의 이야기는 절약 유전자 가설thrifty gene hypothesis의 특수한 사례다. 1962년, 미국의 유전학자 제임스 닐James Neel은 현대에 비만이 왜 이렇게 흔한지에 대한 답으로 절약 유전자 가설을 처음 제시했다.[15] 닐은 건강에 나쁘고 흔하며 유전적 요인이 있는 당뇨 같은 질병이 어떻게 유전자에 남아 내려왔는지 의문을 가졌다. 그리고 지방 축적과 관련된 유전자 변종이 과거에는 생존에 도움이 되었다고 설명했다. 식량이 부족한 시기에는 유리하기 때문이다. 식량 공급이 안정적이지 않은 상황에서 잘 먹을 수 있을 때 살을 찌워 두면 도움이 된다. 내년에 흉년이 들지도 모르는 일이니까 말이다. 하지만 기근이 사라지고 고열량 식품이 풍부해진 현대에 와서 지방 축적은 문제가 됐다. 현대의 비만인들은 오지 않을 흉년에 대비하고 있는 셈이다.

그럴듯한 이야기이긴 하지만, 절약 유전자 가설은 근거가 빈약하다.[16] 문화와 생활 양식, 유전자의 영향을 분리해서 연구하기란 쉽지 않으며, 일부 유전자가 전적인 원인이라는 의견은 대단히 의심스럽다. 게다가 태평양 섬사람들뿐 아니라 현대인은 모두 기근에서 살아남은 사람들, 즉 뚱뚱한 것이 생존 자산이었던 사람들의 후손이다. '절약' 유전자 가설에 들어맞고 지방 축적을 촉진하는 것으로 알려진 유전자 변형은 몇 가지뿐인데,[17] 사모아인에게서 그중 한 가지가 발견된다.[18]

가능성 있는 또 다른 비만 가설은 사람을 쉽게 살찌게 하는 돌연변이가 현대 사회에서의 생존에 불리하지 않아서 도태되지 않고 DNA에 전해졌다는 것이다. 체중에 영향을 미치는 돌연변이는 때때로 무작위로 일어난다. 야생 동물의 경우, 비만을 유발하는 돌연변이를 제거하는 강력한 선택 과정이 있다. 살찐 동물은 포식자의 표적이 되기 쉽기 때문이다. 가장 많은 고기를 제공하는 가장 큰 동물은 사냥의 표적이 되며, 몸이 무거우면 도망가기도 어렵다. 오스트랄로피테쿠스속 인간의 선조의 뼈에 있는 잇자국을 보면, 대형 고양잇과, 갯과, 곰, 악어, 맹금류가 인간의 천적이었다.[19] 최대 5만 년 전, 이탈리아에 살던 네안데르탈인은 하이에나의 먹이였다.[20] 그러나 현대 인류는 인간을 사냥하던 포식자들을 말살했다. 인간을 죽일 수 있는 어떠한 동물의 존재도 용납하지 않았고, 협동, 언어, 사냥이라는 재능을 활용해 수많은 대형 포식자를 멸종으로 내몰았다. 인간이 우위를 차지하면서 호랑이, 치타, 곰 등은 사라졌다. 특히 아메리카, 호주, 태평양 섬과 같은 새로운 땅에 도달한 현대 인류는 빠르게 천적을 제거했다. 인간을 사냥할 수 있는 동물이 사라지자 비만은 그다지 약점이 아니었다. 비만이 될 수 있는 돌연변이를 가진 인간은 먹히는 대신 살아남았고, 오히려 더 잘 살았다.[21]

쌍둥이와 가족을 연구하면서 비만의 유전적 편향이 증명됐다. DNA 변형의 가장 일반적인 방식은 DNA 염기서열에서 하나의 염기(A, T, G, C)가 다른 것으로 바뀌는 단일염기변이single nucleotide polymorphism, SNP다. 수백 가지 SNP와 유전자가 각각 작지만 유의미한 변화를 유발하며 비만 경향성에 영향을 주는 것으로 보인다.[22] 비만을 촉진하는 SNP가 왜 퍼졌는지 절약 유전자 가설 말고도 다양한 의견이 제시됐는데, 모두 공통적으로 한 유전자가 신체에 다양한 영향을 미친다는 사실을 전제한다. 예를 들어, 어느 세대에 돌연변이가 일어나 새로운 지방 세포가 만들어졌고, 이것이 태아의 발달, 특히 뇌 발달에 유리한 점이 있어서 감염을 이겨내는 데 도움이 됐을지도 모른다.[23] 이 경우 어릴 때는 이점이었던 지방 세포가 성장 후 비만을 유발할 수 있다. 여러 유전자와 SNP가 이런 식으로 작용한다. 다양한 영향이 있으며, 좋은 것도 있고 나쁜 것도 있다. 특정한 SNP가 유리한지 아닌지 판단할 때는 매우 신중해야 한다는 뜻이다. 한 가지 질병의 발병 확률을 높인다는 이유만으로 나쁘다고 판단할 수는 없다. 좋은 영향을 아직 알아내지 못했을 수도 있다.

비만은 건강에 다양한 악영향을 미친다. BMI가 40~44라면 수명은 평균 6.5년 단축된다. BMI 55~60의 고도비만이라면 13.5년이 줄어든다. 비만은 심장병, 암, 당뇨병, 신장질환, 만성 하기도질환, 독감, 폐렴으로 인한 사망률을 높인다.[24] 전반적으로 비만은 흡연만큼 건강에 나쁘다.

2위와 상당히 격차가 큰 사망 원인 1위는 심장마비로 이어지는 관동맥성 심장질환이다. 산소가 풍부한 혈액은 몸에서 가장 큰 동맥인 대동맥을 타고 심장에서 나간다. 대동맥에서 갈라져 나간 관상동맥은 심장 근육으로 되돌아온다. 시간이 지나면서 지방질이 형성한 퇴적물이 관상동맥 내벽에 쌓이면 동맥이 경화되고 좁아져서 혈류가 제한되고, 심장에 충분한 산소를 전달하기 힘들어진다. 동맥이 좁아지면 혈전이 발생하여 심장마비로 이어질 위험도 있다. 그렇게 되면 심장으로 가는 혈류가 갑자기 차단되어 심부전이 일어나고, 산소가 가득한 혈액을 공급받지 못한 뇌는 10분 안에 죽는다. 뇌졸중은 두 번째로 흔한 사망 원인으로, 역시 혈관질환이다. 뇌혈관이 막혀서 차단된 부분의 뇌세포가 죽는 경우다. 둘 다 비만인에게서 발병 확률이 더 높다.

과체중인 사람의 지방 조직에는 산소와 영양소가 필요하고 이는 혈액으로 전달된다. 심장이 더 많은 혈관으로 피를 뿜어내기 위해 더 열심히 움직여야 하므로 혈압과 심박수가 높아진다. 압력이 높아진 동맥은 쉽게 터지고 그 하류에 있는 조직은 죽는다. 또한 체중이 많이 나가면, 관절, 특히 부하가 심한 무릎과 고관절에 부담이 된다. 골관절염이 발생하여 뼈의 끝부분을 보호하는 연골이 닳아 통증, 부종과 경직을 유발할 수 있고, 활액막에도 염증이 생긴다. 결국 관절 치환술이 필요할 수 있다. 과체중 남성은 전립선암이나 결장암에 걸릴 확률이 더 높다. 과체중 여성은 유방, 결장, 담낭, 자궁에 암이 발생할 확률이 더 높다. 지방 세포는 신체의 다른 세포에 영향을 미치는 화학 신호를 보낸다. 인슐린 수치를 높이고, 폐경 후 여성의 유방과 자궁에서 세포분열을 유도하는 에스트로겐을 생성하고, 염증을 유발한다. 모두 암세포의 핵심인 세포 성장과 분열을 촉진하는 과정이다.[25]

비만인에게는 수면 무호흡증이 흔하다. 잠시 호흡이 멈추면서 자주 깨서 깊이 잘 수 없는 증상이다. 흉벽에 체중이 더해지면 폐가 짓눌려 호흡을 방해하고 호흡기 문제를 일으킨다. 비만은 신장에도 엄청난 부담을 주어 시간이 지나면서 서서히 신장 기능이 떨어진다.[26] 이는 체액 부종으로 나타난다. 손발이 붓고, 숨이 가쁘고, 소변에 피가 섞여 나오고, 피로, 불면증, 어지럼증, 근육 경련 등의 증상이 나타난다. 중년에 비만이면 노년기에 치매에 걸릴 확률이 높아진다.[27] 이유는 확실히 밝혀지지 않았지만, 심장을 잘 관리하면 뇌에도 좋은 영향을 주는 것으로 보인다.

당뇨병은 혈당을 안정시키는 호르몬인 인슐린에 저항성이 생겨 혈당이 치솟는 질병이다. 2형 당뇨의 주요 원인은 비만이다. 2형 당뇨는 보통 성인이 된 후 시작되지만, 아동 발병 사례도 늘고 있다. 심지어 경도비만도 당뇨의 위험을 상당히 높인다. 2016년 WHO는 당뇨 환자가 4억 2,200만 명이라고 발표했는데, 1980년보다 네 배나 늘어난 수치다. 소득 하위 및 중위 국가에서 높아지는 비만율과 평행선을 그리며 가장 빨리 증가하고 있다. 2016년 당뇨로 사망한 사람은 160만 명이며, 심장마비, 뇌졸중, 실명, 신장질환, 하지 절단 등 간접적인 영향을 받은 사람은 더 많다.

비만은 신체 건강뿐 아니라 정신 건강에도 좋지 않다. 현대 사회에서는 마른 몸을 이상적이고 매력적으로 본다. 그래서 비만인은 게으르고 살을 뺄 의지가 없다는 비난을 받는다. 사람들은 공공연하게 반감을 드러내고, 편견과 차별, 조롱의 태도를 보이기도 한다.

현대 사회에는 적절하지 않은 본능, 행동, 유전자의 결과물이라는 관점으로 비만의 대유행을 바라볼 수 있다. 아무리 DNA에 있다고 해도 부적응은 해롭다는 뜻이다.[28] 진화에는 시간이 걸린다. 특정 유전자의 해로운 영향으로 인해 해당 유전자를 가진 사람이 감소하는 데 여러 세대가 걸린다. 그러므로 갑자기 환경이 바뀐다면 우리는 새로운 생활 방식에 맞지 않는 행동을 하며 살게 될 것이다. 절약 유전자가 이런 사례일 수 있다.

단 음식을 좋아하는 인간의 입맛 역시 원하는 것과 몸에 좋은 것이 일치하지 않는 사례다. 농경을 시작하기 전, 선조들은 단당류 음식을 먹을 일이 거의 없었다. 과일을 먹거나 꿀벌 수천 마리의 방어를 뚫고 꿀을 얻어내는 정도가 전부였다. 단 음식에 대한 갈망은 과일을 먹게 했고, 그래서 인간은 비타민C를 섭취할 수 있었다.[29] 아마도 인간은 괴혈병에 걸리지 않기 위해 당을 원하도록 진화했을 것이다. 그런데 지난 수천 년간 더 크고 달콤한 과일을 개발했고(마트에서

파는 사과와 그 선조인 야생 능금을 비교해보자), 사탕수수와 사탕무, 메이플 시럽을 재배했고, 양봉을 시작했다. 인간의 설탕 사랑은 부적응 현상이다. 비타민C를 충분히 먹는데도 단 음식을 갈망해서 비만과 당뇨, 충치를 얻는다.

당을 너무 좋아하는 것 말고도 인간이 현대의 삶에 적응하지 못하는 예는 많다. 덥고 습한 지역에 살던 고대 인간의 식단에는 소금이 충분하지 않았다. 그래서 소금을 좋아하도록 유전자를 진화시켰다. 시대가 변하며 이러한 적응은 부적응이 되었다. 현대인은 짠 음식을 먹으면서 고혈압을 얻었다.[30] 야간 조명으로 자연적인 체내 시계를 교란하는 것[31]이나 나쁜 수면 습관[32]도 비만을 유발한다.

현대 세계에서 부적응은 식습관으로 끝나지 않는다. 수렵-채취 사회에 더 적합한 인간의 신체는 온갖 건강 문제를 겪는다. 읽기, 앉아 있기, 신발 착용은 각각 근시, 요통, 건막류를 유발했다.[33] 운동 부족은 고혈압을 불렀다. 기대수명은 80세로 늘었을지 모르지만, 그 대신 오랜 시간 만성적인 건강 문제에 시달리는 경우가 많아졌다.

현대 사회에서 기대수명을 늘리는 한편 건강 문제를 겪지 않기 위해 장수하는 사람의 생활 양식에 관한 연구가 이뤄지고 있다.

기대수명이 늘어나면서 최고령층에서 가장 극적인 변화가 나타났다. 영국에서 100살까지 사는 사람의 수는 1983년 3,041명에서 2013년 1만 3,781명까지 늘어났다. 그중 0.1%는 110살까지 살았다. 이들이 왜 특별한지에 대해 수많은 연구가 이뤄졌다. 보스턴 대학의 뉴잉글랜드 백세인百歲人 연구가 그중 하나다. 1995년에 시작된 이 연구는 매사추세츠주 보스턴 근처의 8개 마을에 집중됐는데, 당시 전체 인구 46만 명 중 약 50명이 100세 이상이었다. 이 연구는 이제 세계 백세인 연구 중 최대 규모를 자랑한다. 약 1,600명의 백세인과 아들딸 500명(7~80대), 그 아래 세대 300명을 추적하고 있다. 110세 이상인 사람도 100명이 넘는다.[34]

일본 규슈 본섬에서 남쪽으로 800㎞ 정도 떨어진 오키나와에서도 백세인 연구가 진행된다. 오키나와는 일본에 속하지만, 거주자들은 유전적으로 다르고 일본 표준어 사용자가 이해할 수 없는 언어를 쓴다. 오키나와의 기대수명은 세계에서 가장 길다. 100세를 넘긴 사람도 가장 많아 일본 전체보다 50% 많으며, 미국의 세 배다.[35] 더 놀라운 것은, 현재 오키나와의 백세인들은 기대수명이 40세를 겨우 넘는 시절에 태어났다는 것이다. 이들은 전염병과 자연재해, 1945년 태평양 전쟁의 가장 잔혹한 전투에서 살아남았다. 이들의 현재 심장병 사망률은 미국의 3분의 1, 알츠하이머 사망률은 놀랍게도 10분의 1이다. 오키나와 백세인 연구의 목표는 유전자와 생활 양식 요인을 모두 고려하여 그 이유를 찾는 것이다.[36]

초장수 인구를 연구하면서 다음과 같은 사실이 밝혀졌다. 100세 이상 산 여자는 남자의 약 다섯 배이고, 나이가 많아지면서 여성의 비율은 더 커진다. 2020년 1월, 세계 최장수 20명은 모두 여성이었다. 일본인이 많았다. 비만이거나 흡연 경험이 있는 사람은 거의 없었다. 알츠하이머는 나이와 강한 상관관계가 있지만, 이 초고령자들은 대부분 치매를 겪지 않고 뇌가 건강했다. 심혈관계 질환과 당뇨 역시 드물다. 여성들은 생애 내내 노화가 느려서 늦은 나이에도 출산이 가능한 경우가 많았다. 백세인들은 비타민A와 E의 수치가 높고, 적혈구가 활발하고, 면역 체계가 강하다. 이들은 DNA에서 지속적으로 일어나는 돌연변이를 수정하는 능력이 강한데, DNA 손상은 노화 과정의 핵심 특징이다.[37] 110세 이상 산 사람은 놀랍게도 노화성 질환(뇌졸중, 파킨슨병, 심혈관계 질환, 암, 당뇨)에 걸린 경우가 거의 없었고, 결국 장기부전으로 사망하는 경우가 많았다.

오키나와 사람들이 건강한 식단을 유지한다는 사실은 당연해 보인다. 고구마, 콩, 녹색 채소, 뿌리, 여주, 과일, 해산물 약간, 살코기가 전통적 식단이고, 재스민차를 즐겨 마신다. 전반적으로, 이들의 식단에는 복합탄수화물이 많고, 열량은 낮으며, 단백질 함량이 적절하고 육류와 정제 곡류, 당, 유제품은 거의 없다. 단백질과 탄수화물 비율도 중요하지만, 오키나와 사람들은 보통의 일본인과 마찬가지로 하라하치분메腹八分目, 즉 배가 80% 찰 때까지만 먹는다. 서구에서는 찾아보기 힘든 식습관이다. 그래서 비만은 드물다. 1960년 이전에 쌀이 주식일 때, 오키나와인들은 일반적인 추천 열량보다 10~15% 적게 먹었다.[38] 장기적으로 열량을 제한하면 수명이 길어진다는 가설은 많은 동물 실험에서 유효하다고 증명됐다.[39] 그러므로 단순하지만 어려운 장수의 비결은 매일 조금씩 덜 먹는 것이다.

다이어트를 하고 싶다면 식욕을 떨어뜨리거나 지방 흡수를 줄여주는 비만 치료제의 도움을 받을 수 있다.[40, 41] 하지만 보통 불쾌한 부작용이 따른다. 비만을 극복하는 약에 대한 연구가 계속되고 있지만,[42] 여전히 열량을 덜 섭취하고 운동을 통해 더 소비하는 단순한 전략이 최선이다.

THIS MORTAL COIL

부

치명적인 유산

현상의 원인이 밝혀지지 않으면 모든 것은 숨겨져 있고 모호하며 논란의 여지가 있다. 그러나 원인이 밝혀지면 모든 것은 명확하다.

– 루이 파스퇴르Louis Pasteur, 《세균유래설 및 의학과 외과 수술에의 적용Germ Theory and Its Applications to Medicine and Surgery》(1878)[1]

아이는 부모를 닮으며 질병이 후대에 전해질 수 있다는 사실은 수천 년 전부터 알려져 있었다. 손가락이나 발가락이 더 많게 태어나는 다지증이 쉬운 사례다. 1752년, 베를린 과학학회 회장 피에르 루이 모로 드 모페르튀이Pierre Louis Moreau de Maupertuis는 3세대에 걸쳐 18명이 다지증을 보인 베를린의 루에Ruhe 가문에 대해 보고했다. 다지증은 모계 또는 부계에서 유전될 수 있다.[1] 더 위험한 돌연변이는 심각한 질병을 유발하기도 한다.

생명이 탄생한 이후 수십억 년 내내 유전병은 존재했다. DNA 복제 과정에서 필연적으로 오류가 발생하기 때문이다. 유전병은 부모

중 한 명에게서만 해당 돌연변이를 받아도 나타나는 우성dominant 유전병, 부모 양쪽에게서 유전돼야 하는 열성recessive 유전병, 보통 남성에게서는 증상이 나타나고 여성은 증상 없이 유전자를 보유하기만 하는 반성sex-linked 유전병, 수많은 DNA 변형이 질병의 발현 가능성에 영향을 미치는 다인자polygenic 유전병, 이렇게 네 가지로 분류할 수 있다. 특별히 선별된 질병을 오랫동안 신중하게 연구하면서 유전병의 발현을 이해하는 혁신적인 돌파구를 찾을 수 있었다.

오늘날까지도 유전병은 증상을 관리하는 것 이상의 치료가 어렵다. 환자와 그 후손이 질병에서 벗어날 수 있는 영구적 치료는 DNA를 바꿔야 가능하기 때문이다. 하지만 DNA는 신체를 구성하는 수조 개의 세포 하나하나에 들어 있으므로 유전병의 근본 원인을 해결하기는 늘 불가능해 보였다. 그러나 최근 분자생물학의 눈부신 혁신으로 유전병을 치료한다는 꿈이 드디어 손을 뻗으면 닿을 듯 가까워졌다. 환자만을 치료하는 데 그치지 않고 후손까지 그 혜택을 볼 수 있을지도 모른다. 어떻게 이런 일이 가능한지 논하기 전에, 최초로 인간 DNA에서 질병 유전자의 위치를 발견하도록 해준 포크송 가수, 미국의 한 가문 그리고 남미의 마을에 대해 알아보자.

우디 거스리Woody Guthrie는 1912년 7월 14일 오클라호마주 오키마에서 태어났다. 1920년에 근처에서 유전이 발견되면서 마을은 잠시 신흥 도시로 떠올랐다. 몇 년 후, 별안간 석유가 고갈됐고 지역 경제는 추락했다. 그래서 우디는 1931년 남쪽으로 떠나 텍사스에 도착했고, 메리 제닝스Mary Jennings와 결혼해 세 아이를 낳고 밴드 생활을 시작했다. 1930년대는 대공황으로 경기 침체가 심각했고, 미국 중

서부는 더스트 볼Dust Bowl(극심한 흙먼지 폭풍—역주) 현상으로 더욱 고통받았다. 초원을 경작지로 바꾼 후 몇 년간 가뭄이 뒤따르자 무시무시한 먼지 폭풍이 불면서 겉흙이 날아가 농장 수천 곳이 망했다. 거스리는 서쪽에서 일자리를 찾으려고 쑥대밭이 된 초원을 떠난, 가난에 찌든 '오클라호마 토박이Okies' 중 하나였다. 그는 가족을 떠나 히치하이킹을 하고, 화물차를 타고, 66번 국도를 따라 걸어서 약속의 땅 캘리포니아로 향했다. 숙식의 대가로 간판을 그리고, 술집 무대에서 기타를 치고 노래를 불렀다.

처참한 상황의 노동자 계급으로 살면서 형성한 정치적 관점은 거스리의 음악에 깊게 스며들었다. 그가 쓰고 연주한 수백 곡의 포크송 대부분은 진보 성향의 정치적 메시지를 담고 있었고, 통기타에는 '이 기계는 파시스트를 죽인다This machine kills Fascists'라는 문구가 적혀 있었다. 거스리의 음악에는 가난뱅이가 된 농부들, 노숙자들과 함께 여행하며 전통 포크와 블루스를 배운 경험이 담겨 있다. 1940년의 앨범『더스트 볼 발라드Dust Bowl Ballads』에 수록된 노래가 대표적이다.

로스앤젤레스에서는 라디오 일자리를 구했다. 민요와 자작곡을 불렀는데, 특히 같은 오클라호마 사람들에게 인기가 있었다. 라디오에 출연하면서 그는 사회 정의를 외치고, 부패한 정치인과 법조인, 사업가를 비판하고, 이주 노동자의 권리를 위해 싸우던 노동조합 조직원들에게 찬사를 보냈다. 1940년에는 뉴욕으로 이사해 사회운동을 이어갔고, 전문적으로 작곡과 음반 제작을 시작했다. 마조리 마지아Marjorie Mazia와 재혼했고, 수백 곡을 더 썼으며 제2차 세계대전 때 미국 상선해군에서 복무했다. 전쟁 후에는 아내에게 돌아갔다. 드디어 안정과 평화, 성공을 찾는 듯 보였다. 하지만 평온한 시기는 길지 않았다.

1940년대 후반, 거스리는 행동이 점점 이상해졌다. 무대에서 넘어지는가 하면 가사를 잊어버렸다. 집에서는 난데없이 분노하는가 하면 성격이 달라져서 아내를 겁먹게 했다. 1949년에는 비틀거리고 발음이 뭉개져서 음주운전을 의심받아 체포됐다. 3년간 여러 기관을 돌아다니고서야 헌팅턴 무도병Huntington's disease이라는 정확한 진단을 받았다. 의사들은 이 사실을 본인에게 말하지 않으려 했으나, 거스리는 어머니 노라와 같은 병일 가능성을 이미 짐작하고 있었다. 친구에게 '어머니가 41살에 춤추는 듯한 움직임, 발작, 가벼운 정신 이상 등 무도병의 세 가지 증상'을 보이다가 사망했다고 말한 바 있다. 우디의 어머니 노라 거스리Nora Guthrie는 1927년 소파에서 잠든 남편 찰리 거스리Charley Guthrie에게 석유램프로 불을 붙였고, 오클라호마주 노먼에 있는 주립 정신병원에 수용됐다가 2년 후에 사망했다.

거스리는 자신의 증상을 이렇게 설명했다.

얼굴이 엉망으로 뒤틀리는 것 같다. 통제할 수가 없다. 팔이 덜렁덜렁 휘둘린다. 통제할 수가 없다. 손목이 떨어질 것 같고 손은 이상하게 흔들린다. 멈출 수가 없다. 만나는 의사마다 헌팅턴 무도병으로 죽은 엄마에 대해 묻는다. 아무도 이 병이 유전인지 말해주지 않는다. 그래서 알 수 없다. 의사라면 환자가 본인의 문제를 알 수 있도록 더 명쾌하게 말해줘야 한다고 생각한다. 이 병이 술 때문이 아니라면 무엇 때문인지 모르겠다.[2]

거스리는 가족을 돌볼 수 없게 되어 아내 마조리를 떠났지만, 마조리는 후에 그를 돌보러 돌아온다. 1956년에는 거스리의 가족을 위한 자선 콘서트가 열렸다. 음악가 친구들이 뭉쳤고, 거스리의 가장 유명한 노래 「이 땅은 너의 땅This Land is Your Land」이 마지막 곡으로 연주됐다.[3] 포크 음악은 미국에서 완전한 대세가 되어 있었고, 거스리는 포크 음악 최고의 연주자이자 영감을 주는 존재로 인정받았다. 나중에 밥 딜런Bob Dylan으로 이름을 바꾼 젊은 음악가 로버트 짐머만Robert Zimmerman은 1961년 병원에서 그의 우상 우디 거스리를 만났다. 1년 뒤 발표된 밥 딜런의 천재적인 첫 앨범에는 「우디를 위한 노래Song for Woody」가 수록됐다. 거스리는 1967년 10월 3일 55세의 나이로 사망했다. 3,000곡의 가사, 소설 두 권, 미술 작품, 수많은 출간·미출간 원고, 시, 산문, 희곡, 편지, 기사를 남겼다. 살아 있는 동안에는 소박한 성공을 거둔 정도였지만, 지금은 미국에서 가장 위대한 작곡가라는 평가를 받으며 브루스 스프링스틴Bruce Springsteen, 조 스트러머Joe Strummer, 빌리 브랙Billy Bragg, 제리 가르시아Jerry Garcia 등의 음악가에게 영향을 주었다. 음악계에도 한 획을 그었지만, 그의 삶과 죽음은 헌팅턴병의 이해에 크게 이바지했다.

헌팅턴병(거스리의 시대에는 헌팅턴 무도병으로 불렸다)은 헌팅턴 단백질을 암호화하는 헌팅턴 유전자의 돌연변이로 인해 발생하는 전형적인 우성 유전병이다. 보통 30~50대에 처음으로 증상이 발현되며,

신체가 춤추듯 마구잡이로 획획 움직이기 시작한다. 근육이 뻣뻣해지거나 뒤틀리고 자세와 표정이 비정상적으로 변하며, 이어서 씹고 삼키고 말하기가 어려워진다. 증상은 신체의 변화로 나타나지만, 신체의 근육이 직접 영향을 받는다기보다는 신체를 통제하는 뇌의 기능에 문제가 생긴 것이다. (파킨슨병이 뉴런 문제인 것과 같다.)

불안과 우울, 공격성, 중독 행동 등 정신과적 문제와 성격 변화가 나타나고, 늘 불쾌한 느낌이 든다. 헌팅턴병 환자 본인은 물론 가족들도 심각한 고통을 받는다. 자살 충동은 흔하며 실제로 10%는 스스로 삶을 마감한다. 인지 기능, 특히 행동을 통제하는 실행 기능도 영향을 받아 말하다 현명하게 입을 다물지 못하고 진심을 불쑥 내뱉곤 한다. 단기 기억과 장기 기억 모두에서 다양한 문제가 뚜렷이 드러나고 치매가 진행된다. 헌팅턴병은 결국 사망으로 이어지며 기대 수명은 진단 시점부터 15~20년 정도다. 헌팅턴 단백질은 뇌뿐만 아니라 다른 조직에도 존재한다. 따라서 근육과 고환 손실, 심부전, 골다공증, 체중 감량, 포도당 불내증이 나타날 수 있다. 입원 치료가 필요한 경우가 대부분이다.

헌팅턴병은 중세에 처음으로 기록됐으나, 우성 유전병이라는 사실이 밝혀진 것은 19세기 중반이 되어서였다. 헌팅턴병 환자들은 마녀 취급을 받고 화형당하기도 했다. 메이플라워호를 타고 온 영국 청교도를 통해 매사추세츠에 헌팅턴병 유전자가 들어온 것으로 보인다.[4] 1872년, 미국의 의사 조지 헌팅턴George Huntington이 헌팅턴병 유전의 패턴을 정확히 설명하는 논문을 발표했다.

유전적 성질에 대하여. 양친 중 한 사람 또는 두 사람 모두 질병의 증상을 보인다면 자손 중 한 사람 또는 그 이상이 거의 예외 없이 같은 병을 앓게 된다. … 그러나 다행히 후손이 병에 걸리지 않았다면 유전의 끈은 끊어지고 기존 환자의 손자나 증손자는 질병에 걸리지 않고 살아갈 수 있게 된다.[5]

이러한 관찰은 정확하다. 부모 중 환자가 있을 때만 헌팅턴병이 유전된다. 헌팅턴은 여행 중 '모녀 관계의 키가 크고 마른 두 여자가 얼굴을 찡그린 채 뒤틀린 다리로 거의 유령처럼 휘청거리며 걷는' 모습을 보았다고 묘사했다.

헌팅턴병은 왜 이런 유전 패턴을 보일까? DNA는 알파벳과 같은 염기의 서열로 세포의 핵 속에 존재하는 거대한 분자다. 염기는 C, T, G, A의 네 가지가 있다. 인간의 장 속에 사는 대장균처럼 단순한 유기체의 DNA는 500만 개 정도의 염기로 되어 있다. 크리스마스트리로 쓰이는 가문비나무처럼 더 복잡한 유기체의 염기는 200억 개다. 인간의 염기는 대장균과 크리스마스트리 사이의 어디쯤인 30억 개다.

DNA의 기능은 세포에 분자의 생성, 특히 중요한 단백질의 생성을 지시하는 것이다. 유전자는 일반적으로 특정 단백질을 암호화하는 DNA의 영역을 말하며, 단백질은 아미노산이라는 작은 분자가 긴 사슬 모양으로 화학 결합한 것이다. DNA 염기서열을 3개씩 읽으면 단백질 서열이 된다. 예를 들어, ATGCTATCC로 시작하는 유전자가 있다고 하자. 첫 번째 세 글자는 ATG인데, 아미노산 메티오닌을 암호화한다. 다음은 CTA로 류신이며, 그다음은 TCC로 세린이다. 그러므로 이 유전자가 만드는 단백질은 메티오닌-류신-세린으로 시작하여 정지 신호를 나타내는 세 글자(TAA, TAG 또는 TGA)에 도달할 때까지 만들어지는 수백 개의 아미노산으로 이뤄진다. DNA에는 단백질을 암호화하는 영역이 어디서 시작하는지 보여주고, 해당 유전자가 단백질을 합성하도록 활성화될 것인지 결정하는 부분도 있다.

인간 DNA는 46개의 염색체로 구성된다. 염색체 22개는 상염색체라고 불리며 염색체 1~22라는 딱딱한 이름이 붙어 있는데, 복제되기 때문에 각 세포에 2개의 사본이 있다. 인간 염색체 속에는 단백질을 암호화하는 유전자가 약 2만 개 존재한다. 단백질은 신체에 필요한 기능 대부분을 수행한다. 화학 반응을 일으키고(효소), 분자를 운반하고(산소를 운반하는 적혈구의 헤모글로빈), 항체로 작용하고, 머리카락, 피부, 뼈, 인대(콜라겐 단백질로 만들어짐)를 형성한다.

인간의 정자와 난자는 각각의 상염색체를 한 개만 가지고 있다. 그러므로 수정란은 아버지와 어머니에게서 각각 22개씩 받아 44개의 상염색체를 갖게 된다. 나머지 2개의 염색체는 X와 Y라고 불리며 성별을 결정한다. 난자는 X 염색체를, 정자는 X 또는 Y 염색체를 제공한다. 수정란이 정자로부터 X를 받으면 성염색체는 XX가 되어 아이는 여성이 된다. 반대로 Y를 받으면 성염색체 XY의 남성이 된다. 다음 그림은 남성과 여성의 염색체다. 모든 염색체가 한 쌍을 이루지만 남성의 성염색체만은 예외다.

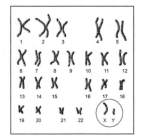
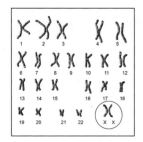

남성   여성

인간 염색체. 남성(왼쪽)은 XY 염색체, 여성(오른쪽)은 XX 염색체를 가진다. 어머니에게서 하나, 아버지에게서 하나를 받아 염색체가 한 쌍을 이룬다.

KATERYNA KON/SCIENCE PHOTO LIBRARY © Getty Images

DNA에는 수많은 변형이 있어서 인간은 모두 다르다. 알려진 변형만 수억 가지로 이러한 변형이 끝없는 다양성을 초래한다.[6] DNA 서열의 염기 하나가 다른, SNP(단일염기변이)로 인한 차이가 대부분이다. 친척 관계가 아닌 사람 두 명을 무작위로 고르면 DNA의 500만 곳 정도에서 차이가 나타나는데 그 대부분이 SNP이다.[7] 수정란 하나가 태아 둘로 나뉘어서 생기는 일란성 쌍둥이조차 수정란이 태아로 분열하는 과정에서 무작위 돌연변이가 일어나 몇 가지 차이가 생긴다.

유전자에 나타나는 돌연변이는 대부분 생성된 단백질이 제대로 기능하지 않는 결과를 초래하는데, 부모 각자에게서 받은 유전자 사본 두 개 모두 결함이 있는 불행한 경우에만 증상이 나타난다. 돌연변이 유전자가 한쪽에만 있으면 문제가 없다. 이것이 열성 유전병이다. 반면, 돌연변이로 인해 생성된 단백질이 유해한 경우도 종종 있다. 이 경우는 돌연변이 유전자를 하나만 받아도 질병이 나타나는 우성 유전병에 해당한다. 정상 유전자가 있어도 유해한 유전자의 영향을 막을 수 없기 때문이다. 우성 유전자를 가진 사람의 아이는 50%의 확률로 해당 유전자를 받는다. 질병을 앓는 부모에게서 무작위로 유전자 하나를 받기 때문이다. 헌팅턴병도 이와 같은 사례다.

조지 헌팅턴은 몰랐지만, 현재의 체코에 있는 브르노의 수도사 그레고어 멘델Gregor Mendel이 독립적으로 우성과 열성 유전을 발견했다. 1865년과 1866년에 발표된, 수만 줄기의 콩을 키우며 실험한 고전 연구를 통해서였다.[8] 수도원에서 최첨단 연구를 수행했다니 이상하게 여겨질 수 있지만, 멘델의 수도원장인 시릴 냅Cyrill Napp이 과학에 깊은 관심이 있어 유전자 연구 전용 온실을 지어줬다.[9] 멘델은 유기체에 어떤 형질이 유전될지 결정하는 유전 단위가 있다는 사실을 알아냈으며, 현재는 이것을 유전자라고 부른다. 유전자는 콩 꽃이 흰색인지 보라색인지 결정하는 유전자 등 여러 형태가 있으며 한 쌍으로 존재한다. 콩에 두 가지 형태의 유전자가 있으면 하나는 우성으로 겉으로 드러나고, 나머지 하나는 열성으로 우성 유전자에 가려 나타나지 않는다. 열성 유전자의 영향은 열성 유전자 사본이 두 개 있을 때만 발현된다. 꽃 색깔을 예로 들면 보라색이 우성이고 흰색이 열성이다. 그래서 두 개의 흰색 유전자가 있을 때는 흰색 꽃이, 두 개의 보라색 유전자가 있거나 보라색 유전자 하나, 흰색 유전자 하나가 있을 때는 보라색 꽃이 된다. 인간과 마찬가지로, 각 자손 콩은 부모에게서 각각 하나의 유전자를 받는다.

멘델은 콩 연구 결과를 발표했지만, 이를 설명할 수 있는 물리적인 구조를 생각해내지는 못했다. 세포핵에서 염색체가 처음 관찰된 것은 19세기 중반이었지만, 염색체가 유전자를 전달하는 역할을 한다는 것은 20세기 초가 돼서야 밝혀졌다. 독일 생물학자 테오도어 보버리Theodor Boveri와 미국 생물학자 월터 서턴Walter Sutton이 이에 대한 이론을 제시하면서다.[10] 보버리는 난자가 크고 투명해서 관찰이 쉬운 성게알로 배아 발달 연구를 했고, 알이 성체로 제대로 발달하려면 성게 염색체가 모두 있어야 한다는 사실을 알아냈다. 서턴은 메뚜기 연구를 통해 염색체가 한 쌍으로 나타나는 것을 관찰하고 부모에게서 염색체를 하나씩 받는다는 설을 제시했다. 그러려면 정자와 난자는 각 염색체 사본을 하나씩 갖고 있어야 한다. 염색체를 하나씩 가진 세포가 만들어지는 감수분열 과정은 1876년에 성게 난자에서 처음 관찰됐다.[11] 감수분열의 첫 단계에서 염색체는 모두 복제되어 각 염색체를 네 개 가진 거대한 세포가 된다. 이 세포는 두 번 분열하여 각 염색체 사본이 하나 있는 네 개의 딸세포가 된다. 이 딸세포가 정자나 난자가 되는 것이다. 수정 단계에서 정자와 난자가 만나면서 수정란에는 부모에게서 하나씩 받은 각 염색체 사본이 두 개 존재한다. 유전자는 염색체에 들어 있으므로, 이제 멘델의 유전법칙을 증명하는 타당한 물리적 설명이 가능해졌다.

감수분열은 유성생식에 필수적인 과정이다. 정자나 난자, 꽃가루로 발전하는 딸세포는 생존 가능한 유기체를 만들 때 필요한 DNA의 절반만 가지고 있다. 그러므로 동물은 나머지 절반의 DNA를 제공할 짝을 찾아야 한다. 약 12억 년 전, 모든 식물, 균류, 동물의 조상인 단세포 생물이 유성생식을 하도록 진화했다. 유성생식이 종에 어떤 이익이 되는지, 인간은 왜 박테리아처럼 자신과 똑같은

DNA를 가진 후손을 만들지 않는지는 생물학계에서 여전히 논쟁의 주제다.

멘델의 연구가 널리 알려진 1900년쯤, 헌팅턴병은 우성 유전자로 인해 발생하는 질병으로 밝혀진 최초의 유전병 중 하나였다. 세대를 거슬러 가문에서 이 병을 추적하면 우성 유전 패턴을 볼 수 있었지만, 당시에는 해당 유전자의 성질에 대해 더는 알려진 바가 없었다. 유전자가 어떤 종류의 분자를 암호화하는지, 일반적인 기능이 무엇인지, 어떤 염색체에 있는지 전혀 몰랐다. 1960년대에서야 한 미국 가문이 이 과제를 짊어졌다.

밀턴 웩슬러Milton Wexler는 1908년 샌프란시스코에서 태어나 가족과 함께 뉴욕으로 갔다.[12] 뉴욕 대학에서 법학을 전공하다가 과학계로 관심을 돌렸고, 컬럼비아 대학에서 심리학 박사 학위를 땄다. 제2차 세계대전 때는 해군에서 복무했고 이후 캔자스주 토피카로 이동해 조현병 연구와 치료에 집중했다. 웩슬러는 레오노어 세이빈Leonore Sabin과 결혼해 낸시Nancy와 앨리스Alice라는 두 딸을 두었다.

1950년 레오노어의 세 오빠(폴, 시모어, 제시)가 모두 헌팅턴병 진단을 받았다. 1926년 47세에 헌팅턴병으로 사망한 아버지 에이브러햄 세이빈Abraham Sabin으로부터 유전된 것이다. 웩슬러는 1951년 로스앤젤레스로 이동해서 작가, 예술가, 할리우드 스타를 치료하며 더 많은 수익을 올려 세 매형의 의료비를 댔다. 얼마 지나지 않아 웩슬러의 아내 레오노어의 성격이 변하기 시작했다. 우울증이 생기고 감정 기복이 심해졌으며 이상 행동을 보였다. 웩슬러도 레오노어와 딸들도 이것이 헌팅턴병의 조짐인 줄은 몰랐다. 남자만 헌팅턴병에 걸린다는 잘못된 믿음을 갖고 있었기 때문이다. 웩슬러는 부모님과 오빠들이 일찍 죽은 스트레스 때문에 아내의 성격이 변했다고 생각했다. 부부는 점점 같이 살기가 힘들어졌고, 1962년에 이혼했다. 웩슬러는 헌팅턴병의 초기 증상이 이혼 원인이었다는 사실을 나중에야 깨달았다.

1967년, 레오노어는 배심원단에 참석하기 위해 오전 9시에 차에서 내렸다가 한 경찰관에게 체포됐다. "어떻게 아침부터 이렇게 취할 수가 있죠? 부끄러운 줄 아세요!" 그러나 레오노어는 취한 것이 아니었다. 우디 거스리와 마찬가지로 헌팅턴병 때문에 뇌가 신체를 통제하지 못해서 비틀거리고 경련을 일으키며 넘어졌던 것이다. 레오노어는 공황에 빠져 전남편에게 전화했고, 그의 진료실을 찾았다. 웩슬러는 동료 신경학자를 불러 레오노어의 사연과 증상의 진행에 대해 이야기했다. 동료는 즉시 헌팅턴병이라고 진단했다. 에이브러햄 세이빈의 자식 네 명에게 모두 병이 유전된 것이었다. 게다가 레오노어와 웩슬러는 이 치명적인 헌팅턴병 유전자가 이제 딸들에게 유전됐을 수도 있다는 사실을 알게 됐다.

앨리스와 낸시는 당시 25살, 22살이었다. 그날 오후, 웩슬러는 딸들에게 신경학자의 진단을 말해주고 헌팅턴병에 걸릴 확률이 50 : 50이며, 약 20년 후 증상이 시작되기 전까지는 미리 알 방법이 없다고 털어놨다. 앨리스와 낸시는 이제 넘어지거나, 어떤 단어가 잘 발음되지 않거나, 몸이 이상하게 움직일 때마다 헌팅턴병의 시작일지 몰라 두려워하게 될 터였다. 낸시와 앨리스는 그 자리에서 아이를 낳지 않겠다고 결정했다. 만약 헌팅턴병 유전자를 가지고 있다면,

아이는 젊은 나이에 엄마가 고통스럽게 죽어가는 모습을 지켜보고 자신에게 같은 일이 일어나지는 않을지 걱정하며 살게 될 것이었다.

웩슬러는 충격에 빠졌으나 희망을 버리는 대신 헌팅턴병과 싸우기로 마음먹고 행동에 나섰다. 우디 거스리가 같은 병으로 죽은 지 얼마 되지 않았다는 것을 알고 남편을 잃은 마조리와 접촉했다. 마조리는 이미 헌팅턴병 연구 기금을 모으는 조직을 세운 후였다. 웩슬러는 캘리포니아에 지사를 운영하기로 했다. 같은 해, 그는 그때까지 연구자들의 관심을 거의 받지 못하던 헌팅턴병 연구 지원을 전문으로 하는 유전병 재단Hereditary Disease Foundation을 설립했다. 웩슬러는 거의 맨바닥에서 시작해야 하는 분야에서 기꺼이 일하겠다는 경험 많은 자문위원과 뛰어난 젊은 과학자들을 모았다. 그리고 미국 의회를 설득하고 우디 거스리의 열렬한 추종자들을 모아 포크 콘서트를 열면서 기금을 모았다. 과학자들과 웩슬러의 영화배우 친구들이 어울릴 수 있는 자리를 만들었고, 워크숍을 통해서 연구 아이디어를 논의했다.

1970년 레오노어는 자살 시도를 했다. 엄청난 양의 수면제를 먹고 딸들의 사진을 품고 침대에 누워 있는 것을 가정부가 발견했다. 레오노어는 생명을 건졌다는 사실에 격분했다. 이는 낸시가 헌팅턴병 연구에 전념하게 되는 데 결정적인 사건이 되었다. 낸시는 헌팅턴병 환자 가족들과 긴밀하게 협력했고, 이 병이 환자와 가족에게 미치는 심리적 영향에 대한 연구로 박사 과정을 마쳤다.

1972년, 유전병 재단은 이상적인 연구 대상을 찾아냈다. 오하이오주 워크숍에서 라몬 아빌라 히론Ramón Ávila Girón이라는 베네수엘라

의사가 베네수엘라 북부 마라카이보 호수 기슭에 있는 마을에서 찍은 영상을 보여줬다. 영상에 찍힌 십수 명은 모두 헌팅턴병 특유의 움직임을 보였다. 히론은 이들이 모두 한 가문 사람이라고 설명했다. 호수 근처에 있는 여러 마을이 영향을 받았는데, 주민의 절반 이상이 환자인 마을도 있었다. 현지인들은 헌팅턴병이 있는 아이를 낳을 수 있다는 사실을 알고 호수 근방 마을 사람과 결혼하지 않으려 했다. 낸시와 동료들이 만난 헌팅턴병 환자와 가족은 많지 않았다. 하지만 마라카이보 호수 근처 마을에는 헌팅턴병 환자가 수천 명이었고, 이들 모두 조상 세대의 환자 한 명에게서 병을 물려받았을 가능성이 컸다. 만약 이 환자들에게는 100% 존재하면서 환자가 아닌 사람에게는 없는 유전자의 특징을 찾아낸다면, 이것이 헌팅턴병을 일으키는 요인이라고 확신할 수 있을 것이었다. 낸시와 팀원들은 마을을 찾아 가계도를 만들고 의료 기록과 혈액 표본을 모았다. 낸시는 '앙헬 카티라Angel Catira', 즉 금발의 천사로 알려졌다.

유전병 재단과 의회에서의 성공적인 활동에 힘입어, 1979년 헌팅턴병 유발 유전자를 특정하는 것을 목표로 미국-베네수엘라 헌팅턴병 협력 연구 프로젝트가 출범했다. 베네수엘라의 고립된 마을 바란키타스Barranquitas와 라구네타스Lagunetas에 살며 대부분이 한 대가족에 속하는 주민 1만 8,000명이 연구 대상이었다. 헌팅턴병은 200년 전 이 지역에 살면서 자녀 10명을 낳았던 마리아 콘셉시온María Concepción에게서 유래했다. 마리아의 아버지 역시 헌팅턴병을 앓았던 신원 미상의 유럽인이었을 확률이 높다.

100명이 넘는 과학자가 10년간 프로젝트에 매달린 결과, 헌팅턴병은 4번 염색체 이상이라는 사실이 밝혀졌다. 어떻게 알아냈을까? 전례가 전혀 없는 어려운 과제였으므로 새로운 기술을 발명해야 했다. 성공의 비결은 연관분석linkage analysis의 활용이었다. 연관분석은 염색체상 근접한 위치에 있는 DNA조각은 감수분열을 하면서 함께 유전되었을 가능성이 크다는 사실을 기반으로 한다. 과학자들은 이 지식을 활용해서 어떤 유전자가 염색체 어디에 위치하는지 연구한다.

연구는 어려웠고 오래 걸렸다. 그러나 연관분석법으로 최초의 우성 유전자를 찾는 데 성공했을 뿐만 아니라, 나중에 인간 유전자 염기서열 분석에 사용하게 된 방법도 개발했다. 헌팅턴병은 4번 염색체의 G8이라는 표지와 긴밀한 관계가 있다는 사실이 밝혀졌다.[13] 다시 말해, G8 표지를 물려받은 사람은 헌팅턴 유전자 역시 물려받는데, 이는 G8과 헌팅턴 유전자가 4번 염색체에서 근접해 있기 때문이다. 연구팀은 다른 기술을 통해 4번 염색체 끝부분의 IT15라는 더 정확한 위치를 찾았고, 이것이 헌팅턴 유전자로 밝혀졌다. 염기 서열 분석을 통해 헌팅턴 돌연변이의 정확한 성질이 드러났다.[14]

앞에서 본 것처럼 대부분의 돌연변이는 DNA에서 하나의 염기가 다른 염기로 대체되는(예를 들면, G가 A로 대체되거나 C가 T로 대체되는) SNP다. 그러나 헌팅턴병을 일으키는 돌연변이는 매우 다르다. 헌팅턴 유전자에는 CAG가 여러 차례 반복된다. 보통의 건강한 사람은 CAG 반복이 6~35회지만, 헌팅턴 환자의 경우는 더 많다. 헌팅턴 유전자는 헌팅턴 단백질을 암호화하는데, 이 단백질이 결핍된 쥐가 죽은 것으로 보아 이 단백질의 정확한 기능은 밝혀지지 않았지만 필수적인 것만은 확실하다. 세포가 서로 소통하거나 물질을 운반하는 데 관련돼 있을 가능성도 있다. 헌팅턴병 증상에서 예측할 수 있듯 이 단백질은 신경세포와 뇌에 가장 많다.[15] CAG는 아미노산인 글루타민을 암호화하므로, 반복되는 CAG 패턴은 헌팅턴 단백질에 글루타민이 줄지어 있다는 뜻이다.

글루타민이 36개 미만이면 헌팅턴 단백질이 정상적으로 기능하므로 문제가 없다. 하지만 사슬이 36개 이상이면 효소가 헌팅턴 단백질을 끊어버려 다중 글루타민 단백질의 파편이 생산된다. 이 파편은 서로 뭉쳐서 신경세포 안에서 덩어리를 형성한다. 현재로서는 이 덩어리가 신경세포를 훼손하는 것인지 아니면 세포가 돌연변이 헌팅턴 단백질을 처리하지 못해서 세포 내에서 덩어리가 형성되어 손상을 일으키는지 알 수 없다. 아무튼 지금은 CAG가 더 많이 반복될수록 단백질이 더 치명적이고 더 젊은 나이에 헌팅턴병이 나타난다는 사실을 알 뿐이다. 36~39개인 경우에는 운이 좋으면 병이 나타나지 않을 수도 있지만, 40개 이상이면 피할 수 없다.[16]

CAG 반복에 의한 헌팅턴병의 특히 나쁜 점은 세대를 거듭할수록 심각해진다는 것이다. DNA가 복제되는 동안 중합 효소polymerase enzyme가 과다하여 CAG가 추가로 만들어질 수 있다. 한 세대에 두세 개의 CAG가 추가되는 것은 흔한 일이다. 이는 아이가 헌팅턴 유전자를 물려받으면 환자인 아버지나 어머니보다 다중 글루타민 서열이 더 길고, 그래서 더 치명적인 헌팅턴 단백질을 생산한다는 뜻이다. 그러면 아이는 부모보다 젊은 나이에 증상이 나타난다. 따라서 CAG 반복이 30번대인 사람은 증상이 없더라도 헌팅턴병을 가진 아이를 낳을 수 있다. CAG가 몇 번 더 반복되면서 단백질을 치명적으로 만드는 선을 넘길 수 있기 때문이다. CAG가 매우 길면 소아 헌팅 턴병을 일으켜 20세 전에 증상이 시작된다.[17]

헌팅턴 유전자가 발견되면서 헌팅턴병 검사도 가능해졌다. 부모 가 헌팅턴병 진단을 받은 청년은 자신도 병에 걸릴지 검사를 받을 수 있다. 대부분은 자녀 계획이 있지 않는 한, 검사를 받지 않는 편 을 선택한다. 아직도 헌팅턴병 치료법은 없다. 헌팅턴 단백질 생산 을 억제하려는 최근 연구[18]는 성공적이지 못했고,[19] CAG가 반복되 는 단백질 파괴를 촉진하는 연구[20]는 진행 중이다. 이런 접근이 실질 적인 치료를 향한 첫 단계일 수 있다. 시간이 지나면 알게 될 것이다.

앨리스 웩슬러와 낸시 웩슬러는 둘 다 헌팅턴병 검사를 받지 않 기로 했다. 이들은 검사가 개발되기 훨씬 전 어머니가 헌팅턴병 진 단을 받았을 때부터 아이를 갖지 않겠다고 결정했다. 결국 낸시에게 증상이 나타났다. 낸시는 걸음걸이가 불안정하고 말이 어눌하며 행 동을 통제하지 못하게 됐다. 낸시는 오랜 시간 자신의 상황을 숨겼 으나 앨리스의 설득으로 발병 사실을 공개했다. 하지만 헌팅턴병도 낸시의 연구를 멈추지는 못했다. 낸시는 연구를 계속했고 헌팅턴병 에 대해 알렸으며, 70대까지 즐겁고 충만한 삶을 살았다.[21]

1990년, 심각한 신체적, 지적 장애가 있는 남자아이가 애리조나주 피닉스에 있는 소아신경과 전문의 시어도어 타비Theodore Tarby의 진료실을 찾았다. 타비 역시 처음 보는 증상이었기에 희소 유전병을 전문으로 연구하는 콜로라도 대학에 아이의 소변 샘플을 보냈다. DNA 염기서열분석 결과, 희소병인 푸마라제 결핍증fumarase deficiency 으로 진단됐다. 푸마라제는 세포에서 에너지를 발생시키는 데 필수적인 효소로, 이와 관련된 돌연변이는 비극을 초래한다. 푸마라제 결핍은 심한 간질성 발작을 유발하고, 걸을 수도 똑바로 앉을 수도 없다. 심한 언어 장애와 발달 지연, 신체 기형이 나타난다.[1] 환자들은 뇌의 많은 부분이 없다. 알고 보니 아이의 여동생을 포함해서 같은 상태의 아이들이 많이 있었는데, 이들은 모두 한 작은 마을 출신이었다. 타비가 이런 환자를 처음 보는 것도 무리가 아니었다. 1990년대 이전까지 발견된 푸마라제 결핍증 환자는 전 세계에서 단 13명이었다. 그러나 타비는 2006년 같은 마을에 같은 병을 안고 살아가는 아이가 20명 더 있음을 알게 됐다.[2]

애리조나주 콜로라도 시티에 있는 근본주의 예수 그리스도 후기성도 교회Fundamentalist Church of Jesus Christ of Latter-Day Saints, FLDS와, 주 경계를 사이에 둔 유타주 힐데일이 문제의 장소였다. 1930년대 바로우Barlow와 제숍Jessop 가문이 이 외진 곳에 정착했으며, 두 마을의 주민 8,000명 중 절반 정도가 두 가문의 후손이었다. FLDS에서는 일부다처제, 근친혼, 조혼이 이뤄졌고, 여성이 최대한 많은 아이를 낳도록 권장했다.

일부다처제는 모르몬교라고도 하는 후기성도교회Latter-Day Saints, LDS 최초의 지도자인 조셉 스미스Joseph Smith와 브리검 영Brigham Young의 원칙이자 가르침이었다. 1844년 일리노이주에서 스미스가 사망한 이후, 영은 서쪽 유타주 솔트레이크 시티로 가서 새로운 교파를 세웠다. 1890년, 연방정부의 압박과 예수의 계시 이후, 교파의 회장 윌포드 우드러프Wilford Woodruff가 일부다처제를 포기하는 선언문을 발표했다. 그래서 유타주는 6년 후 주 헌법으로 일부다처제를 금지하여 미국 연방에 가입할 수 있었다. LDS 신도 대부분은 변화를 받아들였지만, 일부는 교파 전통에 정면으로 반하는 짓이라며 강하게 반발했다. 우드러프의 개혁에 반대한 사람들이 FLDS를 설립하고 원래의 교리를 따를 수 있는 새로운 사회를 건설하러 떠났다. 콜로라도 시티와 힐데일은 이렇게 만들어진 공동체였다.

콜로라도 교파의 창시자 조셉 스미스 제숍Joseph Smith Jessop과 첫 아내 마사 무어 예이츠Martha Moore Yeates는 14명의 자녀를 낳았다. 이들의 딸 하나는 또 한 명의 공동체 창시자이자 종교 지도자인 존 예이츠 바로우John Yeates Barlow와 결혼했다. 제숍이 사망한 1953년에 그에게는 112명의 손주가 있었는데 대부분이 제숍과 바로우의 후손이었다. 순수 혈통을 보존하기 위한 결혼이 주선됐고, 사촌 간 결혼은 흔했다. 자매가 한 사촌과 결혼하기도 했다. 삼촌이 조카와 결혼하고, 형제가 사촌 자매와 결혼했다. 선택받은 남자 몇 명이 여럿의 아내를 두다 보니, 배우자가 없는 사람들은 설 곳이 없었다. 그래서 '잊힌 아이들lost boys'로 불리던 잉여 남성은 추방됐다. 몇 세대가 지나자 푸마라제 결핍증이 나타났다. 서로 가까운 친척인 부모에게서 푸마라제 유전자의 결함을 물려받은 아이들이 태어난 것이다. 지금 FLDS 신도 수천 명은 푸마라제 유전자 결함을 갖고 있다. 푸마라제 결핍증뿐만이 아니다. 구순구개열, 내반족, 심장판막이상, 뇌수종을 가지고 태어나는 아이도 많다.[3, 4]

타비는 이 공동체의 회의에서 바로우가와 제숍가 간의 근친혼을 그만둬야 한다고 설명했지만, 반응은 호전적이었다.[5] 이들은 질병의 위험을 줄이는 것보다 순수 혈통을 지키는 것이 중요하다고 생각했고, 아이의 병을 신의 시험으로 여겼다. 남성 신도가 천국에 들어가려면 최소 세 명의 아내가 있어야 했고 많을수록 더 좋았다.[6] 교회 지도자 워런 제프Warren Jeffs의 아내는 약 80명이었다. 2011년 제프는 가중 처벌이 가능한 성폭행으로 종신+20년형을 선고받았는데, 복역 중에 전체 공동체에 성관계 금지령을 내렸다.[7] 그때부터 많은 신도가 떠났다. 기나긴 통제와 학대 끝에, 이제 콜로라도 시티/힐데일 공동체는 급속한 변화를 겪고 있다.[8]

결함이 있는 유전자를 갖고 있어도 문제가 되는 경우는 거의 없다. 보통은 배우자에게 제대로 기능하는 두 개의 유전자 사본이 있기 때문에, 자녀는 한쪽에서 결함이 있는 유전자를 받더라도 한쪽에서는 제 기능을 하는 유전자 사본을 받게 된다. 그러나 부모가 친척이라면 그렇게 확신할 수 없다. FLDS 공동체의 푸마라제 유전자 사례처럼, 양친이 같은 조상으로부터 결함이 있는 유전자를 받을 수 있다. 부부가 가까운 친척일수록 아이는 유전병에 걸릴 확률이 높다. 친척 간 결혼은 자손을 놓고 러시안 룰렛을 하는 것과 같다.

거의 모든 인간 사회에서 남매의 결혼이 불법인 것도 이유가 있는 셈이다. 사실 친남매에게 성적 매력을 느끼는 경우는 매우 드물어서 남매의 결혼을 법률로 금지할 필요조차 없을지도 모른다. 인간은 그런 해로운 관계에 본능적인 혐오감을 느끼도록 진화했다. 그러나 고대 이집트 등 남매 결혼이 이뤄진 사례가 있다. 현재 영국에서 3,600명 중 한 명 정도가 남매·부녀 등 극단적인 근친 관계에서 태어났다.[9]

남매 결혼은 드물지만, 조부모가 같은 사촌 간 결혼은 많은 문화권에서 흔하다.[10] 남아시아, 북아프리카, 중동의 많은 지역에서는 여성이 상당한 금액의 지참금을 가져가야 해서 딸의 결혼이 가족에게 큰 부담인 경우가 많다. 하지만 딸을 형제의 아들과 결혼시키면 지참금이 다른 가문으로 빠져나가지 않는 데다 결혼 후 딸과 연락하기도 쉽다. 사촌 결혼에 대한 태도는 지역에 따라 매우 다르다. 중국, 한국, 필리핀에서는 불법이며, 미국에서도 절반 정도의 주에서는 허용되지 않는다. 유럽에서는 합법이지만 아이의 건강상 위험에 대한 (합당한) 우려와 근친상간의 금기 때문에 부정적 인식이 있다.

사촌 결혼은 특히 중동에서 흔하다. 예를 들어, 사우디아라비아에서 이뤄지는 결혼의 70% 이상은 사촌 또는 육촌 결혼이라 자손에게서 열성 유전병이 나타날 가능성이 상당히 크다. 수천 년간 친척 간 결혼은 흔했고, 세대를 거치며 문제는 더욱 확대됐다. 결국 아랍 국가의 유전병 환자 비율은 세계에서 가장 높다. 카타르와 같은 나라에서는 위험을 인지하고 현명하게도 예비 부부 두 사람이 유전자 결함을 보유했는지 확인할 수 있도록 염색체 선별검사를 제공한다.[11] 모든 지역에서 이 정책을 도입해도 괜찮을 것이다. 유전병과 관련된 SNP를 파악하는 검사는 빠르고 저렴하다. 친척 결혼의 위험이 알려져 선별검사가 가능해진 이후 사촌 결혼의 빈도는 오히려 높아지고 있다.

2015년 세계 102개 집단의 35만 4,224명을 대상으로 근친 번식의 영향을 조사한 연구가 있다.[12] 서로 가장 높은 유전적 유사성을 보인 사람들은 미국의 종교 공동체 아미시파Amish와 후터파Hutterite였다. 소수의 기존 구성원이 수백 년간 서로 결혼하며 만들어진 사회다. 유전적으로 가장 다양성이 높은 집단은 아프리카에 있었다. 공공 보건을 측정하는 16개 기준으로 신장, 지능, 혈압, 콜레스테롤 수치, 폐활량, 체질량지수, 헤모글로빈 수치 등을 살펴봤는데, 유전적 다양성의 차이는 이 중 신장, 폐 기능, 학업 능력, g인자(일반 지능의 측정법) 네 가지에 중대한 악영향을 미쳤다. 수치를 분석한 결과, 부모가 사촌이면 평균적으로 학업 수준이 10개월 뒤떨어졌고, 키가 1.2cm 작았다. 세대를 내려가며 사촌 결혼이 반복되면 그 영향은 더욱 극대화됐다. 혈압, 콜레스테롤, 심장 기능에는 눈에 띄는 영향이 없었다.

남녀가 서로 먼 친척이라는 사실을 모르는 채 결혼하는 경우는 종종 있다. 적은 수의 사람들이 만든 공동체 출신 남녀가 결혼할 때 이런 일이 일어난다. FLDS 공동체가 극단적인 사례다. 공동체의 창시자 인구가 적어 유전적 유사성이 높아지는 병목효과bottleneck effect는 프랑스계 캐나다인 공동체에서도 나타난다. 1608년에 주도 퀘벡이 세워진 이후 150년 동안 뉴프랑스(북아메리카의 프랑스 식민지—역주)는 서서히 팽창했다. 1663년 뉴프랑스 인구는 2,500명 중 미혼 남성은 719명, 미혼 여성은 단 45명이었다. 군인, 모피 사냥꾼, 성직자 등 뉴프랑스에서 가질 수 있는 직업은 대부분 남자만을 위한 것이어서 유럽 남자들만 이곳으로 이주해왔고, 심각한 인구 불균형이 생겼다. 미혼 여성들은 새로운 세계로 이주하길 주저했다. 식민지는 아메리카 원주민이나 남쪽 영국 식민지와 동화되지 않으면 그대로 사라질 선택의 갈림길에 놓였다.

이때 뉴프랑스의 행정국장 장 딸롱Jean Talon이 프랑스 미혼 여성 최소 500명이 대서양을 건널 수 있도록 지원하면 식민지 인구를 늘리고 프랑스 문화를 유지할 수 있다고 루이 14세에게 제안했다. 왕은 이에 동의했고, 여성 800명이 모집됐다. 이들은 12~25세의 순결

(사제가 인증)한 여성으로 신체적으로 건강하여 농사를 지을 수 있으며, 보통 보잘것없는 평민 가문 출신이었다. '왕의 딸들filles du roi'로 불린 이 여성들은 캐나다로 가는 편도 티켓과 지참금, 개인 물품(빗, 외투 두 벌, 벨트, 바지, 신발, 장갑, 모자, 신발끈, 레이스 네 묶음, 바느질 도구)을 담은 상자를 받았다. 결혼이 간절한 외로운 퀘벡 남자라면 누구든 눈독을 들일 조건이었다.

프로젝트는 성공했다. 1670년 이전에 도착한 여자들은 대부분 결혼해서 아이를 낳았다. 소녀들은 수녀 입회하에 남편 후보들을 만나 잠시 이야기한 후 한 명을 골랐다. 마음에 드는 사람이 없으면 배를 타고 세인트로렌스강을 거슬러 올라 다음 마을로 갔다. 이듬해가 되자 왕의 딸들이 낳은 아이는 700명이 넘었다. 뉴프랑스 인구는 단 9년 만에 두 배로 늘었다. 아이를 열 명 넘게 낳는 것도 특이한 일은 아니었다. 현재 프랑스계 캐나다인 500만 명 대부분의 조상 중에는 왕의 딸이 있다. 안젤리나 졸리Angelina Jolie, 힐러리 클린턴Hillary Clinton, 마돈나Madonna 역시 그들의 후손이다.

1756~1763년 영국·프로이센·포르투갈·기타 게르만 국가와 프랑스·신성 로마 제국·오스트리아·러시아·스페인·스웨덴이 맞서 싸운 7년 전쟁으로, 뉴프랑스로의 프랑스인 이주가 돌연 중단됐다. 전쟁이 끝난 후 복잡한 영토 교환이 이뤄지면서 뉴프랑스는 영국에 양도됐고, 프랑스는 훨씬 생산성이 좋은 카리브해의 설탕 생산지 마르티니크Martinique와 과들루프Guadeloupe를 가져갔다. 이후에는 주로 영국 섬, 특히 스코틀랜드와 아일랜드 사람들이 캐나다로 이주했다. 또는 독립 전쟁에서 아메리카 식민지 13개 주가 독립한 후, 대영 제국에서

살고 싶은 충성주의자들이 캐나다를 찾았다. 프랑스계 캐나다인에게서는 강한 창시자 효과founder effect(집단유전학에서 한 개체군에서 낮은 빈도의 대립인자를 가진 몇몇 개체들이 새로운 곳으로 이주했을 때, 그 대립인자가 폭발적으로 늘어나는 효과—역주)가 나타나 유전적 다양성이 낮다. 소수의 왕의 딸들로부터 현재의 많은 인구가 비롯됐기 때문이다. 그래서 수십 가지 유전병이 나타난다.[13, 14]

인구 병목효과는 어떤 집단의 인구가 매우 적은 수로 줄어들었다가 이후 다시 늘어날 때 발생한다. 인구 급감은 전염병, 자연재해, 전쟁, 특히 대량 학살로 일어날 수 있다. 콜럼버스가 1492년 아메리카 대륙을 발견하여 유럽인들이 이주하기 전에, 모든 아메리카 원주민은 러시아 동쪽 해안을 이동하여 알래스카와 캐나다를 가로질러 결국 남아메리카 끝까지 내려온 소수 인원의 후손이었다. 약 1만 4,000년 전, 해수면이 낮아서 러시아부터 알래스카까지 육지로 이어져 있었던 마지막 빙하기에 있었던 일이다. 이 용감무쌍한 여행자들은 빙하기 캐나다의 끔찍한 추위를 피해 남쪽으로 이동하면서 커다란 사냥감이 넘치는 비옥한 땅을 발견했고 인구는 폭발적으로 늘었다. 아마 콜럼버스 이전에 아메리카 대륙의 인구는 5,000만 명 정도였을 것이다. 아스텍과 마야 문명의 발상지인 중앙아메리카의 인구밀도가 가장 높았다. 오늘날 아메리카 원주민의 유전자 데이터를 살펴보면, 그 5,000만 명은 1,000명도 되지 않는 창시자의 후손으로 나타난다.[15] 짐작건대 이들 조상 인구는 시베리아에서 알래스카로 이동하는 대장정에서 최악의 환경을 겪으면서 줄어들었을 것이다.

이러한 병목효과로 인해, 캐나다에서 칠레까지의 광대한 지리적 거리에도 불구하고 미국 원주민의 유전적 다양성은 낮다. 단적인 예로, 대부분이 O형이다. 미국 원주민에게서 특징적으로 나타나는 SNP는 시베리아에 살던 조상에게서 처음 나타난 것으로 보인다. 유럽의 질병이 전해졌을 때 원주민들이 마구 죽어 나간 이유 중 하나는 유전적 다양성이 낮기 때문이었다. 다양성이 있는 인구는 새로운 질병을 받아들일 때 다양한 형태를 보여서 운 좋게 저항력이 있는 사람도 어느 정도 나타나기 마련이다. 그러나 미국 원주민의 경우, 한 사람이 특정 감염병에 큰 영향을 받았다면 나머지도 모두 그랬을 거라고 봐야 한다.

유럽인의 아메리카 진출은 심지어 개에게 더 큰 영향을 미쳤다. 개는 1만 년 전 처음으로 역시 시베리아에서 출발하여 아메리카 대륙에 도착한 이후 번성했다. 그러나 현대 아메리카 대륙에 있는 개의 DNA를 이들 조상 동물이 남긴 DNA과 비교해 보면 흔적이 거의 남아 있지 않다. 아메리카 최초의 개들은 유럽에서 온 개들이 갖고 있던 질병에 걸려 전멸했다.[16]

치명적인 열성 유전병 유전자를 보유한 사람은 많다. 그러나 사촌과 아이를 낳지 않는 이상, 문제가 되지 않는다. 사람은 한 쌍의 유전자 사본 중 하나가 기능을 하지 못해도 인지하지 못한다. 정상 유전자가 결함이 있는 유전자를 가려 질병이 나타나지 않기 때문이다. 최근 사우스다코타주 후터파 공동체를 대상으로 한 연구에서, 한 사람이 결함이 있는 유전자를 보유할 가능성을 측정했다.[17] 후터 형제교회는 1520년대 오스트리아에서 유래했다. 그 수가 400명으로 줄어들자, 후터파는 1870년대에 북미로 이주했다. 이들은 공동

농장을 세 군데 짓고 고유의 독일어 방언을 썼다. 공동 농장은 번성해서 세 군데 분파로 커졌고 1910년 이후 대부분의 결혼은 같은 집단 내에서 이뤄졌다. 현재 인구는 4만 5,000명이다. 후터파의 의료 기록을 보면 낭포성 섬유증 등 35개 열성 유전병이 나타나는데, 이 또한 창시자 효과와 근친혼의 결과다. 공동의 생활양식을 고수하며 모든 소유물을 공유하고 환경 차이를 최소화하는 후터파 공동체는 유전병 연구에 최적의 대상이다.

사우스다코타주에 사는 1,642명의 후터파와 그들의 조상 3,657명을 포함한 13세대의 데이터를 분석한 결과, 창시자는 모두 64명이었다. 현대 DNA 염기서열분석을 통해 질병과 관련된 돌연변이 보유 여부를 검사할 수 있는데, 후터파 창시자 한 명은 평균 0.6개의 치명적인 열성 돌연변이를 갖고 있었다. 이들이 나머지 인류를 잘 대표하고 있다고 가정하면 인간 절반은 치명적인 유전병의 보인자 carrier, 保因者라고 볼 수 있다.

최근까지는 열성 유전병이 있는 아이의 출생을 막을 방법이 없었다. 염색체 선별검사를 하거나, 더 간단하게는 사촌 결혼을 금지하면서 위험성을 낮출 뿐이었다. 특히 양쪽 집안에서 같은 유전병이 나타난다면 사촌 결혼은 매우 위험하다. 뒤에서 다루겠지만, 이제 인간 DNA를 조작해 유전병을 영원히 없앨 수 있는 전망이 보인다. 무섭지만 흥미진진한 발전이다.

여자보다 남자가 더 많이 태어난다. 세계적으로 출생 시 자연 성비는 남자가 여자보다 3% 많다.[18] 이 차이는 나이가 들면서 줄어들어, 청년기가 되면 동률에 가까워진다. 남자는 전쟁, 자살, 살인 등 폭력에 노출될 가능성이 더 크고, 사고사 확률도 높다. 십 대 여자보다 십 대 남자가 사고로 죽는 경우가 훨씬 많다. 남자는 십 대가 되면 오토바이를 타고, 위험하게 운전하고, 위험한 직업·스포츠·기타 활동에 뛰어든다. 그래서 청년 여성과 남성의 숫자가 비슷해진다. 남성이 더 일찍 사망하기 때문에 50세가 지나면 여성이 남성보다 많아진다. 유년기와 청년기에도 남성 사망률이 여성보다 높은데, 유전병의 위험이 더 크기 때문이다.

생물학적으로 Y염색체가 있으면 남성이 된다. 남성을 만드는 Y염색체가 없으면 기본값인 여성이 되는 셈이다. 열성 유전병에서 보았듯 염색체는 한 쌍으로 존재하기 때문에 사람의 모든 유전자에는 여분의 사본이 하나 있다. 하지만 남성의 경우에는 예외적으로 X와 Y염색체가 하나씩밖에 없다. 단백질을 암호화하는 인간 유전자는 2만 개 정도인데, Y염색체에는 70개 정도로 가장 적게 존재한다. 남성을 만드는 핵심 유전자는 Y염색체 성결정영역sex-determining region Y, SRY이라고 한다. Y염색체의 SRY는 여러 유전자를 활성화하여 생식선이 난소가 아니라 고환으로 발달하게 한다. 그러면 고환은 남성의 성호르몬인 테스토스테론을 만들기 시작한다. 똑같은 발달 과정으로 시작한 남성과 여성 태아는 여기서부터 다른 길을 걷게 된다.

여성보다 남성에게 훨씬 흔한 유전병은 X염색체에 있는 유전자의 결함으로 발생한다. 남자에게는 X염색체가 하나뿐이라 여분의 사본이 없다. X염색체 돌연변이로 발생하는 질병은 여성의 기대수명이 남성보다 긴 이유 중 하나이기도 하다. 예를 들어, 뒤셴 근위축증Duchenne muscular dystrophy은 X염색체에 있는 디스트로핀 유전자의 돌연변이로 인해 발생하는 심각한 근육 위축 질병이다. 디스트로핀은 근섬유를 묶어주는 거대 단백질로, 디스트로핀에 문제가 있거나 부재하면 근육이 약해지고 괴사한다. 아이는 걷기 시작하면서 근육 쇠약이 뚜렷이 나타난다. 10세 전후로 휠체어가 필요하고, 보통 21세쯤 목 아래가 마비되며, 기대수명은 26세에 불과하다. 여자아이는 돌연변이 디스트로핀 유전자가 있어도 여분의 X염색체 사본에 정상 유전자가 있으면 영향을 받지 않는다. 하지만 남자아이에겐 그런 행운이 없다. 이런 식으로 성별과 관련된 질병은 다양하다. 적록색맹이 그러하며, 유럽 왕실의 혈우병도 전형적인 사례다.

빅토리아 여왕은 혈우병 보인자로 유명하다. 그녀는 혈액 응고에 필수적인 단백질인 혈액응고인자 9번에서 하나의 염기가 달랐다(A가 G로 바뀜). 이 작은 차이가 역사를 바꿨다. 이 돌연변이가 있으면 제9인자가 정상보다 훨씬 짧아 제 기능을 하지 못한다.[19] 제9인자는 X염색체에 있어서 빅토리아 여왕과 같은 여성은 영향을 받지 않는다. 나머지 하나의 X염색체에 정상 유전자가 있기 때문이다. 하지만 남성이 돌연변이 유전자를 받으면 질병을 피해갈 수 없다. X염색체가 하나뿐이므로 정상 9인자를 만들 수 없어 혈액을 응고시키는 능력이 현저하게 떨어진다. 혈우병 환자는 멍이 잘 들고 상처가 나면 오랫동안 피를 흘린다. 뇌는 특히 출혈에 취약해 뇌출혈 시 영구 손상, 발작, 실신이 일어날 수 있다. 보통 신생아의 탯줄을 잘랐을 때 피가 멎지 않는 것이 최초의 혈우병 증상이다.

빅토리아 여왕의 조상에게서는 혈우병이 나타난 적이 없었으므로, 돌연변이는 여왕에게서 시작된 것으로 보인다. 더 정확히 말하면 빅토리아 여왕이 태어났을 때 51세였던 아버지 켄트 공작 에드워드 왕자Prince Edward의 정자에서 왔을 것이다. 아버지의 나이가 많으면 정세포에 오류가 누적되는 시간이 길어 정자에 후천성 돌연변이가 발생할 확률이 높다. 영국 왕실에서 최초로 나타난 혈우병 환자는 빅토리아 여왕과 앨버트 공Prince Albert의 여덟째 자식이자 넷째 아들인 레오폴드 왕자Prince Leopold였다. 1853년에 태어났고 5년 후에 진단을 받았다. 왕자는 30세에 미끄러져 넘어져 머리를 부딪친 후 뇌출혈이 멈추지 않았고, 다음날 새벽 이른 시간에 사망했다. 레오폴드를 시작으로 빅토리아의 남자 자손 열 명이 혈우병 진단을 받았고, 그중 레오폴드가 유일하게 자식을 남겼다. 레오폴드의 딸 앨리스Alice는 아버지에게 돌연변이 9인자를 받을 수밖에 없으므로 당연히 보인자였다. 앨리스의 아들 루퍼트Rupert와 아마도 막내아들 모리스Maurice도 혈우병이 유전됐다. 루퍼트는 40세에 교통사고 부상으로, 모리스는 생후 5개월에 사망했다. 다행히 빅토리아 여왕의 첫째와 둘째 비키Vicky와 버티Bertie는 혈우병 유전자를 물려받지 않았다. 비키는 독일 황제 프리드리히 3세Frederick III와 결혼해서 빌헬름 2세 Kaiser Wilhelm II를 낳았고, 버티는 영국의 에드워드 7세Edward VII가 됐다. 독일과 영국의 황실은 그렇게 혈우병의 저주에서 벗어났다.

다음 도표는 빅토리아 여왕의 후손 중 혈우병 환자와 보인자를 나타낸다.

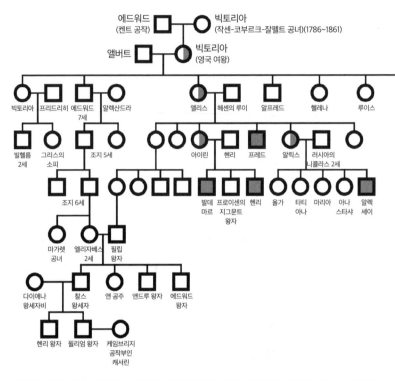

빅토리아 여왕의 후손에게 나타난 혈우병. 3개 왕실로 혈우병이 유전됐다. 헤센의 앨리스와 알렉산드라를 통해 러시아로, 베아트리스와 빅토리아 유제니를 통해 스페인으로, 레오폴드를 통해 작센코부르크 고타 공국으로 퍼졌다. 위의 표시 외에도 여성 보인자가 있었을 수 있다. © Steven Carr

빅토리아 여왕의 자녀들은 유럽의 수많은 왕실과 혼인했고, 모두 10명의 혈우병 환자가 태어났다. 1914년에 태어난 곤잘로Gonzalo를 마지막으로 오늘날 빅토리아 여왕의 후손 중 이 유전자를 가진 사람은 없는 듯하지만, 베아트리스Beatrice의 딸에게서 이어진 스페인 왕가에는 아직 보인자가 있을지도 모른다.[20] DNA 염기서열분석을 하면 알 수 있을 것이다.

러시아의 니콜라이 2세Tsar Nicholas II와 아내 알렉산드라Alexandra,

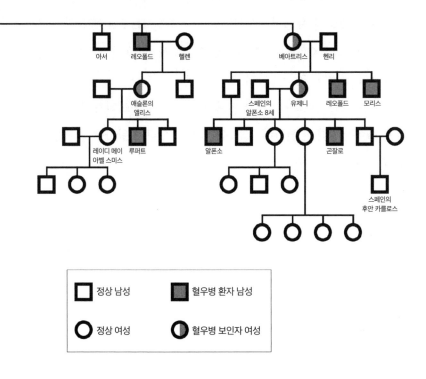

□ 정상 남성	■ 혈우병 환자 남성
○ 정상 여성	◐ 혈우병 보인자 여성

아들이자 후계자인 알렉세이Alexis, 딸 넷은 모두 1918년 러시아 혁명 이후의 내전에서 살해됐다. 2007년 합장 묘지에서 발견된 그들의 유해는 2009년 최종 확인됐다. 불탄 해골 두 구에서 나온 DNA를 당시 살아 있는 빅토리아 여왕의 후손(도표에 있는 엘리자베스 2세의 부군 필립 왕자 등)의 DNA 및 러시아 황제의 피 묻은 셔츠와 대조한 결과, 해골은 알렉세이 왕자와 공주 중 한 명의 것으로 밝혀졌다.[21] DNA가 잘 보존되어 있어 X염색체에서 혈우병과 관련된 부분의 염기서열

분석이 가능했다.

보인자라면 그렇듯이, 알렉산드라의 X염색체 두 개에서 정상 유전자와 돌연변이 유전자(A가 있는 유전자와 G가 있는 유전자)가 발견됐다. 알렉세이의 X염색체 DNA는 돌연변이 유전자(G가 있는 유전자)를 포함하고 있었다. 알렉세이의 여자 형제 중 하나(유골로 추측한 나이로 보아 마리아 또는 아나스타샤)는 어머니와 마찬가지로 보인자였던 듯하다.[22] 살아남았다면 결함이 있는 유전자를 또 다른 왕가에 전했을지도 모른다.

16장

The Brain of Auguste D

아우구스테 D의 뇌

1901년 11월 25일, 51세의 여성이 독일 프랑크푸르트 암마인에 있는 정신질환자 및 간질환자를 위한 병원을 찾았다. 선임 의사 알로이스 알츠하이머Alois Alzheimer가 환자를 진찰했고, 이름을 아우구스테 D로 기록했다. 알츠하이머는 1903년 뮌헨의 왕립 정신병원으로 옮기고도 1906년 아우구스테 D가 사망할 때까지 그녀의 경과를 추적했다. 아우구스테 D는 남편에 대한 비이성적이고 극심한 질투로 증상이 시작되어 기억력과 이해력이 떨어지고, 언어 사용에 문제가 생기고, 엉뚱한 행동, 환각과 편집증이 나타났다. 완전한 치매가 뒤따랐고 최초 증상 발현으로부터 5년도 되지 않아 사망했다.

알츠하이머는 아우구스테 D의 뇌에 대한 상세 분석을 포함하여 부검을 진행했다. 환자의 뇌는 이전의 어떤 표본과도 달랐다. 먼저 이상할 정도로 작았는데, 분명 많은 조직이 사라진 것 같았다. 뇌세포 중앙에서는 밀도가 높고 '특유의 견고성'이 눈에 띄는 물질이 발견됐고, 세포 밖의 대뇌피질에는 이 물질이 더 많이 축적돼 있었다.[1] 알츠하이머병의 대표적인 특성으로, 지금도 부검에서 알츠하이머병 진단에 쓰이는 덩어리와 퇴적물을 발견한 것이다. 놀랍게도 현재는 알츠하이머병이 매우 흔한 질환이지만 알츠하이머가 직접 보고한 환자는 단 한 명이었다. 당시(1910년)에는 새로운 질병으로 여겨졌다.[2]

이때 알츠하이머병 환자는 손에 꼽게 적었는데, 어떻게 단 100년 만에 알츠하이머병이 주요 사망 원인이 되었을까? 아우구스테 D와 다른 환자들의 나이를 생각하면, 알츠하이머병은 처음에 소위 '초로기 치매presenile dementia'로 생각됐을 것이다. 노인성 치매는 관심을 받지 못했고 일반적인 노화 증상으로 치부됐는데, 증상이 일찍 나타난 아우구스테 D의 사례가 혼란을 불러일으켰다. 같은 증상을 보이는 환자가 너무 적어서 연구는 부족했다.[3] 정신질환 자체가 당시 정통 의학에서 무시된 탓도 있다.

20세기 기대수명이 늘면서 노인성 치매가 점점 늘어나 마침내 관심을 받았다. 1976년, 뉴욕 앨버트 아인슈타인 의과대학의 로버트 카츠만Robert Katzman은 '임상의도, 신경병리학자도, 전자현미경 전문가도, 환자의 연령 외에는 알츠하이머병과 노인성 치매를 구분할 방법이 없다'고 지적하며 '따라서 두 질병은 같은 과정이므로 하나의 질병으로 취급해야 한다'고 주장했다.⁴ 노화의 일반적인 과정으로 생각했던 노인성 치매를 알츠하이머병으로 재분류하자 즉시 환자 사례가 엄청나게 늘어났다. 이제 알츠하이머병은 우선적으로 연구해야 할 공공 보건 과제가 되었다.⁵

알츠하이머와 다른 의사들이 알츠하이머병을 파악하고 핵심 증상과 뇌의 특징을 찾아냈지만, 아무도 알츠하이머가 관찰한 퇴적물과 덩어리의 정체를 알아내지 못했다. 1984년이 되어서야 캘리포니아주립대 샌디에이고 캠퍼스의 조지 글레너George Glenne와 케인 웡Caine Wong이 답을 찾아냈다. 특유의 뇌 퇴적물은 베타아밀로이드amyloid-β라는 작은 단백질로 만들어졌다.⁶ 베타아밀로이드는 APP라는 긴 단백질(아밀로이드전구체단백질)의 파편이다. APP 사슬을 두 군데에서 끊는 베타 세크래타제β-secretase와 감마 세크래타제ɣ-secretase라는 효소에 의해 만들어진다. 감마 세크래타제는 PSEN1과 PSEN2를 포함한 몇 가지 단백질의 복합물이다. 베타아밀로이드가 생산되어도 생애 대부분 문제가 없지만, 노년기가 되면 베타아밀로이드가 뭉쳐져 독성을 띠기 시작하면서 결국 커다란 플라크를 형성하고 그 주위에 죽었거나 죽어가는 뇌세포가 쌓이게 된다. 이 현상의 명확한 원인은 밝혀지지 않았다.

유전학에서도 APP, PSEN1, PSEN2에 주목한다. 약 5%의 경우, 알츠하이머병의 증상은 65세 이전에 나타난다. 이렇게 일찍 시작되는 알츠하이머병은 베타아밀로이드의 생산을 증가시키고, 감마 세크래타제의 작용을 변화시키거나 베타아밀로이드의 독성 강화를 유발하는 APP, PSEN1, 또는 PSEN2의 우성 돌연변이에 의해 나타난다. 이러한 돌연변이는 대부분 PSEN1에 있으며 현재까지 약 200종류가 알려져 있다. 책과 영화로 나온 《스틸 앨리스Still Alice》는 뉴욕 컬럼비아대 언어학 교수 앨리스 하울랜드Alice Howland의 실화를 다룬다. 우성 PSEN1 돌연변이를 보유한 앨리스는 50세에 조기 발병 알츠하이머병을 진단받았다. 앨리스의 세 자녀 중 둘은 이 돌연변이의 보유 여부에 대한 유전자 검사를 통해 한 명은 양성, 한 명은 음성이라는 결과를 받았다. 나머지 한 명은 검사를 원하지 않았다.

헌팅턴병이나 파킨슨병과 마찬가지로, 알츠하이머병은 단백질이 응집되는 질병이다. 원래는 정상 작동하던 단백질이 뭉치면서 독성을 나타내는 것이다. 어디에서 단백질이 뭉쳐서 어떤 세포를 훼손하느냐에 따라 증상이 달라진다. 예를 들어 근육을 통제하는 뇌세포가 손상되면 파킨슨병이 된다. 알츠하이머병은 뇌의 단기 기억을 담당하는 부분(해마)에서 시작한다. 그리고 성격, 감정, 언어와 관련된 주변부로 퍼진다. 조기 발병 알츠하이머병이나 헌팅턴병의 경우처럼 단백질이 독성을 띠게 만드는 돌연변이는 우성이다.

지금까지 살펴본 DNA가 질병을 일으키는 방식은 확실하다. 우성이거나(헌팅턴병), 열성이거나(낭포성섬유증), 돌연변이 유전자가 X염색체에만 존재하는 반성(혈우병)으로 남자에게만 나타난다. 그러나 DNA 염기서열변이의 영향은 이보다 훨씬 복잡하다. 먼저, 질병을 유발하는 돌연변이를 가지고 있어도 질병에 걸리지 않을 수 있다. 예를 들어, 유방암 또는 자궁암의 위험을 높인다고 알려진 BRCA1 유진자 돌연변이는 수백 가지다.[7] 지금은 BRCA1 돌연변이를 확인해서 유방암 발병 확률이 높은 경우, 예방 조치로 유방절제술을 시행할 수 있다. 그러나 BRCA1 돌연변이는 헌팅턴병의 CAG 반복과는 달라서, BRCA1 돌연변이가 있어도 70세까지 유방암이 발병할 확률은 약 60%에 불과하다. 반면, 헌팅턴 돌연변이의 경우 발병 확률은 100%다. 돌연변이 보유자라고 해도 유방암에 걸리지 않는 경우가 많다. 질병 유발 돌연변이를 가진 사람이 모두 질병에 걸리는 것은 아니다. 이 현상을 불완전 침투율incomplete penetrance이라고 한다. 이런 식으로 작용하는 돌연변이가 많다.

헌팅턴병, 혈우병, 낭포성섬유증 등의 질병은 단일 유전자의 돌연변이가 직접적인 원인이다. 하지만 거의 모든 질병에는 여러 요인이 있다. 여러 유전자의 변이에 따라 발병 소지가 달라지고, 생활 방식과 환경적 요인도 영향을 미친다. 그러므로 심장질환, 조현병, 암, 2형 당뇨 등에 가족력이 작용하는 것은 맞지만, 각 질병이 어떤 SNP(단일염기변이)와 관련되어 있는지 알아내기는 쉽지 않다. 부모의 건강 문제를 똑같이 겪는다는 보장은 전혀 없다.

알츠하이머병은 단순 유전병의 사례이면서 다인자 유전병이기도 하다. 앞에서 본 것처럼 알츠하이머병 환자의 5% 정도는 아우구스테 D와 같이 60세 또는 65세가 되기 전에 최초로 진단을 받는다. 이러한 조기 발병 알츠하이머병은 APP, PSEN1 또는 PSEN2의 우성 돌연변이에 의해 나타난다. 그러나 알츠하이머병 환자의 절대 다수는 65세를 넘어 노년기에 발병하며, 나이에 따라 발병 확률이 서서히 높아진다. 노년기에 발병하는 알츠하이머 환자의 APP, PSEN1, PSEN2 유전자는 정상이다. 노년기 알츠하이머병은 여러 유전자와 관련되어 있으며, 이러한 유전자 중 발병률 100%를 보장하는 SNP

는 없다. 발병률에 영향을 미치는 여러 SNP가 존재한다고 보는 편이 옳다. 예를 들어, CLU라는 유전자의 돌연변이는 노년기 알츠하이머병의 가능성을 16% 높인다. MRI 스캔을 통해 CLU 변이가 뉴런 간 신경 자극을 전달하는 백질白質에 영향을 준다는 사실이 밝혀져,[8] 알츠하이머병과의 관련성이 설명됐다.

노년기 치매에 가장 중요한 SNP는 19번 염색체의 APOE라는 유전자에서 발생하며, ε4라는 변이가 특히 문제가 된다. APOE 유전자 두 개에 모두 ε4 변이가 있으면 발병률이 상당히 증가하여 젊은 나이에 알츠하이머병이 시작될 수 있다.[9] APOE ε4는 영향력이 크지만 그래도 절대적이지는 않다. ε4 변이를 가진 사람 대부분은 알츠하이머병에 걸리지 않는다. 그러므로 노년기 알츠하이머병은 다양한 유전자의 변이에 영향을 받는 다인성 유전병이다.

APOE ε4 변이가 알츠하이머병으로 이어지는 해로운 요인이라면 왜 그렇게 흔할까? 자연 선택을 통해 이미 인간 DNA에서 사라졌어야 하는 게 아닐까? 노년기에만 영향을 주는 유전자 변이는 생식 적합성에 영향을 주지 않으므로 APOE ε4의 악영향이 나타나기 전에 이미 아이를 낳았기 때문이라는 설이 있다. 그러나 문제는 그렇게 단순하지 않다. APOE ε4를 보유한 사람들은 친척들 역시 APOE ε4 보유자일 확률이 높기 때문에 그들의 부모나 조부모를 돌봐야 하는 경우가 많다. 그러므로 APOE ε4를 보유한 사람은 젊은 나이에 힘든 병간호를 하느라 건강을 해칠 수 있다. 어쩌면 APOE ε4가 알츠하이머병 촉진을 상쇄하는 이점을 갖고 있을지도 모른다. 여러 연구에서 APOE SNP가 심혈관 반응, 생식, 태아 발달, 두부 손상의 영향, 뇌

구조 및 기능과 관련성이 있는지 살펴보았다. 전반적으로, ε4가 노년기 건강을 해치는 건 확실하지만, 태아, 유아, 청년기에는 이익이 될 수 있다는 결론을 얻었다.[10] 그래서 ε4 변이는 계속 이어진다.

알츠하이머병 발병률에 가장 큰 영향을 미치는 약 20가지 SNP를 살펴보면 이 사람이 알츠하이머병에 걸릴 것인지, 걸린다면 몇 살에 발병할지 꽤 정확히 예측할 수 있다. 알츠하이머병이 치료제가 없는 불치병임을 알면서도 결과를 알고 싶은가? 고위험군이라면 운동과 식단을 통해 심장 건강을 챙기고, 중년부터 발병 위험을 낮추는 방법으로 알려진 지적 활동과 사회 활동을 활발히 하는 등 생활방식을 관리할 수 있을 것이다. DNA의 이중나선구조를 공동 발견한 제임스 왓슨James Watson은 79세였던 2009년에 인류 최초로 DNA 게놈 전체의 염기서열을 분석한 몇 명 중 하나다. 그는 분석 결과 중 APOE 상태를 비밀로 해 달라고 요청했고, 나머지는 전부 알기를 원했다. 할머니의 알츠하이머병이 진행되는 것을 보았던 터라 이에 대해 걱정하고 싶지 않았기 때문이다.[11] 미래에 언젠가 죽는다는 사실만 해도 충분히 나쁜 정보다. 날짜까지 안다면 더 나쁠 것이다.

질병은 대부분 복잡한 다인성 패턴을 보인다. 한 가지 변이가 절대적으로 발병 여부를 결정하기보다 여러 유전자의 변이가 발병 위험성을 바꾼다. 헌팅턴병처럼 단일 유전자 돌연변이로 생기는 질병은 6,000가지 정도에 불과하다. 보통 한 집안의 소수 구성원이 걸리는 질병이다. 친척이 병을 앓고 있는 경우 질병과 관련된 특정 SNP 보유 여부 검사는 이제 흔해졌다. DNA 일부가 아닌 전체 염기서열을 분석할 날도 머지않았다. 이 기술이 차세대 의료 혁명이 될 것이다. DNA 염기서열분석 기술의 엄청난 발전에 힘입어 굉장한 속도로 게놈 데이터가 쌓이고 있다. 현재 1,000달러 정도면 인간 게놈을 분석하고 24시간 안에 결과를 받을 수 있다.**12**

최근에 생후 5주 된 남자아이가 두 시간 내내 울음을 멈추지 않자 걱정된 부모가 샌디에이고 라디 소아청소년병원 응급실을 찾았다. 10년 전에 비슷한 증상을 보였던 첫 아이가 심한 간질성 발작으로 사망했기 때문에 특히 우려가 깊었다. 엑스레이 촬영 결과 아이의 뇌에 손상이 일어나고 있었다. 당장 조치가 필요했지만 아이의 증상과 들어맞는 병이 최소 1,500가지였다. 정확한 원인이 무엇인지 정보가 부족했다. 그러나 유전병일 확률이 높았고 게다가 부모는 사촌 관계였으므로 의료진은 아이의 DNA를 분석하기로 했다. 입원 17시간 후, 의료진은 아이의 혈액 샘플을 라디 게놈 연구소에 보내 염기서열분석을 의뢰했다. 결과를 기다리는 동안 아이의 발작이 시작됐다.

혈액 샘플 채취 16시간 만에 DNA 염기서열분석 결과가 도착했다. 비타민B$_1$을 운반하는 단백질의 기능에 결함이 있는 열성 유전병인 티아민대사장애증후군2thiamine metabolism dysfunction syndrome 2라는 질병을 일으킬 수 있는 돌연변이가 발견됐다. 이제 의료진은 정확한 치료를 할 수 있었다. 운반 기능 장애를 보완하기 위해 아이에게 비타민B$_1$을 비롯해 세 가지 단순 화학물을 포함한 용액을 주사했다. 용액을 한 차례 더 주입하자 발작이 멈췄다. 최초 용액 투입으로부터 6시간 후, 아이는 울음을 멈췄고 젖을 잘 먹었다. 부모는 다음날 아이를 집으로 데려갔다. 6개월 후 아이는 건강히 살고 있었다.**13**

DNA 분석을 통한 진단이 없었다면 의료진은 항발작제를 이것 저것 투여하며 늦기 전에 맞는 약이 있기를 간절히 바라는 수밖에 없었을 것이다. 이후 추가 분석을 통해 부모 둘 다 티아민대사장애 증후군2 보인자임이 밝혀졌다. 첫 아이도 같은 병으로 사망한 것으로 보인다. 당시에는 의사들이 손쓸 방법이 없었다. 특히 유전병이 의심되는 신생아에 대한 신속한 전장유전체분석whole-genome sequencing(질환 및 약물 반응성에 대한 유전적 요인을 총체적으로 연구하는 기법—역주)은 의학의 미래다.[14]

DNA 염기서열분석은 저렴하고 빠르며 정보가 풍부하다. 전장유전체분석은 일반화될 가능성이 크다. 암은 돌연변이에서 발생하므로 종양세포를 분석하면 정확히 어떤 이유로 암세포가 되었는지 알 수 있고, 해당 종류의 암을 겨냥한 치료를 할 수 있다. 이는 특정 질병을 진단받은 모든 사람에게 같은 치료법을 추천하는 대신, 해당 환자와 상태에 특화된 치료법을 쓰는 개인 맞춤형 의료의 사례다. 심지어 출생 전에 태아 DNA 샘플을 분석할 수도 있다. 아이가 생명을 위협하는 유전적 질병을 가지고 태어날 가능성을 미리 알 수 있어, 필요하다면 신생아를 치료할 준비를 할 수 있을 것이다. DNA 분석 기술과 강력한 머신러닝 소프트웨어로 무장한 컴퓨터를 결합하면 평생 겪게 될 건강 문제를 알 수도 있다. 거의 모든 질병은 다인성 유전이며, 특정 질병의 가능성에 영향을 미치는 염기서열변이는 여러 가지가 있으니, 미리 위험성을 알면 생활 방식을 조정하고 조기에 검진을 받을 수 있다. 예를 들어, DNA상에서 유방암 위험이 크게 나타나면 젊을 때부터 유방암 검진을 자주 받으면 된다. 환자의 증상에 DNA 정보를 추가로 활용하여 더 정확하게 질병을 진단할 수도 있다.

이미 DNA 염기서열분석 데이터를 활용하여 태아의 유전병을 검사하고 있다. 스스로 유전병 보인자라는 의심이 들면 착상 전에 유전자 선별검사를 받을 수 있다. 먼저 체외수정이 필요하다. 세포 여덟 개의 배반포 단계에 있는 배아를 얻기 위해서다. 세포 하나로 검사한 후 질병을 유발하는 돌연변이가 없는 배아를 자궁에 이식한다. 영국에서는 심각한 유전적 문제가 있는 아이를 낳았거나, 집안에 유전병 내력이 있는 부부에게 이 서비스가 제공된다. 2021년 7월 현재, 이 방법으로 600가지 질병을 검사할 수 있다.[15] 염기서열분석을 하면 태아가 병에 걸릴지뿐만 아니라 문제의 유전자가 두 개가 아닌 하나만 있는 보인자인지도 알 수 있다. 그러므로 환자도 보인자도 되지 않을 배아를 선택하여 착상시킬 수 있다. 이런 프로그램 활용법이 널리 퍼지면 궁극적으로 많은 유전병을 없앨 수 있을 것이다. 물론 체외수정 및 태아의 가치와 권리를 바라보는 관점에 따라 이 방법이 윤리적인가에 대한 의견은 다르다.

현재 이뤄지는 선별검사는 괜찮다지만, DNA 염기서열분석에서 그치지 않고 DNA를 개선하기 위해 변화를 일으키는 것도 문제가 없을까? 예를 들면 100세 이상을 산 사람에게서 공통으로 발견되는 유전자 돌연변이를 더하여 장수의 확률을 높일 수 있다. 2012년에는 유전공학으로 알츠하이머병을 영원히 없앨 수도 있다는 놀라운 논문이 발표된 바 있다.

아이슬란드의 40만 인구는 지구상에서 가장 연구가 잘된 인구 집단 중 하나다. 고립된 지역인 데다, 1,000년 전 사람들이 정착한 시기까지 거슬러 올라가는 계보의 기록이 훌륭하게 보존되어 있다. 스칸디나비아 출신 유전학자들로 구성된 연구팀이 37만 아이슬란드인의 APP 유전자 염기서열을 분석하고, 결과를 환자 기록과 대조했다. 연구팀은 아이슬란드 인구 1% 정도에서 발견되는 A673T라는 희귀 SNP가 일반 염기서열과 비교했을 때 알츠하이머병에 걸릴 확률을 5분의 1로 낮춘다는 사실을 발견했다.[16] A673T SNP의 부정적 영향은 딱히 없어 보였고, 오히려 지적 능력을 유지하며 85세 이상 살 확률을 높였다. 알츠하이머병을 예방하는 SNP가 발견된 것은 이때가 처음이어서 세계 다른 인구 집단에서도 이 SNP를 찾는 연구가 이어졌다. 어쩌면 당연하게도, 다른 스칸디나비아인들에게는 나타났지만 그 외 인구 집단에는 매우 드물었다. 북미에서 이 SNP를 가진 사람은 5,000명 중 한 명꼴이었다.[17] 소수의 바이킹 집단을 선조로 둔 사람에게만 나타나는 특징인 듯하다.

이 연구가 잘 진행되어 A673T SNP를 가진 사람들이 정말 어떤 대가 없이 알츠하이머병을 피할 수 있는 것으로 밝혀지면, 이 돌연변이를 인간 DNA에 더해야 할지도 모른다. 부모가 갖고 있지 않은 SNP를 배아가 갖도록 인간 DNA를 편집하는 기술은 배아를 검사해서 질병 유발 유전자를 찾는 단계에서 한 발 나아간 시도다. 정확히 원하는 곳에 원하는 방식으로 DNA를 조작하는 기술은 현재 뜨거운 관심을 받는 연구 분야다. CRISPR/Cas9라는 DNA 편집 기술이 가장 유명하며, 이에 대한 개선이나 대체 방안도 여럿 개발되고 있다. 기술이 완벽해지기만 하면 원하는 대로 인간 DNA를 바꿀 수 있을 것이다. 배아를 조작해서 A673T를 갖게 만들면 알츠하이머병에 절대 걸리지 않는 성인으로 자랄 것이다. 그뿐 아니라, 이 변화는 자식에게도 전해진다. 해당 배아세포는 변화된 DNA를 보유한 정자나 난자로도 발전할 것이기 때문이다. 그러나 이는 분명 초장기 실험이 될 것이다. 효과를 확인하려면 80년은 기다려야 한다.

이러한 실험은 DNA 변형으로 인간을 '개선'하거나 '강화'하는 세계의 문을 연다. 유전학자들은 늘 질병을 유발하는 돌연변이를 찾으려 했는데, A673T처럼 질병에 걸리지 않도록 보호하는 돌연변이도 많이 있을 것이다. 실제로 치매 예방과 수명 연장의 효과가 있는 것으로 보이는 돌연변이도 추가로 발견됐다.[18] 일반적인 APP 서열을 가진 사람들은 병이 없으므로, A673T SNP 추가는 질병의 치료라고 볼 수 없다. 그런 의미에서 100% 헌팅턴병을 유발하는 헌팅턴 유전자의 CAG 반복을 제거하는 행위와는 본질적으로 다르다. 만약 알츠하이머병 예방을 위해 A673T를 추가하거나 DNA를 편집하여 헌팅턴병을 없애는 것이 옳다고 생각한다면, 왜 거기까지인가? 배아의 SNP를 바꿔 주요한 위험인자인 고혈압을 막는 건 어떨까? 혈압에 영향을 주는 SNP의 존재는 이미 알려져 있다.[19] 어쩌면 DNA를 최적화하여 암, 당뇨, 뇌졸중, 심장병, HIV의 위험을 최소화할 수 있을지도 모른다. CYP2A6 효소를 조작한다면,[20] 니코틴에 중독되지 않는 인간을 만들 수도 있을 것이다.

이런 식의 DNA 조작에 앞서 해결해야 할 실제적, 윤리적 문제가 많다. 먼저, DNA 편집 기술은 아직 안정적이지 않다. 여러 잠재적인 문제가 있다. 예를 들면 원하는 돌연변이를 넣으려다 원하지 않는 돌연변이가 생기고 일부 세포에 영향을 미쳐 암을 일으킬지도 모른다.[21] 체외수정이 필요할 가능성도 큰데, 체외수정은 실패율이 높다. 원하는 대로 정확하게 DNA를 바꿀 수 있다고 해도, DNA의 변화가 정확히 어떻게 나타날지는 아무도 모른다. 100% 헌팅턴병을 일으키는 CAG 반복처럼 명백한 사례는 거의 없다. 혈압과 관련된 것으로 보이는 유전자 수백 개는 다른 생물학적 과정에도 영향을 줄 것이다. 다른 부분에는 아무 영향 없이 고혈압 경향만 바꾸는 것은 불가능하다. 유전자는 상상 이상으로 복잡하게 상호작용하며 이 방식은 나이, 환경, 신체에서의 위치에 따라 바뀐다. 중년의 심장마비 확률을 낮췄다가, 다른 시기, 다른 신체 부위에 온갖 예측하지 못한 결과를 초래할 수 있다. 게다가 결국 또 다른 정자와 난자가 될 배아 세포를 조작하는 셈이니 어떤 실수든 미래 세대로 이어져 오류가 나타날 수 있다.

언젠가 기술이 안정화된다면(일단 이 글을 쓰고 있는 현재는 아니다. 소수의 저돌적인 과학자들이 어쨌든 계속 밀어붙이고 있지만.[22]), 단일 유전자의 돌연변이와 단순하고 직접적인 관계가 있는 유전병을 해결할 수 있을 것이다. 오직 빅토리아 여왕에게서 물려받은 9번 인자의 SNP 때문에 걸렸던 혈우병, 겸상적혈구빈혈,[23] 낭포성섬유증, 푸마라제 결핍, 헌팅턴병 등이 그 사례다. 알츠하이머병의 경우 조기 발병을 유발하는 것으로 알려진 APP, PSEN1, PSEN2의 돌연변이를 수정할 수 있다. 모두 이점은 알려지지 않은 반면 단점은 확실한 우성 돌연변이다. 한 유전자의 돌연변이가 원인인 소위 단일 유전자 질병은 총 3,000가지 정도 알려져 있다.[24] DNA 편집으로 해결할 수 있는 유전병의 첫 후보군이다. 한 발 나아가서, 안전만 보장된다면 단일 유전자 질병을 치료하는 DNA 편집을 선택하지 않는 것이 비윤리적이라고 주장할 수도 있다. 이분척추(등뼈의 뒤쪽 뼈가 서로 붙지 않고 벌어지는 증상—역주)를 막기 위해 엽산을 먹는 등 태어나지 않은 아이를 위하는 것이 도덕적 의무라면, 끔찍한 유전병을 앓는 짧고 비참한 인생을 막기 위해 배아 DNA를 편집하는 것 또한 도덕적 의무가 아닌가? 근위축증으로 고통받는 자녀에게 태어나기 전 DNA를 편집하여 병을 막을 수도 있었지만 그러지 않는 쪽을 선택했다고 말할 수 있는가? 그러나 이런 식의 DNA 편집은 수요가 거의 없을 것이다. 배아 선별 검사로 SNP를 확인하고 착상시킬 배아를 고를 수 있으니 말이다.

반대로, 노년기 알츠하이머병의 발병 가능성에 영향을 미치는 돌연변이는 수십 가지다. 이들 SNP는 인간이 완전히 이해하지 못하는 여러 가지 영향을 미친다. 그중에는 이점이 많을 수도 있다. 그러니 완전히 이해하기 전까지는 건드리지 않는 편이 좋다. 많은 건강 문제가 이런 식으로 작동한다. 수십 개 또는 수백 개 유전자에 있는 수많은 SNP가 각각 조금씩 영향을 미친다. 질병뿐만 아니라 키[25]와 지능[26] 같은 특징도 마찬가지다. 게다가 생활 방식과 관련된 질병에 대처하기 위해 DNA를 바꾸는 것은 논리적이지도 않다. 생활 방식은 언제든 변할 수 있기 때문이다. 50년 후에도 인간이 설탕이 든 음식을 너무 많이 먹어서 병에 걸릴지는 아무도 모르는 일이다. DNA 편집은 거의 모든 질병, 특히 이미 치료법이 존재하는 질병에 대해서는 잘못된 해결책이다.

17장

Death Before Birth

출생 전 사망

1866년, 영국 의사 존 랭던 다운_{John Langdon Down}이 몹시 불쾌한 논문을 발표했다. 제목은 〈백치의 민족적 분류에 대한 고찰_{observations on an ethnic classification of idiots}〉[1]이었다. 독일의 인류학자 요한 프리드리히 블루멘바흐_{Johann Friedrich Blumenbach}는 일찍이 사람을 다섯 인종으로 분류하자고 제안했다. 코카서스 인종을 백인, 몽골인을 황인, 말레이인을 갈색인, 에티오피아인을 흑인, 아메리카 원주민을 홍인이라 했다. 다운은 자신이 일하는 정신병원 환자들의 사진을 블루멘바흐의 시스템을 따라 인종으로 나누어서 분류했다. 그리고 질병이 인종의 장벽을 무너뜨릴 수 있다고 주장했다. 병으로 인해 코카서스 인종의 얼굴이 다른 인종의 특징을 갖게 된다는 뜻이었다. 물론 다운은 코카서스인이 아닌 인종으로 태어난 아이는 열등하다고 생각했다. 다운의 보고서는 주로 그가 '거대한 몽골족the great Mongolian family'이라고 불렀던 현재의 다운증후군 환자들을 다루고 있다. 그 정신병원에서 가장 큰 비중을 차지하는 증상이었다. 다운에 따르면 '아주 많은 수의 선천적인 백치가 전형적인 몽골인의 모습을 하고 있다. 이 특징은 너무나 뚜렷해서 비교 표본들을 모두 나란히 두고 보면 같은 부모의 아이들이 아니라는 사실이 놀라울 정도다.' 다운은 당시 논란이 많았던, 인종이 달라도 인간은 모두 같은 종이라는 관점을 받아들였다. (질병으로 인해 코카서스인의 얼굴이 몽골인으로 변할 수 있다면, 둘은 생물학적으로 다른 종이 아니라 같은 종의 변이라고 생각한 것이다.—역주)

서구에서 '몽골증mongolism'은 100년간 다운증후군의 대체어로 쓰였다. 중국인과 일본인 연구원들은 '몽골'과 '백치'의 연결이 근거 없고 모욕적이라고 느꼈다. 1965년 국제보건기구에 참석한 몽골인민공화국 대표단도 당연히 그랬다.[2] 1961년에는 '몽골증'이 동아시아 지역이나 소위 '인종'과는 전혀 관련 없다는 사실이 밝혀졌다. 1961년 몇몇 유전학자들은 저명한 의학 저널 〈란셋The Lancet〉에 보내는 공개 서한을 통해 '몽골증'이라는 모욕적인 용어의 사용 금지를 청원했다.[3] 국제보건기구는 존 다운의 손자인 노먼 다운Norman Down과 의논 후, 1965년 공식적으로 다운의 증후군Down's syndrome이라는 병명을 확정했다. (나중에 다운증후군Down syndrome으로 바뀌었다.)

다운증후군의 진짜 원인을 이해하기 위해서는 수정 과정을 살펴봐야 한다. 행운의 정자 단 하나가 나팔관에 있는 난자와 결합하여 몇 가지 핵심 과정을 촉발한다. 먼저 난자 표면이 급속하게 단단해져 늦게 도착한 다른 정자를 차단한다. 하나의 정자만 난자에 들어가는 것은 매우 중요하다. 23개의 남성 염색체 한 벌만이 난자의 23개 여성 염색체와 결합할 수 있기 때문이다. 놀랍게도 첫 정자가 난자를 뚫고 들어가면 10초 만에 장벽이 만들어지고, 부계 DNA를 담은 정자는 난자와 결합한다.

수정은 매우 복잡한 과정이라 종종 오류가 생겨 염색체 이상이 있는 배아가 생성된다.[4] 인간에게는 44개의 상염색체와 2개의 성염색체(XX 또는 XY), 총 46개의 염색체가 있어야 한다. 부모에게서 받은 염색체들은 수정 과정 중 복제되고, 만나고, 모여서 수정란의 세포분열을 준비한다. 그런데 여기서 오류가 일어나 배아의 염색체 개수가 정확하지 않을 수 있다. 정자에 하나의 염색체가 아예 없어서 배아에 염색체 사본이 두 개가 아니라 하나뿐일 수 있다. 또는 수정 전의 정자나 난자가 염색체 사본을 하나가 아닌 두 개 갖고 있어서 수정란에 여분의 사본이 생기기도 한다. 수정란에서 인체의 모든 세포가 출발하므로, 이 시점에 발생한 오류는 모든 세포에 전달된다.

배아에 상염색체가 하나뿐이라면 어떤 일이 일어날지 생각해보자. 먼저, 유전병의 위험이 커진다. 혈우병 등 남성의 X염색체 관련 질병에서처럼, 이 배아는 유전자 수백 개에서 수천 개에 대해 여분을 마련하지 못하는 셈이다. 그래서 해당 염색체에 해로운 돌연변이가 일어난다면 해결할 방법이 없다. 또한 두 개가 아닌 하나의 유전자가 단백질을 만든다면 각 유전자가 생산하는 단백질의 양이 줄어들 수 있다. 그래서 임신 초기 상염색체 결실은 매우 치명적이다.

염색체 일부가 결실된 경우는 어느 정도 용인되기도 한다. 묘성증후군(고양이울음증후군)을 갖고 태어나는 아이들은 출생 시 체중이 적게 나가고 호흡이 어려우며 후두 기형으로 인해 고양이와 비슷한 특이한 울음소리를 낸다. 머리와 턱이 작고 이상할 정도로 얼굴이 둥글며 콧등이 낮고 눈꺼풀에 주름이 있는 것도 묘성증후군 환자의 공통 특징이다. 골격 문제, 심장 이상, 근긴장도 장애, 청력과 시력 문제가 흔하다. 걷기와 말하기가 느리며 과잉활동이나 공격성 등 행동 문제를 보이고, 심각한 정신장애도 있다. 신생아 3만 명 중 1명이 묘성증후군을 가지고 태어난다.[5]

다운증후군을 유발하는 유전적 기형을 발견하기도 했던 프랑스 유전학자 제롬 르준Jérôme Lejeune이 1963년 묘성증후군의 원인을 밝혀냈다. 5번 염색체의 부분 결실이 묘성증후군의 원인이다. 그래서 5p-(5p 마이너스)라고도 부른다.[6] 결실된 부분의 크기는 사람마다 달라서 저마다 증상이 다르지만, 결실됐을 때 묘성증후군을 유발하는 중요한 영역이 있는데, 그중 CTNND2라는 유전자의 부재가 심각한 지적장애를 유발한다.[7,8] CTNND2 유전자는 뇌세포 기능과 신경계 초기 발달에 필수적 역할을 하는 단백질인 델타-카테닌delta-catenin을 암호화한다. CTNND2 유전자가 없으면 우성 효과가 나타나 지적장애가 생긴다. 85%의 경우, 묘성증후군을 일으키는 결실은 정자가 발달하는 동안 우연히 발생한다. 그러나 종종 이 증후군이 한쪽 부모로부터 유전되는 경우도 있다. 부모의 염색체 일부가 떨어져 다른 염색체에 붙거나, 끊어져서 반대 방향으로 붙어 있으면, 필요한 염색체를 모두 보유한 부모에게는 문제가 없지만 아이에게 전해지는 염색체는 손상되기 쉽다.

가장 흔한 염색체 이상은 염색체 사본이 하나 더 있는 경우다. 보통 기형 정자세포에서 유래한다. 여분 상염색체의 존재는 X나 Y염색체가 하나 더 있는 것보다 훨씬 치명적이고, 출생이 가능한 상태는 세 가지뿐이다.

파타우증후군Patau syndrome은 13번 염색체가 세 개 있을 때 발생한다. 대부분은 유산되거나 낙태되고, 그렇지 않으면 뇌, 신경계, 골격계, 근육, 신장, 생식기에 중대한 문제가 있어 출생 후 1년 안에 90%가 사망한다. 여분의 18번 염색체는 에드워드증후군Edward syndrome의 원인이다. 신장과 심장 결함, 소두증, 심각한 지적장애가 있다. 이 경우도 유산되거나 낙태되며 태어나도 1년을 넘기기 힘들다.

여분 상염색체와 관련된 가장 흔한 질병은 다운증후군이다. 제롬 르준이 밝혀낸 대로 21번 염색체가 세 개일 때 발생한다. 단백질 암호화 유전자가 가장 적은 염색체는 Y염색체로 약 70개, 다음이 21번 염색체로 약 230개가 있다. 아마도 그래서 여분의 Y염색체나 21번 염색체가 다른 염색체에 비해 치명적이지 않은 듯하다. 드문 일이지만 일부 다운증후군 환자는 혼합된 형태의 세포를 가지고 있다. 세포 일부에는 여분의 21번 염색체가 있고, 일부는 염색체가 46개인 정상 세포다. 이 경우는 증상이 약한 경향이 있다. 또, 세포 내 염색체의 총 개수는 46개지만, 21번 염색체 사본의 전체 또는 일부가 다른 염색체(보통 14번 염색체)에 붙어 있는 환자도 있다. 여분 유전자가 존재함으로써 다운증후군의 특징이 생긴다. 예를 들어, 21번 염색체에는 알츠하이머병과 관련된 APP 유전자가 있다. 여분의

APP로 인해 베타아밀로이드가 더 많으므로, 다운증후군 환자는 다른 건강 문제에 더해 조기 발병 알츠하이머병을 앓게 된다.

다운증후군은 익히 알려진 대로 특이한 얼굴 형태, 발육 부진, 지적장애를 유발한다. 다운증후군 환자의 평균 청년기 IQ는 9세와 같은 50이지만, 환자 간 차이가 커서 독립적으로 살 수 있는 이도 많다. 다운증후군이 있는 아이들은 사랑스러운 성격을 가졌다고들 한다. 임신 300건 중 한 건으로 다운증후군이 출생되는데, 이 확률은 산모의 나이와 높은 연관성을 보인다. 20세 산모의 경우 0.1% 미만이지만 49세에는 10%이다. 이 시기에 여성이 폐경을 맞는 이유 역시 염색체 문제가 생길 위험이 너무 커져서일 것이다. 그러나 다운증후군 환자의 80%는 35세 미만 여성에게서 태어난다. 보통은 출산 전까지 아이가 다운증후군 환자일 거라고는 상상하지 못한다.

르준은 1950년대 후반 다운증후군의 원인을 발견한 성과가 치료에 도움이 되길 바랐다. 그러나 정반대로 낙태가 늘어났다는 사실에 그는 경악했다. 그의 연구를 기반으로 태아가 다운증후군인지 확인할 수 있는 검사가 개발됐기 때문이다. 영국에서는 임신 10~14주 여성에게 다운증후군, 에드워드증후군, 파타우증후군 검사가 제공된다. 초음파로 태아 목 뒷부분의 투명대 두께를 측정하고 호르몬 수치를 참고하여 위험도를 판단한다. 고위험군 여성은 양수검사나 태반조직 검사를 받을 수 있다. 태아 세포를 배양하여 고정하고 염색해서 염색체를 검사하는 것이다. 염색체 기형이 확인되면 부모는 대부분 임신 중절을 선택한다. 오늘날에도 염색체 이상을 치료할 방법은 없다. 르준은 이 사실을 알고 다운증후군 환자 인권운동의 적극적인 지지자가 되었으며 '그들을 살려주세요Let Them Live'라는 프랑스의 임신 중절 반대운동을 이끌었고 교황 요한 바오로 2세의 자문 역할을 했다.

착상된 태아의 2%는 염색체 한 벌 전체를 여분으로 갖고 있어 염색체가 46개가 아닌 69개다. 이런 삼배체 태아가 출산까지 살아남는 경우는 거의 없으며, 보통 배아 단계에서 자연 유산된다. 살아남은 얼마 안 되는 신생아는 발육 부진, 심장과 신경관 기형 등 여러 심각한 선천성 기형이 있고 며칠 안에 사망한다. 삼배체 태아는 난자 또는 정자가 염색체 46개 전체를 가지고 있을 때 발생한다. 정자 발달 시에 문제가 생기거나 정자 두 개가 동시에 난자에 들어간 경우다. 앞서 말했듯이 정자가 난자에 들어가면 다른 정자가 들어가지 않도록 빠르게 벽이 생기는데, 이 과정이 너무 느리면 정자 두 개가 들어가 난자가 부계로부터 염색체 두 벌을 받게 된다. 매우 드문 일이지만 사배체 태아도 발생할 수 있다. 배아에 각 염색체 사본이 네 개 있는 것이다. 이 경우 조기 유산 가능성이 매우 높다.

완전히 결실되어도 문제가 없는 염색체는 X와 Y뿐이다. 놀랄 일은 아니다. 결국 남자는 X염색체가 하나뿐이고, 여자는 Y염색체가 전혀 없어도 문제없이 살아간다. 태아의 성별은 Y염색체 보유 여부, 더 구체적으로 말하면 고환 발달을 촉발하는 SRY 등 배아를 남성으로 발달시키는 Y염색체상 유전자 보유 여부에 달려 있다. 성염색체 문제로 발생하는 유전병이 있어도 일단 태어나면 살아갈 수 있다.

터너증후군Turner syndrome 환자는 각 세포의 X염색체가 하나뿐이라서 46개가 아닌 45개의 염색체를 갖고 있다. 자연히 모두 여성이다. 보통 모계에서 X염색체를 하나 받고, 정자에는 상염색체 22개만 있고 성염색체가 없던 경우다. 터너증후군 환자는 기대수명이 13년 정도로 짧을 뿐 평범하게 살아갈 수 있지만, 임신 중에 99%가 유산되거나 사산된다(전체 유산의 10%를 차지한다). 터너증후군 여성은 여성 호르몬인 에스트로겐과 프로게스테론이 부족하지만, 호르몬 대체 요법을 받아 제2차 성징을 유도할 수 있다. 그러니 치료받을 수 있도록 진단받는 것이 중요하다. 터너증후군 여성은 보통 심장, 신장, 갑상선샘, 뼈에 문제가 있고, 비만과 당뇨 경향이 높다. 언어 능력은 우수하나 사회적 관계나 수학을 이해하는 데 어려움을 겪을 수 있고 공간 지각력이 떨어진다. 보통은 임신이 불가능하지만, 소수는 임신 촉진 치료를 받으면 임신할 수 있을 정도로 십 대에 충분히 난소 조직이 발달하기도 한다.[9]

여성 1,000명 중 1명은 XXX증후군으로 태어난다. 증상이 경미해서 보통 진단되지 않지만, 키가 큰 경향이 있고 학습 장애를 겪을 수 있다. 성염색체 이상은 XXY, XYY, XXXY, XXYY, XXXXX 등 다른 형태로도 발견됐고 증상도 다양하다. 남성 1,000명 중 1명꼴로 나타나는 XYY증후군의 증상이 가장 경미한데, 문제가 거의 없어서 본인이 유전자 기형이라는 사실조차 모르는 경우가 대부분이다. XYY 남성은 심지어 생식 기능에도 문제가 없다.

수정 후 인간 배아는 여러 차례의 세포분열을 통해 수조 개 세포를 가진 성인이 되는 여정을 시작한다. 처음에는 낭포라는 세포 주머니가 된다. 수정 약 6일 후 배아가 낭포 단계에 도달하면 자궁벽에 착상되어 태반과 태아로 발달한다. 그런데 이 경우 배아가 건강해야 하고, 배아를 수용하는 자궁도 적응해야 해서 여러 원인으로 실패할 수 있다. 사실 수정란의 50% 이상이 착상에 실패한다.

인간의 생명이 수정 시에 시작된다고 생각한다면, 사망 원인 1위는 암, 심장질환, 전염병이 아니라 착상 실패다. 언제나 그랬고 아마 앞으로도 그럴 것이다. 수정된 배아가 불멸의 영혼을 얻는다고 믿는다면, 사후세계에 있는 영혼의 절반은 낭포일 것이다.

낭포는 종종 알 수 없는 이유로 반으로 쪼개진다. 각 반쪽은 유전물질이 같지만 분리된 태아가 되는데, 이것이 일란성 쌍둥이다. 또한 수정란 두 개가 동시에 자궁에 착상되면 이란성 쌍둥이가 된다. 쌍둥이는 45명 중 1명꼴로 태어나는데, 일란성보다 이란성이 흔하다. 그러나 임신 8건 중 1건은 쌍둥이로 시작해서 한 태아가 조기에 사망하거나 흡수되는데, 이를 '쌍둥이소실vanishing twin'이라고 한다. 우리도 쌍둥이로 발달을 시작했을지 모르는 일이다.

유산은 배아나 태아가 생존 가능한 시점 이전에 사망하는 것이다. 임신 23주 이후에 발생하는 태아의 손실은 사산으로 분류된다. 통증이 동반되는 하혈이 주요 증상이다. 임부는 임신 종료를 그냥 느낄 수도 있지만, 일부는 태아가 사망했다는 신호를 전혀 받지 못해서 산부인과 정기진료에서 초음파 검사를 통해 알게 되기도 한다. 유산에는 보통 후속 치료가 필요하지는 않지만, 정서적 지지와 공감이 도움이 된다. 유산한 여성은 슬픔, 불안, 우울, 죄책감을 느끼는데, 사실 죄책감을 느낄 일은 아니다. 유산은 아버지가 될 예정이었던 남성에게도 분명 고통스러운 일이다.

유산은 임신 사실을 알기도 전에 일어나는 경우가 많으므로, 빈도를 알기는 매우 어렵다. 앞에서 본 것처럼, 여성이 느끼지 못하는 사이 수정란의 50%는 자궁 착상에 실패한다. 특히 쌍둥이의 경우, 착상 직후 배아가 죽는 일도 흔하다. 여성이 임신 사실을 알고 나서 유산하는 비율은 약 10~20%이다.

태아가 12주 정도가 되면 유산의 위험은 상당히 감소한다. 이 단계에는 주요 장기 대부분이 초기 형태를 띠고 기능하기 시작한다. 필수 장기가 작동하지 않거나 제대로 발달하지 않으면 배아는 사라진다. 예를 들어 심장은 3~4주에 뛰기 시작해서 조그만 배아에 필수 영양소를 전달해야 하는데, 심장이 없으면 배아는 아주 초기에 유산된다.

유산의 구체적인 이유는 거의 알 수 없다. 염색체 이상과 마찬가지로 유산은 예방할 수 없는 경우가 대부분이다. 염색체 기형을 포함해 유산의 원인은 다양하다.

목에 있는 갑상샘은 에스트로겐 등 대사와 성장을 통제하는 호르몬을 생산한다. 갑상샘 기능 과다는 너무 많은 호르몬을 생산해서 자궁이 착상에 적합한 상태가 되게 만드는 에스트로겐의 기능을 방해할 수 있다. 반대로 갑상샘 기능 과소는 사산으로 이어질 수 있다. 다행히 이는 합성 갑상선 호르몬으로 간단하게 치료할 수 있다.

당뇨는 인슐린 호르몬 결핍이거나 췌장에서 호르몬이 만들어지긴 하지만 인슐린 저항성이 발달한 상태다. 신체에 혈당이 높다는 신호를 보내는 인슐린이 없으면 신체는 계속해서 불필요한 당을 혈류에 내보낸다. 혈당 관리가 되지 않으면 임신 시 태아의 심장과 신경관 결함, 유산, 조산 등 다양한 합병증을 유발할 수 있다. 철저한 혈당 관리, 영양 관리, 약물 치료가 필요하다.

마약, 술, 담배는 당연히 조기 유산과 사산의 확률을 높인다. 여성은 월경 시기가 지나고 2주 정도 지나야 임신 사실을 알게 된다. 이때쯤에는 태아의 척수가 형성되고 심장이 뛰기 때문에 이미 악영향을 미쳤을 수도 있다.

드문 일이지만 임부의 신체적 문제로 유산이 발생하기도 한다. 자궁이 기형이거나 자궁경부가 약한 경우 임신을 버티지 못한다. 이런 이유의 유산은 임신 후기에 발생하는 경향이 있다.

인간의 면역 체계는 박테리아나 바이러스 등에 의한 감염을 막기 위해, 신체가 외부 물질이라고 인식하는 대상을 공격하도록 진화했는데, 배아가 형성될 때 이 점이 문제를 일으키기도 한다. 임부의 신체에서 배아를 외부 물질로 인식하는 경우에 말이다. 면역 체계가 정확히 기능하면 임신을 바람직한 상태로 인식할 수 있다. 배아는 모체의 면역 체계를 억제하는 한편, 모체의 면역 체계가 배아를 공격에서 보호하도록 하는 과정을 시작한다. 그런데 모체에 자가면역질환이 있으면 이 과정이 일어나지 않을 수 있다. 그러면 모체의 면역 체계가 배아를 공격해서 반복적인 유산이 일어난다. 다발성경화증, 1형 당뇨, 크론병 등 자가면역질환은 면역 체계가 본인 신체의 건강한 조직을 공격해서 파괴하는 질환이다. 루푸스는 추가적인 항체가 있어 유산 확률을 높이는 자가면역질환이다. 이런 항체를 없앨 수는 없지만, 질환을 파악하면 유산 위험을 낮추는 치료를 할 수는 있다.

건강하게 먹고, 흡연과 음주 등 나쁜 영향을 피하고, 당뇨 등 질환을 관리하면 유산 위험이 낮아진다. 그러나 배아 선별검사 외에 염색체 기형에 대처하는 방법은 거의 없다. 무증상인 부모가 부서지기 쉬운 염색체를 보유한 묘성증후군처럼 드문 예외를 빼면, 염색체 기형은 유전이 아니므로 부모는 보인자가 아니다. 염색체 기형을 가진 아이가 태어난다면, 이 아이의 모든 세포에는 해결할 수 없는 문제가 존재하는 셈이다. 아이가 최선의 삶을 살 수 있도록 증상을 관리하는 것이 우리가 할 수 있는 전부다. 이처럼 아직은 치료가 요원해 보이는 질병도 있다.

5
부

나쁜 행동

'눈에는 눈'이라는 낡은 법을 따르면
우리는 모두 장님이 된다.

마틴 루서 킹Martin Luther King, 《자유를 향한 위대한 행진: 몽고메리 이
야기Stride Toward Freedom: The Montgomery Story》(1958)[1]

18장

Thou Shalt Not Kill

살인하지 말지어다

지금까지 세균 감염이나 유전병 등 불운으로 사망하는 경우를 살펴보았다. 이제 방향을 바꿔 인간의 선택과 관련된 사망 원인을 알아볼 것이다.

인간은 지구상에서 가장 위험한 동물이다. 자신과 타인을 해친다. 합법적으로는 전쟁으로, 불법적으로는 살인으로 서로 죽인다. 사고를 내고, 마약을 남용하고, 잘못된 음식을 먹고, 심지어 스스로 목숨을 끊기도 한다. 모두 인간이기에 일어나는 일이다. 인간은 포식자에 속하므로 살인만큼 단순하고 오래된 사망 원인도 없다.

1만 년 전, 한 유목민 집단이 케냐 투르카나호 근처의 늪지에 임

5부. 나쁜 행동　**311**

시 주거지를 만들었다. 코끼리, 기린, 얼룩말이 사는 비옥한 땅이라 인간 종족들에게 인기 있는 사냥터였다. 그런데 큰 사냥감을 찾으러 온 줄 알았던 한 종족이 사람 사냥을 시작했다. 임시 주거지를 공격해 수십 명을 죽였다. 희생자의 시신은 죽은 자리에 버려져 늪의 토사와 물로 덮였고, 썩어서 해골이 되었다. 수천 년이 지나 늪지가 말라 사막이 되었고, 마침내 바람이 표면을 침식하여 유골이 드러났다.

2012년 화석 채취 전문가 페드로 에베아Pedro Ebeya는 이 유적지에서 인간의 뼛조각을 발견했다. 페드로는 동아프리카에서 인간의 조상 호모사피엔스의 기원을 조사하는 5개년 연구 프로젝트 '인-아프리카In-Africa'팀에 속해 있었다.[1] 연구팀은 12구의 완전한 해골을 포함해 27명의 유해를 찾아냈다. 12구 중 10구에서 무기로 인한 손상이 발견되어 다른 인간의 손에 죽었음을 알 수 있었다. 두개골에 화살촉이 박힌 사례와 목이 손상된 사례가 있었으며, 7구는 타격으로 두부 손상을 입었다. 손이 골절된 해골도 2구 있었는데, 아마 타격을 막으려 한 듯하다. 두 명은 무기로 인한 뼈 손상의 흔적은 없고 손이 묶인 채 버려져서 죽은 것으로 추정된다. 둘 중 하나는 임신한 젊은 여성이었다.[2] 침입자는 활과 화살, 곤봉, 나무 손잡이와 날카로운 돌날로 된 도끼를 썼다. 동물 사냥보다는 인간에게 쓰려고 만든 무기였다.[3] 도끼날로 쓰인 돌은 늪지 근처에서는 발견되지 않는 종류여서, 침입자들이 살인을 목적으로 멀리서 왔음을 알 수 있다. 유골의 연대로 보아, 이 대학살은 최초의 인간 집단 간 갈등 중 하나였을 것이다.[4]

인간은 사냥꾼이지만, 같은 크기의 포식자와 비교하면 무기가 약하다. 다른 영장류와 비교해서 손발톱은 쓸모가 없고, 이는 작고, 턱은 약하고, 팔 힘도 형편없다. 하지만 던지기를 잘해서 창던지기나 돌팔매질을 하거나, 활을 사용해 원거리에서 사냥을 할 수 있다. 인간이 사냥에 성공할 수 있었던 진짜 이유는 협동이다. 하지만 사냥에 실패하는 일은 매우 잦았고 큰 사냥감을 잡는 데 성공해도 작은 집단이 먹기에는 너무 많았다. 그래서 축제의 형태로 이웃과 전리품을 나누는 풍습은 서로 이득이었다. 미래에 같은 방식으로 보답을 받았기 때문이다. 사냥의 위험도 서로 나눴다. 사냥에 성공하려면 반드시 힘을 합쳐야 해서 인간은 협력하도록 진화했다. 발화 형태의 의사소통은 아마도 사냥할 때의 단순한 명령('멈춰! 조용! 지금!')으로 시작됐을 것이다.

2012년 미국 인류학자 크리스토퍼 보엠Christopher Boehm은 50개 현대 수렵-채취 공동체의 문화를 분석했다.[5] 모든 집단이 이기심, 따돌림, 절도, 친척이나 친구에 대한 과도한 편애를 막기 위해 법률과 같은 사회적 규칙을 사용하고 있었다. 처벌에는 공개적인 모욕, 호통, 조롱, 수치심 주기, 소외시키기, 집단에서의 추방, 심지어 사형도 있었다. 추방은 사실상의 사망선고일 것이다. 위험한 환경에서 외톨이로 오래 살아남을 확률은 거의 없기 때문이다. 협동 행위는 수천 세대 동안 이어져왔고, 인간을 인간답게 하는 정의와 공정의 감각이 생겼다. 실제로 인간은 수치심과 죄의식이라는 감정으로 나쁜 행동에 대해 스스로를 벌한다. 이 감정은 너무나 강력해서 심지어 자살로 이어지기도 한다.

수렵-채취 생활양식의 특이점은 타살이 많다는 것이다.[6] '데이터로 보는 세계Our World in Data'[7] 웹사이트에서 확인할 수 있는 맥스 로저Max Roger의 '현대 사회 27개 비국가 사회 조사'에서, 타살 비율은 4%부터 56%까지 다양하게 나타났고, 평균 25% 전후였다. 이 비율은 아마존 열대우림에 사는 우아오라니족Waorani이 가장 높았다. 수십 년 전까지만 해도 외부인을 모두 죽이는 방침이 있던 공동체다. 가장 평화로운 공동체인 호주 북부 안바라족Anbara의 경우, 타살은 '단' 4%에 불과했다. 생존을 위해 폭력이 필요한 현대 수렵-채취인들의 특성을 반영하는 자료일 것이다. 고고학적 증거도 확인해볼 수 있다. 지난 1만 4,000년간 26개 공동체의 고고학 기록을 보면, 현대와 비슷하게 외인사의 비율은 0~60%로 다양하고, 평균은 16%다. 초기 구석기 시대 유골에서는 뼈에 박힌 화살촉이나 무기로 인한 치명적인 두부 손상 등 외인사의 증거가 자주 발견됐다. 현대 유목민 집단을 연구한 결과, 투르나카호 대학살과 같은 집단 간 갈등보다는 1:1 싸움이 사망으로 이어진 경우가 대부분이었다.[8] 그러나 뉴기니의 고산지대 등 전통적인 비국가 사회에 관한 인류학적 연구 결과를 보면, 소규모 충돌이 자주 일어나며 패배 집단을 대량 학살하는 행위로 마무리될 때가 많다는 사실을 확인할 수 있다.[9] 이런 경우 임신 가능한 젊은 여성을 살려줄 확률이 높다.

수렵-채취 유목민은 많아야 수백 명이 집단을 이뤄 살았다. 구성원들은 매일 만나고 서로 잘 알았을 것이다. 좋은 행동을 강제하는 사회적 규칙은 이렇게 모두가 서로를 아는 작은 집단에서 잘 통한다. 그러나 집단이 너무 커져 버리면 규칙이 깨질 수 있다. 기원전

3,000년경 우루크의 수메르시는 인구가 4만 명에 달하는 세계 최대의 도시였다. 100명의 공동체에서는 공개 비난이나 배척이 효과가 있을지 몰라도, 이 정도로 규모가 큰 도시에서는 효과가 덜하다. 도시 안에서 새로운 친구나 동료를 만들면 그만이기 때문이다. 새로운 체계가 필요했다.

문자는 인간의 가장 위대한 발명 중 하나로, 언어를 형상으로 바꿔 기록하고 저장하고 공유할 수 있게 한다. 문자는 중동, 중국, 중앙아메리카에서 최소 세 번 독립적으로 발명됐다. 많은 발명품이 그렇듯, 가장 오래된 문자는 중동에서 발견됐다. 처음에는 회계 담당자가 무역을 쉽게 하려고 발명했고, 나중에는 비문, 종교 서적, 운문, 산문, 왕의 공적 기록에도 쓰이게 됐다. 곧 최초의 법률이 명문화됐다. 기원전 2,100년 수메르 왕 우르남무Ur-Nammu의 이름을 딴 법전이 가장 오래되었다고 알려져 있다. 하지만 보다 종합적인 법률은 역시 이라크에서 발견된 바빌론의 왕 함무라비Hammurabi의 법전이다. 1901년에 법률이 새겨진 커다란 돌이 발견됐는데, 분명 공개 전시가 목적이었을 것이다. 함무라비의 이름을 걸고 아카드어로 쓰였고, 지금은 파리 루브르 박물관에 전시되어 있다. 2.25m 높이 평판의 상단에는 왕이 태양신 샤마슈로부터 법률을 인도받는 그림이 있고, 그 아래에는 전체 법률이 아카드 문자로 새겨져 있다.

법전에는 총 282개의 법률이 있다.[10] 이것으로 전체 왕국을 다스리기에 충분했다. (한편 미국에서는 매년 4만 건의 추가 입법이 이뤄지는데, 아무도 법 조항이 모두 몇 개인지조차 모른다.[11]) 함무라비 법전의 법률은 모두 '만약 이런 나쁜 짓을 하면, 그때는 이러한 벌을 받을 것이다'라는 같은 형태로 되어 있다.

이 법전은 가족법, 상법, 행정법을 포함하며, 바빌로니아 신의 전적인 지원을 받는다고 되어 있다. 성별과 바빌론 사회에서의 계급에 따라 법률이 다르게 적용되는 경우가 많았다. 예를 들어, 심각한 상처를 치료한 의사는 귀족에게 세켈 은화 10개, 자유민에게는 5개, 노예에게는 2개만 받았다. 마찬가지로, 부유한 환자를 죽게 만든 의사는 손이 잘렸지만 노예를 죽게 하면 벌금만 냈다. 처벌은 대부분 벌금이었고, 사형에 해당하는 죄도 여럿 있었지만, 구금은 없었다. 다음은 법률의 사례다.

누군가가 장로들에게 어떠한 범죄 혐의를 제기했는데 이를 증명하지 못한다면, 그 범죄가 사형에 처해질 수 있는 범죄인 경우 사형에 처한다. [거짓 증언 하지 말라.]

누군가가 강도 행위를 하고 잡히면, 사형에 처한다. [도둑질하지 말라.]

누군가가 곡식에 물을 주기 위해 수로를 열었다가 실수로 이웃의 논에 홍수가 나면, 이웃의 손실을 옥수수로 갚는다. [농사와 관련된 법률이 많았다. 티그리스강과 유프라테스강에서 경지로 물을 끌어오는 일은 비가 거의 오지 않았던 바빌론에서 매우 중요했다. 농부는 돈보다는 곡식으로 보상하게 되어 있었는데, 아마 농부에게 이편이 더 쉽기 때문이었을 것이다.]

누군가가 제 아비가 하듯 어미와 근친의 죄를 범하면, 둘 다 화형에 처한다. [성에 관한 법률.]

누군가가 다른 사람의 눈을 뽑으면, 그의 눈을 뽑는다. [눈에는 눈.]

누군가가 다른 사람이 부리는 노예의 눈을 뽑거나 뼈를 부러뜨리면, 그 가치의 절반을 지불한다. [노예의 가치는 자유민보다 낮았다.]

함무라비 법전이 신의 허락을 받았다고는 하지만, 종교 관련 법률은 없었다. 함무라비 왕은 국민이 어떠한 신을 경배하든 하지 않든 신경 쓰지 않은 듯하다. 1,000년 후 바빌론의 강가에서 기록되고 편집된 구약과는 대조적이다. 성경의 법전에서는 신이 훨씬 중심이 된다. 십계명(출애굽기 20:3)에 '나 외에는 다른 신들을 네게 두지 말라'고 명시되어 있다. 다른 신의 숭배를 조장하면 죽음의 벌을 받는다. '네 형제나 네 자녀나 네 품의 아내나 너와 생명을 함께하는 친구가 가만히 너를 꾀어 이르기를 "다른 신을 우리가 가서 섬기자" 할지라도… 그를 따르지 말며 듣지 말며 긍휼히 여기지 말며 애석히 여기지 말며 덮어 숨기지 말고… 돌로 쳐 죽이라.'(신명기 13:6-10) 국가가 국민의 행동뿐 아니라 생각까지도 통제하고자 하는 것이다.

함무라비 법전을 읽으며 눈에 띄는 부분은 인간의 본성이 거의 변하지 않았다는 것이다. 심지어 4,000년이 지난 지금, 현대인은 함무라비 법전의 범죄 개념에 큰 틀에서 동의한다. 노예제의 합법성이 확연한 예외다. 이 법률은 투명성과 공정성 측면에서 이전의 임의적인 사법 체계로부터 크게 진보했다. 함무라비 법전은 크고 단단한 돌에 새겨 비석으로 세워져 있어 모든 사람이 보고 읽을 수 있었다

(글을 읽을 줄 안다는 가정하에). 그러므로 나쁜 행동의 결과가 분명해 범죄를 저지하는 효과가 있었다. 법률에 무게를 더하기 위해 신의 권위를 빌리는 일은 흔했다. 유죄가 증명되기 전까지는 무죄로 추정했으며, 같은 사회 계급에 속하는 사람은 동일 범죄에 대해 동일 처벌을 받았다. 그전에는 위협적이거나 연줄이 있거나 돈이 많으면, 사회성이 없거나 힘이 약한 사람에 비해 관대한 처벌을 받곤 했다. 함무라비 법전의 첫머리에는 '이 땅에 정의의 규칙을 불러오고, 악함과 악을 행하는 자를 파괴하기 위함이다; 그래서 강한 자가 약한 자를 해하지 않고… 이 땅을 계몽하여 인류가 번영할 수 있도록' 하겠다고 명시돼 있다.[12] 여전히 감탄할 만한 목표다.

국가는 특정 지역에 대한 지배력을 가진 정부 아래 조직된 정치 공동체로 정의할 수 있다. 약 5,000년 전 수메르에서 성벽이 있는 도시 형태의 국가가 처음 나타나 주변 땅을 다스렸다. 반면 국가가 없는 사회는 왕이나 귀족 집단 등 한 명 또는 몇 명의 개인에게 권력이 집중되지 않았다. 반드시 유목 공동체라는 법은 없으며 자치 마을일 수도 있다. 군주, 군인, 행정가, 사제, 세금 징수인 등의 전문화된 직업은 없어서 세금과 중앙 집중형 권력의 산물인 피라미드, 궁전, 사원 등은 없다. 국가는 잘 지어진 도시와 문헌의 형태로 오래 지속되는 기록을 남겨 현대인이 떠올리는 과거의 모습을 형성했지만, 사실 사람들은 역사 시대 대부분을 국가가 없는 사회에서 살았다. 4,000년 전에 국가는 국가가 없는 소위 야만인의 바다에서 아주 작은 지역만을 차지하고 있었다. 지구의 전 지역에 국가가 세워진 것은 유럽인이 아메리카 대륙을 거의 다 지배하게 된 1600년 이후다.

1651년 토머스 홉스Thomas Hobbes는 역대 정치 관련 서적 중 손에 꼽는 영향력을 발휘하는 《리바이어던Leviathan》[13]을 출간했다. 홉스는 개인이 원하는 대로 행동할 자유를 포기함으로써 만인의 만인에 대한 투쟁으로 죽음의 공포와 위험이 끊이지 않는 무정부 상태를 피하는 것이 바람직하다고 주장했다. 국가에 지배의 권리를 넘김으로써 전쟁을 피할 수 있으며 피해야만 한다. 국가는 법률 제정을 비롯하여 평화로운 사회를 유지하는 데 필요한 일을 무엇이든 해야 하며, 홉스가 최악의 상황으로 여겼던 내전의 비극을 피해야 한다. 홉스는 영국 내전 시기에 이 책을 썼다. 영국 내전은 17세기 유럽에서 흔했던 신교와 구교의 대립 때문이기도 했지만, 핵심은 영국 통치권에 대한 복잡한 힘겨루기였다. 영국 제도 전체에서 싸움이 일어났고, 아일랜드는 특히 잔인하게 짓밟혔다. 인구 대비 사망자 수로 보면 영국 역사상 최악의 전쟁이었다. 홉스는 무정부 상태의 끔찍함을 몸소 겪었다.

농업 기반 국가와 수렵-채취 사회를 비교하면 홉스의 주장은 일리가 있다. 최초의 통치자들은 자신을 위해 부를 축적하고 대중으로부터 자유와 권력을 빼앗았지만, 세상을 덜 폭력적인 곳으로 만든 것은 사실이다. 구석기 시대에 사냥하던 두 무리가 만났을 때 무슨 일이 일어났을지 상상해보자. 피가 연결된 사이라면 협력할 이유가 충분하므로 가족 관계는 아닌지 먼저 이야기를 나눴을 것이다. 하지만 전혀 관계없는 남남이라면? 싸워야 할까, 평화롭게 헤어져야 할까? 싸움에는 분명 부상이나 사망의 위험이 있지만, 잠재적인 보상도 있다. 승자는 물건뿐 아니라 땅과 여자를 포함한 패자의 소유물을 빼앗을 수 있다. 한쪽 집단이 훨씬 크고 강하다면, 당연히 쉬운 승리의 유혹을 느낄 것이다. 또한, 이미 서로 발견한 이상 가능하다면 상대 집단을 완전히 제거하는 편이 더 안전할 수 있다. 생존자들이 싸울 사람을 데리고 돌아올 수도 있기 때문이다. 도망친 사람이 복수를 꿈꿀 수 없도록 전멸시키는 것이 가장 안전하고 이상적인 방법이다. 게다가 성공한 전사는 공동체 내에서 명성과 지위가 크게 높아진다. 마땅한 기회가 없었던 성급한 청년이라면 자신의 패기를 동료들에게 보여주고 싶어 안달이 났을 것이다. 적을 죽인 전사는 새로 얻은 지위를 옷이나 문신으로 자랑하며 자신의 위치를 공고히 할 수 있었다. 외부인을 살해하면 처벌보다는 보상을 받았고, 그렇지 않더라도 금지하는 법률은 없었다.

반대로, 법률이 있는 국가에서 복수를 위한 살인 등 자력구제 행위는 용인되지 않는다. 1919년 독일의 사회학자 막스 베버Max Weber 가 지적한 것처럼, 국가는 폭력의 적법한 사용을 독점한다.[14] 물론 베버는 더 나아가서 국가는 '특정 영역에서 사람에 대한 물리적 힘을 행사하고 승인할 독점적인 권리를 가질 수 있는 조직'이라고 정의했다. 국가가 죄와 벌을 판단하므로 복수는 금지됐다. 함무라비와 같은 위대한 통치자들은 범죄자가 공정한 벌을 받으리라고 공언했다. 악행의 결과는 이미 모두에게 공개돼 있으므로 무지는 변명이 될 수 없다. 아무리 약한 사람도 국가가 대신 정의를 구현할 것이라고 확신할 수 있었다. 마찬가지로, 범죄자는 피해자 가족뿐 아니라 시스템 전체를 두려워할 것이다. 복수를 막으려고 피해자의 친척을 모두 죽여도 소용없다. 피해자의 가족이 아니라 국가가 범죄자를 벌하기 때문이다. 이제 힘이 능사가 아니다. 게다가 법의 뒤에는 신이 있다. 법의 권위는 더해지고 사람들은 전지한 신의 벌을 두려워하게 된다.

국가가 폭력의 사용을 결정할 권리를 독점하는 제도의 단점은 자유의 상실이다. 처벌받지 않고 사람을 죽일 자유라고 해도 말이다. 국가에 산다면 법률을 거부하거나 개인적으로 복수할 권리는 없다. 국민은 법률 체계가 존재하는 상태에서 태어나고, 동의하지 않는 가치나 법률을 받아들이지 않을 자유도 없다. 폭군이 직권을 남용하여 국민을 착취하고 억압해도 어쩔 수 없다. 국가 기반 통치의 이점은 범죄, 특히 살인의 극적인 감소다. 이것은 윤리학자와 정치학자가 말하는 사회적 계약[15]이다. 그러므로 법률은 인류의 가장 위대한 발견 중 하나다.

국가는 법률 말고도 권력을 강화하기 위해 전문 군대를 창설했다.[16] 마을의 모든 남자가 때마다 싸움에 나서는 대신, 고도의 훈련을 받고 갑옷과 복잡한 무기, 말을 갖춘 군인이 전투를 맡게 됐다. 도시를 정복하고 나면 식량을 생산하는 자산인 농민을 죽일 이유는 별로 없었다. 농민은 직업 군인과 비교하면 전투 능력이 형편없었으므로 원한다 해도 복수를 할 수 없었다. 2,000년 전쯤에는 중국과 로마 제국의 광대한 지역에 평화가 찾아왔다. 성벽과 군대가 국경을 지켰다. 성벽 안의 도시는 잠재적인 적으로부터 수백 킬로미터 떨어져 있었다. 국가의 규모가 커지면서 전투에서 사망할 확률은 매우 낮아졌다.

지금까지 알려진 가장 폭력적인 국가는 1345~1521년에 존재했던 멕시코의 아스테카 왕국이다. 아스테카는 주변국을 정복하고 공물을 요구할 목적으로 대규모 전쟁을 벌였다. 신에게 바칠 제물로 삼을 포로를 데려가는 것이 두 번째로 중요한 목표였다. 아즈텍족 소년은 모두 15세에 전사가 되는 훈련을 받았고, 다른 직업이 있어도 군대에 차출될 수 있었다. 전쟁은 아스테카 문화에서 빼놓을 수 없는 부분이어서 이웃 국가와 미리 계획을 잡아 소위 '꽃 전쟁Flower Wars'을 치르기도 했다. 현대의 정기 스포츠 경기처럼, 양측이 전투 전 군대의 규모를 합의하여 공정성을 담보했다. 아스테카는 전사 개인이 포로를 잡아 명성을 얻을 기회를 주기 위해서도 전쟁을 일으켰다. 현대 국가들은 축구 경기에서 싸우니 정말 다행이다.

포로는 피라미드 꼭대기에서 심장이 꺼내졌다. 이러한 인신 공양이 충격적인 규모로 이뤄졌다. 1519년 멕시코를 침략한 스페인 사람들은 아스테카 사원에 수천 개의 해골이 장대에 꿰인 진열대가 있다고 보고했다. 이 기록은 아스테카 문명을 정복하고 파괴한 행위를 정당화하려고 과장한 것이라는 의견도 있었다. 그러나 2017년 스페인의 기록대로 멕시코시티의 템플로 마요르Templo Mayor 지하에서 폭이 12m에 달하는 해골 벽의 흔적이 발견됐다.[17] 템플로 마요르는 피라미드 위에 두 개의 신전이 있는 형태로, 하나는 전쟁의 신 위칠로포치틀리Huitzilopochtli, 하나는 비의 신 트랄로크Tlaloc를 모시는 곳이었다. 해골 벽 양쪽에는 5m 높이의 탑이 두 개 있었는데, 부스러지기 시작한 해골을 벽에서 빼내어 만든 것이다. 스페인 사람들은 아스테카의 종교에 경악했다. 포로로 잡혀간 동료 군인들이 산 채로 신전 꼭대기에서 심장이 도려내지는 광경을 목격한 사람도 있었다.

스페인이 아스테카를 정복하고 도시를 무너뜨린 1521년, 템플로 마요르는 무너졌다. 유적은 땅에 묻혀 멕시코시티의 일부가 됐다.

아스테카 국민의 5%가 타살로 사망했지만, 수렵-채취 사회에 비하면 낮은 비율이다. 미국과 유럽에서 1900~1960년 타살 비율은 두 차례의 세계대전에도 불구하고 1%에 그쳤다. 현재 살인율은 라틴아메리카, 카리브해 지역, 남아프리카에서 가장 높다. 2016년 최상위권이었던 엘살바도르, 온두라스, 베네수엘라의 살인율은 미국보다 15배 높다. 미국의 살인율 역시 일본보다 55배 높다.[18] 국가가 약하면 범죄 집단 등 다른 집단이 마음대로 폭력을 행사한다. 중앙아메리카는 광범위한 조직범죄의 온상이다. 범죄 조직이 서로 싸우고 국가와도 싸우며 강도, 납치, 갈취, 마약 거래를 저지른다. 화기 사용이 가능하고 마약과 알코올 사용률이 높으면 특히 청년층이 추가적인 위험에 노출된다. 빈곤과 범죄는 악순환을 일으킨다. 범죄로 인해 적법한 기업이 무너지면서 빈곤과 실업은 더 심해진다. 현대는 국가 간 갈등에서 범죄 조직을 기반으로 한 갈등의 새로운 형태로 전환되는 시점인지도 모른다. 엘살바도르 등에서 이미 그런 현상이 나타나고 있다.[19]

이제부터 다룰 내용과 자료는 자살과 관련된 것이라 누군가에겐 마음 아픈 대목이 될 것이다.

약 16~40세의 젊은 층에서 사망 원인 1위는 자살이다. 거울을 보면서 '이 사람이 나를 죽일 확률이 가장 높다'고 생각해보라. 지구상의 모든 사람을 합친 것보다 나 한 사람이 나에게 더 위험하다. 인간은 유일하게 스스로 삶을 끝내기 위해 무기를 사용하고 폭력을 쓰는 종으로 알려져 있다.

가이아나, 레소토, 에스와티니가 인구 대비 자살률이 가장 높다고 알려져 있는데, 자살에 관련된 통계는 사실 정확하지 않다. 정확한 데이터를 수집하지 않는 나라가 많다.[20] 2021년 세계보건기구는 자살에 대한 양질의 데이터를 기록하는 국가가 약 80개국에 불과하다고 추정했다.[21] 자살은 사회적 인식이 나쁘고 심지어 불법인 곳도 있어 많은 경우 사고사로 기록된다. 도로 상태가 좋은데 나무를 정통으로 들이받아 고의성을 충분히 의심할 수 있는 경우에도 그렇다. 그러므로 가이아나, 레소토, 에스와티니가 상위권에 자리한 것은 자살을 기록하는 경우가 더 많아서이기도 할 것이다. 자살은 세계적인 현상이다. 2019년 기준으로 자살의 77%는 저소득 및 중위소득 국가에서 발생했으며, 15~19세 사망 원인 4위다.[22] 게다가 자살 사망 1건당 자살 시도는 약 20건이다.

샌프란시스코를 북쪽의 마린 카운티와 연결하는 금문교는 1937년 완공됐다. 다리에서 뛰어내리면 낙하에 4초가 걸린다. 온갖 생각이 들 시간이다. 이어 시속 120km의 속도로 수면에 부딪힌다. 충격을 버티고 살아남으면 발과 다리, 척추가 부러져 극심한 통증이 느껴질 것이다. 다친 상태로 차가운 물을 헤엄쳐 나갈 수 없어 결국 익사한다. 하지만 지나가던 배가 생존자를 건져 올리는 경우도 종종 있는데, 보통은 영구 장애를 입는다. 많은 생존자는 나중에 인터뷰에서 뛰어내린 순간 결정을 후회했다고 밝혔다. 이들은 아마 진심으로 죽고 싶지는 않았을 것이다. 비슷하게, 투신자살하려고 다리를 찾았다가 캘리포니아 고속도로 순찰팀에 붙들린 515명 가운데 나중에 다시 자살을 시도한 사람은 10%에 불과했다.[23] 자살 충동은 대부분 순간적이다. 죽고 싶을 정도의 고통을 이겨내고 나면 죽지 않았다는 사실에 안도하게 된다.

자살에는 복잡한 원인이 있지만 모두 극심한 감정적 고통 때문이다. 자살 충동을 느끼는 사람은 특히 우울증이나 양극성 장애 등 정신질환으로 고통받는 경우가 많다. 우울증은 눈에 보이지 않고 수십 년 동안 이어지므로, 특히 사람을 서서히 잠식하는 요인이다. 자살을 시도하는 사람은 사회적 하층민, 성 소수자, 무자녀일 확률이 높다. 인간은 고도로 사회화된 동물이라서 타인의 시선을 심하게 의식한다. 극심한 수치심으로 자살 충동이 발생할 수 있다. 언론이나 SNS에서 취약한 사람이 동일시할 수 있는 유명인의 자살 방법을 묘사하는 등 무책임한 자살 보도 역시 모방 자살로 이어질 수 있다.

일부 문화권은 상대적으로 자살에 너그럽고, 어떤 곳에서는 범죄로 취급된다. 종교계에서도 대부분 생명은 버려서는 안 되는 신의 선물이라거나, 자살하면 지옥에 떨어진다거나, 윤회에서 나쁜 업을 쌓는 일이라며 자살을 비난한다. 하지만 종교가 없는 사람에게는 자살이 왜 나쁜 것인가? 내 몸을 원하는 대로 할 권리가 있지 않은가? 이 문제에 대한 공리주의적 답변이 있다. 스스로 목숨을 끊으면 자신의 (일시적인) 고통을 끝낼 수 있지만, 그 사람을 사랑하는 모두에게 장기적인 고통을 초래한다. 자살이 유발하는 고통의 총량으로 보았을 때 자살의 순 영향은 매우 부정적이다. 안타깝게도 자살 충동을 느끼는 사람은 대부분 아무도 본인에게 관심이 없다거나 본인이 다른 사람에게 짐이 된다고 오해하며, 사라지는 편이 모두에게 좋을 거라고 느낀다. 상황이 나아질 것이라는 생각도 쉽게 하지 못한다. 이런 잘못된 믿음이 스스로를 해치게 만든다. 약해져 있는 사람과 함께 시간을 보내고 사랑받는다고 느끼게 해주면 자살 위험이 낮아진다. 인간과의 모든 불쾌하지 않은 접촉은 도움이 된다.

1935년, 젊은 성공회 목사 채드 바라Chad Varah는 처음으로 장례식을 진행했다. 자신이 성병에 걸렸고 수치와 고통 속에 죽을 것이라고 여겨 자살한 13세 소녀의 장례였다. 사실 아이는 전혀 아프지 않았고 첫 월경을 했을 뿐이었다. 일어나지 않아야 했을 이 비극적인 자살은 바라의 삶을 바꿔놓았다. 그는 소녀의 죽음을 부른 수치심, 고립감, 무지와 평생 싸우겠다고 무덤 앞에서 맹세했다. 그리고 성 관련 교육을 제공하고 자살 충동을 느끼는 사람에게 심리적 지원을 할 계획을 세웠다.

바라는 목사로 일하는 한편, 아동 만화 《소녀Girl》와 《독수리Eagle》의 스토리를 쓰고, 불굴의 우주 시대 영웅 댄 데어Dan Dare(영국의 인기 SF 만화 주인공—역주)의 탄생을 도왔다. 또한 청년 모임 강연에서 성교육을 제공해서 특히 결혼을 생각하는 젊은 연인에게 매우 인기 있었다. 1952년에는 널리 읽히던 〈픽처 포스트Picture Post〉에 성관계를 다루는 기사를 썼다. 예상하다시피 보수파는 이 주제에 분노했지만, 바라는 공포, 걱정, 비밀을 나눌 누군가가 필요했던 사람들이 보낸 편지 235통을 받고 감격했다. 편지로 자살 충동을 고백한 사람도 있었다. 당시 런던에서는 하루 3명꼴로 자살이 일어났다. 바라는 절박한 사람들이 이야기를 나눌 수 있는 존재가 절대적으로 필요하다고 생각하게 됐다.

1953년 바라는 런던시 성 이슈트반 교구로 옮겨, 비서 비비안 프로서Vivien Prosser와 일하게 됐다. 특이하게도 새 교회는 전화라는 최첨단 기술을 갖추고 있었다. 그래서 바라는 새로운 서비스 '자살 예방 전화 999'를 시작할 수 있었고, 만화 일로 알게 된 신문사 인맥을 통해 이를 홍보했다. 〈데일리 미러Daily Mirror〉는 '착한 사마리아인에게 전화하세요Telephone Good Samaritan'라는 문구를 생각해냈다. 멸시받던 종교적 소수자인 사마리아인이 고통에 처한 낯선 이를 돕는다는 성경의 일화에서 따온 것이다. 바라와 프로서는 곧 통화나 대면 상담을 원하는 사람들에게 파묻혔지만, 도움을 주겠다고 나선 사람들도 많았다. 자원봉사자들은 바라와의 상담 예약을 기다리는 사람들과 이야기를 나눴는데, 자원봉사자에게 문제를 이야기한 사람들은 더 상담할 필요가 없다고 느끼고 돌아갔다. 바라는 '나보다 자원봉사자들이 고객에게 더 좋은 일을 하고 있구나.' 하고 깨달았다.

바라는 몇 달 만에 상담 전화 임무를 자원봉사자들에게 완전히 일임했다. 두 명이 전화기 한 대로 단순하게 시작한 사마리아인 프로젝트는 규모가 커져, 이제 영국과 아일랜드 전역에 지사 201곳을 두고 자원봉사자 2만 명을 두고 밤낮으로 6초마다 전화를 받고 있다. 사마리아인은 감정적 고통에 빠진 사람들의 욕구를 채워준다. 전화한 사람은 무슨 짓을 했든 비난하거나 판단하지 않고 비밀을 지키고, 경청하고, 열린 질문을 하고, 공감과 이해를 보여주는 사람과 통화할 수 있다. 사마리아인 프로젝트는 비프렌더즈 월드와이드Befrienders Worldwide라는 이름으로 해외로 진출했고, 30개국 이상에서 운영되고 있다. 이런 조직의 봉사자들은 때로 희망을 불어넣고 감정적 지지를 해줬으며, 그저 경청하는 것만으로도 많은 사람을 살렸다.

바라는 1953년부터 1974년까지 계속 런던 지사를 이끌었다. 성교육 잡지 〈포럼Forum〉의 자문 역할을 했고, 영국 최대의 HIV/AIDS 자선 재단 테렌스 히긴스 트러스트Terence Higgins Trust의 후원자가 됐다. 80대에는 '여성 할례에 반대하는 남자들Men Against Genital Mutilation of Girls'을 설립하여 동아프리카 이민자들을 만나 잔인한 할례 관습을 그만두라고 설득했다. 영국 훈장을 받은 에드워드 채드 바라 목사는 2007년 95세로 사망했다. 사마리아인 서비스는 완벽히 익명으로 운영되고 전화 건 사람을 추적할 수 없어서 그의 업적이 얼마나 많은 사람을 살렸는지 추정하기 힘들지만, 분명 수천 명은 될 것이다.**24, 25, 26**

19장

━ Alcohol and Addiction

알코올과 중독

1948년 러시아 서부의 마을 슬료지Slyozi는 다시 번영하기 시작했다. 3년간 이곳을 점령했던 독일 침입자들을 몰아낸 지 4년째였다. 100명쯤 되는 주민 대부분이 근처 집단 농장에서 일했고, 벌을 치거나 닭, 소, 돼지를 기르는 사람도 있었다. 그러나 50년이 지나자 마을은 사실상 몰락하고 말았다. 건물은 모두 비어서 무너져 갔고, 인구는 네 명으로 줄었다. 최연소 주민 타마라Tamara는 79세였다. 슬료지 최후의 남자는 그 전해에 죽었다.

러시아 전역에서 마을이 아예 버려지거나 늙은 여성들만 남는 일은 흔했다. 2010년 인구 10명 미만의 러시아 마을이 4만 곳이나 되었는데, 주민은 대부분 나이 든 여성이었다.[1] 젊은 사람들은 일자리와 새로운 기회를 찾아 도시로 떠나고, 어머니와 할머니는 마을에 남고, 아버지와 할아버지는 묘지에 있는 것이다. 러시아에서 남성과 여성의 기대수명 차이가 놀랄 정도로 커서 생기는 현상으로, 무려 10살이나 된다. 여성의 기대수명은 78세로 유럽치고는 높지 않지만 전 세계 평균 정도다. 하지만 남성의 기대수명은 68세에 불과하다.

여기에는 다양한 사회적 요인이 있다. 의료 체계가 형편없고 직업도 위험하며 흡연과 실업도 악영향을 미친다. 그러나 가장 큰 원인은 알코올이다. 러시아 남자들은 하루 평균 보드카 한 병을 마신다. 60세 전 사망은 흔한 일이다.[2] 러시아 여자들은 왜 남자가 일찍 죽는지 매우 잘 알고 있다. 이웃 마을 벨례Velye에 살던 79세의 지나이다 이바노브나Zinaida Ivanovna는 '이 지역은 술이 문제예요. 악몽 같다니까. 여기 남자들은 연금을 받자마자 술로 다 바꿔 마셔요. 술만 준다고 하면 뭐든지 내다 팔지요. 뭐든 마셔요. 밀주나, 심지어 창문 닦는 알코올까지도요'라고 증언했다.[3]

러시아는 어쩌다 이 상태까지 왔을까? 인간과 인간이 가장 좋아하는 중독성 물질의 복잡한 관계는 어떻게 설명할 수 있을까? 이 질문에 답하려면, 유목 생활을 하던 인간의 조상이 처음으로 알코올을 접한 수천 년 전으로 거슬러 올라가야 한다.

인간이 언제부터 알코올음료를 마시기 시작했는지, 무엇으로 만들었는지는 모른다. 하지만 와인의 기원은 쉽게 짐작할 수 있다.[4] 현대 와인 포도의 조상인 유라시아 야생 포도는 지금도 터키 동부, 아르메니아, 조지아에서 자란다. 무슨 일이 있었을지 쉽게 짐작할 수 있다. 초기 유목민들은 비옥한 골짜기로 거처를 옮겼다가 강 옆의 볕 잘 드는 비탈에 자라는 야생 덩굴 식물을 보았을 것이다. 포도가 너무 많아 한 번에 다 먹지 못하고 돌도끼로 만든 나무통에 보관한다. 너무 익은 포도는 터지고 짓이겨져서 통 바닥에 포도즙이 고인다. 포도에 대해 잊고 있는 동안 신기한 일이 일어난다. 즙이 부글거리고 거품이 생기고, 농도 높은 이산화탄소를 뿜어내 액체 표면에 산소를 차단하는 막이 생긴다. 포도는 발효를 거쳐 와인으로 바뀐다.

몇 주 후 통 바닥에서 어두운 붉은색 액체가 발견된다. 용감한 사람이 나서서 맛을 본다. 맛있다. 포도즙보다 맛있을 뿐 아니라 마음이 가라앉고 기분이 좋아진다. 안타깝게도 우연히 만들어진 와인의 양은 많지 않았지만, 이듬해 골짜기로 돌아오면 포도로 실험을 해봐야겠다고 결심하는 계기로는 충분하다. 이제 엄청난 양의 포도를 의도적으로 통에 보관한다. 꽤 많은 와인이 만들어져 모두들 나눠 마신다.

인간은 이렇게 처음으로 다량의 알코올음료에 접근했을 것이다. 취기도 금방 올랐을 것이다. 사람들은 행복해지고 사교성이 좋아진다. 말이 많아지고 불을 피워 놓고 춤추고 노래한다. 하지만 계속 마시면 나쁜 행동이 시작된다. 공격적인 사람도 있고, 자신을 통제하지 못하는 사람도 있다. 토하는 사람, 기절하는 사람도 있다. 다음날 아침, 사람들은 숙취로 고생한다. 이들은 다시는 마시지 않겠다고 맹세하지만 곧 잊고 파티를 재개한다. 몇 주 후 남아 있던 와인은 공기와 접촉하여 산화되고 식초로 바뀐다. 식초는 어울리는 음식과 소량으로 먹기에는 좋지만 병째 마시긴 어렵다. 이제 이들은 다시 술을 만들려면 다음 해까지 기다려야 한다.

시간이 흐르면서 시행착오를 거친 끝에 와인을 만드는 과정이 발전한다. 통에 꼭 맞는 뚜껑을 덮으면 식초로 변하는 것을 늦출 수 있다. 와인통 바닥에는 갈색의 진흙 같은 침전물이 생기는데, 이것을 포도즙 통에 넣으면 더 빠르고 안정적으로 와인을 만들 수 있다. 이제 포도를 으깨어 즙을 냈다. 맨발로 짓밟는 것이 전통적인 방법이다. 여러 포도 종류를 섞어서 쓰기도 했다.

이 이야기는 추측이지만, 야생 포도가 자라던 지역 근처에 있던 고대 마을에서 와인이 생산되었다는 확실한 증거는 있다. 고딘 테페Godin Tepe는 1965~1973년 캐나다 탐험대가 찾아낸 서부 이란의 고대 유적이다. 고딘 테페에서 복원된 질항아리에서 발효를 통해 생성되는 화학물인 타르타르산 잔여물과 와인을 붉게 만드는 안토시아닌 색소가 발견됐다. 이 항아리는 와인을 만들기 위해 고안된 것으로 보인다. 공기가 너무 많이 유입되지 않도록 차단하는 한편, 이산화탄소가 빠져나갈 수 있도록 작은 구멍이 있다. (발효 용기가 완전 밀봉되면 압력이 높아져서 폭발 위험이 있다.) 이 항아리는 5,000년 된 유물이다.[5] 시칠리아[6]와 아르메니아[7]의 도자기 파편에서는 더 오래된 와인의 흔적도 발견됐다.

와인 양조는 코카서스에 가까운 중동의 최초 문명에서 중요한 부분이었다. 이후 그리스와 로마에서 와인은 가장 인기 있는 제조 음료가 됐다.[8] 여러 다른 발명품과 마찬가지로, 와인 역시 중국에서도 독립적으로 만들어졌을 것이다. 중국 허난성 지아후 지역에서 발견된 포도씨는 약 8,000년이 됐다. 같은 유적지의 도자기에서는 와인에서 발견되는 타르타르산 등의 화학물의 흔적이 나왔다.[9]

맥주 양조는 문명 초기로 거슬러 올라간다. 1만 3,000년은 됐을 것이다.[10, 11] 밀과 보리는 최초로 재배된 곡물에 속한다. 공기 중에 있던 효모 포자가 젖은 곡물에 대량으로 서식하게 되면 알코올성의 곤죽으로 발효된다. 효모는 당을 이산화탄소와 알코올로 분해하여 자랄 수 있는 에너지를 얻는다. 수메르에서 발견된 가장 오래된 기록은 맥주의 여신 닌카시Ninkasi에게 바치는 찬송인데, 레시피의 역할도 한다. 다음과 같은 가사를 포함하고 있다.

닌카시, 당신이 항아리 안의 보리를 적셔 주십니다.
닌카시, 당신이 뜨거운 물과 보리를 갈대 깔개 위에 펼쳐 주십니다.
당신이 양손으로 위대하고 달콤한 맥즙을 떠받쳐
꿀과 술로 만들어 주십니다.

이 노래의 선율은 전해지지 않지만, 아마 술을 빚던 여성들이 불렀을 것이다. 초기의 맥주는 침전물이 있어 갈대로 마셨다. 맥주 양조는 수메르에서 이집트, 그리스, 로마로 전파됐다. 너무 추워 포도가 자라지 않던 북유럽에서 특히 인기를 얻었다. 로마인들은 맥주를 야만인의 술이라고 무시했다. 역사가 타키투스Tacitus는 이렇게 썼다. '튜턴(게르만 민족의 하나. 지금은 독일·네덜란드·스칸디나비아 등 북유럽 민족─역주) 사람들은 보리나 밀을 발효해 만든 끔찍한 음료를 마신다.

와인과는 어느 모로 보아도 거리가 멀다.'[12] 타키투스의 편견일지도 모른다. 그는 독일 기후가 세계 최악이며[13] 튜턴 사람들이 거짓말쟁이 종족[14]이라고도 썼다.

맥주는 맛있고, 취기를 불렀고, 물보다 안전한 음료였다. 오염된 물에는 질병을 일으키는 미생물이 가득하지만, 알코올과 양조 과정을 거치면 세균이 죽는다. 중세에 가장 인기 있었던 음료는 순한 맥주였다. 며칠이면 완성되는 탁한 술이었고 나무껍질, 약초, 달걀까지 온갖 재료로 맛을 냈다. 아이들까지도 모두 맥주를 마셨다. 그렇다고 다들 취해 있었다는 뜻은 아니다. 알코올 함량은 1%에 불과했다. 현재와 같이 알코올 함량이 4% 정도인 맥주는 귀하고 비쌌다. 효모로 만든 음식은 빵도 있었다. 그래서 빵에도 알코올이 소량 들어 있지만 대부분은 굽는 중에 증발한다.

맥주의 기원을 반영하듯 북부와 중부 유럽에서 오늘날 1인당 맥주 소비량이 가장 많다.[15] 체코가 1위다. 세계 각지의 맥주 선호도를 보면 북부와 중부 유럽에서 얼마나 영향을 받았는지 바로 알 수 있는데, 전 독일 식민지였던 나미비아가 세계 2위다. 와인 소비는 서유럽에서 가장 많고, 호주, 우루과이, 아르헨티나 등 와인 생산 국가도 상위권을 차지한다. 우루과이와 아르헨티나에 정착한 스페인과 이탈리아 사람들이 와인 양조 기술을 전했다. 1위는 모두 성인 남성인 인구가 함께 와인을 마시는 바티칸 시국이다.[16] 동유럽과 동아시아에서는 증류주를 선호한다.[17]

효모가 당을 먹고 자라 발효가 극한에 달하면 결국 에탄올이 너무 많이 생성되어 효모가 죽는다. 효모의 종류에 따라 다르지만 에탄올 함량이 약 14%일 때 이런 현상이 일어난다. 그래서 와인 도수에는 상한선이 있다.

하지만 훨씬 강한 술을 만드는 방법이 있다. 바로 증류다. 물은 100도, 에탄올은 78도에 끓으므로, 에탄올과 물의 혼합물(예를 들어 와인)을 끓이면 에탄올이 먼저 기체가 되어 날아간다. 이 기체가 식어서 액체로 돌아간 것을 모으면 원래 혼합물보다 에탄올 함량이 훨씬 높아진다.

중국과 중동에서는 수천 년 전부터 이 방법을 사용해 알코올음료 말고도 약과 향수를 만들고 바닷물에서 식수를 얻었다. 증류법은 코일 냉각 파이프가 발명되면서 엄청나게 발전했다. 직선 파이프를 사용하던 이전의 증류 장비에 비해 효과적으로 기체가 냉각되어 더 많은 기체를 액체로 응축할 수 있었다. 11세기 페르시아의 다재다능한 천재 이븐 시나Ibn Sina의 수많은 저서 중에 증류법을 묘사한 책이 있다. 그는 장미 꽃잎에서 기름 성분을 추출하여 심장병 약으로 쓰던 장미 추출물을 만들었다.

현재는 온갖 식물의 발효제품을 증류하여 증류주를 만들 수 있다. 러시아에서 매우 중요하게 여기는 사건은 1,000년 전쯤 폴란드 또는 러시아에서 시작된 보드카의 발명이다. (폴란드와 러시아 양국에서 아직도 서로 자기네가 보드카를 발명했다고 주장하고 있다.) 보드카라는 단어는 러시아어의 'voda(물)'에서 왔다. 중동에서 터키를 통해 동유럽으로 증류법이 전해졌다. 동유럽은 너무 추워서 포도를 키울 수 없어 다른 식물을 써야 했다. 9세기 러시아에서 보드카 생산에 대한 가장 오래된 기록이 발견됐고, 1174년에 처음으로 증류주 시설이 언급됐다. 폴란드는 보드카의 발견이 8세기로 거슬러 올라간다고 주장하지만, 이것은 와인을 증류해 만드는 브랜디일 수도 있다. 15세기 러시아 수도원에서는 곡물로 보드카를 만들기 시작했다.

러시아 제국에서 보드카가 인기를 얻게 된 것은 황제의 수입원이라 대대적인 홍보가 이뤄졌기 때문이다. 1540년 이반 4세Tsar Ivan the Terrible는 보드카에 높은 세금을 매기고 특정 술집에 보드카 독점판매권을 부여했다. 귀족이 아니라면 집에서 개인적으로 증류주를 만드는 것은 금지됐다. 17세기가 되자 보드카는 러시아의 국민 음료로 확고하게 자리 잡았다. 궁중에 제공됐고 축하연에도 쓰였다. 그래서 선망의 술이 되어 소비가 증가했다. 보드카에 붙은 세금은 수익성이 좋아서 국가 전체 세입의 40%를 차지할 정도였다. 1863년 알렉산드르 2세Tsar Alexander II는 정부의 보드카 생산 독점권을 폐지했다. 일반인도 보드카를 제조·판매할 수 있게 되면서 가격은 낮아지고 러시아 외부로 수출됐으며, 소비는 심지어 더 늘어났다. 보드카는 이제 러시아 문화 깊이 파고들었다.[18]

소비에트 정부는 알코올을 금지했다가 소비를 조장했다가 하며 오락가락했다. 1917년 러시아 혁명 이후 레닌은 보드카를 금지하려 했으나 짐작하다시피 성공하지 못했다. 레닌은 정신을 똑바로 차린 노동자만이 단결할 수 있다고 생각했다. 반면 스탈린은 열정적인 애주가였고 중앙위원회 동지들과 한밤에 회의하면 결국 보드카를 진탕 마시곤 했다.[19] 스탈린은 과거의 황제처럼 보드카에 세금을 매겨 국고를 모으는 방식으로 돌아갔다. 1970년대가 되자 주류세는 다시 국가 세입의 3분의 1을 차지하게 됐고, 알코올 소비량은 1인당 연간 15.2ℓ로 늘었다. 집단 음주를 허락하면서 정치적 반대가 줄어 공산주의 정권 유지에 도움이 됐다. 러시아 역사가이자 반체제 인사인 조레스 메드베데프Zhores Medvedev는 1996년 이렇게 주장했다. '심각한 사회적 소요가 일어나지 않고 그렇게 빠른 속도로 러시아 국유 재산이 재분배되고 국가 기업이 사기업으로 전환된 것은 어쩌면 "대중의 아편[보드카]" 때문인지도 모른다.'[20]

의도치 않게 소련 해체를 불렀던 위대한 개혁가 미하일 고르바초프Mikhail Gorbachev는 1985년 알코올이 유발하는 심각한 문제들을 해결하기로 마음먹었다. 이때쯤 알코올 중독은 소련에서 심장병과 암에 이어 사망 원인 3위였다. 고르바초프는 알코올과의 전쟁을 선포하고, 대규모 미디어 캠페인을 열고, 와인·맥주·보드카 가격 인상과 판매 규제 등을 시행했다. 직장, 기차, 공공장소에서 취해 있는 사람은 신고 대상이었고, 영화에서 음주 장면이 편집됐다. 많은 양조장이 문을 닫았다.

고르바초프의 계획은 효과가 있었다. 아내는 술에 취하지 않은 남편을 만날 수 있었고(출생률이 따라서 증가했다), 기대수명이 늘었으며, 노동 생산성도 개선됐다. 그러나 사람들은 집에서 몰래 술을 빚었고 알코올인 부동액을 마시다가 몸에 문제가 생기곤 했다. 국유 매장에서 알코올 소비가 줄면서 세수도 떨어졌다. 고르바초프는 숙취 없이 멀쩡한 정신으로 일하는 노동자들의 생산성 증가가 세입 손실을 상쇄하길 바랐으나 그런 일은 일어나지 않았다. 금주령은 고르바초프가 소련에서 급격히 인기를 잃은 원인 중 하나가 됐다.

소련 붕괴 이후 보리스 옐친Boris Yeltsin이 러시아 공화국의 첫 대통령이 됐다. 애주가였던 옐친은 공산주의 체제에서 다시 도입됐던 국가의 알코올 독점을 풀어 공급을 크게 늘렸다. 1993년에는 다시 1인당 연간 순 알코올 소비량이 14.5ℓ로 늘어 세계 1위를 차지했다. 알코올 소비 상위 10개국에는 벨라루스, 몰도바, 리투아니아, 우크라이나가 포함된다.[21] 모두 러시아 제국과 소련에 속해 있던 국가다. 알코올을 매우 탐탁지 않게 여기거나 법으로 금지하는 이슬람 국가들이 최하위권에 포진해 있다.

인간의 알코올음료 사랑은 지난 1만 년 사이에 시작됐다고 보는 것이 논리적이다. 중동과 중국 사람들이 와인과 맥주를 만들기 시작한 시점이다. 그러나 최근 DNA 연구에서 더 오랜 옛날부터 알코올 소비가 시작됐음을 시사하는 증거가 발견됐다.

알코올은 독이다. 그래서 알코올을 섭취하면 독성이 덜한 물질로 분해해야 한다. 이 과정의 첫 단계는 알코올탈수소효소를 촉매로 에탄올을 아세트알데히드로 산화하는 것이다. 알코올탈수소효소는 간에 고농도로 존재하지만 위에도 있어서 에탄올을 섭취하는 즉시 분해가 시작된다. 알코올탈수소효소 중 ADH4는 다양한 분자의 분해를 촉진하는데, 대부분 종에서 에탄올과는 관련이 없다. 다른 영장류에 비해 ADH4가 에탄올을 40배 빨리 분해하는 인간과 유인원이 예외다. 인간의 조상은 1,000만 년 전쯤 알코올을 빠르게 분해하는 ADH4를 갖도록 진화했다. 이 시기에 에탄올을 먹었다고 볼 수 있다. 물론 고릴라와 침팬지, 인간의 공통 조상인 이 초기 유인원이 맥주나 와인을 양조하지는 않았다. 그 대신 자연 효모로 발효되어 에탄올이 생성된 과숙 과일을 먹었다. 가지에서 과일을 따먹지 않고 숲 바닥에 떨어진 과일을 주워 먹는 대형 유인원의 행동과 유사하다.[22] 그러니 에탄올은 1,000만 년 전, 현대 인간이 존재하기 훨씬 전부터 식단의 일부였을 수 있다. 우리 조상들이 나무 위에서 살지 않고 땅에서 더 많은 시간을 보내기 시작한 시점과 비슷하다.

에탄올을 대사 작용하는 알코올탈수소효소를 만드는 인간 유전자는 20개 정도다. DNA 염기서열의 차이에 따라 조금씩 다른 효소가 생산되기 때문에 에탄올은 사람마다 상당히 다른 효과를 유발한다. 예를 들어, 아시아에서 흔한 염기서열 변이는 알코올에 부작용을 일으켜 얼굴이 붉어지게 하고 두통과 어지럼증을 유발한다.[23] 이런 유전적 차이 때문에 동아시아와 폴리네시아에는 유럽보다 알코올 중독자가 드물다.[24]

알코올 섭취가 드물었고 대량으로 마시지 않던 1만 년 전쯤에는 모든 사람이 알코올에 민감했다는 가설은 일리가 있다. 이 가설은 알코올이 식단에서 중요한 부분을 차지하면서 알코올 독성을 약하게 만드는 돌연변이가 선택됐다고 주장한다. 그래서 더 늦게 알코올을 접한 인구 집단은 내성이 낮은 경향이 있다. 에탄올을 처리하는 DNA 변화가 일어나고 누적될 시간이 부족했기 때문이다.

에탄올 분자는 신체에 광범위한 영향을 미치는데, 일부는 이롭고 일부는 해롭다. 관련 연구는 대부분 역학 분야에서 이뤄졌다. 한쪽은 알코올 섭취가 많고 한쪽은 적거나 없는 두 집단의 실험 참가자를 연구하여, 건강에 차이가 있는지, 그렇다면 알코올이 이 차이를 유발했다고 판단할 수 있는지 확인하는 연구였다.

이 접근법은 문제가 많았다. 먼저 두 집단은 동질 집단이 아니다. 예를 들어, 어떤 사람이 알코올을 섭취하지 않는 이유는 돈이 없기 때문이다. 이런 경우 빈곤과 관련된 온갖 건강 문제가 나타나는 반면, 알코올을 섭취하는 부유한 사람에게는 이런 문제가 없다. 한 집단이 다른 집단보다 건강이 나쁜 이유가 알코올이라고 볼 수는 없는 것이다. 추가 실험이 필요한 부분이다.

그래서 알코올이 건강에 미치는 영향을 알아내기는 까다롭다. 그러나 다양한 연구 집단이 다양한 방법을 사용해서 신중하게 연구한 끝에 몇 가지 결론을 내릴 수 있었다. 절제된 음주는 건강에 이로운 것으로 보인다.[25, 26] 심혈관계 질환, 뇌졸중, 스트레스, 2형 당뇨, 담석증, 알츠하이머병이 감소하는 효과가 있다.[27] 적정 수준의 음주란 주당 10단위의 알코올을 며칠에 나눠 마시는 것을 의미한다. 한 주에 와인 한 병 정도다. 항산화물질이 더 많이 들어 있는 레드와인이 맥주보다 좋다.

이들 연구에서 소량의 음주를 하는 사람과 음주를 한 적이 없는 사람도 대조했다. 물론 술을 입에도 대지 않는 것이 나쁘다는 뜻은 아니다. 심장에는 소량의 알코올 섭취가 좋을지 몰라도 간에는 완전 금주가 더 좋다.

혈액뇌관문은 가장 중요한 기관인 뇌에 독성 분자가 들어가지 않도록 지키는 세포의 벽이다. 그러나 에탄올은 이 관문을 쉽게 지나쳐서 익히 알려진 대로 정신과 행동에 변화를 일으킨다. 술을 조금 마시면 기분이 좋아지고 사회성과 자신감이 높아진다. 취한 사람은 무모해진다. 예를 들어, 방울뱀에 물린 사람 중 40%는 취한 남자였다. 방울뱀과 놀려고 했던, 그러니까 온전히 자기 탓으로 물린 사람의 93%가 취한 상태였다.[28] 알코올을 더 섭취하면 폭력, 부상, 시야 방해, 혼란, 졸음, 이해력 하락, 균형감각과 기억력 상실, 말 더듬기, 어지럼증과 구토가 유발된다. 사고, 저체온증, 익사의 위험도 훨씬 커진다. 아주 많은 양을 마시면 급성 알코올 중독으로 인한 의식 상실, 혼수상태, 심지어 사망에 이를 수 있다.

장기간 과음하면 건강에 악영향이 크다. 심근 약화와 부정맥을 포함한 심혈관계 문제, 고혈압, 뇌졸중의 위험이 있다. 알코올은 대부분 간에서 분해되므로 치명적인 간 기능 저하가 일어날 수 있다. 서서히 반흔 조직이 쌓이는 간경변은 결국 간부전으로 이어진다. 췌장에 염증이 생기고 붓는다. 뇌도 영향을 받아서 기분과 행동이 바뀌고, 명료한 사고와 협응이 필요한 움직임이 어려워진다. 특히, 청소년기 음주는 기분과 감정을 담당하는 뇌 부위의 DNA를 바꾸기 때문에 매우 영향이 크다.[29] 알코올은 특히 뇌, 목, 목구멍, 간, 유방, 자궁, 결장에 암을 일으킨다. 임신 기간에 임부가 술을 지나치게 마시면 선천적 기형아가 태어날 가능성이 커진다. 만성 음주가들은 폐렴이나 결핵 같은 감염병에 걸릴 위험이 크고,[30] 자살 가능성도 더 크다. 마지막으로, 지나친 음주로 면역 체계가 약해진 신체는 질병의 표적이 되기 쉽다. 현재 연간 300만 명이 알코올로 인한 부상, 소화계 질병, 심혈관계 질병, 당뇨, 감염병, 암, 간질, 기타 질환으로 사망한다.[31]

2018년, 15세 이상 전 연령대 남녀를 대상으로 195개소에서 진행된 알코올이 건강에 미치는 영향에 대한 592개 연구를 분석한 종합 보고서가 발표됐다. 모든 긍정적, 부정적 영향을 계산한 결과,

알코올 섭취의 이점을 극대화하기 위한 최적의 주당 섭취량은… '0잔'[32]이라는 결론이 내려졌다. 유감이다.

무엇보다 알코올의 중독성은 우리 삶에 은밀하게 스며든다. 중독이란 사용자가 그 해악을 알면서도 지속적, 충동적으로 어떤 물질을 사용하거나 행동하는 것이다. 중독은 마약성 물질 섭취(알코올 포함), 도박, 인터넷, 쇼핑 등 즐거움을 느끼는 활동에서 시작된다. 이 즐거움이 심리적 고양감을 주고, 같은 활동을 반복해서 그 기분을 다시 느끼고자 하는 강력한 충동으로 이어진다. 도박에서 이기는 것이 전형적인 예시다.

가보르 마테Gabor Maté는 밴쿠버에서 마약 중독자들을 치료하는 캐나다인 의사다. 마테 자신도 클래식 앨범을 사는 데 중독돼 있다. 이미 가지고 있고 절대 듣지 않는 CD를 사는 데 수천 달러를 쓰는 것이다. 중독자가 아닌 사람이 보면 뇌가 완전히 장악되는 과정이 꽤 놀랍다. 마테는 저항할 수 없는 충동 때문에 분만 환자를 버려두고 음반 가게로 달려간 적이 있다.[33] 중독에 취약한 사람은 즐거움을 얻는 일이면 무엇에든 푹 빠져 건강과 재산, 인간관계를 망치곤 한다.

뇌가 즐거움을 주는 대상에 적응해서 이것을 갈망하게 되고 중독으로 이어지는 과정에 대한 설명의 핵심은 신경전달물질인 도파민이다. 이 이론에 따르면 중독성 물질이나 행동의 종류와 상관없이 뇌가 장악되는 과정은 같다.[34] 동기부여, 보상, 즐거움, 강화 학습을 담당하는 신경세포 영역인 측좌핵에서 도파민이 분비된다. 측좌핵 근처에는 기억을 담당하는 해마와 감정을 관장하는 편도체가 있다.

해마와 편도체는 만족과 쾌감의 기억을 저장한다. 중독성 물질 또는 행동에 반복 노출되면 계획과 임무 실행을 담당하는 전두엽피질이 자극되어, 중독성 행동의 쾌감을 갈망하고 추구하게 된다.

도파민이 약물 중독과 관련되어 있다는 증거는 충분히 발견됐다. 도파민이 결핍된 동물은 굶어 죽을 정도로 아무 의지가 없어진다. 먹을 것과 쉴 곳을 찾는 법을 배우지 못하며, 고통을 유발하는 자극을 피하지도 못한다. 뉴런에서 도파민이 분비돼야 자극과 보상을 연결하는 장기 기억이 형성되기 때문이다. 뇌는 도파민 수용체를 줄이는 방법으로 중독성 약물의 습관적 사용에 적응한다. 강도와 작용 방식은 다르지만, 코카인, 암페타민, 아편, 알코올, 카페인, 니코틴, 대마, 바르비탈염제제, 벤조디아제핀은 모두 도파민을 활성화한다. 과식이나 도박 등 해로운 행동에 중독되는 과정 역시 비슷하다.[35] 도파민 이론이 가장 널리 받아들여지고 있긴 하지만, 모든 중독 현상이 한 가지 신경전달물질에 대한 갈망이라고 해석하는 것은 문제의 지나친 단순화로 보인다.[36] 중독은 약물의 성질에 따라, 또 개인마다 다른 복잡한 행동이다. 어떤 자극제는 엄청난 도파민 분비를 유도하면서도 쾌감이나 중독에는 영향을 미치지 않는다. 알코올 중독의 경우 도파민보다는 뇌에서 분비되는 또 다른 신경전달물질인 오피오이드 펩타이드와 관련성이 더 높은 듯하다.[37]

약물은 주입하거나 흡입하면 효과가 더 빠르고 강하게 나타나므로 삼키는 것보다 중독성이 강하다. 시간이 지나면서 뇌는 적응하고, 중독성 행동의 쾌감은 사그라들기 시작한다. 같은 양의 화학 물질은 이전과 같은 쾌감과 보상을 주지 못한다. 내성이 생긴 것이다.

중독자는 같은 쾌감을 느끼기 위해 점점 더 많은 양을 필요로 한다. 그래서 커피 애호가들은 더 진하게 추출된 것을 좋아하고, 도박 중독자들은 더 큰돈을 걸며, 마약 중독자들은 주입하는 양을 늘린다.

완전한 중독자가 되었다고 하자. 강렬한 갈망은 계속되는 반면, 쾌감은 거의 얻지 못한다. 중독자는 이렇게 말한다. '내가 왜 담배를 피우는지 모르겠어. 별로 좋아하지도 않는데 말이야.' 뇌는 중독성 물질이나 행동을 원하지만, 그 갈망을 채워도 쾌감을 느끼는 것이 아니라 갈망이 가라앉을 뿐이다. 뇌는 약물을 즐겼던 상황 등 원하는 물질과 관련된 환경적 단서를 기억한다. 이런 단서는 조건반응을 일으켜 강렬한 갈망을 촉발한다. 유혹에 저항하던 도박 중독자가 가장 좋아하는 도박장을 지나가다 보면 들어가서 돈을 걸고 싶은 욕망에 불이 붙는다. 알코올 중독자는 몇 년씩 술을 끊었다가도 위스키를 선물로 받으면 저항하지 못한다.

가보르 마테는 마약 중독자를 연구하며 그들의 삶에 대해 알게 된 내용을 기반으로 중독에 관한 책 《아귀餓鬼의 영역에서In the Realm of Hungry Ghosts》를 썼다. 마테가 연구한 중독자들은 하나같이 어린 시절의 트라우마를 갖고 있었다. 가정 폭력, 부모의 이혼, 가족의 마약이나 알코올 중독, 부모의 죽음, 신체적·성적 학대 등이다. 유년기에 나쁜 일을 한 번 겪을 때마다 마약을 남용할 위험성은 세 배 높아진다.[38]

어린 시절의 트라우마와 스트레스가 유발하는 감정적 고통을 덜기 위해 약물을 쓰다가 마약 중독자가 되는 경우가 대다수다. 트라우마는 뇌 발달에 문제를 초래한다.[39] 도파민 회로, 편도체, 전두엽이 영구 손상되어 혈류와 전기적 활성 문제, 발작으로 나타난다. 이들은 스트레스 유발 환경에 더 민감해서 단기적으로 스트레스를 덜어주는 물질이나 활동에 강하게 반응한다. 장기적으로 좋지 않음을 알아도 어쩔 수 없다. 마약 중독자에 대한 처벌이 왜 역효과를 낳는지 알 수 있다. 처벌의 고통은 마약으로 고통을 완화하고 싶은 욕망을 부추기기만 할 뿐이다. 사람은 보통 불확실성, 통제력 상실, 갈등, 심리적으로 지지하는 관계의 부재로 인해 스트레스를 받는다.[40] 앞에 명시된 트라우마 유발 환경은 모두 이런 특징을 가지고 있다. 부모의 사랑과 보호에 전적으로 의존할 수밖에 없는 아이는 특히 불안정성에 취약하다.

이제 러시아에서 왜 알코올 중독이 그렇게 흔한지 알 수 있다. 먼저, 황제는 왕실과 러시아 귀족의 주머니를 채우기 위해 고의로 국민의 알코올 의존도를 높였다. 군대를 유지하고 사치스러운 생활을 누리려면 세입이 필요했던 것이다. 국가가 운영하는 술집에서 보드카를 팔았고, 러시아 문화에 깊숙이 스며들게 하면서 판매를 촉진했다. 이 정책은 실제로 세수를 엄청나게 늘렸으나 끔찍한 사회·의료 비용을 초래했다.

둘째, 지난 세기 동유럽 사람들보다 어린 시절의 트라우마가 더 심각하기도 어려울 것이다. 러시아는 일본(1904~1905년), 동맹국(1914~1917년), 독일(1941~1945년)을 상대로 끔찍한 전쟁을 치렀다. 제1차 세계대전은 1917년 두 번의 혁명과 함께 대혼란으로 끝났고, 이후 1923년까지 여러 당파 간의 내전이 이어졌다. 내전 중에 닥친 1921~1922년의 대기근은 최악이었다. 500만 명이 죽었다. 볼셰비

키의 승리로 공산주의 소비에트 연합이 형성됐다. 소련의 실정으로 기근이 끊이지 않았는데, 1932~1933년, 제2차 세계대전 시기, 1947년이 특히 심각했다. 제2차 세계대전 동안 소련에서는 어느 나라보다 많은 사상자가 발생했다. 사망자만 2,000만 명이었다. 소련 인구의 절반 가까이가 독일군의 점령하에 공포에 떨며 살던 시기도 있었다. 스탈린 공포정치 시대인 1924~1953년에는 경찰이 온 국민을 감시했다. 언제든 공작원으로 몰려 무작위로 처형되거나 잔인한 정치범 수용소에 갇힐 수 있었다. 실제로 수백만이 죽거나 형을 살았다. 전쟁, 기근, 비밀경찰 때문에 부모를 잃고 트라우마를 겪은 아이가 셀 수 없이 많았다. 이들이 나중에 잠시라도 감정적 고통을 덜기 위해 술독으로 피신한 것도 무리가 아니다.

어떤 나라에서나 알코올 중독자는 부모 노릇을 잘하지 못한다. 아이를 방치하거나 심지어 폭력을 일삼는다. 그래서 다음 세대에도 역시 트라우마가 남는다. 비극이 계속되는 것이다.

헤로인, 대마, 코카인, LSD, 엑스터시와 같은 불법 약물의 중독성과 위험성은 다들 익히 알고 있다. 이 책에서 이런 금지 약물이 아니라 알코올을 다루는 데는 두 가지 이유가 있다. 먼저 알코올을 소비하는 사람이 훨씬 많다. 알코올음료는 문화적으로 수용되고 불법도 아니며 오랜 역사가 있고 맛도 좋기 때문이다. 담배가 유일하게 알코올 수요에 비견할 만하다.[41] 또 다른 이유는 알코올의 위험이다. 2010년, 브리스틀대학교 교수 데이비드 너트David Nutt의 주도하에 약물에 대한 독립적인 과학 위원회의 워크숍 결과가 발표됐다. 이들은 16가지 기준으로 20개 약물의 점수를 매겼다. 약물이 사용자에게 미치는 악영향과 관련된 기준 9가지, 타인에게 끼치는 피해에 대한 기준 7가지를 적용했고, 각 기준에 상대적 중요도를 나타내는 가중치를 매겨 총점 100점으로 계산했다.[42]

20개 약물은 모두 해로운데, 다음 도표를 보면 알 수 있듯 그중

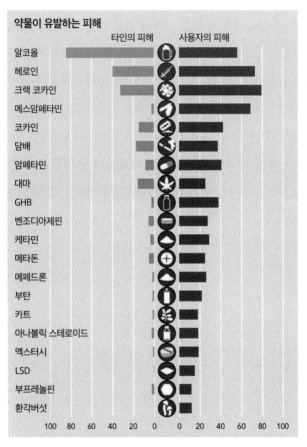

약물을 전체 피해 지수 순서로 나열했으며, 사용자에게 미치는 피해와 타인에게 미치는 피해로 나누었다.[43, 44] GHB=감마 하이드록시부티릭산(yhydroxybutyric acid, LSD) = 리세그르산다이에틸아마이드(lysergic acid diethylamide)

© David Nutt. Graphs by Philip Beresford, data by Andrew Doig

알코올이 최악이다. 사용자 자신에 대한 피해는 크랙 코카인, 헤로인, 메스암페타민에 이어 4위지만, 타인에게 미치는 피해를 기준으로 하면 최악의 약물이고 2위와도 상당한 격차가 있다. 알코올은 어떤 약물보다도 부상, 사고, 폭력을 더 많이 유발한다. 토요일 밤 병원 응급실에는 알코올의 피해자가 넘친다. 담배도 당연히 위험하지만, 니코틴을 흡입하다가 싸움을 걸거나 차를 갖다 박는 사람은 없다.

이 표를 보고 왜 담배와 알코올이 불법이 아닌데, 환각버섯과 대마, LSD가 불법인지 이해할 수 있는가? 설명하기 어려운 일이다.

데이비드 너트는 영국 정부의 약물 남용 자문 위원회 회장이었다. 그는 2009년 10월 알코올과 담배가 대마와 LSD, 엑스터시를 포함한 많은 불법 약물보다 해롭다고 발표했다.[45] 내무장관 앨런 존슨 Alan Johnson이 원하던 정보가 아니었던지, 데이비드 너트는 다음날 해고됐다.[46]

20장

The Black, Stinking Fume

고약한 검은 연기

1492년 8월 3일, 크리스토퍼 콜럼버스Christopher Columbus는 배 세 척에 선원 90명을 이끌고 역사상 가장 중요한 항해에 나섰다. 콜럼버스는 스페인 왕궁의 이사벨 여왕과 페르난도 왕의 수하이긴 했지만, 제노바 출신의 이탈리아인이었다. 당시 스페인의 경쟁국 포르투갈은 인도 제국과의 무역으로 쏠쏠하게 이익을 보고 있었다. 포르투갈은 아프리카를 둘러 동쪽으로 항해하여 향신료와 다른 이국의 제품을 가지고 돌아왔다. 그러나 콜럼버스는 지구 반대로 대서양을 가로지르는 편이 더 빠르다고 주장하며, 자금 지원만 있으면 부의 원천인 인도까지 가는 항로를 뚫을 수 있다고 페르난도와 이사벨을 설득했다. 광대한 북아메리카와 남아메리카 대륙이 이 길을 가로막고 있는 줄은 아무도 몰랐다.

출발 후 두 달이 조금 지나 콜럼버스와 선원들은 바하마에 발을 디뎠고, 더 큰 섬 쿠바와 히스파니올라로 이동했다. 콜럼버스가 스페인으로 돌아와 신세계를 발견했다고 설명하자 유럽은 열광했고, 아메리카 대륙과 구세계는 모두 엄청난 변화를 겪게 됐다. 대서양을 건너 이뤄진 식물, 동물, 질병, 광물, 아이디어, 사람의 교환을 콜럼버스의 교환Columbus Exchange이라 하는데 이는 다양한 방식으로 인류에 심오한 영향을 미쳤다. 정치, 권력, 종교, 음식, 건강 등등 이전과 영영 달라진 것들이 셀 수 없이 많다.[1]

유럽인과의 접촉은 아메리카 원주민에게는 대재앙이었다. 1493년 스페인 사람들은 대규모로 돌아와서 정복을 시작했고, 유럽 문화, 특히 기독교를 강요했다. 설상가상으로 유럽에서 온 치명적인 질병은 당시 아메리카 원주민 90%를 죽음으로 몰아갔다고 추정된다. 아메리카 원주민은 스페인 선원들과 달리 홍역, 천연두, 티푸스, 콜레라, 인플루엔자, 디프테리아, 성홍열, 백일해 등에 면역이 없었고, 동시에 여러 전염병에 걸리곤 했다.

그 대신 유럽인들은 매독에 걸렸다. 1495년 프랑스군이 점령한 나폴리에서 최초로 기록되었는데, 당시 프랑스군에는 이전에 콜럼버스 밑에서 일했던 스페인 용병이 있었다. 시기로 보아 콜럼버스의 1차 또는 2차 항해에서 이 병에 처음으로 걸린 유럽인이 유럽으로 병을 가지고 돌아온 듯하다. 성적 접촉을 통해 전염되는 특성 때문에 걸려도 쉬쉬하던 병이라 정확한 데이터는 없지만, 매독은 유럽에서 20세기까지 특히 창녀들 사이에서 가장 널리 퍼진 질병 중 하나였다. 오늘날에도 매년 600만 명의 환자가 발생하는데,[2] 항생제로 쉽게 치료할 수 있다. 매독은 궤양, 수막염, 치매, 실명, 심장 문제, 불임, 기형아를 유발하며, 현재 세계적으로 연간 10만 명이 매독으로 사망한다.[3]

매독도 치명적이지만, 아메리카에서 온 또 다른 선물의 영향력에 비하면 아무것도 아니다. 콜럼버스와 선원들이 처음으로 만난 바하마 원주민들은 우호적이었고, 처음 보는 과일 등을 선물했다. 여기엔 원주민들이 '타바코스tabacos'라고 부르는 식물의 마른 잎이 섞여 있었다. 스페인 사람들은 멋모르고 잎을 먹어보려 했으나 먹을 것이 못 되어 배 밖으로 버렸다. 한 달 후, 이들은 타바코스 잎을 어떻게 쓰는지 알았다. 쿠바의 원주민들이 이 풀을 씹거나 마른 나뭇잎에 말아 불을 붙이고 연기를 들이마시는 것을 본 것이다. 콜럼버스는 1492년 11월 6일의 일기에 이렇게 썼다. '남자고 여자고 반쯤 탄 풀을 손에 들고 있다. 그 연기를 즐겨 마시는 모양이다.' 선원 몇 명은 연기를 마신 뒤 쾌감을 느꼈고, 곧 중독성을 인지했다. 담배를 피워 본 선원 중 로드리고 데 헤레스Rodrigo de Jerez는 스페인으로 돌아와 입과 코로 연기를 내뿜으며 사람들을 기겁하게 했다. 악마를 연상시키는 행동이었던 것이다. 헤레스는 악마의 행위를 한다는 혐의로 종교 재판에 넘겨져 7년형을 살았다. 7년 동안 담배를 버렸어야 했다고 충분히 반성했을 것이다.

우리가 일반적으로 생각하는 담배인 니코티아나 타바쿰Nicotiana tabacum은 아르헨티나 북부와 볼리비아에 걸친 안데스산맥 동쪽 비탈에서 자생하며, 자연적으로 나타나는 70종 이상의 담배속 식물 중 하나다.[4] 아메리카 원주민들은 파이프로 담배를 피웠고 담뱃잎으로 상처를 감쌌으며 치통이 있을 때 씹는 진통제로 삼았다. 서기 500년 중앙아메리카의 마야인이 담배를 재배하면서 미시시피강 유역 도시들로도 퍼졌다. 샤먼은 니코티아나 루스티카Nicotiana rustica라는 담배를 피웠다. 니코티아나 타바쿰보다 니코틴 함량이 열 배 높고 다양한 정신활성 화학물이 들어 있는 훨씬 강력한 종류여서 샤먼들에게 영적 경험을 제공했다. 유럽에서는 유행한 적이 없지만 러시아만은 예외였다. 러시아에서 흔히 자라는 루스티카가 사실상 공짜 마약이었다.

콜럼버스의 항해 이후 유럽 국가들의 아메리카 탐험과 정복, 정착은 대유행을 맞았다. 영국은 뒤늦게 뛰어들었다. 16세기 후반, 캐나다와 미국 중서부는 프랑스가 점령했고 브라질은 포르투갈이 지배했으며, 스페인은 남미 지역 대부분과 멕시코, 텍사스, 캘리포니아를 포함하는 광대한 영토를 다스렸다. 한발 늦은 영국은 아메리카를 오가는 배를 약탈하는 해적질을 했다. 영국의 노련한 선원들은 보물을 싣고 대서양을 지나는 스페인 배를 공격했다. 잉카나 아스테카에서 직접 물건을 가져오기보다 스페인의 약탈품을 빼앗는 편이 쉬웠다. 그러다 해상 충돌이 늘자 영국은 신세계에 영구 정착지를 세워 항구를 만들어야겠다고 생각했다. 그곳이라면 런던이나 브리스틀에 마구 늘어나는 빈곤층을 보내기에도 알맞았다. 물론 빈곤층과 상의한 계획은 아니었다.

영국은 1585년 뉴펀들랜드와 노스캐롤라이나의 로어노크에서 실패한 후(식민지 개척자들이 모두 죽거나 정착지를 버리고 떠났다), 이번에는 버지니아에 아메리카 영국 식민지를 세우려 했다. 북아메리카를 식민지화해서 이익을 얻으려던 민간 투자자들이 런던 버지니아 컴퍼니Virginia Company of London를 세웠다. 엘리자베스 1세는 로어노크 참사 이후 아메리카 정착지에 대한 후원을 경계했다. 영국 투자자들은 페루와 멕시코의 식민지에서 금 등의 보물을 얻어 엄청난 부를 쌓은 스페인을 부러워하며, 더 북쪽의 영국 식민지에서도 같은 일이 일어나길 바랐다. 1607년, 영국인 144명이 영국의 새로운 왕 제임스 1세의 이름을 딴 제임스타운 식민지를 세웠다.

식민지 개척자들의 임무는 투자자에게 돈을 벌어주는 것이었다. 그러지 않으면 본국에서의 지원은 끊길 터였다. 그래서 개척자들은 새로운 농장을 세우려 노력하는 대신 존재하지 않는 금을 찾으려고 시간을 낭비하거나 원주민을 괴롭혔다. 첫 겨울은 혹독했고 개척자들은 말라리아에 걸렸다. 첫해가 지나자 144명 중 살아남은 사람은 38명뿐이었다. 1609~1610년 겨울은 더 나빴다. 이 시기는 굶주림의 시대Starving Time라 불렸다. 하지만 버지니아 컴퍼니는 끈질기게 여자를 포함한 개척자들을 배로 태워 보냈고, 1624년 결국 파산했다. 버지니아는 이후 왕의 식민지가 됐다. 파산한 회사를 국가가 긴급 구제한 초기 사례다.

제임스타운에 금이 없다는 사실을 받아들인 정착민들은 유리 세공, 누에치기, 포도 농사 등 다른 수입원을 찾았다. 버지니아에서 길러서 고가로 영국에 수출할 수 있는 작물은 담배가 유일했다. 제임스 1세의 반대에도 흡연은 이미 영국에서 유행이었다. 1604년 제임스 1세의 '담배 반대 선언문Counterblaste to Tobacco'은 다음과 같다. '흡연은 보기에 좋지 않고, 냄새도 혐오스럽고, 뇌에 해롭고, 폐에 위험하고, 그 고약한 검은 연기는 바닥을 모를 구덩이에서 시커멓게 피어오르는 끔찍한 연기를 닮았다.' 하지만 1619년 담배를 독점하여 유용한 세입원으로 삼으면서 말을 바꿨다.

정착민 존 롤프John Rolfe(포카혼타스의 남편)가 서인도제도에서 제임스타운으로 들여온 담배씨는 잘 자랐다. 10년 안에 어마어마한 양이 영국으로 수출됐다. 담배 농사는 영국의 북아메리카 식민지화에 매우 큰 영향을 미쳤다. 먼저, 새로운 정착지가 경제적으로 안정됐다. 원래 계획이었던 금광과 달리 담배는 지속 가능하고 성장하는 산업이라 이민자를 더 불러들였다. 이민자는 보통 고용인으로 일했다. 농장에서 약 5년의 계약 기간을 채우는 조건으로 버지니아로 가는 무료 티켓을 받았고, 기간이 끝나면 자유였다. 둘째, 담배는 토양에 부담이 많이 되는 작물이라 3년 경작하면 지력을 회복하도록 둬야 했다. 그래서 새로운 땅이 필요해진 정착민들은 식민지를 서쪽으로 확장했다. 마지막으로, 아무리 아메리카가 약속의 땅이라고 해도 하인으로 들어가려는 이민자는 그렇게 많지 않았다. 그래서 서아프리카에서 노예를 수입하기 시작했다. 노예는 농장에서 5년이 아니라 평생 일했고 노동 강도 역시 영국에서 온 자유민보다 높았다. 아프리카 노예는 말라리아에도 잘 걸리지 않았다. 담배 산업 때문에 버지니아는 노예제에 찬성하는 주가 되었고, 250년 후 북부의 자유주와 남부의 노예주가 싸우던 미국 남북전쟁에서 남부연합의 편에 섰다. 이 근방의 노스캐롤라이나, 켄터키, 조지아, 버지니아는 여전히 미국 담배 생산의 중심지다.

20세기 이전에는 담배를 사기 파이프로 피우거나 씹거나 시가로 피우거나 코로 흡입했다. 지금은 파이프와 시가가 심장병과 폐질환은 물론 폐, 인후, 결장, 췌장에 암을 일으킨다는 사실이 알려져 있다.[5] 씹는담배는 구강암, 치주질환, 심혈관계질환을 유발한다. 이가 빠질 수도 있다. 코 흡입은 비강, 인후, 췌장, 구강에 암을 일으키고 심장마비와 뇌졸중을 유발한다.[6] 모두 건강에 나쁜데, 궐련형 담배는 더 나쁘다.

1880년 이전에는 궐련을 손으로 만들었다. 한 명이 1분에 몇 대밖에 만들 수 없어서 귀하고 비쌌다. 기계화가 이뤄지면서 대량 생산되고 가격이 하락했다. 1880년, 제임스 본색James Bonsack은 1분당 담배 210대를 말 수 있는 기계를 발명했다. 수작업 속도보다 50배 빨랐다. 안정적인 궐련 생산 장비를 만드는 사람에게 7만 5,000달러를 주겠다는 담배업계의 현상금을 노린 것이었다. 이 기계는 담배를 길게 말아 돌아가는 칼날로 일정하게 잘랐다. 제조 가격도 낮추면서 품질 좋고 깔끔하게 말린 제품을 만들어냈다.

본색은 제임스 뷰캐넌 듀크James Buchanan Duke와 사업을 시작했다. 듀크는 1880년 노스캐롤라이나주 더럼을 기반으로 듀크오브더럼Duke of Durham이라는 브랜드를 만들어 수제 궐련 사업을 시작했는데, 얼마 후 본색의 발명품에 대해 듣고 그 잠재력을 알아봤다. 다른 회사는 본색에게 투자하길 망설였다. 기계가 자주 고장 났고, 고객들은 수제를 선호하므로 시장이 없으리라 여긴 것이다. 하지만 듀크는 본색에게 희망을 걸어보기로 했다. 그는 본색 컴퍼니의 기술자와 함께 기계의 안정성을 개선하고, 기계를 독점으로 쓸 수 있는 계약을 체결했다.

당시 판매자 중 유일하게 궐련을 대량 생산할 수 있었으니, 엄청 난 경쟁우위를 갖게 될 잠재력을 얻은 셈이다. 그러나 궐련 수요가 적다는 점이 문제였다. 1890년 궐련 판매량은 파이프 담배, 시가, 씹 는담배에 비해 극히 적었다. 그래서 듀크는 능수능란하게 마케팅 캠 페인을 펼치며 담배를 소비하는 방식을 바꿔나갔다.

듀크는 기계로 만든 궐련이 한눈에도 깔끔하고 사람의 손과 타 액으로 만든 시가보다 위생적이라고 홍보했다. 시가와 파이프와 달 리 궐련은 식당 안에서도 피울 수 있었다. 피우기까지의 과정이 간 단하고 수월해서 잠시 쉬는 시간에 피우기도 좋았다. 궐련_{cigarette}은 작은 시가_{cigar}라는 의미이니 더 안전하다고도 했다. 실제로 광고에 서뿐 아니라 약학 백과사전에서도 1906년까지 담배가 건강에 좋다 고 명시됐다. 심지어 기침, 감기, 결핵에 담배를 처방하는 의사도 있 었다. 의사들이 바보라서는 아니었다. 담배가 건강을 악화시키는 데 는 몇 십 년이 걸린다. 그래서 담배가 해롭다는 사실이 밝혀지기까 지 오랜 시간이 걸렸다.

1902년, 듀크는 기존의 아메리칸 토바코 컴퍼니_{American Tobacco Company}와 영국의 라이벌 기업 임페리얼 토바코_{Imperial Tobacc}를 합병 해 현재 세계 4위 규모의 담배 회사인 브리티시 아메리칸 토바코 _{British American Tobacco}를 설립했다.[7] 궐련형 담배는 엄청난 성공을 거 뒀다. 다른 담배 소비 형태를 거의 다 대체했을 뿐 아니라 전체 시장 도 커졌다. 궐련 수요는 제1차 세계대전(1917~1918년), 제2차 세계대전(1941~1945년), 한국전쟁(1950~1953년) 때 급등했는데, 미국 정부가 군의 사기를 북돋기 위해 군인들에게 대량 배급했기 때문이다. 담배 회사들은 심지어 앞다퉈 군대로 무료 담배를 보냈고, 군인들은 집으로 돌아와 충실한(더 정확히 말하면, 중독된) 고객이 됐다.

다른 나라에서도 성장 패턴은 같았다. 담배가 영국에 처음 들어온 건 16세기였지만, 중요한 문화로 자리 잡은 건 19세기 후반이다. 20세기 중반에는 남성 80%, 여성 40%가 흡연자였고, 성인 1명이 연간 담배 3kg을 소비했다.[8]

엄청난 규모의 신사업을 일으키고 세계를 담배에 중독시킨 듀크는 1925년에 사망했다. 듀크는 담배가 치명적이라는 사실을 알면서도 팔아서 돈을 벌려 한 나쁜 사람이 아니었다. 담배가 얼마나 위험한지 전혀 몰랐으며, 심지어 그가 죽을 때까지도 폐암은 흔하지 않았다. 듀크는 노스캐롤라이나주 더럼의 트리니티 대학에 1억 달러 이상을 기부했다. 이 대학은 그를 기리며 듀크 대학으로 이름을 바꿨고 지금은 세계 굴지의 대학이 됐다. 듀크가 본색의 기계를 사용하지 않았더라도, 당시 다른 시제품도 개발 중이었으니 누군가가 담배를 대량 생산했을 것이다. 하지만 듀크의 마케팅, 광고, 심리, 가격 책정의 재능이 없었어도 궐련형 담배가 그렇게까지 유행했을까 하는 의문은 남는다. 어쩌면 듀크가 없었다면, 우리는 여전히 담뱃잎을 씹거나 시가를 피우고 있을지도 모른다. 그랬다면 담배로 인한 사망률은 훨씬 낮았을 것이다.

담배 산업은 한 가지 문제를 마주했다. 브랜드를 다르게 내놓지만 사실 담배는 거의 같은 제품이라는 것이다. 그래서 포장과 마케팅으로 다양한 소비자의 관심을 끌기 위해 노력했다. 브랜드를 차별화하는 광고는 필수적이었다.

한 예로, R. J. 레이놀즈 토바코 컴퍼니R. J. Reynolds Tobacco Company, RJR의 브랜드 카멜Camel은 어떻게 홍보됐을까? 카멜은 제1차 세계대전 직전에 '부드러운' 담배로 처음 제조됐고, 수십 년간 '1마일을 걸어서라도 카멜을 사겠다I'd walk a mile for a Camel'는 문구로 홍보됐다. '소화를 위해 - 카멜을 피우세요For digestion's sake – smoke Camels'라는 문구는 카멜이 건강에 좋다는 암시였다. 의사들이 선택한 담배라는 수상쩍은 주장도 했다. RJR은 의사들에게 공짜로 카멜 한 갑을 준 다음, 가장 선호하는 담배 브랜드를 물었다. 이 설문 결과를 기반으로 '의사들이 가장 많이 피우는 담배, 카멜More doctors smoke Camels than any other cigarette'이라는 광고 문구를 만들었다.

1987년 RJR은 전략을 바꿔 조 카멜Joe Camel이라는 만화 캐릭터를 만들었다. 늘 논쟁의 대상이었던 조 카멜은 아이들을 겨냥한다는 이유로 미국의학협회American Medical Association의 공격을 받았다. 1991년의 한 연구 결과, 6세 아동 91%가 조 카멜을 보고 정확하게 담배를 연상했다.[9] 카멜은 청소년 흡연자의 선택을 받는 담배가 됐고 18~24세 소비층에서 점유율이 두 배로 높아졌다. 그러나 RJR은 1997년 소송에서 패하여 캘리포니아 아동 흡연 방지 교육을 위해 1,000만 달러를 내야 했다.[10] 이후에도 소송과 논란이 예상되자 RJR은 조 카멜 캐릭터를 포기했다.[11]

담배가 유럽에 처음 들어온 이후, 흡연의 중독성은 금방 알려졌다. 프랜시스 베이컨Francis Bacon은 1623년에 이런 글을 남겼다. '우리

시대에 흡연은 매우 빠르게 늘고 있으며 은밀한 쾌락으로 인간을 정복한다. 한번 익숙해진 사람은 다시는 흡연을 참을 수 없게 된다.'[12] 물론 베이컨도 담배가 인간을 정확히 어떻게 정복하는지는 몰랐다.

담배를 피우면 기분이 나아진다. 순수하게 좋아질 수도 있고 금단증상의 완화 때문일 수도 있다. 연기를 흡입하면 니코틴이 폐에 들어가서 빠르게 혈류로 흡수되고 몇 초 만에 뇌에 도달한다. 그리고 뇌세포가 서로 신호를 보낼 때 사용하는 신경전달물질인 아세틸콜린과 주로 결합하는 수용체 단백질과 결합한다. 수용체를 자극하면 뇌에서 다양한 신경전달물질이 분비되는데, 그중 하나가 쾌감과 충동으로 이어지는 도파민이다.[13]

니코틴에 계속 노출되면 내성, 갈망, 금단증상이 생긴다. 흡연자는 보통 담배를 너무 자주 피워서 아세틸콜린 수용체가 늘 니코틴 포화 상태다. 처음 흡연을 시작할 때의 만족감은 반복적인 노출과 함께 사라지는 경향이 있다. 이제는 쾌감을 느끼기 위해서가 아니라 니코틴 농도가 떨어져 뇌의 수용체가 자유로워지면 발생하는 금단 증상을 피하려고 담배를 피우게 된다. 니코틴 금단 증상은 역시 신경전달물질에 의해 과민성, 우울함, 불안, 스트레스를 유발하고, 이는 다시 흡연할 강력한 동기가 된다.

다른 중독과 마찬가지로, 흡연을 연상하도록 조건화된 특정 상황이 금단 현상을 심화한다. 흡연자들은 일상 속에서 식후에, 커피나 맥주를 마시면서, 흡연자 친구와 함께 담배를 피운다. 이러한 환경, 담배의 맛과 냄새와 느낌, 또는 신체적으로 담배를 만지는 행위가 모두 흡연의 쾌감과 연결된다. 연기를 흡입하면 단시간 내에 니코틴의 영향을 느낄 수 있으므로, 담배를 피운다는 행동과 쾌감은 쉽게 연결된다. 나쁜 기분 역시 흡연에 대한 조건화 신호가 된다. 흡연으로 기분이 좋아진다는 사실을 학습하면 다른 이유로 짜증이 났을 때 흡연 욕구를 느끼게 될 수 있다.[14]

흡연에 대한 반응은 유전의 영향을 크게 받는다. 니코틴은 피에 녹아 신체를 순환하며, 간에서 CYP2A6라는 효소에 의해 분해되어 영향력이 약한 화학물인 코티닌으로 전환되면서 사라진다.[15] 인간의 CYP2A6 효소에는 여러 형태가 있고, 니코틴을 코티닌으로 전환하는 효율에는 차이가 난다. 니코틴을 빨리 분해하는 사람은 니코틴 농도를 유지하려면 더 자주 담배를 피워야 해서 흡연에 중독될 확률이 높다. 또한 담배를 끊기도 더 어렵다. 반대로 CYP2A6가 니코틴을 천천히 분해하는 사람들은 담배를 더 적게 피우고, 덜 깊게 들이마신다. 니코틴을 덜 원하고, 금연 시도 시 심각한 금단 증상을 겪을 확률도 낮다.

일부러 중독을 유발하는 제품을 만들려고 해도 담배를 이기기는 어려울 것이다. 하루에도 수십 번 손대는 약물이 얼마나 될까? 하지만 골초들은 하루에 수십 번도 담배를 피운다. 궐련형 담배는 중독성을 강화하는 특징을 아주 많이 가지고 있다. 시가보다 훨씬 심하다. 저렴하고, 열량이 없고, 사용이 쉽고, 약물 반응이 몇 초 안에 나타났다 몇 시간 만에 사라진다. 흡연은 식욕을 억제하므로, 담배를 끊으면 살이 쪄서 금연 결심이 약해지곤 한다. 또한 불법도 아니다. 담배가 건강에 너무나 치명적이지만 않다면, 중독성이 높아도 지금처럼 큰 문제는 아닐 것이다.

처음에는 담배가 건강에 해롭다는 사실이 전혀 드러나지 않았다. 그래서 1570년대에 스페인 의사 니콜라스 모나르데스Nicolás Monardes는 놀랍게도 암을 포함한 수십 가지 질병의 치료제로 담배를 추천했다.[16] '담배tobacco'와 '니코틴nicotine'이라는 단어를 처음 사용한 그의 저서 이후 흡연의 건강상 이점(이 있느냐 없느냐)에 대한 논의가 이어졌다. 1659년 자일스 에버라드Giles Everard의 《만병통치약: 담배의 놀라운 효과를 발견하다Panacea; or the universal medicine, being a discovery of the wonderful vertues of tobacco》[17]가 영어로 출판됐다. 에버라드는 담배만 있으면 의사는 없어도 된다고 주장했다. '담배는 의사에겐 좋은 친구가 못 되지만 의사 역할을 할 수 있다. 담배 연기는 모든 독과 역병의 훌륭한 해독제다.' 이에 반대하는 사람도 있었다. '건강에 해롭고 젊은이에게 위험하다'[18]거나 '연기를 위와 폐로 들이마시는 이 습관은 매우 치명적이다. 폐가 운동에 부적합해지고, 심장이 나빠지고, 머리부터 발끝까지 전신이 망가진다'는 의견도 발표됐다.[19]

일찍이 1868년, 에든버러 왕립 의료원Royal Infirmary of Edinburgh의 외과의 존 리자스John Lizars는 흡연이 구강암을 유발한다고 경고했다. '젊은 세대의 신체에 미친 피해는 당장 나타나지 않을 수 있으나, 결국은 엄청난 국가적 재앙이 될 것이다.'[20] 하지만 1900년까지도 폐암은 드문 질병이었다. 19세기 중반쯤에는 담배가 병을 치료한다고 주장하는 의사는 거의 없었지만, 천식을 치료하기 위해 다른 물질의 연기를 흡입하는 관행은 남아 있었다. 의사들은 제2차 세계대전 이후까지도 호흡기 치료제로 만들어진 약제가 든 담배를 홍보하고 처방했다.[21]

영국에서 1905~1945년에 폐암 환자가 20배 늘었지만, 그 이유는 수수께끼였다. 소위 '흡연자의 기침'이 흔히 보였고, 곧 운동 시 숨 가쁨, 가슴 통증, 체중 감소, 각혈로 이어졌다. 폐암의 급속한 확산을 우려한 의료연구위원회Medical Research Council, MRC는 런던위생대학원London School of Hygiene의 역학자 오스틴 브래드포드 힐Austin Bradford Hill에게 조사를 의뢰했다. 브래드포드 힐은 MRC에서 위궤양의 원인을 연구하고 있던 리처드 돌Richard Doll에게 도움을 요청했다. 처음에 브래드포드 힐과 돌은 폐암의 유행이 흡연과 관련 있다고 생각하지 않았다. 이런 가설을 제시하는 소규모 연구가 몇 건 있긴 했지만, 두 사람은 교통량 증가가 폐암을 유발한다고 생각했다. 엔진의 매연과 도로의 타르는 폐에 악영향을 줄 수 있었고, 폐암 발생 건수와 교통량이 20세기 전반 동시에 증가한 것도 사실이었다.

1949년 돌과 브래드포드 힐은 폐암이 의심되는 런던 병원의 환자 709명을 방문하여 가족사, 식단, 이전 병력을 묻는 설문지를 나눠줬다. 당연히 도로에서 일하는지도 물었고, 다행히 흡연 여부도 물었다. 다른 이유로 병원에 있던 환자 709명의 통제군과 폐암 환자들의 설문 결과를 대조하자, 흡연과 폐암의 관련성이 나타났다. 자주 흡연할수록 폐암 위험이 크다는 증거도 찾아냈다. 폐암 환자의 증가는 흡연자 증가와 같은 패턴을 보였는데, 20년의 차이를 두고 나타났다. 흡연을 시작하는 시점과 치명적인 영향이 드러나는 시점 사이의 시차가 길다 보니 담배는 엄청난 악영향을 미친다. 흡연은 시한폭탄이다. 이미 중독된 흡연자 수백만이 암에 걸리는 과정에 있다.

돌은 즉시 담배를 끊었지만, 아직 설득력이 부족했다. 혹시 이 결과가 런던의 특징을 반영하는 건 아닐까? 그래서 케임브리지, 브리스틀, 리즈, 뉴캐슬까지 연구를 확장하여 환자 5,000명의 기록을 살폈다. 결과는 같았다.

1951년 MRC는 다른 프로젝트를 시도할 수 있도록 자금을 후원했다. 돌과 브래드포드 힐은 먼저 영국 의사 6만 명에게 흡연 습관을 묻는 설문지를 보냈다.[22] 4만 500명이 응답했다. 이후 출생·결혼·사망을 기록하는 호적등기소에서는 의사가 사망할 때마다 돌과 브래드포드 힐에게 사망 진단서를 보내줬다. 3년이 지난 후 폐암으로 사망한 의사 36명은 모두 흡연자였다. 놀라운 결과지만, 비흡연 통제군이 너무 작다는 것이 문제였다. 의사 중 비흡연자는 단 13%였다. 그래서 비흡연자의 사망 원인에 대해 충분한 데이터가 모이기까지는 오랜 시간이 걸렸다. 연구가 이어지며 추가로 발견된 사실이 많았다. 흡연자는 비흡연자보다 약 10년 일찍 죽는다. 젊은 나이에 담배를 끊을수록 기대수명이 높아진다. 이들의 연구 결론을 확인하고 확장하는 다른 집단도 생겨났다. 흡연은 다른 여러 조직에도 암을 일으킨다. 심장질환, 뇌졸중, 기관지염, 폐기종, 폐렴, 천식, 2형 당뇨, 발기부전을 유발한다. 간접흡연 역시 위험하다. 흡연은 혈관을 손상한다. 임신 중 흡연은 유산, 사산, 조산으로 이어질 수 있다.

흡연은 왜 암을 유발하는가? 세포가 자라지 않아야 할 때 자라면서 암이 시작된다. 신체의 모든 세포는 단 하나의 세포, 수정란에서 유래한다. 수정란은 분열하고 분화되어 인간의 모든 조직과 기관이 된다. 어떤 세포는 계속 분열해서 죽은 세포를 대체해야 한다. 골수, 피부, 내장 세포 등을 예로 들 수 있다. 어떤 세포는 부상 후 피해를 복구하기 위해 분열한다. 보통 세포의 성장은 강력하게 통제된다. 세포가 성장을 막는 신호에 정상적으로 반응하지 못하면 암 조직으로 발전할 수 있다. 세포의 DNA가 돌연변이를 획득하여 세포 성장 통제와 관련된 단백질이 작용하는 방식을 바꿨을 때 성장 억제에 실패하게 된다. 종양 유전자는 돌연변이가 일어났을 때 세포 성장을 자극하는 유전자다. 종양 억제 유전자는 손상된 세포의 성장을 막는 단백질을 암호화한다. 종양 억제 단백질이 변이하면 세포는 자라지 않아야 할 때 자란다. 세포의 DNA가 심하게 손상됐을 때 활성화되는 종양 억제 유전자의 한 예는 p53이라는 단백질을 암호화하는 TP53이다. 보통 p53은 손상된 세포의 분열을 막고 심한 경우 사멸하도록 유도한다. 종양으로 발전할 수 있는 세포를 신체에서 없애는 것이다.

DNA에 돌연변이를 일으키는 물질은 모두 암을 유발하기 쉽다. 담배는 매우 뛰어난 돌연변이 유발 물질이다. 종양 형성 유전자와 종양 억제 유전자에 문제를 일으킬 수 있는 다양한 돌연변이 유발 화학 물질을 폐로 바로 전달한다. 벤조피렌이 그중 하나다. DNA의 구아닌 염기와 반응하여 DNA 구조를 파괴하고 돌연변이를 일으킨다. 벤조피렌은 특히 p53 유전자의 중요한 구아닌 세 개에 돌연변이를 잘 일으켜서, p53이 정상적으로 기능하지 못하게 한다. 그러면 폐 세포가 암세포로 변한다.[23]

벤조피렌은 담배 연기에 있는 수십 가지 발암물질 중 하나일 뿐이다. 담배에는 유기화학물질뿐 아니라 납, 비소, 카드뮴 등 유독성 금속도 들어 있다. 담배를 높은 온도로 태우면 니코틴 외에도 향정

신성 화합물이 발생하는데, 이는 흡연의 중독성을 더한다.

금연의 공중보건 개선 효과는 백신 접종, 위생 관리, 항생제와 견줄 정도로 엄청날 것이다. 그러나 과연 방법이 있을까? 어떤 국가도 흡연을 완전히 금지하지 않는다. 그럴 법도 하다. 담배 판매를 불법화하면 범죄가 대거 발생할 것이다. 수백만 중독자들이 딜러를 찾아 헤매고, 조직범죄가 판치고, 폭력 조직들은 수십억 달러가 걸린 담배 사업의 주도권을 놓고 다툴 것이다. 담배 가격이 급상승하면서 중독자들은 빨리 현금을 구해 담배를 사려고 경범죄를 저지르게 될 것이다. 니코틴 중독은 너무 강력해서 흡연이 범죄가 된다고 해도 절대 끊을 수 없는 흡연자들이 많을 것이다. 현재 불법인 약물들이 이미 예정된 결과를 보여준다. 미국에서 1920년부터 1933년까지 알코올 생산과 판매가 금지됐을 때 알코올 사업을 장악하기 위한 조직범죄가 횡행했다. 흡연자 수가 많고 니코틴의 중독성이 강력하다는 점을 고려하면, 흡연 불법화의 결과는 헤로인, 코카인, 대마 금지보다 훨씬 끔찍할 것이다.

정부가 국민의 금연을 유도하는 것은 어제오늘의 일이 아니다. 최초로 공공 흡연을 금지한 사람은 교황 우르바누스 7세Urbanus Ⅶ였다. 1590년 교회에서 흡연을 금지했고 흡연 시 파문했다. 미사를 기다리면서 현관에서 담배를 피웠다간 불멸의 영혼이 영원토록 지옥에서 불탈 위험을 감수해야 했다. 1724년까지 교황은 칙령으로 흡연을 금지했다. 오스만 제국의 술탄 무라드 4세Murad Ⅳ는 1633년 알코올, 커피, 담배를 제국에서 전면 금지하고 어기면 사형에 처했다. 우르바누스 교황은 마음 약한 진보주의자로 보일 정도다. 무라드 4

세는 이 법을 어기는 자들을 직접 벌했다. 변장한 채 이스탄불 술집에서 흡연자들을 잡았고, 민간인 복장을 벗어 던지고 진짜 정체를 드러낸 후(놀랐지!) 목을 잘라 버렸다. 술탄에게는 그 정도의 힘이 있었다. 무라드 4세의 후계자, 동생인 광기의 이브라힘Ibrahim the Mad이 금지령을 풀었다. 제국의 흡연자와 커피 애호가에겐 다행이었다. 무라드가 반역을 막기 위해 다른 세 형제를 죽였기 때문에 이브라힘에게는 정신적인 문제가 있었다. 그는 다음엔 자기가 죽을 것이라는 두려움에 떨며 이스탄불 궁전에 갇혀 지냈다. 러시아 황제도 이 시기 담배를 금지하고 나섰으나, 처벌은 오스만 제국에 비하면 관대했다. 초범은 코를 자르거나 잔인하게 폭행하거나 시베리아로 편도 여행을 보내버렸다. 재범이어야 사형에 처했다.

20세기 초에는 미국의 여러 주에서 궐련을 불법화했다. 1900년 노스다코타, 워싱턴, 아이오와, 테네시가 먼저 나섰고, 1920년에는 11개 주가 합류했다. 그러자 시가 소비가 급증했다. 히틀러는 담배를 혐오하여 높은 세금을 매겼고, 정부 건물에서 흡연을 금지했다. 흡연이 건강에 미치는 영향을 연구하는 프로젝트를 후원해 폐암과의 관련성을 밝혀내기도 했다. 1945년 히틀러가 사망하며 흡연 금지법은 폐기됐다. 1950년이 되자 담배 구매에 연령 제한은 있었지만 완전히 금지하는 곳은 없었다.

브래드포드 힐과 돌의 연구 결과가 발표되면서 1950년부터 서서히 흡연에 반대하는 움직임이 시작됐다.[24] 먼저 흡연이 건강에 미치는 위험을 공공보건 당국이 받아들이도록 설득하는 것이 급선무였다. 영국 정부는 1954년에 흡연이 폐암을 유발한다는 사실을 인정했다. 보건부 장관 이언 매클라우드Iain Macleod는 국회에서 흡연과 폐암 사이에 '진짜' 관련성이 있다고 발표했고, 그날 이어진 기자회견에서도 언급했다. 그러나 성의 없게 발언하면서 담배까지 피웠으므로 메시지는 다소 약했다. '청년들은 과도한 흡연으로 인한 위험에 대해 경고받는 것이 바람직하다'고는 했으나, '아직 보건부에서 흡연에 대해 공식적으로 경고해야 할 때는 아니'라는 것이었다. 매클라우드는 마지못해 돌과 브래드포드 힐의 결론을 받아들이긴 했지만, 적극적으로 대응할 생각은 없었다.[25]

미국에서도 비슷한 움직임이 나타났다. 의무감(공중보건단장) 르로이 버니Leroy Burney가 발표한 1957년 미국 공중위생국US Public Health Service의 공식 입장은 '흡연과 폐암 사이에 인과관계가 있다는 근거가 있다'는 것이었다. 1964년의 보고서 〈흡연과 건강: 미국 연방 의무감에 자문 위원회가 한 보고Smoking and Health: Report of the Advisory Committee to the Surgeon General of the United States〉는 매우 큰 영향을 미쳤고 광범위하게 매체에 보도됐다.[26] 순전히 대중 교육과 금연 캠페인의 힘으로 수백만이 담배를 끊었다.

담배 산업에 반대하는 정치 활동도 이어졌다. 미국에서는 1965년, 영국에서는 1971년부터 담뱃갑에 경고 표시를 부착했고, 경고는 점점 더 노골적으로 변했다. 영국에서는 1965년, 미국에서는 1970년 TV 담배 광고가 금지됐고, 결국 모든 담배 광고와 홍보가 중단됐다. 흡연을 제한하는 국가가 많아졌고, 비행기, 버스, 기차는 금연 구역이 되었다. 직장, 식당, 기타 폐쇄된 공공장소에서 금연 구역이 지정되었다가 이어서 흡연이 전면 금지됐다. 2011년 뉴욕에서는 공원과 해변까지 흡연 금지가 확장됐다. 흡연자들은 이제 춥고 비가 와도 술집 밖에 옹송그리고 모여 담배를 피웠다. 흡연 가능 연령도 올라갔고 세금이 더 붙었으며, 밀수는 수사됐다. 흡연에 대한 사회적 압박도 거세져서 사람들은 간접흡연을 하지 않을 권리를 주장하며 더 엄격한 법률 도입을 지지했다.

처음에는 흡연의 위험에 대한 정보만 제시하면 충분히 금연을 유도할 수 있다고 생각했다. 흡연은 '중독'이라기보다 '습관'으로 여겨졌기 때문이다. 미국 의무감은 1988년에야 담배의 중독성을 인지했다. 1992년 니코틴 패치가 나왔고, 이어서 흡연 행위를 비슷하게 따라 하는 전자담배가 등장해 흡연자들의 심리적, 화학적 욕구를 채워줬다. 다른 중독과 마찬가지로 흡연 역시 지지해주는 사람들이 있으면 벗어나는 데 성공할 확률이 더 높다.

폐암 환자들은 담배 회사들이 흡연의 위험성을 알고도 고의로 소비자에게 숨겼다고 주장하며 소송을 걸었다. 흡연의 위험과 중독성을 부정하려던 회사들은 끈질기게 싸웠지만 질 수밖에 없었다. 기존 시장이 저물면서 담배 회사들은 다른 나라로 눈을 돌렸다. 한때 무역이 금지됐던 공산국가들, 특히 중국이 표적이었다. 일본, 한국, 대만은 미국 정부가 경제 제재로 위협하자 결국 자국에서 미국 회사의 담배 상품 판매를 허가했다.[27] 2015년 흡연율이 가장 높은 나라는 인도네시아였다.[28]

흡연 반대 조치는 꽤 효과가 있다. 여러 가지를 동시에 시행하면 더 좋다. 미국에서 1인당 담배 소비는 암과의 연관성이 최초로 확인되어 발표된 1960년대보다 줄었다. 20년 후 같은 양상으로 폐암 발생률도 줄었다. 미국과 영국 및 기타 흡연 문제를 해결하려 했던 국가에서는 암, 폐기종, 심장질환, 뇌졸중 등 흡연이 유발하는 다양한 질병이 지난 수십 년간 상당히 큰 폭으로 줄어들면서 기대수명이 눈에 띄게 늘어났다. 흡연율 감소는 확실히 최근 시행된 어떤 정책보다도 공중보건에 큰 영향을 미쳤다. 현재 세계적으로 흡연자는 약 13억 명(대부분 남자)이고, 흡연으로 인해 사망에 이르는 사람은 매년 900만 명이다.[29] 아프리카와 중동에서는 흡연자가 늘어나는 추세다. 담배 회사들이 노리는 새로운 시장이 이곳이다.

담배 회사 임원들이 악마처럼 보일 수 있겠지만, 이들은 결코 고객이 죽기를 바라지 않는다. 그래서 담배 산업의 오랜 염원은 건강 피해가 없는 담배를 개발하는 것이다. 중독이 위험할 뿐 니코틴 자체가 건강에 미치는 직접적인 악영향은 거의 없으므로, 중독을 유발하여 고객을 유지하려면 니코틴은 뺄 수 없다. 1950년대부터 담배 산업의 과학자들은 담배의 모양을 바꾸거나 다른 담배 종을 찾으려고 했다. 니코틴을 유지하면서 발암물질을 줄이기 위해서였다. 그런데 이 시도가 성공해서 새로운 담배 종류를 시장에 '안전하다'고 팔면 다른 모든 담배 제품은 '안전하지 않다'는 것을 암묵적으로 인정하는 셈이 된다. 담배의 위험성을 강력하게 거부해 온 담배 회사들로서는 어려운 문제다.[30] 담배를 태울 때 고온이 발생하므로 필연적으로 발암물질이 생성된다. 그래서 무해한 담배에 대한 연구는 결국 불연성 담배 등 저온에서 니코틴을 전달하는 현대의 대안으로 이어졌다. 전자담배가 완전히 무해한지는 확신할 수 없으며 좀 더 기다려야 장기적인 영향을 알 수 있겠지만, 담배 연기 흡입보다는 훨씬 나을 것이다.

담배를 완전히 없앨 수 있을까? 2014년, 영국 의료협회British Medical Association는 단순하지만 극단적인 금연 유도 계획을 내놓았다.[31] 2000년 이후에 태어난 사람에게 담배 판매를 불법화하는 것이었다. 이렇게 하면 2100년쯤에는 흡연이 완전히 사라질 것이다. 법으로 나이를 제한하는 일은 흔하다. 예를 들면 아이들은 운전과 투표를 할 수 없고 의무교육 이수를 거부할 수 없다. 그러나 출생 연도에 따라 달라지는 법률은 새로운 선례가 될 것이다. 38세인 사람은 담배를 피울 수 있지만 37세인 사람은 그럴 수 없다면 확실히 이상하긴 하다.

영국 정부는 이 제안을 거부했고 지금까지 비슷한 입법을 시도한 국가는 없다. 앞에서 논의한 정책들로 인해 흡연율은 계속 줄어들고 있으므로 그럴 필요가 없을지도 모른다. 결국 담배 없는 세상에서 살게 되어 역사의 재떨이에 담배를 비벼 끌 수 있기를 바란다.

21장

어떤 속도에서도 안전하지 않다

지난 세기까지 땅 위에서 이동하는 방법은 걷기였고, 운이 좋아 봤자 말을 탈 수 있었다. 물론 이제 교통수단으로서의 말은 자동차로 거의 다 대체됐다. 여행한 거리당 사망자 수로 보면 자동차가 말보다 안전하지만, 지난 100년간 교통량이 엄청나게 증가하면서 자동차는 주요 사망 원인으로 떠올랐다.

다른 수많은 발명과 마찬가지로, 자동차는 한 번에 개발된 것이 아니라 여러 사람이 기여하여 조금씩 발전했다. 그래도 칼 벤츠Karl Benz와 베르타 벤츠Bertha Benz의 공이 가장 클 것이다. 이 부부는 1885년 독일 만하임에서 내부 연소 엔진의 힘으로 가는 최초의 2인승 삼륜 자동차를 직접 설계하고 만들었다. 벤츠는 속도 제한 시스템, 배터리를 사용하는 점화 장치, 스파크 플러그, 기화기, 클러치, 기어 전환 장치, 수냉 장치 등 수많은 특허를 신청했다. 아내 베르타와 공동으로 발명한 장치도 있었지만, 모두 칼의 이름이었다. 베르타는 기혼 여성이라서 독일 특허를 취득할 수 없었다. 1888년, 용감무쌍한 베르타는 칼에게 말하지도 않고 신제품의 장거리 테스트 운전에 나섰다. 십 대 아들들을 데리고 포르츠하임에 사는 어머니를 방문한 것이다. 베르타는 여행 도중에 브레이크 패드를 발명했고, 모자 핀으로 연료 파이프의 막힘을 뚫고 가터벨트로 전선의 전열 처리를 했다. 베르타가 연료를 사러 들렀던 작은 마을 비슬로의 약국 외부에는 현재 베르타의 업적과 세계 최초의 주유소 탄생을 기념하는 비석이 세워져 있다. 180km를 이동하는 데 성공하자 발명품은 열렬하게 환영받았고, 이 사건은 벤츠의 사업을 성공으로 이끄는 데 한몫했다.

최초의 판매용 차량과 엔진의 제조사는 프랑스와 독일에 있지만, 자동차 운전이 본격화된 곳은 미국이었다. 그러니 미국이 1톤짜리 금속 상자를 몰고 고속으로 이동할 때 따르는 심각한 위험에 어떻게 대처했는지 살펴보자. 처음에 자동차는 고가의 사치품이었고 제조 수량은 적었다. 그러다가 헨리 포드Henry Ford가 1908년 출시한 포드 모델 TModel T Ford가 변화를 가져왔다. 모델 T는 운전이 간단했고 저렴했으며, 심지어 매년 가격이 인하됐다. 포드는 미시간주 디트로이트의 소수 민족 거주지인 하이랜드 파크에 공장을 두고, 최초로 컨베이어 벨트 기반 조립 공정을 설치했다. 조립 공정의 설치로 모델 T의 제조 시간은 대폭 줄었다.[1] 급여가 높고 근무 시간이 짧았던 이 공장에는 최고의 기술자들이 모였고, 이들은 자신들이 만든 차를 사면서 급여를 회사에 돌려줬다. 조립 공정에서 같은 동작을 끝없이 반복하는 것은 엄청나게 지루한 일이었지만, 우수한 근무 조건과 급여는 충분한 보상이 됐다. 1913년 포드는 세계 최대 자동차 제조사가 됐다. 1918년에는 미국의 자동차 절반이 모델 T였다. 모델 T는 마지막으로 생산되던 1927년까지 모두 1,500만 대가 제조됐다. 이 기록은 1972년까지 깨지지 않았다.

1950년, 미국에 등록된 차량은 2,500만 대였고, 대부분 제2차 세계대전 이전에 만들어졌다. 1958년에는 6,700만 대로 늘었다. 안정된 직업이 있는 사람이라면 자동차 소유를 감당할 수 있어야 한다는 헨리 포드의 목표가 이뤄진 것이다. 1950년대 말에는 미국 근로자 6명 중 1명이 자동차 산업에서 일하고 있었다. 부유층뿐 아니라 중산층이 차를 탈 수 있게 되면서, 다른 나라에 비해 특히 미국에서 자동차는 문화의 핵심적인 부분이 됐다. 1950년대에는 쇼핑몰, 드라이브스루 레스토랑, 드라이브인 영화관 등 차가 있는 생활양식과 어울리는 새로운 사업이 생겨났다. 자동차는 음악, TV프로그램, 책, 차 추격전 장면이 있는 셀 수 없는 영화에서 중요한 역할을 했다. 1956년부터 주와 주를 잇는 새로운 고속도로가 건설되기 시작해 다음 그래프(347쪽 위)에서 보여주듯 자동차 사용을 더 빠르게 늘렸다.

지난 100년간 도로 주행거리는 꾸준히 증가했는데, 같은 기간 사망률은 다른 패턴을 보인다. 다음 그래프(374쪽 아래)는 미국에서 1921년부터 2017년까지 주행거리 1억 마일당 교통사고 사망자 수를 보여준다. 최초로 데이터가 기록된 1921년에 이 값은 24.09였으나, 2017년에는 1.16에 불과하다. 놀랍게도 거리당 사망자 수가 20

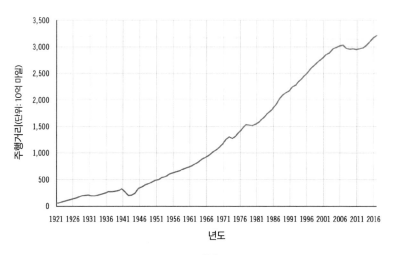

1921~2017년 미국에서의 주행거리(단위: 10억 마일)[2, 3]

1921~2017년 미국에서의 주행거리 1억 마일당 교통사고 사망자 수(단위: 10억 마일)[4, 5]

분의 1로 줄었다. 어떻게 이런 성과가 가능했을까?

포드 모델 T는 최초로 대중화된 자동차였지만 매우 위험했다. 비효율적인 후륜 브레이크를 사용했고, 전륜 브레이크는 없었다. 수동 크랭크로 시동을 걸다 엔진이 걸리면 팔이 부러질 수 있었고(당시에는 라디에이터 그릴 아래 쇠로 된 크랭크핸들을 끼우고 돌려 시동을 걸었는데, 힘센 남자가 사력을 다해 돌려야 했다—역주), 무쇠로 된 운전대는 심장을 향하고 있어 충돌이 일어나면 언제든 찔릴 수 있었다. 연료 탱크는 운전자를 산 채로 태워 버리기 좋게 좌석 아래에 있었다. 라이트는 약했다. 사고가 나서 평판으로 된 앞 유리를 뚫고 날아가면 온몸이 썰렸다. 안전벨트는 없었고, 방향 지시등도, 앞 유리 와이퍼도, 속도계도, 백미러도, 물론 에어백, 컵홀더, 스테레오 시스템, 에어컨, 내비게이션도 없었다. 차가 뒤집히는 일도 적지 않았는데, 그러면 사람은 머리부터 떨어져 차에 깔렸다. 시속 72km 이상 속도를 낼 수는 없다는 것이 다행이었다.

자동차 제조사들은 안전을 중요하게 생각하지 않았다. 많은 안전장치는 선택적이었고 관련 연구도 이뤄지지 않았다. 그러나 1965년 코네티컷 출신의 32세 변호사 랄프 네이더Ralph Nader가 세계 최강의 회사 제너럴모터스GM에 전쟁을 선포하면서 변화가 일어났다.

네이더는 1934년 레바논 노동자의 아들로 태어나 프린스턴대와 하버드 법학대학원에서 교육을 받았다. 그가 자동차 안전에 관심을 보이게 된 계기가 있다. 그는 청년기에 히치하이킹으로 미국 일주를 하면서 수많은 교통사고를 목격했는데, 특히 한 건이 기억에 남았다. 자동차가 고작 시속 24km로 달리다가 충돌했는데, 조수석에 앉아 있던 아이가 앞쪽 글러브박스로 튕겨 나가 목이 잘렸다. 하버드 법학대학원에서 네이더는 사건의 법적 책임을 다시 파헤쳤다. 당시에는 당연히 사고를 일으킨 운전자가 문제라고들 생각했다. 하지만 네이더는 이에 동의하지 않았고, 차를 설계한 사람을 비판했다.[6] 잘못 설계된 보관함에 안정적인 잠금장치가 없어서 충돌 시 칼날이나 다름없어졌고 그래서 아이가 죽었다는 것이다.

〈하버드 법대 리뷰Harvard Law Review〉에 발표된 네이더의 첫 기사는 '미국의 자동차: 죽음을 부르는 설계American Cars: Designed for Death'라는 제목에서부터 안전보다 스타일을 우선하는 자동차 제조사를 맹비난하는 확고한 관점을 드러낸다. 1964년, 노동부 차관 다니엘 P. 모이니한Daniel P. Moynihan이 그의 연구에 관심을 보였다. 모이니한 역시 1959년 '도로 위의 역병Epidemic on the Highways'이라는 기사로 자동차 안전 문제를 지적한 바 있었다.[7] 1965년, 모이니한은 네이더를 노동부의 비상근 컨설턴트로 고용해서 고속도로 안전에 대한 연방 규제 강화를 촉구하는 보고서를 쓰도록 했지만 효과는 거의 없었다.

영향력이 없다는 사실에 좌절한 네이더는 일을 그만두고 대단히 충격적인 책《어떤 속도에서도 안전하지 않다: 설계부터 위험한 미국의 자동차Unsafe at Any Speed: The Designed-In Dangers of the American Automobile》[8]를 쓰기 시작했다. 목차와 앞부분을 완성하고 출판사에 원고를 보내기 시작했지만, 대체로 반응은 차가웠다. 시장성이 없어 보였던 것이다. '보험설계사나 읽을 만한 책'이라는 평가도 받았다. 마침내 자동차 안전에 대한 네이더의 이전 기사를 인상 깊게 읽었던 뉴욕의 발행인 리처드 그로스먼Richard Grossman이 접촉해 왔다. 하지만 그 역시 출간 의사를 보이면서도 많이 팔릴지는 확신이 없었다. 2007년에 그로스먼은 이렇게 말했다. '이 책을 마케팅할 때의 문제는 늘 같았다. 이 책에 있는 내용이 모두 사실이라면 너무나 충격적인 일인데, 사람들이 과연 이런 내용을 읽고 싶어 할까?'[9]

네이더의 책은 이렇게 시작한다. '자동차는 50년 넘게 수백만 명의 사망과 부상을 초래했으며, 가늠할 수 없는 슬픔을 선사하고 소중한 것을 앗아갔다.' 그는 자동차를 훨씬 안전하게 할 수 있는 기술이 존재하는데도 제조사에서 이윤을 더 남기기 위해 이를 사용하지 않는다고 주장했다. 또한 제조사에서 이미 위험성을 인지하고 있는 자동차의 여러 구성 요소를 강조했다. 이는 다음과 같다.

1. 와이퍼, 핸들, 보닛, 범퍼, 대시보드에 과도하게 크롬(은백색의 광택이 나는 단단한 금속 원소-역주)을 사용하여 운전자의 눈에 햇빛이 반사되어 들어간다.
2. 어떤 방향에서는 차량 라이트가 보이지 않는다. 범퍼에 묻혀 있거나 차체의 다른 부분에 가려진다.
3. 앞 유리에 색이 들어가 야간 운전이 힘들다.
4. 오토 차량의 경우, 기어 정렬이 표준화되지 않았다. 운전자가 새 차를 사면 패턴이 익숙하지 않아 후진(R) 대신 주행(D)에 기어를 두곤 한다.
5. 대시보드를 설계할 때 운전자가 실수할 가능성을 고려하지 않았다. 담배 라이터를 켜려던 운전자가 헤드라이트를 끄는 바람에 사고가 일어난 사례가 있다. 두 가지 손잡이는 똑같이

생겼고 운전자 바로 옆에 있다.

6. 완성도가 형편없고 품질 관리가 되지 않는다. 네이더는 1963 년에 구매한 신차 32대를 검사한 결과를 보고했다. 모든 차량에 결함이 있었는데, 다음과 같다.

비가 샘, 창문이 틀에서 빠짐, 손잡이 빠짐, 배전기 덮개 깨짐, 속도계 바늘이 0으로 떨어져 올라오지 않음, 좌석 조절 장치 고장, 주행 중 시동잠금장치 불량, 문 잠기지 않음, 엔진 오일이 샘, 방향 지시등을 끌 수 없음, 연료계가 매우 큰 차이로 부정확함, 전륜이 정렬되어 있지 않음, 헤드라이트는 소비자동맹Consumers Union의 고故 밀드레드 브래디Mildred Brady의 말대로 '땅이나, 마주 오는 운전자의 눈이나, 나무의 새를 가리킴.'[10]

7. 차 외부의 날카롭게 튀어나온 부분이 동승자를 다치게 할 수 있다. '스테고사우루스의 꼬리와 묘하게 닮은' 1959 캐딜락 후방의 지느러미 모양이 한 예다. 뉴욕에서 동승자가 사망한 교통사고의 25%는 시속 22.5㎞ 이하로 주행하면서 발생했다. 여기서 책 제목이 나왔다. 장식품, 범퍼 테두리, 테일핀(자동차 뒤쪽 양옆에 세운 얇은 지느러미 모양의 구조물—역주), 기타 날카로운 부분이 희생자의 신체를 관통했다. 범퍼 모양으로 인해 희생자는 옆으로 튕겨 나가지 않고 아래로 떨어져 차에 밟혔다.

8. 계기판은 가장자리가 날카롭고 딱딱하며 완충장치가 없고 손잡이와 제어 장치가 튀어나와 있다.

9. 안전벨트는 옵션으로 추가해야 한다. GM의 최고 안전 담당 기술자 하워드 간들로Howard Gandelot는 다음과 같이 안전벨트

가 소용없다고 주장했다.

안전벨트가 운전자를 효과적으로 보호한다고 보기 힘들다. 에너지를 흡수하는 안전 핸들을 꼭 쥐었을 때의 효과와 같거나 그보다 못할 것이다.[11]

간들로는 '차량을 이용하는 대중은 안전벨트에 관심이 거의 없다'고 주장했다.[12] 게다가 운전자가 안전벨트를 하면 제어 장치 일부에 손이 닿지 않고 옷이 구겨지며 통증이 발생한다고 했다.

문제점을 하나하나 개선하는 것도 중요했지만, 네이더의 주요 목표는 자동차 제조사의 태도를 바꾸는 것이었다. 제조사들은 자동차를 안전하게 만들 수 없는 놀랍도록 다양한 이유를 댔다. 사고는 잘못 설계된 자동차 때문이 아니라 '운전대를 잡은 미친놈' 때문이라고 주장했다.[13] 기계적 결함이 사고 원인이라면, 그것은 차주가 유지 관리를 소홀히 했기 때문이라는 것이었다. 디자인을 결정하는 것은 디자이너였고, 디자이너는 그저 대중의 요구를 따를 뿐이었다. 햇빛이 운전자의 눈에 들어가지 않게 무광택으로 마감하면 소비자가 싫어한다고 했다. 충돌 시 차체 안에 있는 것보다 튕겨 나가는 편이 안전할 수 있다고도 주장했다. 설계를 개선하거나 운전자가 사용하기 편한 신체 속박 장비를 만들어 사고로부터 보호하는 일은 불가능하다고 했다.[14]

네이더는 의료, 경찰, 행정, 법정, 보험, 차량 수리, 장례 관련 산업은 사고가 날수록 번창하고 돈을 버는 반면 사상자 예방은 돈이 되지 않는다고 주장했다. 매년 수만 명이 죽고 다치는데도 이윤이 늘 최우선이라는 것이었다. 한마디로 자동차 제조사는 돈을 위해 사람을 죽이고 있었다. 네이더는 '하지만 인간적인 사회라면 사고 처리를 고민할 것이 아니라 사고를 막기 위해 노력해야 한다'고 썼다.

불명예스러운 일에 들먹여진 GM 임원들은 네이더의 책에 분노했다. 대응법은 다음과 같이 몇 가지가 있었다.

- 책을 무시한다. 어차피 판매량은 많지 않으니 나쁜 평판은 자연스럽게 사라질 것이다.
- 지금까지의 실수를 인정하고, 실수로부터 배우고, 안전한 차를 생산하기 시작한다.
- 책에 수많은 오류, 부정확성, 과장이 있으므로 신빙성이 없다고 주장한다.
- 랄프 네이더의 신뢰도를 떨어뜨린다. 전화를 도청하고, 사설탐정을 고용해 재무 상황과 사생활을 감시하고, 친구와 가족에게 협박 전화를 걸고, 아니면 창녀를 고용해서 낯 뜨거운 상황을 포착한다. 그의 명성을 더럽혀 신뢰도를 낮추는 한편, 감히 GM에 덤비려는 사람에게도 경고를 하는 방법이다.

GM은 마지막 선택지를 골랐다.

출간 후, 무상으로 민주당 상원의원 아베 리비코프Abe Ribicoff의 자문 역할을 하던 네이더는 자신이 미행당하는 것 같다고 말했다. 리비코프는 네이더를 믿었고 미국 상원 회의실에 TV 카메라와 기자들을 불러 모아 청문회를 열었다. 증인으로 소환된 GM CEO 제임스 로슈James Roche는 증인 선서를 했기에 사설탐정을 고용해 네이더의 뒤를 밟았다는 사실을 인정할 수밖에 없었다. 리비코프는 격분해서 GM의 보고서를 테이블에 팽개치며 소리쳤다. '그래서 GM은 이 청년이 안전하지 않은 자동차에 대해 파헤쳤다는 이유로 탈탈 털어 평판을 더럽혀 보겠다고 사설탐정을 고용했다는 거죠? 그런데 먼지 한 톨 안 나왔다는 거고요!' 네이더의 얼굴은 국영 TV 채널 세 군데에 등장했고, 전국 신문 1면을 장식했다.[15]

이 사건 덕에 네이더의 책 《어떤 속도에서도 안전하지 않다》의 판매량은 치솟았다. 그 책이 상업적 잠재력이 없다던 다른 출판사들의 판단은 완전히 오판이었다. GM이 관대하게도 홍보를 도와준 덕분에 이 책은 1966년 미국 비문학 베스트셀러가 됐다.

네이더는 GM을 사생활 침해로 고소했고, 2년 후 개인 정보 보호법 역사상 가장 높은 액수의 합의금인 42만 5,000달러를 받아냈다. 네이더는 이 돈으로 사회 변화에 대응하는 법률 연구 센터Center for the Study of Responsive Law[16]를 설립했다. 센터는 지금도 소비자 문제에 대한 캠페인을 벌이고 있다.

네이더의 책은 시의적절했다. 대중은 귀 기울일 준비가 되어 있었고, 정치가들은 드디어 움직였다. 1960년대 미국에서 교통사고로 죽은 사람이 심장마비, 암, 뇌졸중만큼 많지는 않았지만, 44세 미만에서는 교통사고가 사망 원인 1위였다.[17]

도로에서 주행하기 전 운전면허 시험에 통과하도록 하는 아이디어 역시 훌륭했지만, 전면 도입까지는 50년이나 걸렸다. 신규 자동차 구매자는 보통 영업사원에게 운전법을 배웠는데, 고객이 운전을 못한다고 해도 영업사원이 차를 팔지 않을 리는 만무했다. 로드아일랜드가 미국 주 중 최초로 주행 시험을 거친 이에게만 면허를 발급했다. 모델 T가 출시되던 1908년부터였다. 1930년 의무 주행 시험이 있는 곳은 15개 주뿐이었지만, 24개 주에 운전면허 제도가 생겼다. 1959년 사우스다코타가 마지막으로 운전면허시험을 의무화했다. 초기 시험은 그렇게 어렵진 않았다.

1960년쯤에는 차량 설계가 많이 개선됐다. 앞 유리 와이퍼, 백미러, 방향 지시등, 목뼈 손상을 막기 위한 머리 받침대, 충격 흡수식 핸들, 유압 브레이크, 푹신한 대시보드 등이 표준으로 자리 잡았다. 1927년 최초로 안전유리가 사용되어 앞 유리가 충격에 깨지지 않게 됐다. GM은 1930년대에 충돌 테스트를 도입하여 속력에 따른 충격 시 상황을 확인했다. 나중에는 충돌 테스트용 인체 모형도 추가됐다. 차량 설계 개선, 도로 개선, 운전자 훈련이 이뤄지면서 1960년대까지 도로 위에서의 사망은 가파르게 감소했다(374쪽 아래 그래프 참조).

에어백, 충돌 에너지를 흡수하는 크럼플 존crumple zone(사고 발생 시 탑승자를 보호할 수 있도록 쉽게 접히게 설계된 부분—역주), 디스크 브레이크 등을 포함한 차량 안전 기술은 대부분 1950년대에 발명됐다. 무릎 벨트에 대각선의 어깨 벨트가 추가된 3점식 안전벨트는 1959년 볼보에서 발명했는데, 처음에는 추가 옵션이었고 추가금을 내고 벨트를 설치하는 차주는 거의 없었다. 네이더는 이제 자동차 설계자들에게 새로운 안전설비 고안을 촉구하는 대신, 기술이 존재하는데도 제조사에서 사용하지 않는 점을 지적했다.

교통안전에 대한 최초의 국회 청문회는 1956년 7월에 열렸지만,

이후 10년간 입법이나 규제 관점에서 이렇다 할 발전은 없었다.[18] 《어떤 속도에서도 안전하지 않다》가 출간되고 GM의 악행이 알려진 후에야, 국회는 나쁜 거인 GM과 홀로 싸우는 영웅 랄프 네이더의 편을 드는 대중의 의견을 기꺼이 듣고자 했다.

1966년 린든 존슨Lyndon Johnson 대통령은 국회가 통과시킨 전미 교통·자동차 안전법National Traffic and Motor Vehicle Safety Act[19]을 비준했다. 이 법은 차량 설계, 제조, 작동 문제로 발생하는 사고 위험을 줄이기 위해 차량 제조사의 안전성 기준 준수를 의무화했다. 동시에 도로안 전법Highway Safety Act을 통과시켜 고속도로 설계 기준을 정했고, 전미 고속도로 안전관리국National Highway Safety Bureau을 설립하여 새로운 규 정을 시행했다. 완충재가 덧대진 핸들과 대시보드, 안전벨트, 안전 유리, 후방 '백업' 라이트, 비상 점멸등 등의 안전장치가 의무화됐고, 이어서 에어백, 잠금 방지 브레이크, 전자 제어 주행 안정 장치, 후 방 카메라, 자동 브레이크 등도 포함됐다. 의무 장치가 법으로 정해 지면서 어떤 제조사도 경쟁 열위에 놓이지 않게 됐다. 다른 국가에 서도 비슷한 시기에 비슷한 조치가 도입됐다.

지난 50년간 소비자들의 요구로 자동차 제조사에서도 점진적으 로 차량 안전을 개선했고, 추가 입법도 이뤄졌다. 자동 조절식 안전 벨트, 간헐식 와이퍼, 견인력 제어 장치, 머리 지지대, 차내 전자기 기, 컴퓨터 지원 설계 및 시뮬레이션, 충격을 분산하도록 설계된 충 격 보호 시스템, 철과 기타 재료의 강도 향상, 주차 시 충돌을 피하 기 위한 카메라와 움직임 감지 센서를 이용한 사각지대 경보 시스 템, 자동차의 정렬을 유지하는 자동 조종 시스템, 측면 에어백, 미끄럼 방지 시스템, 보행자 감지 시스템 등이 새로이 발명됐다. 앞뒤 좌석의 안전벨트 착용을 의무화하고 운전면허 시험을 엄격하게 하는 새로운 법률이 세계적인 추세가 됐다.[20] 정부 기관에서는 모든 차량의 충돌 시험을 시작했고, 결과를 발표하고 차량별 안전 점수를 매겼다. 운전자와 동승자는 물론 보행자가 치일 경우의 위험도 고려됐다. 앞으로는 서로 정보를 교환하고 운전자가 깨어 있는지 확인하는 자율주행차와 보행자 감지 시스템이 도입될 것이다.[21]

네이더의 책은 (실제로 어느 정도 그렇지만) 부정확하고 불공정하며 오류가 많다고 비판받았다. 독자들이 이해하지 못하는 공학적 정보가 많았고 제조가 중단된 차량까지 표적으로 삼았기 때문이다. 재미있다고 하긴 어려웠고 검사가 공판에서 읽는 자료에 가까운 부분도 있었다. 하지만 이런 단점은 중요하지 않았다. 애초에 자동차 제조사들이 안전에 대해 심각하게 논의하고 위험성이 있는 차를 더 만들지 않게 하는 것이 목표였으니 말이다. 하지만 자정작용에 기대긴 어려웠고 법률적 뒷받침이 필요했다. 이렇게 보면 네이더의 책은 엄청난 성공을 거뒀다. 네이더의 영향으로 새로 만들어진 법률과 시행청 덕분에 책이 출간된 이후 50년간 350만 명의 사망을 예방할 수 있었다.[22]

네이더는 여러 소비자 행동 단체를 만들어 계속 소비자 권리를 위해 일했다. 공익 연구 단체Public Interest Research Groups, 자동차 안전 센터Center for Auto Safety, 수질 오염 방지 운동 프로젝트Clean Water Action Project 등이 있다. 대통령 선거에 네 번 출마했고, 성적이 가장 좋았던 2000년에는 2.7%의 득표율을 기록했다. 많은 성과를 낸 만큼 적도 많았다. 2005년 보수 성향의 학자와 정책결정자 15명이 모여 《어떤 속도에서도 안전하지 않다》를 19~20세기 가장 해로운 책 22권 중 하나로 지정했는데,[23] 네이더가 신경이나 쓸지 모르겠다.

음주운전 범죄화의 역사는 차량 운행 초기부터 시작됐다. 1897년 9월 10일, 25세의 런던 주민 조지 스미스George Smith는 택시를 벽에 들이받으면서 최초로 체포된 음주운전자라는 불명예를 안았다. 술에 취한 상태에서의 자동차 운전을 금지하는 미국 최초의 법률은 1910년 뉴욕에서 도입됐다. 처음에는 취한 정도를 측정할 방법이 없었으므로 경찰관 개인의 재량으로 혐의자가 운전이 불가할 정도로 취했는지 판단했다. 혈액 검사로 취한 정도를 수량화하는 방법이 있었지만, 길가에서 혈액을 채취하는 것은 현실성이 없었다. 그러다가 1927년 날숨에 섞인 알코올과 혈중알코올농도에 밀접한 상관관계가 있다는 사실이 밝혀지면서 불어서 사용하는 음주 측정기가 사용되기 시작했다. 음주운전은 불법이었고 날숨에 섞인 알코올과 반응하는 화학물을 사용해서 주취 여부를 간단하게 판별할 수 있었지만, 유죄 판결을 받는 경우는 거의 없었다. 배심원이 사건을 담당하면 피고인은 늘 풀려났다. 일반 대중이 음주운전을 혹독한 처벌을 받을 만한 범죄로 보지 않았기 때문이다. 대중이 정당하다고 여기지 않는 법을 집행할 수는 없었다. 심지어 1960년대에도 음주운전이 전혀 위험하지 않다고 주장하는 사람들이 있었다.[24]

1980년 5월 3일, 캘리포니아주 페어오크스에서 주취자 클라렌스 부시Clarence Busch가 몰던 차가 친구와 함께 교회 축제에 걸어가던 13세 캐리 라이트너Cari Lightner를 뒤에서 들이받았다. 캐리는 38m를 날아가 그 자리에서 사망했다. 부시는 캐리를 돕지 않았다. 바로 집으로 차를 몰았고, 아내에게 '차를 보지 말라'고 말한 뒤 쓰러져 잤다. 부시는 사고가 나기 이틀 전에도 음주운전 뺑소니로 입건되어 보석으로 풀려난 상태였다. 그는 지난 4년 동안 음주운전으로 세 차례나 유죄 판결을 받았다. 그런데도 캘리포니아 운전면허는 취소되지 않았다.[25]

경찰관은 캐리의 어머니 캔디에게 운전자가 지난 음주운전에서 이렇다 할 처벌을 받지 않았다고 알렸다. 슬픔과 분노에 휩싸인 캔디는 직장도 그만두고 예금을 털어 음주운전에 반대하는 엄마들의 모임Mothers Against Drunk Driving, MADD을 설립했고, 음주운전 반대 운동에 나섰다. 캔디의 표현을 빌리면 '사회적으로 용인되는 유일한 살인 형태'에 대한 관용을 없애고 인식을 제고하며 더 강력한 법적 규제를 도입하는 것이 목표였다.[26] 이 사건은 대중이 음주운전을 관대하게 바라보지 않게 된 전환점이었다.

캔디는 MADD, 제리 브라운Jerry Brown 캘리포니아 주지사, 로널드 레이건Ronal Regan 대통령과 함께 활동하며, 알코올 및 기타 마약에 취한 상태로 운전하는 것에 대한 미국의 태도를 바꿔놓았다.[27] 그 결과, 혈중알코올농도의 법적 제한이 낮아졌고 알코올 소비 가능 연령 역시 미국 전체 주에서 21세로 높아졌다. 음주운전자는 이제 유죄 판결을 받았다. 징역형이나 벌금형을 받았고 면허를 잃었으며 보험료가 비싸졌다. 대시보드에 센서를 부착하여 음주 측정에 통과해야 시동이 걸리는 시동잠금장치가 의무로 설치됐다. 음주운전에 대한 대중적 반감과 엄격한 처벌에도 음주운전은 여전히 심각한 문제다. 2017년, 미국에서 1만 874명이 음주운전 사고에 의해 사망했는데, 이는 전체 교통사고 사망의 20%에 해당한다.[28]

오랜 시간에 걸친 변화와 의료체계 개선으로 주행거리당 차량 안전성은 향상됐지만, 교통량이 늘면서 교통사고는 여전히 주요 사망 원인에 해당한다. 다음 그래프는 1921년 이래 미국 내 자동차에 의한 사망자 수를 표시한 것이다. 최악은 1972년이었고, 그 이후 미국 정부가 도입한 개혁이 실제로 효과를 나타냈다. 1972년 이후 총 주행거리는 2.5배 늘었지만, 사망자 수는 오히려 줄었다. 의료 서비스가 개선된 데다 교통사고에 대처하는 응급의료 또한 발전했기 때문이다.

미국 교통사고 사망자 수는 여전히 많지만, 이보다 훨씬 심각한 곳도 많다. 인도와 아프리카를 여행하면 현지인들이 얼마나 도로 규칙을 지키지 않는지 놀라곤 한다. 2016년, 교통사고 사망 비율의 최상위를 차지한 국가는 매년 10만 명당 35.9명이 교통사고로 사망하는 서아프리카의 라이베리아였다. 최하위는 0명인 산마리노였는데, 워낙 작은 국가라서 유의미한 통계는 아니다. 그다음은 조금만 운전해도 바다에 가로막히는 작은 섬으로 구성된 몰디브와 미크로네시아다.[29] 서유럽 국가들의 도로 안전 점수가 대체로 높고 미국은 중위권이다. 최근에 경제가 크게 성장하며 차량 소유가 늘어난 국가의 도로가 가장 위험하다. 이들 신규 운전자에게는 장기간의 운전자 교육과 태도 교정이 필요하다.

20대는 치매에 걸리지 않으며, 심장질환, 암, 뇌졸중, 폐질환, 당뇨로 사망하는 일도 드물다. 10, 20, 30대의 경우 교통사고가 여전히 사망 원인 1위다.

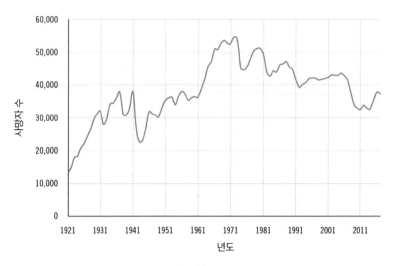

1921~2017년 미국의 총 교통사고 사망자 수.**30, 31**

: 희망찬 미래?

인생에서 두려워할 것은 아무것도 없다. 그저 이해해야 할 뿐이다. 지금이
바로 우리가 덜 두려워할 수 있도록, 더 이해해야 할 때다.

— 마리 퀴리Marie Curie, 《위태로운 터전Our Precarious Habitat》[1]

인간의 사망 원인은 지난 1만 년간 완전히 달라졌다. 해부학적으로
현대 인간과 유사한 골격을 가진 가장 오래된 인간은 20만 년 전에
나타났다.[2] 인간은 인류 역사의 최소 95%를 건강한 식단과 활동적
인 생활양식이 특징인 수렵-채취인으로 살았다. 홍역, 천연두, 흑사
병, 장티푸스 등 흔한 전염병이 그때는 거의 없었다. 하지만 세계는
위험한 곳이었다. 특히 사냥할 때 사고가 잦았다. 인간을 공격하는
천적과 반격하는 먹잇감, 다른 인간이 모두 치명적인 위협이었다.
유목 생활을 그만두고 영구 정착지에서 농경과 가축 사육을 하고 살
면서 먹을 것은 늘고 폭력은 줄었지만 대가는 컸다. 한정된 종류의

식물을 주요 에너지원으로 삼으면서 영양실조가 뒤따랐고, 추수가 실패하면 기근의 위험이 있었다. 보통 사람은 논밭에서 비참하게 일했고, 사냥과 전투의 즐거움은 상류층이 점유했다. 그 대신 통치자들은 (이상적으로는) 도시 거주자들을 야만인으로부터 보호하고 정의와 안전을 보장했다. 오랜 시간 대규모 정착지에 살게 되자 함께 살아가는 동물이나 더러운 물에서 얻은 고질적인 전염병이 축적됐다. 유목민이었을 때는 설치류에게 흑사병이 옮는 예처럼 동물에게 병이 옮으면 종족 전체가 죽긴 했지만 그것으로 끝이었다. 병원체가 환자와 함께 죽어버렸기 때문이다. 이때는 인구가 너무 적고 인구집단 간 접촉은 매우 드문 일이어서 인간 집단 내에서 질병이 계속 유지되는 일은 없었다. 반면, 도시에서 서로 적응한 인간과 병원체가 빽빽하게 살아가면서, 결국 수두, 성홍열, 풍진 등 어릴 때 흔하게 걸리는 병이 많아졌다. 전염병은 주요 사망 원인이 됐다.

전염병에 승리를 거둔 것은 인류 역사상 가장 눈부시고 중요한 아이디어들 덕분이었다. 지금은 너무 당연한 이야기라서 이들 아이디어가 널리 적용되지 않던 시기가 있다는 사실을 믿기 힘들 정도다. 중요한 아이디어의 첫 번째는 바로 데이터 수집과 분석이다. 1600년쯤 런던의 사망자 통계표를 시작으로 체계적으로 사망에 대한 정보를 기록하기 전에는 사망 원인을 어림짐작하는 정도가 다였다. 하지만 존 그랜트가 사망자 통계표 데이터를 연구하면서 객관적인 수치를 근거로 도시 생활이 시골 생활보다 건강하지 않다는 결론을 내릴 수 있었다. 이와 비슷하게, 존 스노우는 소호의 환자 발생 가구를 하나하나 찾아가 모두 브로드 거리의 펌프를 사용했다는 사실을 알아냄으로써 오염된 물이 콜레라를 유발한다고 당국을 설득할 수 있었다.

의료계에서 가장 위대한 사고의 혁명은 '맨눈으로 볼 수 없는 작은 유기체가 질병의 주요 원인'이라는 세균유래설이다. 세균유래설은 왜 깨끗한 물을 마시고, 몸을 씻고, 옷을 빨고, 생활공간을 청소하고, 신선한 음식을 먹고, 멸균 상태에서 수술을 해야 하는지 등을 설명했다. 위생 관리를 도입하면서 병원이 감염의 온상이 아닌 안전하게 회복할 수 있는 공간이 되었다. 질적, 양적으로 더 나은 음식으로 기근과 영양실조를 해결하면 신체는 질병에 저항할 수 있다. 어떤 세균이 어떤 질병을 일으키는지 파악하게 되자, 선구자들은 이 세균을 죽이거나 백신을 만들 방법을 찾기 시작했다. 특정 치료법이 효과가 있는지 알아내려면 임상시험이 필요하다. 이는 제임스 린드가 선원들을 둘씩 나눠 괴혈병을 예방하는 다양한 음식을 시험할 때처럼, 다른 부분은 모두 같고 연구 대상 치료법만 다른 집단을 대조하는 방법이다.

모두 자연계와 관련된 신뢰할 수 있는 정보를 발견한 과학적 방법론의 사례다. 또한, 매우 중요하지만 종종 간과되는 과학적 방법론의 원칙이 있는데, 바로 새로운 발견에 대해 발표했을 때만 업적이 인정된다는 사실이다. 새로운 발견을 아무도 모른다면 사실상 소용이 없다. 난산 시 겸자 사용법이 비밀에 부쳐진 100년 동안 수많은 산모와 아이가 목숨을 잃었다. 누구나 지식에 접근할 수 있어야 지식이 사용되고 검증되고 더 발전할 수 있다. 과학은 현대 인간이 역사상 가장 건강하고 풍족하게 사는 중요한 이유다.

폭력, 기근, 영양실조, 전염병이 해결되면서 19세기 후반부터 기대수명은 치솟았고, 암과 당뇨, 뇌졸중, 심부전이 주요 사망 원인이 되었다. 노화가 이들 비전염성 질환의 가장 중요한 위험인자지만, 널리 퍼져 있는 비만, 흡연, 알코올, 운동 부족 등도 종합적으로 작용한다. 유전 역시 건강에 중요한 영향을 미친다.

홍역, 산욕열, 콜레라에는 백신, 손 씻기, 위생 관리 등 확실한 해결책이 있었다. 반면, 비전염성 질환의 사망률을 줄이기 위해서는 진단, 예방, 수술, 약물치료 등 여러 가지 정교한 방법이 필요했다. 이런 어려움에도 인류는 다시 한 번 놀랄 만한 진보를 이뤘다. 다음 그래프는 2000~2019년 영국(전형적인 선진국) 남녀의 주요 사망 원인

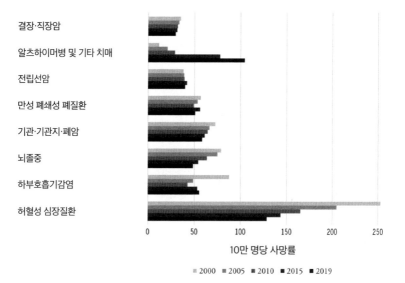

2000~2019년 영국 남성의 주요 사망 원인[3]

여성 연령표준화 사망률

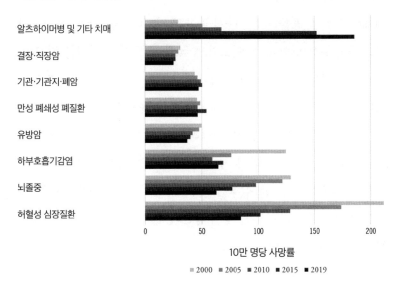

알츠하이머병 및 기타 치매

결장·직장암

기관·기관지·폐암

만성 폐쇄성 폐질환

유방암

하부호흡기감염

뇌졸중

허혈성 심장질환

0   50   100   150   200

10만 명당 사망률

■ 2000 ■ 2005 ■ 2010 ■ 2015 ■ 2019

2000~2019년 영국 여성의 주요 사망 원인[4]

을 보여준다. 매년 대표 표본 10만 명 중 각 원인으로 사망할 사람 수를 보여주는 사망률 그래프다.

2000년 가장 중요한 사망 원인이었던 심장질환과 뇌졸중 사망률은 예방, 관리, 치료법이 대폭 개선되면서 거의 절반이 되었다. 특히 유방암과 결장·직장암 등 주요 암은 대부분 감소세에 있다. 폐암은 남성과 여성이 상당한 차이를 보인다. 남성에게서는 줄어들고 있지만 여성은 그다지 그렇지 않다. 흡연이 처음에는 남성의 지배적인 습관이었는데, 여성이 뒤늦게 따라잡았기 때문인 듯하다. 흡연과 금연에 따른 건강 영향이 여성보다 남성에게서 먼저 나타난 것이다. 코로나19는 향후 그래프에 등장하겠지만 아직은 데이터가 없다.

비전염성 질병의 예방, 발견, 치료가 개선되고 기대수명이 계속

오르자, 다른 사망 원인이 그 자리를 대신했다. 가장 중요한 변화는 치매로 인한 사망률이 엄청나게 높아진 것이다. 이는 서구 사회에만 나타나는 현상이 아니다. 인도와 중국 등 인구학적 천이를 겪고 있는 국가에서도 노령 인구가 늘어나면서 특히 치매 발생 빈도가 높아졌다. 알츠하이머병은 현재 세계에서 경제 자원을 가장 많이 소모하는 질병이다. 흔히 발생할 뿐 아니라 가족 중에 환자가 있으면 누군가는 일을 그만두고 돌봐야 하고, 말기 환자는 요양원에서 몇 년이나 지내야 한다. 반대로 심장마비와 뇌졸중 등 갑자기 사망하는 질병은 의료보험에 큰 부담을 주지 않는다. 알츠하이머병에는 좋은 약도 없다. 현재 있는 약은 1년도 되지 않는 기간 동안 증상을 완화하는 데 그친다. 노령층 인구수와 비율이 모두 늘어나면서 인류에게는 알츠하이머병을 예방·치료하는 약 또는 발병을 늦추기라도 하는 신약이 간절하게 필요하다. 앞으로도 몸은 움직일 수 있으나 정신은 정상이 아닌 노령 인구가 점점 늘어날 것이다.

질병의 원리를 과학적으로 이해하면 해결책을 찾을 수 있다. 늘 돈이 많이 들거나 첨단 기술이 필요한 것은 아니다. 백신, 정수기, 비누, 탈수 치료 수액 등은 비용이 적게 들어 누구나 사용할 수 있다. 깨끗한 식수와 위생 관리는 언제나 중요하다. 전염병을 옮기는 세균은 인간의 관념에만 존재하는 국경을 존중하지 않는다. 소아마비, 메디나충증, 말라리아를 비롯한 여러 질병의 퇴치는 모든 국가가 프로젝트에 참여했기에 가능했다. 예를 들어, 1970년대 소말리아나 방글라데시를 무시했다면 천연두는 여전히 존재할 것이다. 의료인이 접근할 수 없는 실패한 국가나 분쟁 지역은 질병의 저장고나 마찬가지여서 인류 전체에 위협이 된다. 슬프게도 여전히 나이지리아, 파키스탄, 아프가니스탄에 남아 있는 소아마비가 그 사례다. 또한 백신 접종을 비롯한 질병 박멸 조치에 참여하기를 거부하는 사람들이 있다면, 해당 질병은 인류를 떠나지 않을 것이다. 1970년대에 대규모로 천연두 백신 접종을 반대하는 백신 거부 운동이 일어나지 않아 천만다행이다. 아이들이 홍역, 볼거리, 풍진 예방접종을 받으면 안 된다고 생각한다면, 오히려 세계적인 접종 운동을 벌여 모두가 면역력을 갖추도록 해야 한다. 그러면 세 가지 질병이 박멸되어 다시는 MMR 백신을 맞지 않아도 될 것이다. 소아마비, 메디나충증, 상피병, 매종, 림프 사상충증, 홍역, 볼거리, 풍진, 사상충증, 매독, 십이지장충증 모두 현재 완전 박멸을 목표로 하고 있다.[5] 말라리아, HIV/AIDS, 결핵을 완전히 없애기는 더 어렵겠지만 역시 중요한 박멸 대상이다.

전염병과 기근 등의 재앙에 대처하려면 국제적 협력이 필요하고, 문제가 발생하면 최대한 빨리 알릴 수 있어야 한다. 농사가 실패하거나 새로운 질병이 나타나면 전 세계가 알아야 한다. 어느 정부나 무능력해 보이기 싫어서 이웃 국가에 경고하는 대신 문제를 부정하고 싶은 유혹을 느끼겠지만, 문제가 엄청난 재앙으로 커지기 전에 빨리 대응하려면 숨겨서는 안 된다. 언론의 책임도 있다. 일부 정치인을 편들어 무슨 일이 있어도 변호하지 말고, 문제를 공정하게 보도해야 한다. 장기적인 추세를 보면, 결핵, HIV/AIDS, 말라리아가 사라지지 않았고 코로나19와 같은 새로운 바이러스가 나타났음에도 19세기 이후 전염병은 쭉 감소세에 있다. 이렇게 계속 나아간다면 더 많은 국가가 인구학적 천이를 지나고 모두가 건강하게 장수하는 지구를 만들 수 있을 것이다.

인간은 대단한 파괴자다. 지구상의 땅을 대부분 인간의 목적을 위해 사용하며 다른 종을 위해 공간을 남겨두지 않는다. 몇 종 안 되는 생물(벼, 닭 등)을 퍼뜨리고 나머지를 멸종으로 몰고 간다. 인간이 왜 환경 피해를 초래하는지 생각해보면 결국은 인구가 너무 많아서다. 인구를 줄여 환경 피해를 멈추는 방법은 두 가지가 있다. 하나는 재앙이 일어나는 것이다. 핵전쟁과 멈추지 않는 기후변화, 치명적인 전염병(코로나19보다 훨씬 치명적인 신종 인플루엔자), 옐로스톤 화산 같은 초화산supervolcano(일반적인 화산 분화의 수천 배에 달하는 부피인 1,000km³ 이상의 분출물을 분화시킬 수 있는 화산—역주), 소행성 충돌과 같은 재앙으로 인류 문명이 멸망하면 된다. 지름 16km의 바위가 빠르게 지구로 돌진한다면 대처 방법은 없다시피 하다. 그러면 사망 원인 상위 10가지는 완전히 바뀔 것이다.

나머지 방법은 인간이 지구에 주는 스트레스를 줄이는 것이다. 아이를 덜 낳고, 궁극적으로 세계와 조화를 이루는 안정적인 상태로 옮겨가는 것이다. 수명이 늘면 인구가 늘어날 것 같지만, 실제로는 그 반대다. 아동 사망률이 무시할 수 있는 정도로 줄고 여성이 교육을 받고 피임을 쉽게 할 수 있게 되면 출생률이 떨어지고 인구가 줄어들기 시작한다.[6] 지속적인 인구 감소는 파멸을 피하는 최선의 길이다. 세계적으로 출생률이 떨어지는 추세라서 이 목표가 이뤄질 희망이 보인다.

향후 수십 년간 인간의 사망 원인은 어떻게 달라질까? 바라건대,

코로나19 유행은 곧 지나갈 것이다. 현재 시류로 합당하게 추론해보면 최소 몇 년간은 심장질환, 폐질환, 뇌졸중은 계속 감소하고, 2형 당뇨와 치매가 늘어날 것이다. 암은 종류에 따라 경향이 달라서 단순하게 말하기는 어렵다. 다른 질병이 극복되면서 암 환자는 더 많아졌지만, 화학요법, 진단법, 치료법이 개선되고 있다. 신약 개발을 비롯한 일반 의학과 과학의 진보는 계속될 것이다. 심지어 치매의 진행을 멈추거나 발병을 예방할 수 있는 약을 마침내 개발할 수 있다는 희미한 희망도 보인다.[7]

새로운 의학의 혁신이 일어나 인간이 죽는 방식이 달라질까 하는 질문은 더 흥미롭다. 현재의 사망 원인이 극복되어 출산 합병증, 홍역, 흑사병처럼 역사 속으로 사라질까? 만약 그렇다면, 어떻게 그런 일이 가능할까?

유전병은 항상 존재했다. DNA 복제는 절대 완벽할 수 없고 돌연변이는 반드시 나타나기 때문이다. 지금까지 유전적인 문제에 대해 인간이 할 수 있는 일은 선별검사를 하고 증상을 치료하는 것뿐이었다. 그러나 이제 인간은 차세대 의료 혁명의 문턱에 서 있다. 16장에서 다룬 것처럼 질병을 유발하는 돌연변이를 제거함으로써 유전병을 근원부터 차단할 수 있다. 혈우병, 낭포성 섬유증, 조기 발병하는 알츠하이머병, 푸마라제 결핍증 등 단일 돌연변이로 발생하는 심각한 질병이 주요 후보다. 더 복잡한 다인성 질병이 그다음으로 해결될 수 있으며, 심지어 노화 자체를 막을 수 있을지도 모른다.

노화와 기대수명에 영향을 미친다고 보고된 SNP는 수백 가지가 있다. 예를 들어, 한 연구팀은 뉴잉글랜드의 100세 이상 생존자(중앙값 104세) 801명의 유전자 변이를 살펴보고 이를 동일 민족의 대조군 914명과 비교했고,[8] 수명에 영향을 미치는 것으로 보이는 130개 유전자에서 281개 SNP를 찾아냈다. 이들 유전자 중 많은 부분은 이미 알츠하이머병, 당뇨, 심장질환, 암, 고혈압 등 노화 질환과 관련된 것으로 알려져 있었다. 두 가지가 특히 눈에 띄었는데, APOE와 FOXO3다. APOE의 변이는 이미 알츠하이머병 발병 확률에 강력한 영향을 미치는 것으로 알려졌다.[9] FOXO3 유전자는 세포의 죽음, 면역 체계, 심혈관계 질환, 줄기세포 생성, 암 등의 세포 활동에서 세포를 활성화·비활성화하는 단백질을 암호화한다.[10] 100세 이상 사는 사람들은 노화로 발생하는 일반적인 문제를 지연시킬 수 있는 SNP를 가진 것으로 보이며, 이러한 변이를 인간 DNA에 도입함으로써 수명을 연장할 가능성이 열렸다.

인간이 가지고 태어난 DNA 염기서열을 분석하면 평생 어떤 질병이 발생할지 예측할 수 있을지도 모른다. 또한 신체 기능을 매일 확인하며 건강 상태를 주의 깊게 관찰할 수도 있다. 소량의 혈액, 타액, 대변, 소변, 호흡 샘플을 정기적으로 채취하여 생체 분자 biomolecule(생물을 구성하는 물질 또는 생물이 생산하는 물질을 통틀어 이름—역주) 농도를 측정할 수 있다. 장에 사는 미생물을 보여주는 대변은 특히 유용하다. 조직 내 또는 개별 세포 내의 DNA, RNA, 단백질, 기타 화학물의 농도와 배열, 구조를 측정하면 조직이 어떻게 작동하고 있는지 정확한 그림을 얻을 수 있다.[11] 세포가 제대로 기능하지 않는다면 생체 분자 농도가 일반적인 기준에서 벗어나거나 돌연변이를 획득한 상태일 것이다. 보통 새로운 감염이 발생하거나, 암세포가 되어 세포 성장을 통제하는 세포의 발현이 걷잡을 수 없게 된 경우다. 또한 뇌가 어떻게 활동하는지, 어떻게 말하고 걷고 움직이는지, 활동 중인지 잠들었는지 측정하는 센서를 부착하여 신체 상태를 관리할 수도 있다. 스마트워치는 이런 서비스의 초보적인 형태다.

이 모든 데이터를 기록하면 수백만 가지 수치로 신체 상태를 알 수 있다. 패턴을 인지하도록 훈련된 정교한 머신러닝 알고리즘을 탑재한 컴퓨터로 수치를 해석하여 건강 문제를 예측할 수 있으며, 뚜렷한 증상이 나타나기 전에 위험 징후를 감지하여 발병 여부를 알아낼 수 있을 것이다. 신체 상태를 추적 관찰하는 기술과 수십억 명의 데이터로 훈련한 인공지능 시스템이 결합하면 질병 초기에 개입할 수 있다. 암, 신경학적 문제, 대사 문제는 현재보다 몇 년 빨리 감지될 것이다. 질병의 정확한 성질을 겨냥하여 개인 맞춤형 치료도 가능해진다. 같은 진단을 받은 사람을 모두 똑같이 치료하는 대신, 종양이 정확히 어떤 돌연변이인지 알고 대응하게 될 것이다.

현재 이식 가능한 장기의 수요는 공급보다 훨씬 많다. 신장 이식을 원하는 환자는 오지 않을지도 모르는 신장을 기다리며 몇 년째 정기적으로 투석을 받고 있다. 수명이 늘어나면서 수요 공급의 불균형은 더 심해지고 있다.

곧 공여자를 기다리지 않고 필요한 장기를 세포에서 길러낼 수 있게 될 것이다. 줄기세포는 여러 세포로 분화될 수 있다. 이미 피부 세포를 채취하여 줄기세포로 바꿔 배양하고 원하는 종류의 세포로 바꾸는 기술이 있다. 이렇게 만들어진 장기는 자기 세포로 시작하기 때문에 환자의 신체와 유전적 차이가 없어 면역 체계의 거부반응을 일으키지 않을 것이다. 예를 들면 당뇨병 환자를 위해 인슐린을 분비하는 새로운 췌장 췌도 세포를 만들 수 있다. 아니면 가장 건강한 스무 살 무렵에 신체에서 세포를 채취하여 급속 냉동한 후 수십 년 뒤에 쓸 수도 있다. 세포를 배양하여 장기 전체를 대체할 수 있을 만큼의 크기와 기능을 가진 구조로 만들기는 쉽지 않지만,**12** 3D 프린터로 대체하려는 장기의 정확한 모양에 맞는 틀을 만들면 도움이 될 것이다. 어쩌면 세포를 3D 프린트하여 층층이 쌓아서 새로운 장기를 만들 수 있을지도 모른다. 그러면 장기부전으로 인한 사망은 과거의 일이 될 것이다. 더 급진적으로 생각하면 나이가 들면서 특정 장기의 기능이 서서히 떨어진다면 아직 병이 생기지 않았더라도 새 것으로 교체할 수 있다. 예순 살이 되면 병원에 가서 폐, 신장, 간, 췌장, 심장을 새것으로 갈아 끼우는 수술이 일반화될지도 모르겠다.**13**

게다가 줄기세포로 새로운 장기를 만들어낼 때 DNA를 바꿀 수도 있다. 새로운 간을 배양한다면 간 기능을 최적화하는 DNA 염기서열을 심고 유전적 문제를 제거할 수 있다. 예를 들면 줄기세포를 척수에 넣기 전에 HIV에 저항성을 갖거나 겸상적혈구질환을 치료하도록 편집한 바가 이미 있으며,**14** 콜레스테롤 수치를 낮추기 위해 살아 있는 원숭이의 간 유전자를 편집한 적도 있다.**15** 현재 인간의 DNA는 모든 세포에 똑같이 들어 있어서 타협이 발생한다. 심장에 좋은 유전자 염기서열이 췌장에는 좋지 않을 수 있다. 하지만 줄기세포 기반의 장기 교체 치료의 일부로, DNA 편집 기술을 통해 각 장기의 기능에 최적화된 DNA를 부여할 수 있다. 그러면 우사인 볼트Usain Bolt의 심장과 세레나 윌리엄스Serena Williams의 폐를 가질 수도 있을 것이다. 인간의 다른 장기는 모두 수정·보완이 가능해져서, 앞으로는 뇌가 기능하지 않을 때까지 살 수 있게 될 것이다. 만성적인 장애와 함께 오랫동안 살아가는 일도 없을 것이다.

앞에서 설명한 과학의 발전은[16, 17] 아직 진행 중이다. 하지만 이 기술을 인간에게 적용할 때 극복할 수 없는 장애물은 없는 듯하므로, 곧 윤리적 문제를 해결하고 도입 여부를 결정해야 할 것이다.

: 생명표

표 A1은 2014~2016년 0세부터 100세까지 몇 명이 사망하는지 보여주는 영국의 생명표 자료다. 생명표는 사망 연령을 확인할 수 있는 표준 자료로, 공중보건, 보험, 행정 등 다양한 분야에서 필수적 도구다. 표의 좌측 상단을 보면 신생아 10만 명으로 시작한다. '생존자' 항목에는 몇 명이 왼쪽에 표시된 나이(x)까지 사는지, 'x세 사망자' 항목에는 몇 명이 해당 나이에 사망하는지 표시된다. 예를 들어 가장 가까운 자연수로 반올림했을 때 신생아 10만 명 중 생후 1년이 되기 전에 남아 423명, 여아 352명이 사망하므로 생존자 수는 남녀 각각 9만 9,578명과 9만 9,649명으로 줄어든다. 'x세의 기대수명' 항목은 왼쪽에 표시된 x세의 사람이 생존할 것으로 기대되는 연수의 평균을 의미한다. 기대수명을 알아내려면 각 연령에 몇 명이 생존하며 해당 연령에 사망할 가능성이 얼마인지 표의 모든 데이터를 이용해 복잡한 계산을 해야 한다.

생명표의 대전제는 향후 100년간 아무것도 변하지 않는다는 것이다. 예를 들어 암 치료법이 발견되면, 표에서 각 연령별 사망자 수는 줄어들 것이며, 암의 영향을 가장 많이 받는 연령대에서 가장 큰 변화가 발생할 것이다.

[표-A1] 2014~2016년 평균 영국 생명표

연령	남성			여성		
x	생존자	x세 사망자	x세의 기대수명	생존자	x세 사망자	x세의 기대수명
0	100,000	423	79.2	100,000	352	82.9
1	99,578	31	78.5	99,649	25	82.2
2	99,547	16	77.5	99,624	14	81.2
3	99,531	13	76.5	99,610	10	80.2
4	99,518	9	75.6	99,600	8	79.2
5	99,509	9	74.6	99,592	7	78.2
6	99,500	9	73.6	99,585	7	77.2
7	99,491	9	72.6	99,578	7	76.2
8	99,483	7	71.6	99,570	6	75.2
9	99,476	9	70.6	99,564	7	74.2
10	99,468	9	69.6	99,558	6	73.2
11	99458	10	68.6	99,552	6	72.2
12	99,448	10	67.6	99,546	6	71.2

연령	남성			여성		
x	생존자	x세 사망자	x세의 기대수명	생존자	x세 사망자	x세의 기대수명
13	99,439	10	66.6	99,540	11	70.2
14	99,429	12	65.6	99,529	11	69.2
15	99,416	16	64.6	99,518	14	68.3
16	99,401	21	63.6	99,504	16	67.3
17	99,380	29	62.7	99,488	15	66.3
18	99,350	41	61.7	99,473	21	65.3
19	99,309	45	60.7	99,452	21	64.3
20	99,264	47	59.7	99,431	20	63.3
21	99,217	50	58.8	99,411	22	62.3
22	99,167	50	57.8	99,389	22	61.3
23	99,117	55	56.8	99,367	23	60.4
24	99,062	54	55.8	99,344	23	59.4
25	99,008	58	54.9	99,321	25	58.4
26	98,950	62	53.9	99,297	27	57.4
27	98,888	62	52.9	99,269	27	56.4
28	98,825	66	52.0	99,243	33	55.4
29	98,760	69	51.0	99,210	35	54.4
30	98,691	73	50.0	99,175	38	53.5
31	98,617	75	49.1	99,137	41	52.5
32	98,542	89	48.1	99,096	46	51.5
33	98,453	87	47.2	99,050	49	50.5
34	98,366	95	46.2	99,001	53	49.6
35	98,271	101	45.2	98,949	58	48.6
36	98,170	108	44.3	98,890	65	47.6

연령	남성			여성		
x	생존자	x세 사망자	x세의 기대수명	생존자	x세 사망자	x세의 기대수명
37	98,063	112	43.3	98,826	67	46.6
38	97,950	130	42.4	98,759	75	45.7
39	97,821	134	41.4	98,684	80	44.7
40	97,687	153	40.5	98,604	93	43.7
41	97,534	165	39.6	98,511	96	42.8
42	97,369	170	38.6	98,415	107	41.8
43	97,199	186	37.7	98,308	114	40.9
44	97,013	207	36.8	98,194	126	39.9
45	96,806	215	35.8	98,068	144	39.0
46	96,591	231	34.9	97,924	150	38.0
47	96,361	256	34.0	97,774	160	37.1
48	96,105	263	33.1	97,614	173	36.1
49	95,842	289	32.2	97,441	183	35.2
50	95,553	320	31.3	97,259	208	34.3
51	95,233	331	30.4	97,051	228	33.3
52	94,902	354	29.5	96,823	246	32.4
53	94,548	378	28.6	96,577	269	31.5
54	94,170	415	27.7	96,308	289	30.6
55	93,755	467	26.8	96,020	322	29.7
56	93,288	501	26.0	95,698	347	28.8
57	92,787	542	25.1	95,351	380	27.9
58	92,245	597	24.2	94,971	403	27.0
59	91,649	654	23.4	94,568	454	26.1
60	90,995	726	22.6	94,115	495	25.2

연령	남성			여성		
x	생존자	x세 사망자	x세의 기대수명	생존자	x세 사망자	x세의 기대수명
61	90,269	786	21.7	93,620	529	24.4
62	89,483	844	20.9	93,090	586	23.5
63	88,639	931	20.1	92,504	629	22.6
64	87,708	1,005	19.3	91,876	676	21.8
65	86,703	1,070	18.5	91,200	721	20.9
66	85,633	1,137	17.8	90,479	790	20.1
67	84,496	1,208	17.0	89,689	840	19.3
68	83,288	1,310	16.2	88,849	935	18.5
69	81,978	1,433	15.5	87,915	1,012	17.6
70	80,545	1,558	14.8	86,903	1,131	16.8
71	78,987	1,702	14.0	85,772	1,236	16.1
72	77,284	1,844	13.3	84,536	1,356	15.3
73	75,441	1,986	12.7	83,180	1,502	14.5
74	73,455	2,202	12.0	81,677	1,628	13.8
75	71,253	2,350	11.3	80,049	1,780	13.1
76	68,903	2,478	10.7	78,269	1,968	12.3
77	66,425	2,651	10.1	76,301	2,104	11.6
78	63,774	2,822	9.5	74,197	2,291	11.0
79	60,953	2,994	8.9	71,906	2,496	10.3
80	57,959	3,220	8.3	69,409	2,775	9.7
81	54,739	3,365	7.8	66,634	2,988	9.0
82	51,374	3,577	7.3	63,646	3,256	8.4
83	47,797	3,759	6.8	60,389	3,530	7.9
84	44,038	3,859	6.3	56,860	3,775	7.3

연령	남성			여성		
x	생존자	x세 사망자	x세의 기대수명	생존자	x세 사망자	x세의 기대수명
85	40,179	3,966	5.9	53,085	3,963	6.8
86	36,213	3,961	5.5	49,121	4,176	6.3
87	32,252	3,943	5.1	44,946	4,330	5.8
88	28,310	3,890	4.7	40,616	4,396	5.4
89	24,420	3,684	4.4	36,219	4,435	5.0
90	20,737	3,482	4.0	31,785	4,398	4.6
91	17,255	3,143	3.8	27,387	4,144	4.3
92	14,112	2,829	3.5	23,243	3,915	4.0
93	11,283	2,502	3.2	19,329	3,580	3.7
94	8,782	2,146	3.0	15,749	3,296	3.4
95	6,636	1,742	2.8	12,453	2,822	3.2
96	4,894	1,384	2.6	9,631	2,361	3.0
97	3,510	1,030	2.5	7,270	1,898	2.8
98	2,480	807	2.3	5,372	1,538	2.6
99	1,673	574	2.2	3,834	1,198	2.4
100	1,099	410	2.1	2,636	871	2.2

자료 출처: 영국 국가통계청(UK Office for National Statistics)

이 데이터로 인구에 대한 다양한 통계를 낼 수 있다. 예를 들어, 사망 가능성이 가장 낮은 연령은 8세다. 10만 명 중 남자는 7명, 여자는 6명만 이 나이에 사망한다. 이 나이부터 사망률은 서서히 올라가 남자는 85세, 여자는 89세에 가장 높아진다. 이 나이가 사망 연령의 최빈값, 즉 죽을 확률이 가장 높은 나이다. 어린 시절 가장 위험한 시기는 생후 1년이다. 일단 1세가 되면 사망률은 급락하고, 남자는 55세, 여자는 57세가 되어서야 생후 1년과 같은 수준에 도달한다. 신생아는 특히 유전자 문제의 위험이 크며 조산하는 예도 있다. 출생 과정에서 문제가 발생하기도 하며 아직도 원인이 밝혀지지 않은 영아 돌연사 증후군으로 사망할 수도 있다.

54세 남성의 경우, 표 A1에 나타난 기대수명은 27.7년이다. 54세 남성이 다음 해에 사망할 확률은 다음과 같다.

남성이 55세에 사망할 확률

$$=1-\frac{\text{55세 남성의 수}}{\text{54세 남성의 수}}=1-\frac{93,755}{94,170}=0.4\%$$

해당 연도에 사망할 확률이 0.4%라면 아직은 아주 낮은 편이다. 하지만 남자가 90세가 되면 해당 연도에 사망할 확률은 16.8%로 훌쩍 뛰고, 기대수명은 4년에 불과해진다. 그렇다면 54세 남성이 90세까지 살 확률은 얼마인가?

54세 남성이 90세까지 살 확률

$$=\frac{\text{90세 남성의 수}}{\text{54세 남성의 수}}=\frac{20,737}{94,170}=22\%$$

54세 여성이 90세까지 살 확률은 훨씬 높다.

54세 여성이 90세까지 살 확률

$$= \frac{90세\ 여성의\ 수}{54세\ 여성의\ 수} = \frac{31,785}{96,308} = 33\%$$

33/22=1.5이므로, 여성이 90세까지 살 확률은 남성보다 50% 높고 이 격차는 나이가 많아질수록 커진다. 그래서 세계 최장수 인구는 대부분 여성이다. 남성이 54세 이전에 사망할 확률은 다음과 같다.

$$남성이\ 54세\ 이전에\ 사망할\ 확률 = 1 - \frac{94,170}{100,000} = 6\%$$

남성 6% 정도가 54세 이전에 사망한다는 계산이 나온다. 여성의 경우 이 수치는 4%이다. 이제 독자들도 본인의 생존 확률을 쉽게 계산해볼 수 있을 것이다. 물론 이 표는 영국 인구 전체의 평균값이다. 기대수명은 좋은 행동(운동, 건강 체중 유지, 식단 관리 등)이나 나쁜 행동(흡연, 정크푸드 과잉 섭취, 마약 사용 등)으로 충분히 달라질 수 있다.

감사의 말

1981년 14세였던 나는 천문학자 칼 세이건Carl Sagan이 각본을 쓴 다큐멘터리 시리즈 '코스모스Cosmos'를 보았다. 과학과 역사를 담은 걸작이었다. 같은 제목의 책도 출간됐는데, 점성술을 다룬 부분에서 이런 내용을 읽었다.

> 존 그랜트는 1632년 런던의 사망 통계를 종합했다. 신생아와 아동 사망률이 어마어마하게 높고, '폐의 반항Rising of the lights'이나 '왕의 병King's evil'과 같은 낯선 병명이 적힌 가운데, 9,535명의 사망자 중 암 사망자보다 많은 13명이 '지구'에 굴복했다고 기록됐

다. 이들의 증상이 무엇이었을지 궁금하다.**1**

나도 궁금했다. 이 몇 문장이 생각의 씨앗이 됐고, 결국 싹이 터서 이 책이 되었다.

사망 원인의 변천사를 다루는 책을 쓰겠다고 생각했을 때만 해도 의학을 주로 논하게 될 줄 알았다. 하지만 놀랍게도 자료를 찾을수록 인류의 가장 심각한 문제를 해결한 방법은 의료가 아니었다. 법률, 정책, 공학, 통계, 경제학이 발전했을 때, 또는 의욕과 재능이 넘치는 사람이 사회의 저항을 이겨내고 매우 훌륭한 아이디어를 실현했을 때 진보가 일어났다. 아무래도 사망 원인의 역사를 다루려면 처음에 생각한 것보다 훨씬 많은 영역을 이해해야 할 듯했다. 하지만 상관없었다. 나는 인공적으로 지식을 여러 분야로 나누는 것을 원래 좋아하지 않았다. 세상은 서로 다른 힘이 상호작용한 결과이며, 그중 인간의 결정과 관련된 힘은 일부일 뿐이다.

이 책은 수많은 친구, 동료, 학생과 40년간 읽고, 생각하고, 대화한 결과다. 나는 감사하게도 많은 사람의 격려와 비판(둘 다 매우 소중하다)을 받았다. 특히, 신진 작가에게 기회를 주고 정서적 지지, 전문성, 조언, 시간을 할애해준 에이전트 캐롤라인 하드먼Caroline Hardman에게 감사한다. 블룸즈버리Bloomsbury 출판사의 훌륭한 편집진 재스민 호시Jasmine Horsey와 빌 스웨인슨Bill Swainson, 알렉시스 커쉬바움Alexis Kirschbaum, 로렌 와이브로Lauren Whybrow, 케이트 쿼리Kate Quarry가 한 장을 모두 다시 쓰는 큰 수정부터 대문자 사용법 교정처럼 사소한 일까지 도움을 주어 더 나은 글이 탄생할 수 있었다. 역시 블룸즈

버리 출판사의 캐서린 베스트Catherine Best, 스테파니 래스본Stephanie Rathbone, 에이미 웡Amy Wong, 아쿠아 보아텡Akua Boateng, 애나 마사디 Anna Massardi가 교정, 삽화, 제작, 마케팅, 홍보를 담당했다. 매튜 콥 Matthew Cobb과 댄 데이비스Dan Davis는 인내심을 가지고 출판 과정을 설명해주었다. (나는 원고를 써서 출판사에 보내면 되는 줄로만 알았다.) 에밀 벤보우Emyr Benbow는 의료계와 법조계에서 사망 원인을 판단하는 절차를 자세히 알려줬다. 수잔 바커Susan Barker, 알리스테어 맥도널드 Alistair MacDonald, 폴 레드먼Paul Redman, 루시 도이그Lucy Doig, 페니 도이 그Penny Doig, 사라 도이그Sarah Doig, 피터 탤락Peter Tallack, 앤드루 로우 니Andrew Lownie, 댄 데이비스Dan Davis, 헬렌 스튜어트Helen Stuart, 에밀 벤 보우Emyr Benbow, 무함마드 후세인Mohammad Husain, 존 캐디스John Caddis, 사샤 골로바노프Sasha Golovanov, 마리나 골로바노바Marina Golovanova, 제프 후퍼Geoff Hooper, 시바니 카우라Shivani Kaura, 아만다 달튼Amanda Dalton, 제레미 데릭Jeremy Derrik, 젠 맥브라이드Jen McBride, 사이먼 피어 스Simon Pearce, 알리 아쉬카나니Ali Ashkanani, 애나 메이올Anna Mayall, 스 티브 딘Steve Deane은 모두 원고에 귀중한 피드백을 주었다. 특히, 사 라 다우드Sarah Dowd는 전문을 세심하게 읽고 확인해줬다. 안토니 애 덤슨Antony Adamson은 유전자편집기술의 진보를 설명해주었다. 사마 리아인 프로젝트의 홍보 임원 로나 프레이저Lorna Fraser, 홍보 자문위 원 모니카 홀리Monica Hawley 그리고 허더즈필드 지부 직원 모두가 자 살에 대해 알려주고 내가 책임 있는 자세로 자살 관련 내용을 쓸 수 있도록 도와줬다.

연구지원서 대신 이 프로젝트에 지나친 시간을 쓰도록 허락해준 맨체스터 대학에도 감사한다. 이 책이 현실을 너무 단순화시키거나 중요한 사실을 빠뜨렸다면 내게 주어진 분량이 10만 단어밖에 되지 않아서였다고 변명해 본다. 모든 실수는 내 책임이다.

서문: 시에나의 4대 재앙

1. W. M. Bowsky, 'The Plague in Siena: An Italian Chronicle, Agnolo di Tura del Grasso, Cronica Maggiore', in *The Black Death: A Turning Point in History?*, Holt, Rinehart & Winston: 1971, pp. 13-14.

2. 위와 동일

3. A. White, 'The Four Horsemen', in *Plague and Pleasure. The Renaissance World of Pius II*, Catholic University of America Press: Washington DC, 2014, pp. 21–47.

4. 위와 동일

5. 1과 동일

1부. 죽음의 원인

1. J. Graunt, 'Natural and Political Observations Mentioned in a Following Index, and Made Upon the Bills of Mortality', in *Mathematical Demography*, Vol. 6, *Biomathematics*, Springer: Berlin, Heidelberg, 1977.

01 죽음이란 무엇인가?

1. N. Browne-Wilkinson, 'Airedale National Health Service Trust v Bland [1993] AC 789', 1993, https://lucidlaw.co.uk/criminal-law/homicidemurder/unlawful-killing/airedale-nhs-trust-v-bland/ (accessed 11 May 2021).

2. M. Cascella, 'Taphophobia and "life preserving coffins" in the nineteenth century', *History of Psychiatry*, 27, 2016, 345–9.

3. L. Davies, '"Dead" man turns up at own funeral in Brazil', *Guardian*, 24 October 2012.

4. A. K. Goila and M. Pawar, 'The diagnosis of brain death', *Indian Journal of Critical Care Medicine* 13, 2009, 7–11.

5. J. Clark, 'Do You Really Stay Conscious After Being Decapitated?', 2011, https://science.howstuffworks.com/science-vs-myth/extrasensoryperceptions/lucid-decapitation.htm (accessed 25 June 2021).

6. L. Volicer et al., 'Persistent vegetative state in Alzheimer disease–Does it exist?', *Archives of Neurology* 54, 1997, 1382–4.

7. H. Arnts et al., 'Awakening after a sleeping pill: Restoring functional brain networks after severe brain injury', *Cortex* 132, 2020, 135–46.

02 사망자 통계표를 관찰하다

1. N. Boyce, 'Bills of Mortality: tracking disease in early modern London', *The Lancet* 395, 2020, 1186–7.

2. R. Munkhoff, 'Searchers of the Dead: Authority, Marginality, and the Interpretation of Plague in England, 1574–1665', *Gender & History* 11, 1999, 1–29.

3. L. Barroll, *Politics, Plague, and Shakespeare's Theater: The Stuart Years*, Cornell University Press: Ithaca, New York, 1991.

4. 1과 동일

5. N. Cummins et al., 'Living standards and plague in London, 1560–1665', *Economic History Review* 69, 2016, 3–34.

6. J. Graunt, 'Natural and Political Observations Mentioned in a Following Index, and Made Upon the Bills of Mortality', *Mathematical Demography*, Vol. 6, *Biomathematics*, Springer: Berlin, Heidelberg, 1977.

7. 위와 동일

8. 위와 동일

9. 위와 동일

10. J. Aubrey, 'John Graunt: A Brief Life', in *Brief Lives and Other Selected Writings*, ed. A. Powell, Charles Scribner's Sons: New York, 1949.

11. W. Farr, in 'Annual Report of the Registrar-General for England and Wales', HMSO: 1842, p. 92.

12. World Health Organization, 'History of the development of the ICD', http://www.who.int/classifi cations/icd/en/HistoryOfICD.pdf

13. World Health Organization, 'ICD-11 for Mortality and Morbidity Statistics (Version: 05/2021)', 2021, https://icd.who.int/browse11/l-m/en (accessed 6 July 2021).

14. World Health Organization, 'International Statistical Classification of Diseases and Related Health Problems (ICD)', 2021, https://www.who.int/standards/classifications/classification-of-diseases (accessed 6 July 2021).

15. 13과 동일

16. World Health Organization, 'The top 10 causes of death', 2020, https://www.who.int/news-room/fact-sheets/detail/the-top-10-causes-ofdeath (accessed 6 July 2021).

17. R. Rajasingham and D.R. Boulware, 'Cryptococcosis', 2019, https://bestpractice.bmj.com/topics/en-gb/917 (accessed 6 July 2021).

03 건강하게 오래 살기

1. World Health Organization, 'World health statistics 2016: monitoring health for the SDGs, sustainable development goals, Annex B: tables of health statistics by country, WHO region and globally', 2016.

2. Office for National Statistics, 'National life tables, UK: 2014 to 2016', 2017, https://www.ons.gov.uk/releases/nationallifetablesuk2014to2016 (accessed 6 July 2021).

3. J. L. Angel, 'The Bases of Paleodemography', *American Journal of Physical Anthropology*, 30, 1969, 427–38.

4. J. Whitley, 'Gender and hierarchy in early Athens: The strange case of the disappearance of the rich female grave', *Mètis. Anthropologie des mondes grecs anciens*, 1996, 209–32.

5. B. W. Frier, 'Demography', in *The Cambridge Ancient History XI: The High Empire, A.D. 70–192*, ed. Peter Garnsey, Alan K. Bowman and Dominic Rathbone, Cambridge University Press: Cambridge, 2000, pp. 787–816.

6. R.S. Bagnall and B.W. Frier, *The Demography of Roman Egypt*, Cambridge University Press: Cambridge, 2006.

7. B. W. Frier, 'Roman Life Expectancy: Ulpian's Evidence', *Harvard Studies in Classical Philology*, 86, 1982, 213–51.

8. P. Pflaumer, 'A Demometric Analysis of Ulpian's Table', *JSM Proceedings*, 2014, 405–19.

9. R. Duncan-Jones, *Structure and Scale in the Roman Economy*, Cambridge University Press: Cambridge, 1990, pp. 100–1.

10. 5와 동일

11. M. Morris, *A Great and Terrible King: Edward I and the Forging of Britain*, Windmill Books: London, 2008.

12. S.N. DeWitte, 'Setting the Stage for Medieval Plague: Pre-Black DeathTrends in Survival and Mortality', *American Journal of Physical Anthropology* 158, 2015, 441–51.

13. The Human Mortality Database, 2018,https://www.mortality.org/hmd/FRATNP/STATS/E0per.txt

14. L. Alkema et al., 'Probabilistic projections of the total fertility rate for all countries', *Demography*, 48, 2011, 815–39.

15. S. Harper, *How Population Change Will Transform Our World*, Oxford University Press: Oxford, 2016.

16. The World Bank, 'DataBank', 2019, https://databank.worldbank.org/home.aspx

17. UNICEF, 'Child Mortality Estimates', 2019, https://childmortality.org/data

18. J.S.N. Anderson and S. Schneider, 'Brazilian Demographic Transition and the Strategic Role of Youth', *Espace Populations Sociétés* [Online], 2015, http://eps.revues.org/

19. Causes_of_Death, 'Leading Causes of death in Ethiopia', 2017, http://causesofdeathin.com/causes-of-death-in-ethiopia/2 (accessed 6 July 2021).

20. 16과 동일

21. 17과 동일

22. S. E. Vollset et al., 'Fertility, mortality, migration, and population scenarios for 195 countries and territories from 2017 to 2100: a forecasting analysis for the Global Burden of Disease Study', *The Lancet* 2020, 396, 1285–1306

23. TES_Educational_Resources, 'World Statistics: GDP and Life Expectancy', 2013, https://www.tes.com/teaching-resource/worldstatistics-gdp-and-life-expectancy-6143776# (accessed 6 July 2021).

24. OECD, 'Life expectancy at birth', OECD Publishing: Paris, 2015.

25. E.C. Schneider, 'Health Care as an Ongoing Policy Project', *New England Journal of Medicine*, 383, 2020, 405–8.

26. J. A. Schoenman, 'The Concentration of Health Care Spending', *NIHCM Foundation Brief* [Online], 2012.

27. S. H. Preston, 'The changing relation between mortality and level of economic development (Reprinted from Population Studies, Vol. 29, July 1975)', *International Journal of Epidemiology*, 36, 2007, 484–90.

28. D. E. Bloom and D. Canning, 'Commentary: The Preston Curve 30 years on: still sparking fires', *International Journal of Epidemiology*, 36, 2007, 498–9.

29. M. J. Husain, 'Revisiting the Preston Curve: An Analysis of the Joint Evolution of Income and Life Expectancy in the 20th Century', 2011, https://www.keele.ac.uk/media/keeleuniversity/ri/risocsci/docs/economics/workingpapers/LeY_KeeleEconWP_JamiHusain.pdf

30. 27과 동일

31. J.W. Lynch et al., 'Income inequality and mortality: importance to health of individual income, psychosocial environment, or material conditions', *British Medical Journal*, 320, 2000, 1, 200–4.

32. P. Martikainen et al., 'Psychosocial determinants of health in social epidemiology', *International Journal of Epidemiology*, 31, 2002, 1,091–3.

33. R. Wilkinson and K. Pickett, *The Spirit Level: Why Equality is Better for Everyone*, Penguin, 2010.

2부. 전염병

1. J. Snow, 'On the Mode of Communication of Cholera', *J. Churchill* 1849.

04 흑사병

1. World Health Organization, 'Global Health Observatory (GHO) data', 2019, https://www.who.int/gho/mortality_burden_disease/life_tables/situation_trends/en/ (accessed 6 July 2021).

2. A.M.T. Moore et al., *Village on the Euphrates: From Foraging to Farming at Abu Hureyra*, Oxford University Press: Oxford, 2000.

3. 위와 동일

4. A. Mummert et al., 'Stature and robusticity during the agricultural transition: Evidence from the bioarchaeological record', *Economics&Human Biology*, 9, 2011, 284–301.

5. J.C. Scott, *Against the Grain*, Yale University Press: Yale, CT, 2017.

6. L.H. Taylor et al., 'Risk factors for human disease emergence', *Philosophical Transactions of the Royal Society B: Biological Sciences*, 356, 2001, 983–9.

7. W. Farber, 'Health Care and Epidemics in Antiquity: The Example of Ancient Mesopotamia', in *Health Care and Epidemics in Antiquity: The Example of Ancient Mesopotamia*, Oriental Institute, 2006.

8. 5와 동일

9. W.R. Thompson, 'Complexity, Diminishing Marginal Returns, and Serial Mesopotamian Fragmentation', *Journal of World-Systems Research*, 3, 2004, 613–52.

10. K. R. Nemet-Nejat, *Daily Life in Ancient Mesopotamia*, Hendrickson: Peabody, MA, 1998.

11. D. C. Stathakopoulos, *Famine and Pestilence in the late Roman and early*

Byzantine Empire, Routledge: Abingdon, 2004.

12. E. Burke and K. Pomeranz, *The Environment and World History*, University of California Press: Oakland, CA, 2009.

13. 5와 동일

14. G.J. Armelagos et al., 'The Origins of Agriculture – Population-Growth During a Period of Declining Health', *Population and Environment*, 13, 1991, 9–22.

15. J. M. Diamond, 'The Worst Mistake in the History of the Human Race', 1999, https://www.discovermagazine.com/planet-earth/the-worstmistake-in-the-history-of-the-human-race (accessed 6 July 2021).

16. N. P. Evans et al., 'Quantification of drought during the collapse of the classic Maya civilization', *Science*, 361, 2018, 498–501.

17. W.T. Treadgold, *A Concise History of Byzantium*, Palgrave: Basingstoke, 2001.

18. A. Hashemi Shahraki et al., 'Plague in Iran: its history and current status', *Journal of Epidemiology and Community Health*, 38, 2016, e2016033-e2016033.

19. W. Naphy and A. Spicer, *The Black Death. A History of Plagues 1345–1730*, Tempus Publishing: Stroud, UK, 2000.

20. G. D. Sussman, 'Was the black death in India and China?', *Bulletin of the History of Medicine*, 85, 2011, 319–55.

21. L. Wade, 'Did Black Death strike sub-Saharan Africa?', *Science*, 363, 2019, 1022.

22. M. Wheelis, 'Biological warfare at the 1346 Siege of Caffa', *Emerging Infectious Diseases*, 8, 2002, 971–5.

23. 위와 동일

24. R. Horrox, *The Black Death*, Manchester University Press, 1994, pp. 14–26.

25. L. H. Nelson, 'The Great Famine (1315–1317) and the Black Death (1346–1351)', 2017, http://www.vlib.us/medieval/lectures/black_death.html (accessed 6 July 2021).

26. O. J. Benedictow, 'The Black Death: The Greatest Catastrophe Ever', *History Today*, 55, 2005.

27. P. Daileader, *The Late Middle Ages*, The Teaching Company, 2007.

28. S. Cohn, 'Patterns of Plague in Late Medieval and Early-Modern Europe', in *The Routledge History of Disease*, Routledge: Abingdon, UK and New York, 2017, pp. 165–82.

29. W. Jewell, *Historical Sketches of Quarantine*, T.K. and P.G. Collins: Philadelphia, 1857.

30. S. M. Stuard, *A State of Deference: Ragusa/Dubrovnik in the Medieval Centuries*, Philadelphia: University of Pennsylvania Press, 1992.

31. P. A. Mackowiak and P.S. Sehdev, 'The Origin of Quarantine', *Clinical Infectious Diseases*, 35, 2002, 1071–2.

32. K. I. Bos et al., 'Eighteenth century Yersinia pestis genomes reveal the long-term persistence of an historical plague focus', *Elife*, 5, 2016.

33. C. A. Devaux, 'Small oversights that led to the Great Plague of Marseille (1720–1723): Lessons from the past', *Infection Genetics and Evolution*, 14, 2013, 169–85.

34. 19와 동일

35. D. J. Grimes, 'Koch's Postulates – Then and Now', *Microbe*, 1, 2006, 223–8.

36. E. Marriott, *Plague*, Metropolitan Books/Henry Holt & Co: New York, 2003.

37. M. Simond et al., 'Paul-Louis Simond and his discovery of plague transmission by rat fleas: a centenary', *Journal of the Royal Society of Medicine*, 91, 1998, 101–4.

38. D. Wootton, *Bad Medicine: Doctors Doing Harm Since Hippocrates*, Oxford University Press, 2007, p. 127.

39. C. Demeure et al., 'Yersinia pestis and plague: an updated view on evolution, virulence determinants, immune subversion, vaccination and diagnostics', *Microbes and Infection*, 21, 2019, 202–12.

40. G. Alfani and C. Ó Gráda, 'The timing and causes of famines in Europe', *Nature Sustainability* 1, 2018, 283–8.

41. D.M. Wagner et al., 'Yersinia pestis and the Plague of Justinian 541–543 AD: a genomic analysis', *Lancet Infectious Diseases*, 14, 2014, 319–26.

42. G.A. Eroshenko et al., 'Yersinia pestis strains of ancient phylogenetic branch 0.ANT are widely spread in the high-mountain plague foci of Kyrgyzstan', *PLoS One*, 12, 2017, e0187230-e0187230.

43. P.D. Damgaard et al., '137 ancient human genomes from across the Eurasian steppes', *Nature*, 557, 2018, 369–74.

44. D. W. Anthony, *The horse, the wheel, and language: How Bronze-Age riders from the Eurasian steppes shaped the modern world*, Princeton University Press, 2007.

45. N. Rascovan et al., 'Emergence and Spread of Basal Lineages of Yersinia pestis during the Neolithic Decline', *Cell*, 176, 2019, 1–11.

46. S. Rasmussen et al., 'Early Divergent Strains of Yersinia pestis in Eurasia 5,000 Years Ago', *Cell*, 163, 2015, 571–82.

47. 45와 동일

48. J. Manco, *Ancestral Journeys: The Peopling of Europe from the First Venturers to the Vikings*, Thames and Hudson: London, 2015.

49. 45와 동일

50. S. K. Verma and U. Tuteja, 'Plague Vaccine Development: Current Research and Future Trends', *Frontiers in Immunology*, 7, 2016.

51. A. Guiyoule et al., 'Transferable plasmid-mediated resistance to streptomycin in a clinical isolate of Yersinia pestis', *Emerging Infectious Diseases*, 7, 2001, 43–8.

52. T. J. Welch et al., 'Multiple Antimicrobial Resistance in Plague: An Emerging Public Health Risk', *PLoS One*, 2, 2007, e309.

05 우유 짜는 여자의 손

1. N. Barquet and P. Domingo, 'Smallpox: The triumph over the most terrible of the ministers of death', *Annals of Internal Medicine*, 127, 1997, 635–42.

2. S. Riedel, 'Edward Jenner and the history of smallpox and vaccination', *Proceedings (Baylor University Medical Center)*, 18, 2005, 21–5.

3. A. S. Lyons and R.J. Petrucelli, *Medicine – An Illustrated History*, Abradale Press, Harry N. Abrams Inc: New York, 1987.

4. A. G. Carmichael and A.G. Silverstein, 'Smallpox in Europe before the Seventeenth Century: Virulent Killer or Benign Disease?', *Journal of the History of Medicine and Allied Sciences*, 42, 1987, 147–68.

5. 2와 동일

6. 위와 동일

7. 위와 동일

8. 위와 동일

9. R. Ganev, 'Milkmaids, ploughmen, and sex in eighteenth-century Britain', *Journal of the History of Sexuality*, 16, 2007, 40–67.

10. E. Jenner, *An Inquiry into the Causes and Effects of Variolae Vaccinae*, Samuel Cooley, 1798.

11. 10과 동일

12. J. F. Hammarsten et al., 'Who discovered smallpox vaccination? Edward Jenner or Benjamin Jesty?', *Transactions of the American Climatological*

Association, 90, 1979, 44–55.

13. P. J. Pead, 'Benjamin Jesty: new light in the dawn of vaccination', *The Lancet*, 362, 2003, 2,104–9.

14. The_Jenner_Trust, 'Dr Jenner's House Museum and Gardens', 2020, https://jennermuseum.com/ (accessed 22 June 2020).

15. J. Romeo, 'How Children Took the Smallpox Vaccine around the World', 2020, https://daily.jstor.org/how-children-took-the-smallpoxvaccine-around-the-world/ (accessed 22 June 2020).

16. C. Mark and J.G. Rigau-Pérez, 'The World's First Immunization Campaign: The Spanish Smallpox Vaccine Expedition, 1803–1813', *Bulletin of the History of Medicine*, 83, 2009, 63–94.

17. Editorial, 'The spectre of smallpox lingers', *Nature*, 560, 2018, 281.

18. World Health Organization, 'Global polio eradication initiative applauds WHO African region for wild polio-free certification', 2020, https://www.who.int/news/item/25-08-2020-global-polio-eradicationinitiative-applauds-who-african-region-for-wild-polio-freecertification (accessed 6 July 2021).

19. F. Godlee et al., 'Wakefield's article linking MMR vaccine and autism was fraudulent', *British Medical Journal (BMJ)*, 342, 2011.

20. R. Dobson, 'Media misled the public over the MMR vaccine, study says', *BMJ*, 326, 2003, 1,107.

21. Centers for Disease Control and Prevention, 'Historical Comparisons of Vaccine-Preventable Disease Morbidity in the U.S.–Comparison of 20th Century Annual Morbidity and Current Morbidity: Vaccine⊠Preventable Diseases', 2018, https://stacks.cdc.gov/view/cdc/58586 (accessed 4 August 2021).

22. US Food and Drug Administration, 'First FDA-approved vaccine for the prevention of Ebola virus disease, marking a critical milestone in public health preparedness and response', 2019, https://www.fda.gov/news-events/press-announcements/first-fda-approved-vaccineprevention-ebola-virus-disease-marking-critical-milestone-publichealth (accessed 6 July 2021).

23. A. Gagnon et al., 'Age-Specific Mortality During the 1918 Influenza Pandemic: Unravelling the Mystery of High Young Adult Mortality', *PLoS One*, 8, 2013, e69586.

24. M. Worobey et al., 'Genesis and pathogenesis of the 1918 pandemic H1N1 influenza A virus', *Proceedings of the National Academy of Sciences of the USA*, 111, 2014, 8,107–12.

25. C. H. Ross, 'Maurice Ralph Hilleman (1919–2005)', *The Embryo Project Encyclopedia* [Online], 2017.

26. A. E. Jerse et al., 'Vaccines against gonorrhea: Current status and future challenges', *Vaccine*, 32, 2014, 1,579–87.

06 리버풀 슬럼가의 티푸스와 장티푸스

1. H. Southall, 'A Vision of Britain Through Time: 1801 Census', 2017, http://www.visionofbritain.org.uk/census/GB1801ABS_1/1 (accessed 6 July 2021).

2. Anon., *The Economist*, 1848.

3. S. Halliday, 'Duncan of Liverpool: Britain's first Medical Officer', *Journal of Medical Biography*, 11, 2003, 142–9.

4. W. Gratzer, *Terrors of the Table: The Curious History of Nutrition*, Oxford University Press: Oxford, 2005.

5. E. Chadwick, *Report on the Sanitary Conditions of the Labouring Poor of Great Britain*, W. Clowes & Son: London, 1843, p. 661.

6. S. Halliday, *The Great Filth: The War Against Disease in Victorian England*, Sutton Publishing: Stroud, Gloucestershire, UK, 2007.

7. ONS, 'How has life expectancy changed over time?', 2015, https://www.

ons.gov.uk/peoplepopulationandcommunity/birthsdeathsandmarriages/
lifeexpectancies/articles/howhaslifeexpectancychangedoverti
me/2015-09-09 (accessed 6 July 2021).

8. S. Bance, 'The "hospital and cemetery of Ireland": The Irish and Disease
    in Nineteenth-Century Liverpool', 2014, https://warwick.ac.uk/fac/arts/
    history/chm/outreach/migration/backgroundreading/disease (accessed 6
    July 2021).

9. A. Karlins, 'Kitty Wilkinson – "Saint of the Slums"', 2015, http://www.
    theheroinecollective.com/kitty-wilkinson-saint-of-the-slums/ (accessed 6 July
    2021).

10. K. Youngdahl, 'Typhus, War, and Vaccines', 2016, https://www.
    historyofvaccines.org/content/blog/typhus-war-and-vaccines (accessed 6 July
    2021).

11. A. Allen, *The Fantastic Laboratory of Dr. Weigl: How Two Brave Scientists
    Battled Typhus and Sabotaged the Nazis*, W.W. Norton: London, 2015.

12. H.R. Cox and E.J. Bell, 'Epidemic and Endemic Typhus: Protective Value
    for Guinea Pigs of Vaccines Prepared from Infected Tissues of the
    Developing Chick Embryo', *Public Health Reports (1896–1970)*, 55, 1940,
    110–15.

13. 6과 동일

14. B. E. Mahon et al., 'Effectiveness of typhoid vaccination in US travelers',
    Vaccine, 32, 2014, 3,577–9.

07 청사병

1. Centers for Disease Control and Prevention, 'Cholera in Haiti', 2021,
    https://www.cdc.gov/cholera/haiti/ (accessed 6 July 2021).

2. S. J. Snow, 'Commentary: Sutherland, Snow and water: the transmission of

cholera in the nineteenth century', *International Journal of Epidemiology*, 31, 2002, 908–11.

3. S. Almagro-Moreno et al., 'Intestinal Colonization Dynamics of Vibrio cholerae', *PLoS Pathogens*, 11, 2015.

4. S. N. De et al., 'An experimental study of the action of cholera toxin', *Journal of Pathology and Bacteriology*, 63, 1951, 707–17.

5. S. N. De and D. N. Chatterje, 'An experimental study of the mechanism of action of Vibriod cholerae on the intestinal mucous membrane', *Journal of Pathology and Bacteriology*, 66, 1953, 559–62.

6. K. Bharati and N. K. Ganguly, 'Cholera toxin: A paradigm of a multifunctional protein', *Indian Journal of Medical Research*, 133, 2011, 179–87.

7. P. K. Gilbert, 'On Cholera in Nineteenth-Century England', *BRANCH:Britain, Representation and Nineteenth-Century History*[Online], 2012, http://www.branchcollective.org/?ps_articles=pamela-k-gilberton-cholera-in-nineteenth-century-england (accessed 24 November 2020).

8. M. Pelling, *Cholera, Fever and English Medicine, 1825–1865*, Clarendon Press: Wotton-under-Edge, 1978, pp. 4–5.

9. 2와 동일

10. Royal College of Physicians of London, 'Report of the General Board of Health on the Epidemic Cholera of 1848 and 1849', *British and Foreign Medico-Chirurgical Review*, 1851, 1–40.

11. 2와 동일

12. J. Snow, *On the Mode of Communication of Cholera*, John Churchill: London, 1849.

13. 2와 동일

14. S. Garfield, *On the Map*, Profile Books: London, 2012

15. 12와 동일

16. R. R. Frerichs, 'Reverend Henry Whitehead', 2019, https://www.ph.ucla.edu/epi/snow/whitehead.html (accessed 6 July 2021).

17. H. Whitehead, *Special investigation of Broad Street*, 1854.

18. R. R. Frerichs, 'Birth and Death Cerificates of Index Case', 2019, https://www.ph.ucla.edu/epi/snow/indexcase2.html (accessed 6 July 2021).

19. F. Pacini, 'Osservazioni microscopiche e deduzioni patologiche sul cholera asiatico', *Gazzetta Medica Italiana: Toscana*, 4, 1854, 397–401, 405–12.

20. M. Bentivoglio and P. Pacini, 'Filippo Pacini: A Determined Observer', *Brain Research Bulletin*, 38, 1995, 161–5.

21. N. Howard-Jones, 'Robert Koch and the cholera vibrio: a centenary', *BMJ*, 288, 1984, 379–81.

22. 21과 동일

23. Centers for Disease Control and Prevention, 'Cholera–Vibrio cholerae infection. Treatment', 2018.

08 출산

1. C. Niemitz, 'The evolution of the upright posture and gait– a review and a new synthesis', *Naturwissenschaften*, 97, 2010, 241–63.

2. L. Brock, 'Newborn horse stands up for the first time', 2011, https://www.youtube.com/watch?v=g1Qc28PfKpU (accessed 6 July 2021).

3. P. M. Dunn, 'The Chamberlen family (1560–1728) and obstetric forceps', *Archives of Disease in Childhood – Fetal and Neonatal Edition*, 81, 1999, F232–F234.

4. D. Pearce, 'Charles Delucena Meigs (1792–1869)', 2018, https://www.general-anaesthesia.com/people/charlesdelucenameigs.html (accessed 6 July 2021).

5. I. Loudon, *The Tragedy of Childbed Fever*, Oxford University Press: Oxford,

2000.

6. P. M. Dunn, 'Dr Alexander Gordon (1752–99) and contagious puerperal fever', *Archives of Disease in Childhood*, 78, 1998, F232–F233.

7. O. Holmes, 'On the contagiousness of puerperal fever', *New England Quarterly Journal of Medicine and Surgery*, 1, 1842, 503–30.

8. E. P. Hoyt, *Improper Bostonian: Dr. Oliver Wendell Holmes*, William Morrow & Co: New York, 1979.

9. I. Semmelweis, *The Etiology, Concept, and Prophylaxis of Childbed Fever*, 1861.

10. 9와 동일

11. 5와 동일

12. S. Halliday, *The Great Filth: The War Against Disease in Victorian England*, Sutton Publishing: Stroud, Gloucestershire, 2007.

09 치명적인 동물

1. CBS News, 'The 20 Deadliest Animals on Earth', 2020, https://www.cbsnews.com/pictures/the-20-deadliest-animals-on-earth-ranked/(accessed 15 June 2020).

2. H. Ritchie and M. Roser, 'Our World in Data: Deaths by Animal', 2018, https://ourworldindata.org/causes-of-death#deaths-by-animal (accessed 15 June 2020).

3. J. Flegr et al., 'Toxoplasmosis – a global threat: Correlation of latent toxoplasmosis with specific disease burden in a set of 88 countries', *PLoS One*, 9, 2014, e90203.

4. G. Desmonts and J. Couvreur, 'Congenital toxoplasmosis: A prospective study of 378 pregnancies', *New England Journal of Medicine*, 290, 1974, 1,110–16.

5. Centers for Disease Control and Prevention, 'Parasites–Guinea Worm: Biology', 2015, https://www.cdc.gov/parasites/guineaworm/biology.html (accessed 6 July 2021).

6. The Carter Center, 'Guinea Worm Eradication Program', 2021, https://www.cartercenter.org/health/guinea_worm/index.html (accessed 6 July 2021).

7. World Health Organization, 'Dracunculiasis eradication: global surveillance summary, 2020', 2021, https://www.who.int/dracunculiasis/eradication/en (accessed 6 July 2021).

8. 7과 동일

9. World Health Organization, 'Dengue and severe dengue', 2021, https://www.who.int/news-room/fact-sheets/detail/dengue-and-severedengue (accessed 6 July 2021).

10. Centers for Disease Control and Prevention, 'Yellow Fever', 2018, https://www.cdc.gov/globalhealth/newsroom/topics/yellowfever/index.html (accessed 16 June 2020).

11. World Health Organization, 'Yellow Fever', 2019, https://www.who.int/news-room/fact-sheets/detail/yellow-fever (accessed 6 July 2021).

12. P. H. Futcher, 'Notes on Insect Contagion', *Bulletin of the Institute of the History of Medicine*, 4, 1936, 536–58.

13. B. S. Kakkilaya, 'Malaria Site. Journey of Scientific Discoveries', 2015, https://www.malariasite.com/history-science/ (accessed 26 June 2020).

14. E. Pongponratn et al., 'An ultrastructural study of the brain in fatal Plasmodium falciparum malaria', *American Journal of Tropical Medicine and Hygiene*, 69, 2003, 345–59.

15. Institute of Medicine (US) Committee on the Economics of Antimalarial Drugs, 'The Parasite, the Mosquito, and the Disease', in *Saving Lives,Buying Time: Economics of Malaria Drugs in an Age of Resistance*,

ed. K.J. Arrow, C. Panosian and H. Gelband, National Academies Press: Washington, DC, 2004, pp. 136–67.

16. Centers for Disease Control and Prevention, 'Malaria Disease', 2019, https://www.cdc.gov/malaria/about/disease.html (accessed 18 June 2020).

17. F.E.G. Cox, 'History of the discovery of the malaria parasites and their vectors', *Parasites & Vectors*, 3, 2010, 5.

18. Institute of Medicine (US) Committee on the Economics of Antimalarial Drugs, 'A Brief History of Malaria', in *Saving Lives, Buying Time*, pp. 136–67.

19. E. Faerstein and W. Winkelstein, Jr., 'Carlos Juan Finlay: Rejected, Respected, and Right', *Epidemiology*, 21, 2010.

20. UNESCO, 'Biography of Carlos J. Finlay', 2017, http://www.unesco.org/new/en/natural-sciences/science-technology/basic-sciences/lifesciences/carlos-j-finlay-unesco-prize-for-microbiology/biography/ (accessed 24 June 2020).

21. A. N. Clements and R.E. Harbach, 'History of the discovery of the mode of transmission of yellow fever virus', *Journal of Vector Ecology*, 2017, 42, 208–22.

22. 21과 동일

23. 21과 동일

24. W. Reed et al., 'Experimental yellow fever', *Transactions of the Association of American Physicians*, 1901, 16, 45–71.

25. W. L. Craddock, 'The Achievements of William Crawford Gorgas', *Military Medicine*, 1997, 162, 325–7.

26. D. McCullough, *The Path Between the Seas: The Creation of the Panama Canal*, 1870–1914, Simon & Schuster: New York, 1977.

27. P. D. Curtin, *Death by Migration: Europe's Encounter with the Tropical*

World in the Nineteenth Century, Cambridge University Press: Cambridge, 2008.

28. R. Carter and K.N. Mendis, 'Evolutionary and historical aspects of the burden of malaria', *Clinical Microbiology Reviews*, 2002, 15, 564–94.

29. J. Whitfield, 'Portrait of a serial killer', *Nature* [Online], 2002. https://doi.org/10.1038/news021001-6 (accessed 3 October 2002).

30. C. Shiff, 'Integrated approach to malaria control', *Clinical Microbiology Reviews*, 2002, 15, 278–93.

31. B. Greenwood and T. Mutabingwa, 'Malaria in 2002', *Nature*, 2002, 415, 670–2.

32. 위와 동일

33. 18과 동일

34. 18과 동일

35. R. L. Miller et al., 'Diagnosis of Plasmodium Falciparum Infections in Mummies Using the Rapid Manual Parasight (TM)-F Test', *Transactions of the Royal Society of Tropical Medicine and Hygiene*, 1994, 88, 31–2.

36. 28과 동일

37. W. Liu et al., 'Origin of the human malaria parasite Plasmodium falciparum in gorillas', *Nature*, 2010, 467, 420–5.

38. D. E. Loy et al., 'Out of Africa: origins and evolution of the human malaria parasites Plasmodium falciparum and Plasmodium vivax', *International Journal for Parasitology*, 2017, 47, 87–97.

39. G. Höher et al., 'Molecular basis of the Duffy blood group system', *Blood Transfusion*, 2018, 16, 93–100.

40. G. B. de Carvalho and G.B. de Carvalho, 'Duffy Blood Group System and the malaria adaptation process in humans', *Revista Brasileira de Hematologia e Hemoterapia*, 2011, 33, 55–64.

41. R. E. Howes et al., 'The global distribution of the Duffy blood group', *Nature Communications*, 2011, 2, 266.

42. 위와 동일

43. M. T. Hamblin and A. Di Rienzo, 'Detection of the signature of natural selection in humans: evidence from the Duffy blood group locus', *American Journal of Human Genetics*, 2000, 66, 1,669–79.

44. W. Liu et al., 'African origin of the malaria parasite Plasmodium vivax', *Nature Communications*, 2014, 5, 3,346.

45. F. Prugnolle et al., 'Diversity, host switching and evolution of *Plasmodium vivax* infecting African great apes', *Proceedings of the National Academy of Sciences of the USA*, 2013, 110, 8,123–8.

46. A. Demogines et al., 'Species-specific features of DARC, the primate receptor for Plasmodium vivax and Plasmodium knowlesi', *Molecular Biology and Evolution*, 2012, 29, 445–9.

47. A. Zijlstra and J.P. Quigley, 'The DARC side of metastasis: Shining a light on KAI1-mediated metastasis suppression in the vascular tunnel', *Cancer Cell*, 2006, 10, 177–8.

48. X.-F. Liu et al., 'Correlation between Duffy blood group phenotype and breast cancer incidence', *BMC Cancer*, 2012, 12, 374–9.

49. K. Horne and I.J. Woolley, 'Shedding light on DARC: the role of the Duffy antigen/receptor for chemokines in inflammation, infection and malignancy', *Inflammation Research*, 2009, 58, 431–5.

50. G. J. Kato et al., 'Sickle cell disease', *Nature Reviews Disease Primers*, 2018, 4, 18,010.

51. Centers for Disease Control and Prevention, 'Elimination of Malaria in the United States (1947–1951)', 2018, https://www.cdc.gov/malaria/about/history/elimination_us.html (accessed 6 July 2021).

52. Centers for Disease Control and Prevention, 'Malaria's Impact Worldwide', 2021, https://www.cdc.gov/malaria/malaria_worldwide/impact.html (accessed 6 July 2021).

53. M. Wadman, 'Malaria vaccine achieves striking early success', *Science*, 2021, 372, 448.

54. M. Scudellari, 'Self-destructing mosquitoes and sterilized rodents: the promise of gene drives', *Nature*, 2019, 571, 160–2.

55. S. James et al., 'Pathway to Deployment of Gene Drive Mosquitoes as a Potential Biocontrol Tool for Elimination of Malaria in Sub-Saharan Africa: Recommendations of a Scientific Working Group', *American Journal of Tropical Medicine and Hygiene* 2018, 98, 1–49.

56. E. Waltz, 'First genetically modified mosquitoes released in the United States', *Nature*, 2021, 593, 175–6.

57. R. G. A. Feachem et al., 'Malaria eradication within a generation: ambitious, achievable, and necessary', *The Lancet*, 2019, 394, 1,056–112.

10 마법의 탄환

1. R. Woods and P.R.A. Hinde, 'Mortality in Victorian England: Models and Patterns', *Journal of Interdisciplinary History*, 1987, 18, 27–54.

2. R. W. Fogel, *The Escape from Hunger and Premature Death, 1700–2100: Europe, America, and the Third World*, Cambridge University Press: Cambridge, 2004.

3. F. Bosch and L. Rosich, 'The contributions of Paul Ehrlich to pharmacology: A tribute on the occasion of the centenary of his Nobel Prize', *Pharmacology*, 2008, 82, 171–9.

4. S. Riethmiller, 'From Atoxyl to Salvarsan: Searching for the magic bullet', *Chemotherapy*, 2005, 51, 234–42.

5. F. R. Schaudinn and E. Hoffmann, 'Vorläufiger Bericht über das Vorkommen von Spirochaeten in syphilitischen Krankheitsprodukten und bei Papillomen' [Preliminary report on the occurrence of Spirochaetes in syphilitic chancres and papillomas], *Arbeiten aus dem Kaiserlichen Gesundheitsamte*, 1905, 22, 527–34.

6. 4와 동일

7. J. Mann, *The Elusive Magic Bullet: The Search for the Perfect Drug*, Oxford University Press: New York, 1999.

3부. 내가 먹는 것이 곧 내가 된다

1. E. Jenner, 'An Inquiry into the Causes and Effects of Variolae Vaccinae', Samuel Cooley, 1798.

11 헨젤과 그레텔

1. T. R. Malthus, 'An Essay on the Principle of Population As It Affects the Future Improvement of Society, with Remarks on the Speculations of Mr. Goodwin, M. Condorcet and Other Writers', 1st edn, J. Johnson in St. Paul's Churchyard: London, 1798.

2. G. Alfani and C. Ó Gráda, 'The timing and causes of famines in Europe', *Nature Sustainability*, 2018, 1, 283–8.

3. 위와 동일

4. 위와 동일

5. W. Rosen, *The Third Horseman: A Story of Weather, War, and the Famine History Forgot*, Penguin, 2015.

6. C. S. Witham and C. Oppenheimer, 'Mortality in England during the 1783–

4 Laki Craters eruption', *Bulletin of Volcanology*, 2004, 67, 15–26.

7. T. Thordarson and S. Self, 'The Laki (Skaftar-Fires) and Grimsvotn Eruptions in 1783–1785', *Bulletin of Volcanology*, 1993, 55, 233–63.

8. T. Thordarson and S. Self, 'Atmospheric and environmental effects of the 1783–1784 Laki eruption: A review and reassessment', *Journal of Geophysical Research: Atmospheres*, 2003, 108.

9. L. Oman et al., 'High-latitude eruptions cast shadow over the African monsoon and the flow of the Nile', *Geophysical Research Letters*, 2006, 33, L18711.

10. C. Ó Gráda, *Famine: A Short History*, Princeton University Press: Princeton, USA, 2009.

11. T. Vorstenbosch et al., 'Famine food of vegetal origin consumed in the Netherlands during World War II', *Journal of Ethnobiology and Ethnomedicine*, 2017, 13.

12. 위와 동일

13. W. W. Farris, *Japan to 1600: A Social and Economic History*, University of Hawaii Press, 2009.

14. J. Aberth, *From the Brink of the Apocalypse: Confronting Famine, War, Plague, and Death in the Later Middle Ages*, Routledge, 2000.

15. A. Keys et al., *The Biology of Human Starvation*, University of Minnesota Press, 1950.

16. L. M. Kalm and R.D. Semba, 'They Starved So That Others Be Better Fed: Remembering Ancel Keys and the Minnesota Experiment', *The Journal of Nutrition*, 2005, 135, 1,347–52.

17. 위와 동일

18. 11과 동일

19. D.R. Curtis and J. Dijkman, 'The escape from famine in the Northern

Netherlands: a reconsideration using the 1690s harvest failures and a broader Northwest European perspective', *The Seventeenth Century*, 2017, 1–30.

20. J. Hearfield, 'Roads in the 18th Century', 2012, http://www.johnhearfield.com/History/Roads.htm

21. Anon, 'Friendly advice to the industrious poor: Receipts for making soups', s.n.: England, 1790.

22. A. Smith, 'An Inquiry into the Nature and Causes of the Wealth of Nations', Strahan & Cadell: London, 1776.

23. A. Sen, *Poverty and Famines: An Essay on Entitlement and Depravation*, Oxford University Press: USA, 1990.

24. A. Sen, *Development as Freedom*, Alfred Knopf: New York, 1999.

25. 위와 동일

26. F. Burchi, 'Democracy, institutions and famines in developing and emerging countries', *Canadian Journal of Development Studies / Revue canadienne d'études du développement*, 2011, 32, 17–31.

27. 위와 동일

28. W. L. S. Churchill, in *The World Crisis*, New York Free Press, 1931, p. 686.

29. G. Kennedy, 'Intelligence and the Blockade, 1914–17: A Study in Administration, Friction and Command', *Intelligence and National Security*, 2007, 22, 699–721.

30. D. A. Janicki, 'The British Blockade During World War I: The Weapon of Deprivation', *Inquiries Journal/Student Pulse* [Online], 2014. http://www.inquiriesjournal.com/a?id=899 (accessed 11 May 2018).

31. I. Zweiniger-Bargielowska et al., *Food and War in Twentieth Century Europe*, Burlington: Ashgate Publishing Limited, 2001, p. 15.

32. I. Materna and W. Gottschalk, *Geschichte Berlins von den Anfängen bis*

1945, Dietz Verlag Berlin, 1987, p. 540.

33. W. Philpott, *War of Attrition: Fighting the First World War*, Overlook Press, 2014.

34. W. Van Der Kloot, 'Ernst Starling's Analysis of the Energy Balance of the German People During the Blockade 1914–1919', *Notes and Records of the Royal Society of London*, 2003, 57, 189–90.

35. H. Strachan, 'The First World War', in *The First World War*, Penguin: New York, 2005, p. 215.

36. C. P. Vincent, *The Politics of Hunger: The Allied Blockade of Germany, 1915–1919*, Ohio University Press, 1986.

37. L. Grebler, 'The Cost of the World War to Germany and Austria-Hungary', in *The Cost of the World War to Germany and Austria-Hungary*, Yale University Press, 1940, p. 78.

38. M. E. Cox, 'Hunger games: or how the Allied blockade in the First World War deprived German children of nutrition, and Allied food aid subsequently saved them', *Economic History Review*, 2015, 68, 600–31.

39. C. E. Strickland, 'American aid to Germany, 1919 to 1921', *Wisconsin Magazine of History*, 1962, 45, 256–70.

40. V. J. B. Martins et al., 'Long-Lasting Effects of Undernutrition', *International Journal of Environmental Research and Public Health*, 2011, 8, 1,817–46.

41. D. J. P. Barker, 'Maternal nutrition, fetal nutrition, and disease in later life', *Nutrition*, 1997, 13, 807–13.

42. C. Li and L. H. Lumey, 'Exposure to the Chinese famine of 1959–61 in early life and long-term health conditions: a systematic review and metaanalysis', *International Journal of Epidemiology*, 2017, 46, 1,157–70.

43. L. H. Lumey et al., 'Association between type 2 diabetes and prenatal exposure to the Ukraine famine of 1932–33: a retrospective cohort study',

Lancet Diabetes & Endocrinology, 2015, 3, 787–94.

44. L. H. Lumey et al., 'Prenatal Famine and Adult Health', in *Annual Review of Public Health*, Vol. 32, ed. J. E. Fielding, R.C. Brownson and L. W. Green, Annual Reviews: Palo Alto, 2011, pp. 237–62.

45. D. Wiesmann, 'A global hunger index: measurement concept, ranking of countries, and trends', *FCND discussion papers*, International Food Policy Research Institute (IFPRI), 2006, 212.

46. von Grebmer, K., J. Bernstein, C. Delgado, D. Smith, M. Wiemers, T. Schiffer, A. Hanano, O. Towey, R. Ni Chéilleachair, C. Foley, S. Gitter, K. Ekstrom, and H. Fritschel. 2021. "Figure 1: Global and Regional 2000, 2006, 2012, and 2021 Global Hunger Index scores, and their components." In 2021 Global Hunger Index Synopsis: Hunger and Food Systems in Conflict Settings. Bonn: Welthungerhilfe; Dublin: Concern Worldwide.

47. P. French, *North Korea: State of Paranoia*, Zed Books, 2014.

48. BBC News, 'North Korea hunger: Two in five undernourished, says UN', 2017, https://www.bbc.co.uk/news/world-asia-39349726 (accessed 6 July 2021).

49. NationMaster, 'Current military expenditures as an estimated percent of gross domestic product', 2007. https://www.nationmaster.com/country-info/stats/Military/Expenditures/Percent-of-GDP

50. A. Rice, 'The Peanut Solution', *New York Times Magazine*, 2010.

12 괴혈병에 대한 논문

1. R. W. Fogel, *The Escape from Hunger and Premature Death, 1700–2100: Europe, America, and the Third World*, Cambridge University Press: Cambridge, 2004.

2. 위와 동일

3. G. J. Mulder, 'Ueber die Zusammensetzung einiger thierischen Substanzen', *Journal für praktische Chemie*, 1839, 16, 129.

4. J. F. von Liebig and W. Gregory, *Researches on the chemistry of food, and the motion of the juices in the animal body*, Taylor & Wharton: London, 1848.

5. J. Sire de Joinville, *Histoire de Saint-Louis écrite par son compagnon d'armes le Sire de Joinville*, Paris, 2006.

6. W. Gratzer, *Terrors of the Table: The Curious History of Nutrition*, Oxford University Press: Oxford, 2005.

7. J. Lind, *A Treatise on the Scurvy in Three Parts*, Sands, Murray and Cochran for A. Kincaid and A. Donaldson: Edinburgh, 1753.

8. 위와 동일

9. 위와 동일

10. M. Bartholomew, 'James Lind's Treatise of the Scurvy (1753)', *Postgraduate Medical Journal*, 2002, 78, 695–6.

11. D. I. Harvie, *Limey: The Conquest of Scurvy*, Sutton Publishing: Stroud, 2002.

12. K. J. Carpenter, 'The Discovery of Vitamin C', *Annals of Nutrition&Metabolism*, 2012, 61, 259–64.

13. A. Cherry-Garrard, *The Worst Journey in the World*, Vintage: London, 2010.

14. K. J. Carpenter et al., 'Experiments That Changed Nutritional Thinking', *Nutrition*, 1997, 127, 1017S–1053S.

15. L. R. McDowell, *Vitamin History, the Early Years*, First Edition Design Publishing: Sarasota, FL, 2013.

16. Y. Sugiyama and A. Seita, 'Kanehiro Takaki and the control of beriberi in the Japanese Navy', *Journal of the Royal Society of Medicine*, 2013, 106, 332–4.

17. 12와 동일

18. A. Holst and T. Frolich, 'Experimental studies relating to ship-beri-beri and scurvy', *Journal of Hygiene*, 1907, 7, 634–71.

19. G. Drouin et al., 'The Genetics of Vitamin C Loss in Vertebrates', *Current Genomics*, 2011, 12, 371–8.

20. 15와 동일

21. World Health Organization, 'Investing in the future: A united call to action on vitamin and mineral deficiencies', 2009. https://www.who.int/vmnis/publications/investing_in_the_future.pdf (accessed 17 Sept 2021).

22. H. Ritchie and M. Roser, 'Micronutrient Deficiency', 2019. https://ourworldindata.org.

23. Centers for Disease Control and Prevention, 'Micronutrients', 2021, https://www.cdc.gov/nutrition/micronutrient-malnutrition/index.html (accessed 6 July 2021).

13 비너스의 몸

1. World Health Organization, 'Overweight and Obesity', 2019. https://www.who.int/gho/ncd/risk_factors/overweight/en/

2. M. Di Cesare et al., 'Trends in adult body-mass index in 200 countries from 1975 to 2014: a pooled analysis of 1698 population-based measurement studies with 19.2 million participants', *The Lancet*, 2016, 387, 1,377–96.

3. R. W. Fogel, *The Escape from Hunger and Premature Death, 1700–2100: Europe, America, and the Third World*, Cambridge University Press: Cambridge, 2004.

4. G. Eknoyan, 'A history of obesity, or how what was good became ugly and then bad', *Advances in Chronic Kidney Disease*, 2006, 13, 421–7.

5. C. Y. Ye et al., 'Decreased Bone Mineral Density Is an Independent

Predictor for the Development of Atherosclerosis: A Systematic Review and Meta-Analysis', *PLoS One*, 2016, 11.

6. 1과 동일

7. World Population Review, 'Kuwait Population 2019', 2019. http://worldpopulationreview.com/countries/kuwait-population (accessed 6 July 2021).

8. S. Al Sabah et al., 'Results from the first Kuwait National Bariatric Surgery Report', *BMC Surgery*, 2020, 20, 292.

9. H. Leow, 'Kuwait', 2019. https://www.everyculture.com/Ja-Ma/Kuwait.html.

10. World Health Organization, 'Obesity', 2021. https://www.who.int/topics/obesity/en/ (accessed 6 July 2021).

11. A. J. Zemski et al., 'Body composition characteristics of elite Australian rugby union athletes according to playing position and ethnicity', *Journal of Sports Sciences*, 2015, 33, 970–8.

12. A. J. Zemski et al., 'Differences in visceral adipose tissue and biochemical cardiometabolic risk markers in elite rugby union athletes of Caucasian and Polynesian descent', *European Journal of Sport Science*, 2020, 20, 691–702.

13. J. S. Friedlaender et al., 'The genetic structure of Pacific islanders', *PLoS Genetics*, 2008, 4.

14. J. M. Diamond, 'The double puzzle of diabetes', *Nature*, 2003, 423, 599–602.

15. J. V. Neel, 'Diabetes Mellitus – A Thrifty Genotype Rendered Detrimental by Progress', *American Journal of Human Genetics*, 1962, 14, 353–362.

16. J. R. Speakman, 'Thrifty genes for obesity, an attractive but flawed idea, and an alternative perspective: the "drifty gene" hypothesis', *International Journal of Obesity*, 2008, 32, 1,611–17.

17. A. Qasim et al., 'On the origin of obesity: identifying the biological, environmental and cultural drivers of genetic risk among human populations', *Obesity Reviews*, 2018, 19, 121–49.

18. R. L. Minster et al., 'A thrifty variant in CREBRF strongly influences body mass index in Samoans', *Nature Genetics*, 2016, 48, 1,049–54.

19. D. Hart and R.W. Sussman, 'Man the Hunted: Primates, Predators, and Human Evolution', Westview Press: Boulder, CO, 2002.

20. Minstero Della Cultura, 'Neanderthal, dalla Grotta Guattari al Circeo nuove incredibili scoperte', 2021. https://cultura.gov.it/neanderthal (accessed 17 May 2021).

21. 16과 동일

22. M. Pigeyre et al., 'Recent progress in genetics, epigenetics and metagenomics unveils the pathophysiology of human obesity', *Clinical Science*, 2016, 130, 943–86.

23. C. W. Kuzawa, 'Adipose tissue in human infancy and childhood: An evolutionary perspective', in *Yearbook of Physical Anthropology*, Vol. 41, ed. C. Ruff, 1998, Wiley-Liss, Inc: New York, 1998, pp. 177–209.

24. C. M. Kitahara et al., 'Association between Class III Obesity (BMI of 40–59 kg/m(2)) and Mortality: A Pooled Analysis of 20 Prospective Studies', *Plos Medicine*, 2014, 11.

25. B. Lauby-Secretan et al., 'Body Fatness and Cancer–Viewpoint of the IARC Working Group', *New England Journal of Medicine*, 2016, 375, 794–8.

26. C. P. Kovesdy et al., 'Obesity and Kidney Disease: Hidden Consequences of the Epidemic', *Canadian Journal of Kidney Health and Disease*, 2017, 4, 2054358117698669-2054358117698669.

27. W. L. Xu et al., 'Midlife overweight and obesity increase late-life dementia risk: A population-based twin study', *Neurology*, 2011, 76, 1,568–74.

28. N. H. Lents, 'Maladaptive By-Product Hypothesis', *in Encyclopedia of Evolutionary Psychological Science*, ed. T.K. Shackelford and V.A. Weekes-Shackelford, Springer International Publishing: Cham, Switzerland, 2019, pp. 1–6.

29. P. A. S. Breslin, 'An Evolutionary Perspective on Food and Human Taste', *Current Biology*, 2013, 23, R409–R418.

30. P. L. Balaresque et al., 'Challenges in human genetic diversity: demographic history and adaptation', *Human Molecular Genetics*, 2007, 16, R134–R139.

31. E. McFadden et al., 'The Relationship Between Obesity and Exposure to Light at Night: Cross-Sectional Analyses of Over 100,000 Women in the Breakthrough Generations Study', *American Journal of Epidemiology*, 2014, 180, 245–50.

32. J. Theorell-Haglow et al., 'Both habitual short sleepers and long sleepers are at greater risk of obesity: a population-based 10-year follow-up in women', *Sleep Medicine*, 2014, 15, 1204–11.

33. J. Wheelwright, 'From Diabetes to Athlete's Foot, Our Bodies Are Maladapted for Modern Life', 2015. https://www.discovermagazine.com/the-sciences/from-diabetes-to-athletes-foot-our-bodies-aremaladapted-for-modern-life (accessed 6 July 2021).

34. New England Centenarian Study, 'Why Study Centenarians? An Overview', 2019. https://www.bumc.bu.edu/centenarian/overview/ (accessed 6 July 2021).

35. B. J. Willcox et al., 'Demographic, phenotypic, and genetic characteristics of centenarians in Okinawa and Japan: Part 1–centenarians in Okinawa', *Mechanisms of Ageing and Development*, 2017, 165, 75–9.

36. Okinawa Research Center for Longevity Science, 'The Okinawa Centenarian Study', 2019. https://www.orcls.net/ocs/

37. B. Schumacher et al., 'The central role of DNA damage in the ageing process', *Nature*, 2021, 592, 695–703.

38. B. J. Willcox et al., 'Caloric restriction, the traditional Okinawan diet, and healthy aging – The diet of the world's longest-lived people and its potential impact on morbidity and life span', in *Healthy Aging and Longevity*, Vol. 1,114, ed. N. J. Weller and S. I. S. Rattan, Wiley-Blackwell: Malden, 2007, pp. 434–55.

39. L. Fontana et al., 'Extending Healthy Life Span – From Yeast to Humans', *Science*, 2010, 328, 321–6.

40. S. Z. Yanovski and J.A. Yanovski, 'Long-term Drug Treatment for Obesity: A Systematic and Clinical Review', *Journal of the American Medical Association*, 2014, 311, 74–86.

41. National Institute of Diabetes and Digestive and Kidney Diseases, 'Prescription Medications to Treat Overweight and Obesity', 2021. https://www.niddk.nih.gov/healthinformation/weight-management/prescription-medications-treatoverweight-obesity (accessed 17 February 2021).

42. J. P. H. Wilding et al., 'Once-Weekly Semaglutide in Adults with Overweight or Obesity', *New England Journal of Medicine*, 2021.

4부. 치명적인 유산

1. L. Pasteur, 'Germ Theory and Its Applications to Medicine and Surgery', *Comptes Rendus de l' Academie des Sciences* 1878, 86, 1037–1043.

14 우디 거스리와 베네수엘라의 금발 천사

1. A. Lange and G.B. Müller, 'Polydactyly in Development, Inheritance, and

Evolution', *Quarterly Review of Biology*, 2017, 92, 1–38.

2. J. Klein, *Woody Guthrie: A Life*, Dell Publishing/Random House, Inc.: New York, 1980.

3. Woody Guthrie, 'This Land is Your Land', 1944, https://www.youtube.com/ watch?v=wxiMrvDbq3s (accessed 6 July 2021).

4. K. B. Bhattacharyya, 'The story of George Huntington and his disease', *Annals of Indian Academy of Neurology*, 2016, 19, 25–8.

5. G. Huntington 'On Chorea', *Medical and Surgical Reporter of Philadelphia*, 1872, 26, 317–21.

6. J. Huddleston and E.E. Eichler, 'An Incomplete Understanding of Human Genetic Variation', *Genetics*, 2016, 202, 1,251–4.

7. Genomes Project Consortium, 'A global reference for human genetic variation', *Nature*, 2015, 526, 68–74.

8. G. Mendel, 'Versuche über Pflanzenhybriden', *Verhandlungen des naturforschenden Vereines in Brünn*, 1866, IV, 3–47.

9. R. Marantz Henig, *The Monk in the Garden: The Lost and Found Genius of Gregor Mendel, the Father of Genetics*, Houghton Mifflin: Boston, 2001.

10. E.W. Crow and J.F. Crow, '100 Years Ago: Walter Sutton and the Chromosome Theory of Heredity', *Genetics*, 2002, 160, 1–4.

11. C. D. Darlington, 'Meiosis in perspective', *Philosophical Transactions of the Royal Society of London*, 1977, B277, 185–9.

12. N.S. Wexler, 'Huntington's Disease: Advocacy Driving Science', in *Annual Review of Medicine*, Vol. 63, ed. C.T. Caskey, C.P. Austin and J.A. Hoxie, 2012, pp. 1–22.

13. J.F. Gusella et al., 'A Polymorphic DNA Marker Genetically Linked to Huntington's Disease', *Nature*, 1983, 306, 234–8.

14. 12와 동일

15. F. Saudou and S. Humbert, 'The Biology of Huntingtin', *Neuron*, 2016, 89, 910–26.

16. H. Paulson, 'Repeat expansion diseases', *Handbook of clinical neurology*, 2018, 147, 105–23.

17. M. Jimenez-Sanchez et al., 'Huntington's Disease: Mechanisms of Pathogenesis and Therapeutic Strategies', *Cold Spring Harbor Perspectives in Medicine*, 2017, 7.

18. I. Ionis Pharmaceuticals, 'Ionis Pharmaceuticals Licenses IONIS-HTT Rx to Partner Following Successful Phase 1/2a Study in Patients with Huntington's Disease', 2017. http://ir.ionispharma.com/news-releases/news-release-details/ionis-pharmaceuticals-licenses-ionis-htt-rxpartner-following (accessed 6 July 2021).

19. D. Kwon, 'Failure of genetic therapies for Huntington's devastates community', *Nature*, 2021, 180, 593.

20. Z. Li et al., 'Allele-selective lowering of mutant HTT protein by HTT–LC3 linker compounds', *Nature*, 2019, 575, 203–9.

21. D. Grady, 'Haunted by a Gene', New York Times [Online], 2020. https://www.nytimes.com/2020/03/10/health/huntingtons-disease-wexler.html

15 왕의 딸들

1. Genetics Home Reference, 'Fumarase deficiency', 2020. https://ghr.nlm.nih.gov/condition/fumarase-deficiency (accessed 6 July 2021).

2. J. Dougherty, 'Forbidden Fruit', *Phoenix New Times* [Online], 2005. https://www.phoenixnewtimes.com/news/forbidden-fruit-6438448.

3. 위와 동일

4. M. Oswaks, 'Tiny Tombstones: Inside the FLDS Graveyard for Babies Born from Incest', *Vice.com* [Online], 2016. https://www.vice.com/en_us/article/

qkgymp/tiny-tombstones-inside-the-flds-graveyard-forbabies-born-from-incest (accessed 17 Sept 2021).

5. 2와 동일

6. R. Sanchez, 'Fort Knox has nothing on polygamist compound', *Anderson Cooper Blog 360°* [Online], 2006. http://edition.cnn.com/CNN/Programs/anderson.cooper.360/blog/2006/05/fort-knox-has-nothingon-polygamist.html (accessed 17 Sept 2021).

7. J. Hollenhorst, 'Sex banned until Warren Jeffs' prison walls crumble, FLDS relatives say', 2011. https://www.deseret.com/2011/12/30/20391030/sex-ban ned-until-warren-jeffs-prison-walls-crumble-fl ds-relatives-say (accessed 5 July 2021).

8. T. K. Danovich, 'The Forest Hidden Behind the Canyons', 2019. https://www.theringer.com/2019/6/24/18692816/fl ds-short-creek-polygamyfeature (accessed 5 July 2021).

9. L. Yengo et al., 'Extreme inbreeding in a European ancestry sample from the contemporary UK population', *Nature Communications*, 2019, 10.

10. H. Hamamy, 'Consanguineous marriages: Preconception consultation in primary health care settings', *Journal of Community Genetics*, 2012, 3, 185–92.

11. N. Al-Dewik et al., 'Clinical genetics and genomic medicine in Qatar', *Molecular Genetics and Genomic Medicine*, 2018, 6, 702–12.

12. P. K. Joshi et al., 'Directional dominance on stature and cognition in diverse human populations', *Nature*, 2015, 523, 459–462.

13. C. R. Scriver, 'Human genetics: Lessons from Quebec populations', *Annual Review of Genomics and Human Genetics*, 2001, 2, 69–101.

14. A. M. Laberge et al., 'A "Fille du Roy" introduced the T14484C Leber hereditary optic neuropathy mutation in French Canadians', *American*

Journal of Human Genetics, 2005, 77, 313–17.

15. N. J. R. Fagundes et al., 'How strong was the bottleneck associated to the peopling of the Americas? New insights from multilocus sequence data', *Genetics and Molecular Biology*, 2018, 41, 206–14.

16. M. N. Leathlobhair et al., 'The evolutionary history of dogs in the Americas', *Science*, 2018, 361, 81–5 Genetics Home Reference, 'Fumarase deficiency', 2020. https://ghr.nlm.nih.gov/condition/fumarase-deficiency (accessed 6 July 2021).

17. Z. Y. Gao et al., 'An Estimate of the Average Number of Recessive Lethal Mutations Carried by Humans', *Genetics*, 2015, 199, 1,243–54.

18. V. Grech et al., 'Unexplained differences in sex ratios at birth in Europe and North America', *British Medical Journal*, 2002, 324, 1,010–11.

19. E. I. Rogaev et al., 'Genotype Analysis Identifies the Cause of the "Royal Disease"', *Science*, 2009, 326, 817.

20. S. M. Carr, 'Hemophilia in Victoria pedigree', 2012. https://www.mun.ca/biology/scarr/Hemophilia_in_Victoria_pedigree.jpg (accessed 27 May 2020).

21. E. I. Rogaev et al., 'Genomic identification in the historical case of the Nicholas II royal family', *Proceedings of the National Academy of Sciences of the USA*, 2009, 106, 5,258–63.

22. 위와 동일

16 아우구스테 D의 뇌

1. K. Maurer et al., 'Auguste D and Alzheimer's disease', *The Lancet*, 1997, 349, 1,546–9.

2. T. G. Beach, 'The History of Alzheimer's Disease – 3 Debates', *Journal of the History of Medicine and Allied Sciences*, 1987, 42, 327–49.

3. 위와 동일

4. R. Katzman, 'Prevalence and Malignancy of Alzheimer Disease–A Major Killer', *Archives of Neurology*, 1976, 33, 217–18.

5. R. H. Swerdlow, 'Pathogenesis of Alzheimer's disease', *Clinical Interventions in Aging*, 2007, 2, 347–59.

6. G. G. Glenner and C.W. Wong, 'Alzheimer's disease: Initial report of the purification and characterization of a novel cerebrovascular amyloid protein', *Biochemical and Biophysical Research Communications*, 1984, 120, 885–90.

7. S. N. Chen and G. Parmigiani, 'Meta-analysis of BRCA1 and BRCA2 penetrance', *Journal of Clinical Oncology*, 2007, 25, 1,329–33.

8. M. N. Braskie et al., 'Common Alzheimer's Disease Risk Variant within the CLU Gene Affects White Matter Microstructure in Young Adults', *Journal of Neuroscience*, 2011, 31, 6,764–70.

9. C. C. Liu et al., 'Apolipoprotein E and Alzheimer disease: risk, mechanisms and therapy', *Nature Reviews Neurology*, 2013, 9, 106–18.

10. C. J. Smith et al., 'Putative Survival Advantages in Young Apolipoprotein ε4 Carriers are Associated with Increased Neural Stress', *Journal of Alzheimer's Disease*, 2019, 68, 885–923.

11. M. Wadman, 'James Watson's genome sequenced at high speed', *Nature*, 2008, 452, 788.

12. K. A. Wetterstrand, 'The Cost of Sequencing a Human Genome', 2020. https://www.genome.gov/about-genomics/fact-sheets/Sequencing-Human-Genome-cost (accessed 6 July 2021).

13. M. J. Owen et al., 'Rapid Sequencing-Based Diagnosis of Thiamine Metabolism Dysfunction Syndrome', *New England Journal of Medicine*, 2021, 384, 2,159–61.

14. D. Dimmock et al., 'Project Baby Bear: Rapid precision care incorporating

rWGS in 5 California children's hospitals demonstrates improved clinical outcomes and reduced costs of care', *American Journal of Human Genetics*, 2021, 108, 1231–1238.

15. Human Fertilisation and Embryology Authority, 'Pre-implantation genetic diagnosis (PGD)', 2019. https://www.hfea.gov.uk/treatments/embryo-testing-and-treatments-for-disease/pre-implantation-genetictesting-for-monogenic-disorders-pgt-m/ (accessed 6 July 2021).

16. T. Jonsson et al., 'A mutation in APP protects against Alzheimer's disease and age-related cognitive decline', *Nature*, 2012, 488, 96–9.

17. L. S. Wang et al., 'Rarity of the Alzheimer Disease-Protective APP A673T Variant in the United States', *JAMA Neurology*, 2015, 72, 209–16.

18. S. J. van der Lee et al., 'A nonsynonymous mutation in PLCG2 reduces the risk of Alzheimer's disease, dementia with Lewy bodies and frontotemporal dementia, and increases the likelihood of longevity', *Acta Neuropathologica*, 2019, 138, 237–50.

19. E. Evangelou et al., 'Genetic analysis of over 1 million people identifies 535 new loci associated with blood pressure traits', *Nature Genetics*, 2018, 50, 1,412–25.

20. R. Ray et al., 'Nicotine Dependence Pharmacogenetics: Role of Genetic Variation in Nicotine-Metabolizing Enzymes', *Journal of Neurogenetics*, 2009, 23, 252–61.

21. G. Alanis-Lobato et al., 'Frequent loss-of-heterozygosity in CRISPRCas9-edited early human embryos', *Proceedings of the National Academy of Sciences*, 2021, 202004832.

22. D. Cyranoski, 'Russian "CRISPR-baby" scientist has started editing genes in human eggs with goal of altering deaf gene', *Nature*, 2019, 574, 465–6.

23. R. Stein, 'Gene-Edited "Supercells" Make Progress In Fight Against Sickle

Cell Disease', *Shots: Health News from NPR* [Online], 2019. https://www.npr.org/sections/health-shots/2019/11/19/780510277/geneedited-supercells-make-progress-in-fight-against-sickle-cell-disease.

24. McKusick-Nathans Institute of Genetic Medicine, 'Online Mendelian Inheritance in Man, OMIM®', 2021. https://www.omim.org (accessed 6 July 2021).

25. L. Yengo et al., 'Meta-analysis of genome-wide association studies for height and body mass index in ~700,000 individuals of European ancestry', *Human Molecular Genetics* 2018, 27, 3,641–9.

26. J. E. Savage et al., 'Genome-wide association meta-analysis in 269,867 individuals identifies new genetic and functional links to intelligence', *Nature Genetics*, 2018, 50, 912–19.

17 출생 전 사망

1. J.L.H. Down, 'Observations on an ethnic classification of idiots', *Clinical Lecture Reports, London Hospital*, 1866, 3, 259–62.

2. N. Howard-Jones, 'On the diagnostic term "Down's disease"', *Medical History*, 1979, 23, 102–4.

3. G. Allen et al., '"MONGOLISM" ', *The Lancet*, 1961, 277, 775.

4. T. Cavazza et al., 'Parental genome unification is highly error-prone in mammalian embryos', *Cell*, 2021, 2,860–77.

5. P. Cerruti Mainardi, 'Cri du Chat syndrome', Orphanet Journal of Rare Diseases, 2006, 1, 33.

6. Five P-Society, 'Five P-Society Home Page', 2020. https://fivepminus.org (accessed 6 July 2021).

7. M. Medina et al., 'Hemizygosity of delta-catenin (CTNND2) is associated with severe mental retardation in cri-du-chat syndrome', *Genomics*, 2000,

63, 157–64.

8. K. Bender, 'Cri du Chat Syndrome (Cry of the Cat)', 2009. http://ji-criduchat.
blogspot.com/ (accessed 5 July 2021).

9. K. Oktay et al., 'Fertility Preservation in Women with Turner Syndrome:
A Comprehensive Review and Practical Guidelines', *Journal of Pediatric
and Adolescent Gynecology*, 2016, 29, 409–16.

5부. 나쁜 행동

1. Martin Luther King, *Stride Toward Freedom: The Montgomery Story*,
Harper & Brothers: New York, 1958.

18 살인하지 말지어다

1. 'In Africa: The role of East Africa in the evolution of human diversity',
2021. http://in-africa.org/in-africa-project/ (accessed 6 July 2021).

2. M. M. Lahr et al., 'Inter-group violence among early Holocene hunter-
gatherers of West Turkana, Kenya', *Nature*, 2016, 529, 394.

3. M. M. Lahr, 'Finding a hunter-gatherer massacre scene that may
change history of human warfare', 2016. https://theconversation.com/
findinga-hunter-gatherer-massacre-scene-that-ay-change-history-of-
humanwarfare-53397 (accessed 6 July 2021).

4. C. Boehm, *Moral Origins: The Evolution of Virtue, Altruism, and Shame*,
Basic Books: New York, 2012.

5. 위와 동일

6. L. H. Keeley, *War Before Civilization: The Myth of the Peaceful Savage*,
Oxford University Press: Oxford, 1997.

7. M. Roser, 'Ethnographic and Archaeological Evidence on Violent Deaths', 2013. https://ourworldindata.org/ethnographic-and-archaeologicalevidence-on-violent-deaths (accessed 6 July 2021).

8. D. P. Fry and P. Soderberg, 'Lethal Aggression in Mobile Forager Bands and Implications for the Origins of War', *Science*, 2013, 341, 270–3.

9. J. M. Diamond, 'A Longer Chapter, About Many Wars', in *The World Until Yesterday*, Penguin: London, 2012, pp. 129–70.

10. L. W. King, 'The Code of Hammurabi', 2008. http://avalon.law.yale.edu/ancient/hamframe.asp (accessed 6 July 2021).

11. T. Delany, *Social Deviance*, Rowman & Littlefield: Lanham, Maryland, 2017.

12. 위와 동일

13. T. Hobbes, *Leviathan*, 1651.

14. M. K. E. Weber, 'Politik als Beruf', in *Gesammelte Politische Schriften*, Duncker & Humblot: München, 1921, pp. 396–450.

15. J.-J. Rousseau, *The Social Contract*, Penguin: London, 1968.

16. C. Tilly, *Coercion, Capital, and European States, ad 990–1992*, Basil Blackwell: Cambridge, MA, 1992.

17. L. Wade, 'Feeding the gods: Hundreds of skulls reveal massive scale of human sacrifice in Aztec capital', *Science*, 2018, 360, 1,288–92.

18. The World Bank, 'Intentional homicides (per 100,000 people)', 2016. https://data.worldbank.org/indicator/vc.ihr.psrc.p5

19. M. Kaldor, *New and Old Wars: Organized Violence in a Global Era*, Polity Press: Cambridge, 2012.

20. World Health Organization, 'Suicide rate estimates, age-standardized Estimates by country', 2021. https://apps.who.int/gho/data/node.main. MHSUICIDEASDR?lang=en (accessed 6 July 2021).

21. World Health Organization, 'Suicide', 2021, https://www.who.int/news-room/fact-sheets/detail/suicide, (accessed 6 July 2021).

22. R. H. Seiden, 'Where are they now? A follow-up study of suicide attempters from the Golden Gate Bridge', *Suicide and Life-Threatening Behavior*, 1978, 8, 203–16.

23. 위와 동일

24. Samaritans, 'Our History', 2019. https://www.samaritans.org/aboutsamaritans/our-history/ (accessed 6 July 2021).

25. 'Rev. Dr Chad Varah Obituary', *Guardian*, 8 November 2007.

26. Science Museum, 'Telephones Save Lives: The History of the Samaritans', 2018. https://www.sciencemuseum.org.uk/objects-and-stories/telephonessave-lives-history-samaritans

19 알코올과 중독

1. M. Moreton, 'The Death of the Russian Village', 2012. https://www.opendemocracy.net/en/odr/death-of-russian-village/ (accessed 7 July 2012).

2. D. Zaridze et al., 'Alcohol and mortality in Russia: prospective observational study of 151,000 adults', *Lancet*, 2014, 383, 1,465–73.

3. L. Harding, 'No country for old men', *Guardian*, 11 February 2008.

4. P. McGovern et al., 'Early Neolithic wine of Georgia in the South Caucasus', *Proceedings of the National Academy of Sciences*, 2017, 114, E10309–E10318.

5. A. G. Reynolds, 'The Grapevine, Viticulture, and Winemaking: A Brief Introduction', in *Grapevine Viruses: Molecular Biology, Diagnostics and Management*, ed. B. Meng, G. Martelli, D. Golino and M. Fuchs, Springer: Cham, Switzerland, 2017.

6. D. Tanasia et al., '1H-1H NMR 2D-TOCSY, ATR FT-IR and SEM-EDX for

the identification of organic residues on Sicilian prehistoric pottery', *Microchemical Journal* 2017, 135, 140–7.

7. H. Barnard et al., 'Chemical evidence for wine production around 4000 BCE in the Late Chalcolithic Near Eastern highlands', *Journal of Archaeological Science*, 2011, 38, 977–84.

8. M. Cartwright, 'Wine in the Ancient Mediterranean', *Ancient History Encyclopedia* [Online], 2016. https://www.ancient.eu/article/944/

9. H. Li et al., 'The worlds of wine: Old, new and ancient', *Wine Economics and Policy*, 2018, 7, 178–82.

10. L. Liu et al., 'Fermented beverage and food storage in 13,000 y-old stone mortars at Raqefet Cave, Israel: Investigating Natufian ritual feasting', *Journal of Archaeological Science: Reports*, 2018, 21, 783–93.

11. J. J. Mark, 'Beer', *Ancient History Encyclopedia* [Online], 2018. https://www.ancient.eu/Beer/

12. M. Denny, *Froth! The Science of Beer*, Johns Hopkins University Press: 2009.

13. Tacitus, *Annals*, New English Library, 1966, p. 19.

14. Velleius Paterculus, *Compendium of Roman History: Res Gestae Divi Augusti*, Vol. II, Loeb, 1924, p. 118.

15. World Population Review, 'Beer Consumption by Country 2020', 2020. https://worldpopulationreview.com/countries/beer-consumption-bycountry/ (accessed April 2020).

16. N. McCarthy, 'Which Countries Drink the Most Wine?', 2020. https://www.statista.com/chart/6402/which-countries-drink-the-most-wine/ (accessed April 2020).

17. J. Conway, 'Global consumption of distilled spirits worldwide by country 2015', 2018, (accessed April 2020).

18. A. Nemtsov, *A Contemporary History of Alcohol in Russia*, Södertörn University: Sweden, 2011.

19. S. Sebag Montefiore, *Stalin: The Court of the Red Tsar*, Orion Publishing Co.: London, 2003.

20. Z. Medvedev, 'Russians dying for a drink', *Times Higher Education*, 1996. https://www.timeshighereducation.com/news/russians-dying-for-a-drink/99996.article (accessed 17 Sept 2019).

21. World Health Organization, 'Alcohol Consumption 2014'. https://www.who.int/substance_abuse/publications/global_alcohol_report/msb_gsr_2014_3.pdf

22. M. A. Carrigan et al., 'Hominids adapted to metabolize ethanol long before human-directed fermentation', *Proceedings of the National Academy of Sciences of the USA*, 2015, 112, 458–63.

23. H.J. Edenberg, 'The genetics of alcohol metabolism–Role of alcohol dehydrogenase and aldehyde dehydrogenase variants', *Alcohol Research & Health*, 2007, 30, 5–13.

24. T. V. Morozova et al., 'Genetics and genomics of alcohol sensitivity', *Molecular Genetics and Genomics*, 2014, 289, 253–69.

25. Mayo Clinic Staff, 'Alcohol: Weighing risks and potential benefits', 2018. https://www.mayoclinic.org/healthy-lifestyle/nutrition-and-healthyeating/in-depth/alcohol/art-20044551 (accessed 7 July 2021).

26. T. Marugame et al., 'Patterns of alcohol drinking and all-cause mortality: Results from a large-scale population-based cohort study in Japan', *American Journal of Epidemiology*, 2007, 165, 1,039–46.

27. Alzforum, 'AlzRisk Risk Factor Overview. Alcohol', 2013. http://www.alzrisk.org/riskfactorview.aspx?rfi d=12 (accessed 7 July 2021).

28. J. Case, 'Hubris and the Serpent: The Truth About Rattlesnake Bite Victims',

2019. https://www.territorysupply.com/hubris-truth-aboutrattlesnake-bite-victims (accessed 7 July 2021).

29. J.P. Bohnsack et al., 'The lncRNA BDNF-AS is an epigenetic regulator in the human amygdala in early onset alcohol use disorders', *Alcoholism: Clinical and Experimental Research*, 2018, 42, 86A.

30. National Cancer Institute, 'Alcohol and Cancer Risk', 2018. https://www.cancer.gov/about-cancer/causes-prevention/risk/alcohol/alcoholfact-sheet (accessed 7 July 2021).

31. World Health Organization, 'Global action plan on alcohol: 1st draft', 2021. https://www.who.int/substance_abuse/facts/alcohol/en (accessed 7 July 2021).

32. M. G. Griswold et al., 'Alcohol use and burden for 195 countries and territories, 1990–2016: a systematic analysis for the Global Burden of Disease Study 2016', *Lancet*, 2018, 392, 1,015–35.

33. G. Maté, *In the Realm of Hungry Ghosts*, Vermilion: London, 2010.

34. HelpGuide, 'Understanding Addiction', 2021. https://www.helpguide.org/harvard/how-addiction-hijacks-the-brain.htm (accessed 7 July 2021).

35. R. A. Wise and M.A. Robble, 'Dopamine and Addiction', *Annual Review of Psychology*, 2020, 71, 79–106.

36. D. J. Nutt et al., 'The dopamine theory of addiction: 40 years of highs and lows', *Nature Reviews Neuroscience*, 2015, 16, 305–12.

37. J. M. Mitchell et al., 'Alcohol consumption induces endogenous opioid release in the human orbitofrontal cortex and nucleus accumbens', *Science Translational Medicine*, 2012, 4, 116ra6.

38. 33과 동일

39. C. M. Anderson et al., 'Abnormal T2 relaxation time in the cerebellar vermis of adults sexually abused in childhood: potential role of the vermis in stress-enhanced risk for drug abuse', *Psychoneuroendocrinology*, 2002, 27, 231–44.

40. S. Levine and H. Ursin, 'What is Stress?', in *Stress, Neurobiology and Neuroendocrinology*, ed. M.R. Brown, C. Rivier and G. Koob, Marcel Decker: New York, 1991, pp. 3–21.

41. H. Ritchie and M. Roser, 'Drug Use', 2019. https://ourworldindata.org/drug-use (accessed 15 May 2021).

42. D. J. Nutt et al., 'Drug harms in the UK: a multicriteria decision analysis', *Lancet*, 2010, 376, 1,558–65.

43. 위와 동일

44. K. Kupferschmidt, 'The Dangerous Professor', *Science*, 2014, 343, 478–81.

45. A. Travis, 'Alcohol worse than ecstasy – drugs chief', *Guardian*, 29 October 2009.

46. M. Tran, 'Government drug adviser David Nutt sacked', *Guardian*, 30 October 2009.

20 고약한 검은 연기

1. C. C. Mann, 1493: *Uncovering the New World Columbus Created*, Knopf: New York, 2011.

2. L. Newman et al., 'Global Estimates of the Prevalence and Incidence of Four Curable Sexually Transmitted Infections in 2012 Based on Systematic Review and Global Reporting', *PLoS One*, 2015, 10.

3. R. Lozano et al., 'Global and regional mortality from 235 causes of death for 20 age groups in 1990 and 2010: a systematic analysis for the Global Burden of Disease Study 2010', *Lancet*, 2012, 380, 2,095–128.

4. R. S. Lewis and J.S. Nicholson, 'Aspects of the evolution of Nicotiana tabacum L. and the status of the United States Nicotiana Germplasm

Collection', *Genetic Resources and Crop Evolution*, 2007, 54, 727–40.

5. S. J. Henley et al., 'Association between exclusive pipe smoking and mortality from cancer and other diseases', *JNCI: Journal of the National Cancer Institute*, 2004, 96, 853–61.

6. M. C. Stöppler and C.P. Davis, 'Chewing Tobacco (Smokeless Tobacco, Snuff) Center', *MedicineNet* [Online], 2019. https://www.medicinenet.com/smokeless_tobacco/article.htm

7. CompaniesHistory.com, 'British American Tobacco', 2021. https://www.companieshistory.com/british-american-tobacco/ (accessed 7 July 2021).

8. M. Hilton, *Smoking in British Popular Culture 1800–2000*, Manchester University Press: Manchester, UK, 2000, pp. 1–2.

9. P. M. Fischer et al., 'Brand Logo Recognition by Children Aged 3 to 6 Years – Mickey Mouse and Old Joe the Camel', *JAMA: Journal of the American Medical Association*, 1991, 266, 3,145–8.

10. Associated Press, 'Reynolds will pay $10 million in Joe Camel lawsuit', 1997. https://usatoday30.usatoday.com/news/smoke/smoke50.htm (accessed 7 July 2021).

11. S. Elliott, 'Joe Camel, a Giant in Tobacco Marketing, Is Dead at 23', *New York Times*, 11 July 1997.

12. I. Gately, *Tobacco: A Cultural History of How an Exotic Plant Seduced Civilization*, Grove Press: New York, 2001.

13. J. A. Dani and D.J.K. Balfour, 'Historical and current perspective on tobacco use and nicotine addiction', *Trends in Neurosciences*, 2011, 34, 383–92.

14. N. L. Benowitz, 'Nicotine Addiction', *New England Journal of Medicine*, 2010, 362, 2,295–303.

15. R. Ray et al., 'Nicotine Dependence Pharmacogenetics: Role of Genetic Variation in Nicotine-Metabolizing Enzymes', *Journal of Neurogenetics*,

2009, 23, 252–61

16. N. Monardes, *Medicinall historie of things brought from the West Indies*, London, 1580.

17. G. Everard, *Panacea; or the universal medicine, being a discovery of the wonderfull vertues of tobacco*, London, 1659.

18. E. Duncon, *Rules for the preservation of health*, London, 1606.

19. T. Venner, *A briefe and accurate treatise concerning the taking of tobacco*, London, 1637.

20. J. Lizars, *Practical observations on the use and abuse of tobacco*, Edinburgh, 1868.

21. M. Jackson, '"Divine stramonium": the rise and fall of smoking for asthma', *Medical History*, 2010, 54, 171–94.

22. R. Doll and A. Bradford Hill, 'The Mortality of Doctors in Relation to their Smoking Habits: A Preliminary Report', *British Medical Journal*, 1952, 1, 1,451–5.

23. G. P. Pfeifer et al., 'Tobacco smoke carcinogens, DNA damage and p53 mutations in smoking-associated cancers', *Oncogene* 2002, 21, 7,435–51.

24. R. Doll and A. Bradford Hill, 'Smoking and Carcinoma of the Lung– Preliminary Report', *British Medical Journal* 1950, 2, 739–48.

25. D. Wootton, *Bad Medicine: Doctors Doing Harm Since Hippocrates*, Oxford University Press: 2007, p. 127.

26. A. J. Alberg et al., 'The 2014 Surgeon General's Report: Commemorating the 50th Anniversary of the 1964 Report of the Advisory Committee to the US Surgeon General and Updating the Evidence on the Health Consequences of Cigarette Smoking', *American Journal of Epidemiology*, 2014, 179, 403–12.

27. C. Bates and A. Rowell, 'Tobacco Explained: The truth about the tobacco

industry… in its own words', Center for Tobacco Control Research and Education, UC San Francisco: 2004.

28. World Health Organization, 'Prevalence of Tobacco Smoking', 2016. http://gamapserver.who.int/gho/interactive_charts/tobacco/use/atlas.html (accessed 7 July 2021).

29. World Health Organization, 'Tobacco', 2021. https://www.who.int/health-topics/tobacco#tab=tab_1 (accessed 7 July 2021).

30. 27과 동일

31. G. Iacobucci, 'BMA annual meeting: doctors vote to ban sale of tobacco to anyone born after 2000', *British Medical Journal*, 2014, 348.

21 어떤 속도에서도 안전하지 않다

1. Ford Motor Company, 'Highland Park', 2020. https://corporate.ford.com/articles/history/highland-park.html (accessed 7 July 2021).

2. 'Motor Vehicle Traffic Fatalities and Fatality Rates, 1899–2015', *Traffic Safety Facts Annual Report* [Online], 2017. https://cdan.nhtsa.gov/TSFTables/Fatalities%20and%20Fatality%20Rates%20(1899–2015).pdf.

3. National Highway Traffic Safety Administration, 'National Statistics', 2019, https://www-fars.nhtsa.dot.gov/Main/index.aspx (accessed 7 July 2021).

4. 2와 동일

5. 3과 동일

6. J. Doyle, 'GM and Ralph Nader, 1965–1971', 2013. https://www.pophistorydig.com/topics/g-m-ralph-nader1965-1971/ (accessed 7 July 2021).

7. D.P. Moynihan, 'Epidemic on the Highways', *The Reporter*, 1959, 16–22.

8. R. Nader, *Unsafe at Any Speed: The Designed-In Dangers of the American Automobile*, Grossman: New York, 1965.

9. C. Jensen, '50 Years Ago, "Unsafe at Any Speed" Shook the Auto World',

New York Times, 2015.

10. 8과 동일

11. 위와 동일

12. 위와 동일

13. 위와 동일

14. 위와 동일

15. 위와 동일

16. M. Green, 'How Ralph Nader Changed America', 2015. https://www.thenation.com/article/how-ralph-nader-changed-america/ (accessed 7 July 2021).

17. A.D. Branch, 'National Traffic and Motor Vehicle Safety Act', 2019. https://www.britannica.com/topic/National-Traffic-and-Motor-Vehicle-Safety-Act (accessed 7 July 2021).

18. 'Congress Acts on Traffic and Auto Safety', in *CQ Almanac 1966*, Congressional Quarterly: Washington, DC, 1967, pp. 266–8.

19. 17과 동일

20. Automobile Association, 'The Evolution of Car Safety Features: From windscreen wipers to crash tests and pedestrian protection', 2019. https://www.theaa.com/breakdown-cover/advice/evolution-of-carsafety-features (accessed 7 July 2021).

21. E. Dyer, 'Why Cars Are Safer Than They've Ever Been', 2014. https://www.popularmechanics.com/cars/a11201/why-cars-are-safer-thantheyve-ever-been-17194116/ (accessed 7 July 2021).

22. Press Room, 'On 50th Anniversary of Ralph Nader's "Unsafe at Any Speed", Safety Group Reports Auto Safety Regulation Has Saved 3.5 Million Lives', 2015. https://www.thenation.com/article/on-50thanniversary-of-ralph-naders-unsafe-at-any-speed-safety-group-reportsauto-safety-

regulation-has-saved-3-5-million-lives/ (accessed 7 July 2021).

23. I. M. Cheong, 'Ten Most Harmful Books of the 19th and 20th Centuries', 2005. https://humanevents.com/2005/05/31/ten-most-harmful-booksof-the-19th-and-20th-centuries/ (accessed July 7 2021).

24. M. Novak, 'Drunk Driving and The Pre-History of Breathalyzers', 2013, https://paleofuture.gizmodo.com/drunk-driving-and-the-pre-historyof-breathalyzers-1474504117 (accessed 7 July 2021).

25. C. Lightner, 'Cari's Story', 2017. https://wesavelives.org/caris-story/ (accessed 7 July 2021).

26. Biography.com Editors, 'Candy Lightner Biography', 2019. https://www.biography.com/activist/candy-lightner (accessed 7 July 2021).

27. 위와 동일

28. National Highway Traffic Safety Administration, 'Drunk Driving', 2018. https://www.nhtsa.gov/risky-driving/drunk-driving (accessed 7 July 2021).

29. World Health Organization, 'Road Safety', 2016. http://gamapserver.who.int/gho/interactive_charts/road_safety/road_traffic_deaths2/atlas.html (accessed 7 July 2021).

30. 2와 동일

31. 3과 동일

결론: 희망찬 미래?

1. M. A. Benarde, *Our Precarious Habitat*, Norton, 1973.

2. A. S. Hammond et al., 'The Omo-Kibish I pelvis', *Journal of Human Evolution*, 2017, 108, 199–219.

3. World Health Organization, 'Global health estimates: Leading causes of death', 2021, https://www.who.int/data/gho/data/themes/mortality-and-global-health-estimates/ghe-leading-causes-of-death (accessed 16 Aug 2021).

4. 위와 동일

5. D. R. Hopkins, 'Disease Eradication', *New England Journal of Medicine*, 2013, 368, 54–63.

6. S. E. Vollset et al., 'Fertility, mortality, migration, and population scenarios for 195 countries and territories from 2017 to 2100: a forecasting analysis for the Global Burden of Disease Study', *The Lancet*, 2020, 396, 1285–1306.

7. J. Cummings et al., 'Alzheimer's disease drug development pipeline: 2020', *Alzheimer's and Dementia: Translational Research and Clinical Interventions*, 2020, 6, e12050.

8. P. Sebastiani et al., 'Genetic Signatures of Exceptional Longevity in Humans', *PLoS One*, 2012, 7.

9. A. D. Roses, 'Apolipoprotein E affects the rate of Alzheimer's disease expression: β-amyloid burden is a secondary consequence dependent on APOE genotype and duration of disease', *Journal of Neuropathology and Experimental Neurology*, 1994, 53, 429–37.

10. B. J. Morris et al., 'FOXO3: A Major Gene for Human Longevity–A Mini-Review', *Gerontology*, 2015, 61, 515–25.

11. E. Pennisi, 'Biologists revel in pinpointing active genes in tissue samples', *Science*, 2021, 371, 1,192–3.

12. J. L. Platt and M. Cascalho, 'New and old technologies for organ replacement', *Current Opinion in Organ Transplantation*, 2013, 18, 179–85.

13. M. Cascalho and J. L. Platt, 'The future of organ replacement: needs, potential applications, and obstacles to application', *Transplantation Proceedings*, 2006, 38, 362–4.

14. L. Xu et al., 'CRISPR-Edited Stem Cells in a Patient with HIV and Acute

Lymphocytic Leukemia', *New England Journal of Medicine*, 2019, 381, 1,240–7.

15. K. Musunuru et al., 'In vivo CRISPR base editing of PCSK9 durably lowers cholesterol in primates', *Nature*, 2021, 593, 429–34.

16. M. H. Porteus, 'A New Class of Medicines through DNA Editing', *New England Journal of Medicine*, 2019, 380, 947–59.

17. H. Li et al., 'Applications of genome editing technology in the targeted therapy of human diseases: mechanisms, advances and prospects', *Signal Transduction and Targeted Therapy*, 2020, 5, 1.

감사의 말

1. C. Sagan, *Cosmos*, Random House, 1980.